Java微服务

辛大奇 编著

中国水利水电出版社
www.waterpub.com.cn
· 北京 ·

内容提要

《Java 微服务》以 Spring 家族的 Spring Cloud 和 Spring Boot 为基础讲解微服务从开发、测试到自动化部署上线的全生命周期的开发与管理。从 SpringBoot 框架搭建，分模块实现组件功能的开发，到微服务应用与部署实现，本书构建了完整的微服务应用，帮助读者从 0 到 1 设计、实现和应用微服务。

全书共 14 章，内容包括：微框架 Spring Cloud、Spring Boot 以及 Spring Boot 的 IoC、AOP 的实现和启动，MySQL 数据库基础知识和 Redis 数据存储、过期策略、多路复用，消息中间件 RabbitMQ 架构及其交换机原理，线程及线程池的实现过程，接口权限管理，统一数据处理，Spring Boot 集成 MySQL、Redis、线程池、RabbitMQ、Shiro、JWT、Swagger，Spring 中应用的设计模式实现等。

《Java 微服务》内容通俗易懂，案例丰富，理论与实践并重，实用性强，特别适合 Spring Boot 和微服务初学读者、Java 后台开发入门读者和进阶读者阅读；本书同样适合 AI 工程师、大数据开发工程师、Java 开发工程师等其他编程爱好者阅读。另外，本书也适合作为相关院校及培训机构的教材使用。

图书在版编目（CIP）数据

Java 微服务 / 辛大奇编著. -- 北京 : 中国水利水电出版社, 2022.3

ISBN 978-7-5170-9868-3

Ⅰ. ①J… Ⅱ. ①辛… Ⅲ. ①JAVA语言—程序设计 Ⅳ. ①TP312.8

中国版本图书馆 CIP 数据核字(2021)第 169929 号

书　　名	Java 微服务 Java WEI FUWU
作　　者	辛大奇 编著
出版发行	中国水利水电出版社 （北京市海淀区玉渊潭南路 1 号 D 座　100038） 网址：www.waterpub.com.cn E-mail：zhiboshangshu@163.com 电话：（010）62572966-2205/2266/2201（营销中心）
经　　售	北京科水图书销售中心（零售） 电话：（010）88383994、63202643、68545874 全国各地新华书店和相关出版物销售网点
排　　版	北京智博尚书文化传媒有限公司
印　　刷	涿州市新华印刷有限公司
规　　格	190mm×235mm　16 开本　26.75 印张　681 千字
版　　次	2022 年 3 月第 1 版　2022 年 3 月第 1 次印刷
印　　数	0001—3000 册
定　　价	99.80 元

前 言

发展前景

互联网是一项面向未来的技术，而 Java 微服务是面向互联网的技术，掌握了 Java 微服务开发技术，就掌握了面向未来的技术。在云计算、5G、人工智能、大数据时代，人类借助互联网打破空间限制，使互联网渗透生活的方方面面。网上冲浪、网购、网约车等，都是互联网产品，这些产品都有一个共同的后台——Java 微服务。Java 微服务是互联网不可或缺的核心技术，有了 Java 微服务，我们可以实现网购、网约车、网上找工作、网上办理业务等，就能足不出户得到“一站式”服务。如今人们对互联网的依赖与日俱增，而 Java 微服务技术正是面向互联网的技术，这使得 Java 微服务就业市场形势大好。再说人工智能和大数据这些“新兴”的技术领域，给到用户体验的最终载体仍是 Java 微服务，如云端人脸识别、云端视频分析、大数据采集，都需要通过互联网借助 Java 微服务实现。未来，有互联网的地方，就会有 Java 微服务，掌握 Java 微服务技术，走遍互联网圈都不怕。

笔者的使用体会

Java 微服务技术是面向大型系统实现服务间高内聚、低耦合的一种解决方案，Java 微服务应用最广泛的框架即 Spring 系，包括 Spring Boot 和 Spring Cloud，正是由于 Spring Boot 的横空出世，解放了开发工程师的“天性”，下面是笔者在微服务治理以及使用 Spring 系过程中的一些感受。

（1）高内聚、低耦合。微服务是软件开发的一种实践方案，它面向业务进行软件开发，将复杂的软件功能按照业务场景进行细分，粒度到某个单一模块的功能，形成多服务体系，即微服务。微服务中的每个服务都是可以独立运行的服务，对企业内部或企业外部提供独立功能，最终实现服务间高内聚、低耦合的目标。

（2）灵活。Spring 具有多种可插拔的组件及第三方库，使其具有足够的灵活度，通过组合不同的组件（包括第三方库），开发者可以构建任何可以想到的应用。

（3）高效。Spring 项目 Spring Boot 的出现，改变了开发者进行 Java 编程的方式，从根本上简化了开发流程，减少了代码量，提高了开发效率。

（4）良好的生态。Spring 社区是一个庞大的、全球性和多样化的社区，涵盖了从初学者到经验丰富的专业人士不同开发阶段的开发人群，无论在哪个学习阶段，均可从社区获取帮助，以及获得相应的学习资源。

（5）提升架构能力。Spring 系的应用框架是设计模式的集大成者，包括单例模式、模板模式、代理模式、装饰器模式等常见的设计模式，通过阅读 Spring 系项目源码，可以提高开发人员的架构能力，如提高抽象能力，将常用的业务进行抽象，设计合理的实现方式；提高顶层设计能力，从功能实现和项目架构角度，设计更合理的项目架构。

本书特色

本书内容围绕 Java 微服务展开讲解，主要具有以下几方面的特点。

（1）结构清晰。以微服务发展及应用总领全文，首先让读者对微服务有全局的认知，更好地理解为什么要使用微服务；接着围绕微服务的具体应用展开讲解，如微服务应用框架 Spring Boot 和 Spring Cloud 的使用，以及微服务公共组件的使用，引领读者以微服务架构的方式开发 Java 后台项目；最后，讲解微服务完整框架的搭建，以公共组件的实现组合为完整的微服务，并从顶层设计讲解微服务的设计方案以及设计模式，帮助读者全面掌握微服务架构及其实现方式。

（2）知识体系完整。本书讲解微服务项目时，首先以 Spring Boot 单体服务为切入点，讲解 Java 后台开发，从 0 到 1 完成项目搭建到接口开发及接口调试，一步一步引导读者完成后台接口开发；其次，集成常用的开发组件，如 MySQL、消息队列 RabbitMQ、Redis 缓存等，使读者具备工程开发能力，满足常用的增删改查功能；最后，引入 Spring Cloud 相关组件，如 Eureka、Gateway 等，搭建微服务管理平台，并搭建多个单体服务，组成微服务系统，实现微服务间的协作（相互调用），完成完整微服务架构的构建，使读者具备微服务完整架构理解、构建和开发的能力。

（3）设计规范。本书的单体项目设计均采用接口统一数据返回处理、统一日志管理和日志拦截、统一数据校验以及统一异常处理的方式，帮助初学者建立良好的项目设计和编码规范。其中，统一数据返回采用统一的数据封装，接口返回的结果直接实例化数据封装类；对接口请求的日志进行统一拦截及输出；数据采用统一校验，视业务场景而定，统一数据校验有助于提高编码效率和代码安全性、可读性；统一异常处理将运行时的异常进行统一处理，将异常统一输出到日志文件，避免因粗心而忘记捕获异常并输出到日志文件，无法排查问题；数据传输采用 DO、DTO、VO 等进行转换，VO 表示展示数据，DTO 为传输数据，DTO 分为 InputDTO 和 OutputDTO，数据表的对象映射为 DO，数据分工明确，易于维护和扩展。

（4）理论和实践相结合。本书内容全面，每个公共组件（如 MySQL 数据库、Redis 数据库、RabbitMQ 消息中间件等）都从基础的原理和构成切入，然后进入实践，帮助读者知其然更知其所以然。一方面，让读者知道如何使用这些公共组件集成到 Spring Boot 框架，完成特定的功能开发；另一方面，帮助读者了解各个组件的原理，更加深入地理解其设计机制，有利于定位生产过程中遇到的问题。

（5）全生命周期。本书以 Spring 家族的 Spring Cloud 和 Spring Boot 为基础讲解微服务的开发与实践，从开发、测试到自动化部署上线，完成微服务全生命周期的开发与管理。读者可以学习到微服务完整的开发与维护知识，提升工程开发能力和架构能力。

本书包含内容

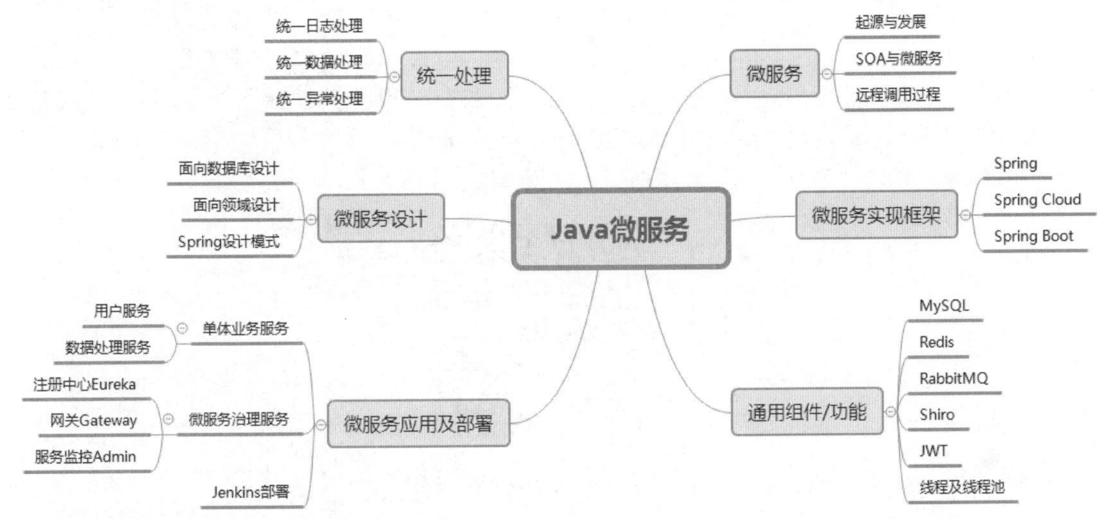

作者介绍

辛大奇，机械制造与自动化专业硕士；在国内期刊发表过多篇文章，出版过人工智能领域的图书《深度学习实战——基于 TensorFlow 2.0 的人工智能开发应用》；主持并参与开发数据中台、项目微服务改造、智慧园区视频分析等多个项目；曾供职于某汽车销售公司并担任系统开发部大数据开发顾问兼架构师，从事大数据领域和微服务治理领域的开发与研究工作，设计满足不同业务场景的解决方案；现主要从事 Java 后台开发、大数据开发、Python 数据处理以及人工智能开发工作。

本书读者对象

- Java 后台开发初学者。
- Spring Boot 及微服务初学者。
- 转型 Java 后台开发的 Java 开发人员。
- 各类 Java 后台培训班学员。
- 各计算机、非计算机专业的大中专院校实习学生。
- 想要自己学习 Java 后台开发的人员。

- 需要 Java 后台入门工具书的人员。
- 其他 Java 后台开发有兴趣爱好的各类人员。

本书资源下载

本书提供配套的项目案例源码，读者使用手机微信“扫一扫”功能扫描下面的二维码，或在微信公众号中搜索“人人都是程序猿”，关注后输入 JW9868 并发送到公众号后台，获取本书资源下载链接。将该链接复制到计算机浏览器的地址栏中，根据提示下载即可。

读者可加入 QQ 群 897383312，与其他读者交流学习。

致谢

本书能够顺利出版，是作者、编辑和所有审校人员共同努力的结果，在此深表谢意。同时，祝福所有读者在职场一帆风顺。

编　　者

目　录

第 1 章　微服务 ········ 1

1.1　计算机软件 ········ 2

1.1.1　系统软件 ········ 2

1.1.2　互联网 ········ 3

1.1.3　网络应用架构 ········ 4

1.2　SOA 与微服务 ········ 4

1.2.1　SOA ········ 5

1.2.2　微服务架构 ········ 7

1.3　远程过程调用 ········ 9

1.3.1　RPC 调用过程 ········ 9

1.3.2　RPC 传输协议组成 ········ 10

1.3.3　TCP ········ 10

1.3.4　HTTP ········ 12

1.4　小结 ········ 13

第 2 章　Spring 及 Spring Cloud ········ 14

2.1　Spring ········ 15

2.1.1　为什么选择 Spring ········ 15

2.1.2　Spring 的功能 ········ 16

2.1.3　Spring 框架功能体系 ········ 17

2.1.4　Spring 项目体系 ········ 19

2.2　Spring Cloud ········ 20

2.2.1　Spring Cloud 与 Spring Boot ········ 21

2.2.2　Spring Cloud 五大组件 ········ 22

2.3　小结 ········ 25

第 3 章　Spring Boot 框架 ········ 26

3.1　IoC ········ 27

3.1.1　Bean 对象及容器 ········ 27

3.1.2　创建 Bean 对象 ········ 28

3.1.3　获取 Bean 对象 ········ 33

3.1.4　BeanFactory 与 FactoryBean ········ 39

3.2　AOP ········ 43

3.2.1　切面 ········ 43

3.2.2　AspectJ ········ 44

3.2.3　代理 ········ 51

3.3　Spring Boot 启动过程 ········ 60

3.3.1　Spring 自动配置文件 ········ 60

3.3.2　自动装配和启动 ········ 61

3.4　小结 ········ 62

第 4 章　数据库 ········ 63

4.1　MySQL 数据库 ········ 64

4.1.1　部署 MySQL ········ 64

4.1.2　事务 ········ 70

4.1.3　索引 ········ 72

4.1.4　新增 ········ 74

4.1.5　删除 ········ 76

4.1.6　修改 ········ 77

4.1.7　查询 ········ 78

4.2　Spring Boot 操作数据库 ········ 85

4.2.1　数据库驱动 ········ 86

4.2.2　数据库连接池 ········ 88

4.2.3　MyBatis 简介 ········ 92

4.2.4　MyBatis 数据处理 ········ 96

4.3　Spring Boot 数据库操作接口

开发 ··· 102
4.3.1 数据表操作 DAO 层 ··· 102
4.3.2 业务逻辑 Service 层 ··· 104
4.3.3 分页查询 ··· 109
4.3.4 事务回滚 ··· 112
4.3.5 接口 Controller 层 ··· 117
4.3.6 接口测试 ··· 122
4.4 小结 ··· 123

第 5 章 接口测试及接口管理 ··· 125
5.1 接口文档 ··· 126
5.1.1 标准接口文档 ··· 126
5.1.2 Swagger 接口文档 ··· 128
5.2 Spring Boot 集成 Swagger ··· 128
5.2.1 Swagger 配置 ··· 129
5.2.2 入参/出参管理 ··· 131
5.2.3 接口管理 ··· 135
5.2.4 接口请求和响应展示 ··· 141
5.2.5 Gateway 聚合 Swagger 接口文档 ··· 142
5.2.6 接口聚合效果 ··· 145
5.3 接口测试 ··· 146
5.3.1 Postman 测试 ··· 146
5.3.2 Swagger 测试 ··· 148
5.4 小结 ··· 149

第 6 章 日志管理 ··· 150
6.1 简介 ··· 151
6.1.1 日志级别 ··· 151
6.1.2 日志组件 ··· 153
6.2 日志输出与持久化 ··· 154
6.2.1 日志控制子系统 ··· 154
6.2.2 日志过滤配置 ··· 154
6.2.3 日志配置解析 ··· 157
6.3 日志追踪与拦截 ··· 159
6.3.1 Sleuth ··· 159
6.3.2 日志配置 ··· 160
6.3.3 启动日志 ··· 162
6.3.4 Sleuth 请求日志 ··· 163
6.3.5 统一日志拦截 ··· 164
6.3.6 统一日志拦截日志 ··· 166
6.4 日志脱敏 ··· 167
6.4.1 脱敏注解 ··· 168
6.4.2 脱敏实现 ··· 168
6.4.3 脱敏日志 ··· 172
6.5 小结 ··· 172

第 7 章 接口权限管理 ··· 173
7.1 权限管理 ··· 174
7.1.1 JWT ··· 174
7.1.2 Shiro ··· 176
7.1.3 统一配置请求头 ··· 179
7.2 Spring Boot 集成 JWT ··· 181
7.2.1 配置 ··· 181
7.2.2 加密和解密配置 ··· 181
7.2.3 接口拦截器配置 ··· 183
7.2.4 请求拦截器配置 ··· 184
7.2.5 接口测试 ··· 186
7.3 Spring Boot 集成 Shiro ··· 190
7.3.1 配置 ··· 190
7.3.2 接口拦截器配置 ··· 190
7.3.3 Realm 获取用户信息 ··· 193
7.3.4 密码校验 ··· 194
7.3.5 接口测试 ··· 195
7.4 小结 ··· 199

第 8 章 缓存及 Redis ··· 200
8.1 缓存 ··· 201
8.1.1 CPU 缓存 ··· 201
8.1.2 内存缓存 ··· 202
8.1.3 缓存问题的解决方案 ··· 203
8.2 Redis ··· 203
8.2.1 环境部署及配置 ··· 204
8.2.2 数据类型 ··· 208

8.2.3 数据存储 ······212
8.2.4 数据过期策略······216
8.2.5 多路复用 ······217
8.3 Spring Boot 集成 Redis······217
8.3.1 Redis 配置 ······218
8.3.2 接口开发 ······220
8.3.3 数据存储解析······225
8.3.4 接口测试 ······226
8.4 小结 ······229

第 9 章 消息中间件——RabbitMQ ··· 230

9.1 中间件 ······231
9.1.1 消息中间件 ······231
9.1.2 消息队列 ······232
9.2 RabbitMQ······234
9.2.1 Internet 协议栈 ······234
9.2.2 AMQP······235
9.2.3 RabbitMQ 架构 ······235
9.2.4 RabbitMQ 交换机 ······237
9.3 RabbitMQ 部署及管理系统······239
9.3.1 RabbitMQ 部署 ······239
9.3.2 RabbitMQ 管理系统 ······242
9.4 Spring Boot 集成 RabbitMQ······249
9.4.1 配置 RabbitMQ······250
9.4.2 消息确认 ······252
9.4.3 消息传递方式······253
9.4.4 消息发送 ······257
9.4.5 消息接收 ······261
9.4.6 API······266
9.4.7 接口测试 ······268
9.5 小结 ······271

第 10 章 线程及线程池 ······272

10.1 线程······273
10.1.1 继承 Thread 类 ······274
10.1.2 实现 Runnable 接口 ······275
10.1.3 实现 Callable 接口 ······277
10.2 线程池······279
10.2.1 固定线程数线程池 ······279
10.2.2 单线程线程池 ······281
10.2.3 缓存线程池 ······282
10.2.4 定时线程池 ······286
10.3 Spring Boot 集成线程池 ······289
10.3.1 线程池参数及任务执行流程 ······289
10.3.2 参数配置及参数获取 ···290
10.3.3 配置线程池 ······291
10.3.4 线程池实现 ······293
10.3.5 API ······295
10.3.6 接口测试 ······296
10.4 小结······297

第 11 章 统一数据处理······298

11.1 数据校验······299
11.1.1 单独校验 ······299
11.1.2 统一校验 ······303
11.2 统一数据返回······306
11.2.1 枚举类型 ······307
11.2.2 统一返回实体 ······308
11.3 统一异常处理······313
11.3.1 全局异常 ······313
11.3.2 自定义异常 ······316
11.3.3 异常 ······317
11.3.4 异常执行顺序 ······320
11.4 小结······329

第 12 章 微服务应用 ······330

12.1 微服务结构······331
12.1.1 User 模块······331
12.1.2 Data 模块······332
12.2 Eureka 注册中心 ······332
12.2.1 注册中心依赖 ······332
12.2.2 注册中心配置 ······333
12.2.3 注册中心启动 ······334

12.3 网关服务……335
12.3.1 网关依赖……336
12.3.2 网关配置……336
12.3.3 网关启动……338
12.4 监控服务……339
12.4.1 监控依赖……339
12.4.2 监控配置……340
12.4.3 监控启动……343
12.5 服务调用……350
12.5.1 用户服务……350
12.5.2 数据处理服务……352
12.5.3 数据处理服务调用用户服务配置……354
12.5.4 数据处理服务调用测试……360
12.6 小结……367

第 13 章 微服务部署……368

13.1 手动部署服务……369
13.2 Jenkins 部署服务……373
13.2.1 部署 Jenkins 环境……373
13.2.2 部署 Jenkins 服务……379
13.3 小结……387

第 14 章 微服务架构及设计模式……388

14.1 微服务架构……389
14.1.1 面向数据库开发……389
14.1.2 面向领域设计……390
14.2 设计模式……392
14.2.1 单例模式……392
14.2.2 适配器模式……396
14.2.3 装饰器模式……402
14.2.4 策略模式……407
14.2.5 观察者模式……410
14.2.6 模板模式……414
14.3 小结……418

第1章 微服务

微服务是一种软件开发的实践方案，面向业务进行软件开发，将复杂的软件功能按照业务场景进行细分，粒度到某个单一模块的功能，形成多服务体系。微服务中的每个服务都是可以独立运行的服务，对企业内部或企业外部提供独立功能，最终实现服务间高内聚、低耦合的目标。微服务是互联网快速发展的时代产物，具有鲜明的时代特点。微服务是在面向服务架构（Service Oriented Architecture，SOA）的基础上进一步发展而来的，它比 SOA 做得更加彻底，其单体服务被更加彻底地划分，最大限度地实现服务的单一职责。本章内容以计算机软件作为切入点，通过介绍互联网的发展从而引出微服务的概念。

1.1 计算机软件

计算机软件分为两大类，即系统软件和应用软件。系统软件是运行于计算机中的程序，软件均是计算机的程序，系统软件是管理与分配计算机资源的程序，是特殊的计算机程序，操作系统即典型的系统软件，也是计算机软件的核心，所有的应用软件均运行在操作系统中，操作系统为应用软件分配计算资源，如内存、CPU 等。应用软件是具有某种特定功能、完成某类任务的计算机程序，如二维绘图软件 AutoCAD、数据计算软件 MATLAB、电路设计软件 Altium Designer 等，这些应用程序均有各自的用途，完成各自特定的任务。

1.1.1 系统软件

操作系统是计算机世界中最重要的软件，它承载所有的应用软件，是计算机资源的操控者，为其他应用软件提供运行环境和计算资源；它是计算机硬件与应用软件沟通的桥梁，应用软件调用计算机的资源均通过操作系统实现。操作系统与计算机硬件和应用软件的关系如图 1.1 所示。

操作系统运行于硬件设备上，根据硬件设备种类，操作系统可以分为两类：一类是手持设备操作系统；另一类是非手持设备操作系统。手持设备操作系统有 SymbianS60、iOS、Android 和 Windows Phone；非手持设备（工作站、主机和笔记本电脑）操作系统有 UNIX、MS-DOS、MacOS、Windows 和 Linux，操作系统的发展历程如图 1.2 所示。

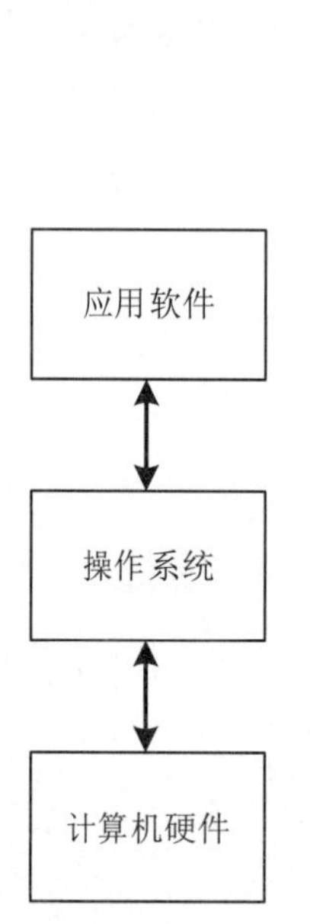

图 1.1 操作系统与计算机硬件和应用软件的关系

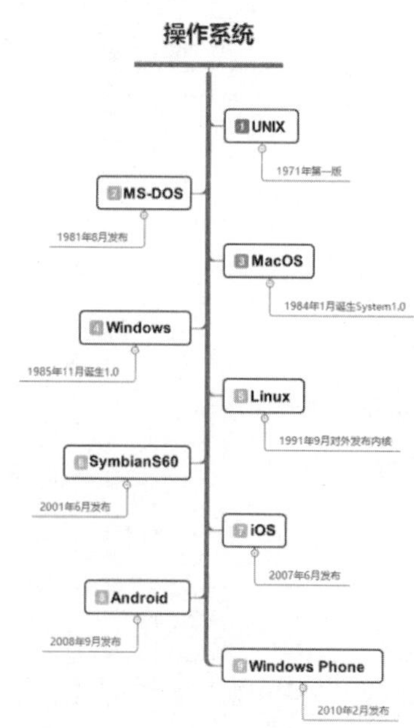

图 1.2 操作系统的发展历程

UNIX 操作系统起源于 MULTICS 计划，该计划由贝尔实验室与通用电气、麻省理工学院共同发起，设计支持多用户、多任务和多层的操作系统。计划从 1965 年开始，但是项目进展缓慢，一度被迫停止，创始人有 Ken Thompson、Dennis Ritchie 和 Douglas Mcllroy，Ken Thompson 被称为 UNIX 之父，他于 1971 年完成了 UNIX 第 1 版的开发，后续通过 B 语言和 C 语言重构了 UNIX。最终 C 语言成为 UNIX 的第一语言，之后，UNIX 很快风靡计算机世界。

MS-DOS 是微软公司于 1981 年推出的磁盘操作系统（Disk Operating System，DOS），在界面（视窗）操作系统出现之前，MS-DOS 是使用最普遍的 PC 操作系统。MS-DOS 由 Boot 引导程序和 3 个文件模块组成，即输入输出模块（IO）、文件管理模块（MSDOS）和命令解释模块（COMMAND），完成人机交互。

MacOS 是麦金塔系列计算机的操作系统，MacOS 是首个通过图形界面进行人机交互的操作系统，第 1 个商用的发布系统是 1984 年 1 月发布的 System 1.0 操作系统，当时的计算机只有 128KB 存储空间，但是包含了桌面、窗口、图标、光标和菜单等组件。

Windows 操作系统是微软继 MS-DOS 之后推出的系列图形界面交互的操作系统，首个版本 Windows 1.0 于 1985 年 11 月发布，Windows 1.0 支持鼠标，并自带了日历、记事本和计算器等应用程序。

Linux 代表了操作系统的另一个世界——开源、免费。Linux 操作系统最初版本由 Linus Benedict Torvalds 于 1991 年开发，同年 9 月发布正式发布第 1 个 Linux 内核，开源之后，由世界各地的爱好者共同完善，打破了 MacOS 和 Windows 商业操作系统定价高昂、闭源垄断的局面。Linux 开启了操作系统的新纪元，正因为开源，Linux 具有丰富的发行版，如 CentOS、Ubuntu、Debian 和 Fedora 等。

SysbianS60 即塞班系统，是塞班公司为手机设计的操作系统，于 2001 年发布，独占世界智能手机的中低端市场。塞班操作系统的代表手机诺基亚 N8。

iOS 操作系统是苹果公司手持设备的操作系统，于 2007 年 1 月在 MacWorld 大会上发布，最初 iOS 是为 iPhone 设计的，但是后来逐步应用到 iPod、iPad 及 Apple TV 等产品中，形成了基于 iOS 的 i 操作系统的产品生态圈。

Android 是谷歌公司基于 Linux 开发的移动端操作系统。最初 Android 操作系统由 Andy Rubin 开发，2005 年被谷歌收购并组建开发团队，2008 年 9 月对外发布，由于其开源和可定制化，各大手机厂家纷纷选择 Android，Android 操作系统在移动终端的市场占有率逐步提升。

Windows Phone 是微软针对移动设备领域推出的操作系统，该操作系统与桌面版 Windows 风格非常相近，于 2010 年 2 月发布第 1 个版本。

1.1.2 互联网

互联网（Internet）即计算机网络，连接了世界上数以亿计的计算设备（可联网设备），这些计算设备包括桌面计算机、Linux 服务器（工作站）以及其他新兴的计算设备（如智能手机、智能手表、平板电脑等）。互联网的核心功能是设备间的远程通信（互联）。互联网的起源可以追溯到 20 世纪 60 年代的阿帕网（ARPAnet），1969 年第 1 台交换机在美国加州诞生；随后，又有 3 台分组交换机安装在其他地方，构成 4 节点分组交换机“集群”；同年 10 月，两个节点的分组交换机实现了远程通信，标志着互联网的诞生。

互联网自诞生之日起就备受关注，并逐步完善，到 20 世纪 90 年代，经过 30 年的发展，出现了万维网（World Wide Web）应用程序，标志着互联网从专业领域正式走进普通家庭和商业化运营阶段。Web 是一个网络平台，用户通过浏览器接入万维网，Web 应用程序通过 HTML 传递和展示信息，浏览器则是解析 HTML 的利器，所有的网络应用均通过浏览器进行互联互通（这里仅表示信息的传递和展示，不讨论计算机网络中的硬件设施）。基于浏览器的网络应用有谷歌搜索引擎、电子商务平台亚马逊和社交应用 Facebook 等。

1.1.3 网络应用架构

互联网环境下，诞生了新的应用软件架构，即基于 B/S 和 C/S 架构的应用，这两种应用的共同点是均需要网络通过向远程服务端发送请求获取数据以及相互通信。

1. C/S 架构网络应用

C/S 架构的网络应用以客户端的形式存在于用户的主机上，一机一用。所谓的一机一用，即安装该应用的计算机才拥有该应用的功能，其他计算机没有安装该应用，则无法使用该应用提供的功能。即时通信软件 QQ 就是典型的 C/S 架构软件，只有安装了 QQ 软件的计算机，才能使用 QQ 的通信功能（网页版不在 C/S 讨论范围内）。因此，此类软件的通用性受到一定限制，这并不是缺点，只是软件的存在形式是需要主机承载相应的功能。

2. B/S 架构网络应用

B/S 架构的网络应用是基于浏览器的网络应用，此类软件不需要在主机上安装，只需要浏览器软件和网络，通过浏览器获取该应用提供的功能。典型的 B/S 架构应用如国内的淘宝、京东等电商平台，用户想要购物，只需一台接入互联网的主机，打开浏览器，输入相应的网址，即可获取网络应用提供的服务。

对比 C/S 和 B/S 架构的网络应用可知，C/S 架构的软件需要在宿主机上安装才能使用，而 B/S 架构的软件只需宿主机接入互联网且拥有浏览器即可使用，B/S 架构的软件使用更加灵活、方便，任何时间、任何地点均可通过浏览器使用软件提供的服务。

本章的主角——微服务，正是 B/S 架构网络应用的实现方案，有效地解决了服务间高耦合、低内聚等问题。

1.2 SOA 与微服务

SOA（面向服务架构）是一种软件架构、一种软件设计方法。SOA 软件系统中包含多个服务，并且服务与服务之间通过相互依赖最终提供一系列功能，一个服务通常以独立的形式存在于操作系统进程中，各个服务之间通过远程调用进行通信。

微服务架构和 SOA 架构类似，是在 SOA 基础上进行了改进，微服务架构的核心是业务需要彻底组件化和服务化，原有的单个业务系统会拆分为多个可以独立开发、设计、运行的服务，这些服务可以持续开发、持续集成，并完成自动化部署。

1.2.1 SOA

SOA 旨在将单个应用程序功能彼此分开，以便这些功能可以单独用作单个的应用程序或“组件”，这些组件可以用于企业内部，或者对外提供功能，便于第三方的应用程序使用，软件的发展过程如图 1.3 所示。

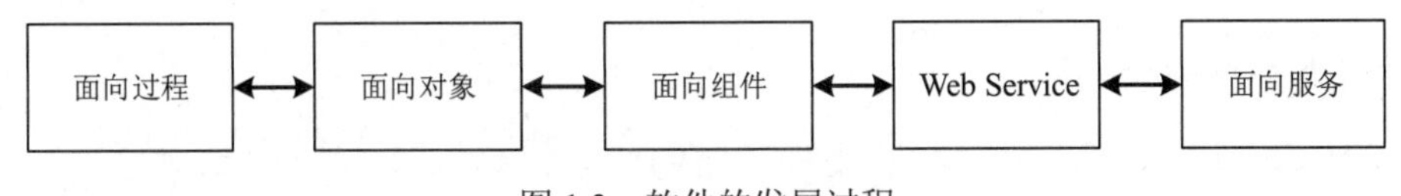

图 1.3　软件的发展过程

1．面向过程开发

面向过程开发的核心是自顶向下、逐步细化，将复杂的问题逐步拆解为简单的问题，逐步解决简单的问题，最终解决复杂问题。优点是易于理解和实现；缺点是扩展性差，所有的执行过程都是串行的，如果修改其中一环，会影响整个流程的走向。对于硬件编程，可以通过中断的方式打断当前流水线任务的执行，执行中断的任务，当中断任务执行结束后，返回流水线任务，继续执行。但是，对于纯软件编程，“打断”当前的流水线任务即把当前线程挂起，开启新的线程任务，或者通过上下文切换执行。

2．面向对象开发

面向对象开发的核心是封装、继承和多态，以对象组合的方式执行任务，易于扩展。但是，当系统复杂时，仍然会出现对象之间耦合度高的问题，不利于后期的功能扩展、拆分。耦合即改变程序的一个模块的同时需要改变另一个模块，两个模块存在耦合，对象耦合主要分为 7 种情况，见表 1.1。

表 1.1　对象耦合

耦合分类	描　述
内容耦合	（1）一个模块直接访问另一个模块的内部数据； （2）一个模块不通过正常入口转到另一个模块内部； （3）一个模块存在多个入口
公共耦合	多个模块共同占有某一份资源，则模块间存在的耦合称为公共耦合
外部耦合	多个模块访问同一全局简单变量而不是全局数据结构，不通过参数传递的方式传参，称为外部耦合
控制耦合	某个模块通过传递开关、标志等控制信息控制模块功能，称为控制耦合
标记耦合	多个模块通过传参方式记录信息，称为标记耦合
数据耦合	模块间相互调用时，通过简单数据参数交换输入和输出信息，称为数据耦合

续表

耦合分类	描　述
非直接耦合	模块之间没有直接关系，它们之间的联系完全是通过主模块进行控制和调用实现，称为非直接耦合

3．面向组件开发

组件的粒度比对象大，面向组件开发是将组件作为基本单元，每个组件中包含多个对象，将一组对象封装起来，对外提供服务，面向组件开发提高了信息的隐蔽程度，减少了进入上层通道的信息数量，增加了系统的稳定性。

4．面向 Web Service 开发

无论是面向过程开发、面向对象开发还是面向组件开发，所有的业务功能均是基于同一种开发语言，运行于同一操作系统，无法实现跨平台和跨语言服务调用。此时，Web Service 技术的出现，打破了服务与服务之间无法相互通信的壁垒。Web Service 是一种跨语言和跨平台的远程调用技术，该技术实现了不同服务间的相互通信，服务与服务之间无须关心对方使用何种语言开发、部署在什么操作系统中，只要服务遵循相同的通信协议，即可完成消息传递，这也是互联网技术的核心功能。

面向 Web Service 技术的软件开发，实现了跨平台和跨语言，即服务之间通过远程过程调用（Remote Procedure Call, RPC）的方式进行通信，如服务 A 使用 Java 语言开发，服务 B 使用 Python 语言开发，服务 C 使用 Go 语言开发，分别部署在各自的服务器中，通过远程过程调用实现服务间通信，服务间的调用过程如图 1.4 所示，使用 Web Service 实现了不同服务的数据交换，达到服务分布式部署的目的。

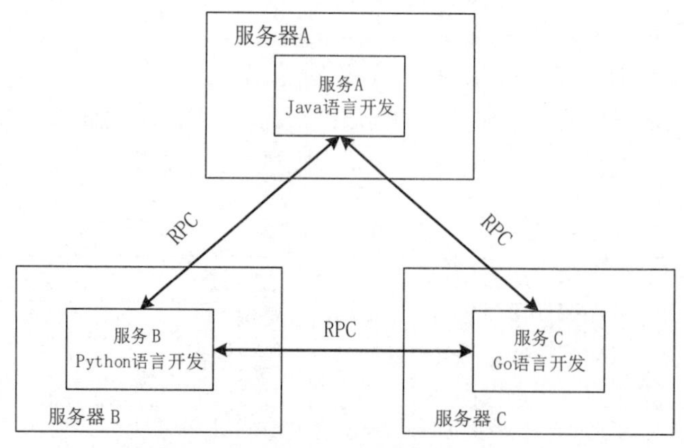

图 1.4　Web Service 服务调用

5．面向服务开发

面向服务开发的核心理念是 SOA，暂且将 SOA 称为软件解决方案，该解决方案面向服务，即把复杂的系统拆分为若干个独立的服务，每个独立的服务使用 Web Service 技术进行开发，服务与

服务间通过总线进行通信，基于 SOA 设计的服务架构如图 1.5 所示。

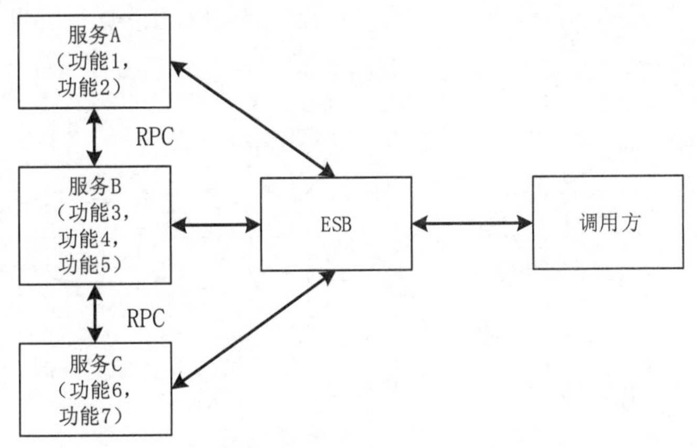

图 1.5　基于 SOA 设计的服务架构

由图 1.5 可知，SOA 是 Web Service 技术的具体应用，企业内所有的服务均向 ESB（Enterprise Service Bus）注册，每个服务会发现注册到 ESB 中的服务完成服务寻址，通过 RPC 实现服务间调用。SOA 架构中的每个服务都具有多个功能，服务内高耦合，企业外的服务调用方通过 ESB 获取企业内的服务数据，满足自身业务场景需求。ESB 是基础设施层，实现服务治理，ESB 具有协议适配、消息路由、数据转换和监控管理等功能。SOA 方案实现了服务间的松耦合，将传统的“烟囱”式服务转向分布式服务，一定程度上将服务进行解耦，并保证了服务的高可用。

基于 SOA 架构的服务治理指标见表 1.2。

表 1.2　基于 SOA 架构的服务治理指标

指　　标	描　　述
服务注册	对服务进行注册，包括服务名称、地址、所属应用、注册时间等
服务发布	将服务发布到不同的 ESB 运行平台，供服务消费者使用
服务订阅	服务总线可对注册服务进行订阅，当服务发生变化时，将变化的信息推送给服务总线端
服务监控	定义 SLA，实现 ESB 应用状态监控，对服务提供者的运行状态进行监控
服务安全	访问权限的检查、报文拦截、报文加解密以及消息完整性的验证
服务部署	实现服务测试的规范化和自动化部署
服务声明周期管理	服务规划、服务定义、服务上线/下线、服务发布等管理

1.2.2　微服务架构

微服务是面向服务开发的下一个阶段，是 SOA 的升级版。微服务虽然依旧是面向服务的软件开发，但是与 SOA 的设计相比，微服务做得更加彻底，且设计得更加细粒度，即将微服务中的服务职能单一化。在理想情况下，一个服务只提供一类功能，如用户管理服务只负责用户信息管理、订单服务只负责下单和确认、支付功能只负责支付和退款，从而实现服务内高内聚、服务间低耦合。这里的低耦合是指开发过程的低耦合，服务与服务之间无代码入侵，服务之间通过 RPC 实现数据传递。微服务架构如图 1.6 所示。

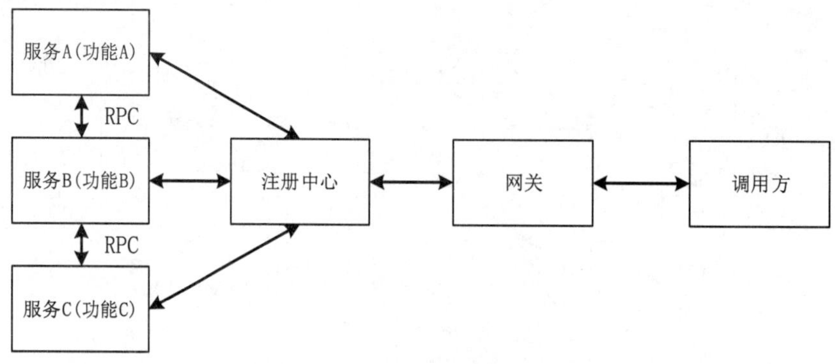

图 1.6　微服务架构

由图 1.6 可知，在微服务体系中，每个单体服务具有单一的功能，保证了服务的高内聚、低耦合，而 SOA 的单个服务是多个服务的糅合，每个服务对外提供多个功能。因此，功能越复杂的微服务，单体服务越多，系统越复杂，服务间的耦合程度仍然是服务治理的重点问题。微服务中的单体服务由注册中心管理，注册到注册中心的单体服务，以 RPC 的形式相互调用（通信），微服务对外提供服务时，通过网关对外暴露接口服务，供调用方使用。

微服务治理指标见表 1.3。

表 1.3　微服务治理指标

指　　标	描　　述
服务注册与发现	微服务中的单体服务向注册中心注册，服务提供者向注册中心提供服务，服务使用者注册中心发现服务并订阅服务
服务限流	流量高峰时，通过限制请求速度来保护系统，保证生产者不被高峰流量冲垮。常见的限流算法有令牌桶、漏桶和计数器
服务降级	服务降级即停止某些服务或停止处理某些业务，保证主要服务。服务降级有多种实现方式，如 Docker 控制服务启停、网关统一拦截降级的服务
服务熔断	在固定的请求时间内，当某服务接口调用超时比率达到某个阈值时，该服务进入熔断状态，后续的请求不再经过网络，直接执行本地默认方法，达到服务降级的效果
服务监控	监控微服务体系中各服务的运行状态
服务网关	统一服务的入口和出口，实现服务统一鉴权等功能
服务调用	同一个微服务体系，服务间常用的远程调用有两种，即基于 TCP 协议的底层调用和基于 HTTP 协议的顶层调用

1.3 远程过程调用

微服务与 SOA 架构的服务一样，均是 Web Service 技术的具体应用，微服务中单体服务间的通信仍是通过远程过程调用（RPC）实现，下面详细讲解 RPC 的相关技术。

1.3.1 RPC 调用过程

由上文可知 Web Service 技术是平台无关的远程调用技术，RPC 是一种设计思想，即通过远程调用的方式，实现计算机之间的相互通信，RPC 的调用过程如图 1.7 所示。

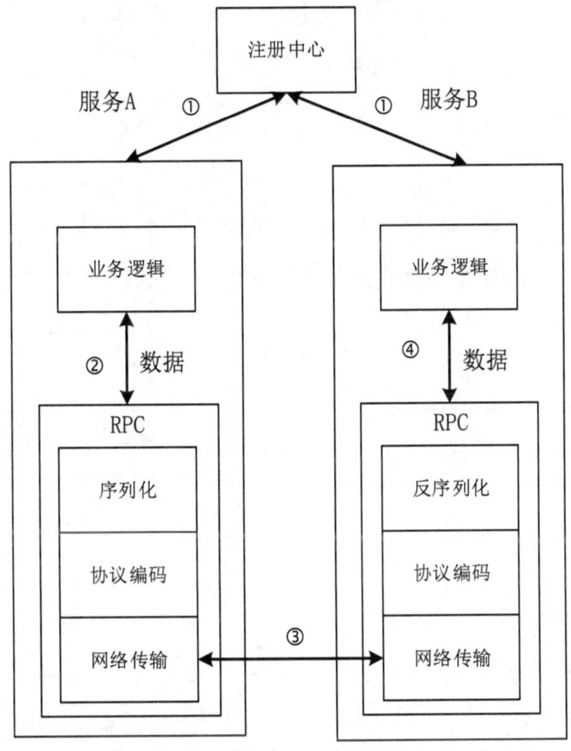

图 1.7 RPC 的调用过程

由图 1.7 可知，微服务间服务 A 和服务 B 的 RPC 调用首先从向注册中心注册服务开始，服务 A 和服务 B 分别向注册中心注册，生成服务实例，当服务 A 向服务 B 发起远程调用时，从注册中心寻找服务 B 的实例，找到实例后，服务 A 将数据序列化，通过 RPC 的传输协议，将序列化的数据发送到服务 B，服务 B 将接收的数据反序列化，传入对应的功能接口，并将处理结果经过 RPC 协议传送到服务 A，完成服务间的远程调用。

1.3.2 RPC 传输协议组成

Web Service 的传输协议组成如图 1.8 所示。

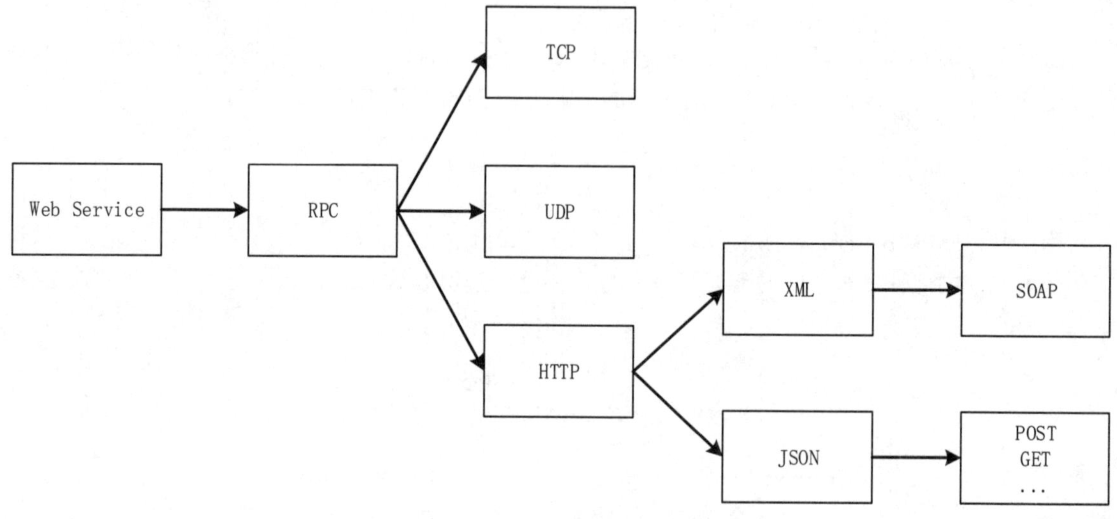

图 1.8 Web Service 的 RPC 传输协议组成

由图 1.8 可知，实现 RPC 有 3 种协议，即 TCP、UDP 和 HTTP，因此，远程过程调用可以针对不同的业务场景选择对应的通信协议。基于 TCP 的 RPC 协议和基于 HTTP 的 RPC 协议对比见表 1.4。

表 1.4 RPC 协议对比

基于 TCP 的 RPC 协议	基于 HTTP 的 RPC 协议
性能高，网络开销小，可实现更大的吞吐量和并发数	性能比基于 TCP 的 RPC 低，基于 HTTP 的 RPC 调用携带的数据较 TCP 多，同等网络环境情况下，传输效率低
TCP 协议属于底层协议，实现更加复杂	HTTP 协议是顶层协议，使用更加简单
灵活性和通用性低，针对不同的平台需要开发不同的工具包进行请求和数据解析，工作量大，难以快速响应和满足用户需求	灵活性和通用性高，HTTP 是平台无关、跨语言的协议，请求工具是通用的，如 HttpClient、OKHttp 和 URLConnection

基于 HTTP 的远程过程调用传输的数据类型可分为两类，即 XML 格式数据和 JSON 格式数据，其中基于 XML 数据格式进行数据传输遵循对象接入协议（Simple Object Access Protocol, SOAP），该协议使用 WSDL 文件进行说明，通过 UDDI 进行注册。基于 JSON 格式数据的远程调用为 RESTful 风格的接口，如 GET、POST、PUT 和 DELETE 等方法的接口。

1.3.3 TCP

TCP（Transmission Control Protocol）即传输控制协议，是一个工业标准的协议，用于应用软件间的通信，当应用软件通过 TCP 与另一个应用软件进行通信时，应用软件会发送通信请求，这个请求必须被送到一个确定的地址（IP），双方“握手”之后，TCP 将在两个应用软件之间建立一个全双工（Full-Duplex）通道，这个全双工通道将占用两台计算机间的通信线路，直到一方或双方关闭为止。TCP 是一种可靠长连接，建立一次 TCP 连接需要进行 3 次“握手”，关闭一次 TCP 连接需要进行 4 次“挥手”。建立 TCP 连接的 3 次“握手”过程如图 1.9 所示。

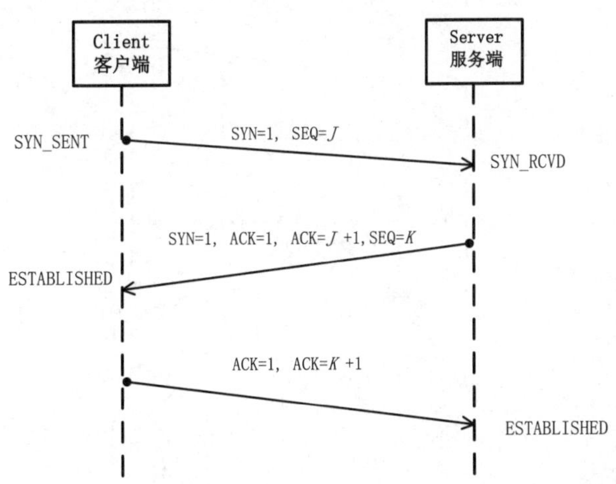

图 1.9　建立 TCP 连接的 3 次“握手”过程

由图 1.9 可知，客户端与服务端建立一次 TCP 连接，进行了 3 次“握手”，即进行了 3 次确认，因此，TCP 是一种可靠连接。建立 TCP 连接的 3 次“握手”过程解析见表 1.5。

表 1.5　建立 TCP 连接的 3 次“握手”过程解析

握手次序	描述
第 1 次	客户端向服务器发起连接，将标识位 SYN 置 1，随机产生一个值 SEQ=*J*，并将该数据包发送给服务端，客户端进入 SYN_SENT 状态，等待服务端确认
第 2 次	服务端收到客户端请求的数据包后，通过标识位 SYN=1 判断客户端请求建立连接，服务器将标识位 SYN 和 ACK 都置 1，ACK=*J*+1，随机产生一个值 SEQ=*K*，并将该数据包发送给客户端以确认连接请求，服务端进入 SYN_RCVD 状态
第 3 次	客户端收到服务端发送的数据后，检查 ACK 是否为 *J*+1，ACK 是否为 1，如果正确则将标识位 ACK 置 1，ACK=*K*+1，并将数据包发送给服务端，服务端检查 ACK 是否为 *K*+1，ACK 是否为 1，如果正确，则连接建立成功，客户端和服务端进入 ESTABLISED 状态，完成 3 次“握手”，随后客户端和服务端间就可以传输数据了

客户端与服务端建立连接后，数据传输完成，需要断开连接。同样地，TCP 断开连接依旧是经历多次检验，这次是“挥手”告别，同样由客户端发起，TCP 4 次“挥手”告别（Four-Way Wavehand）。断开 TCP 连接的 4 次“挥手”过程如图 1.10 所示。

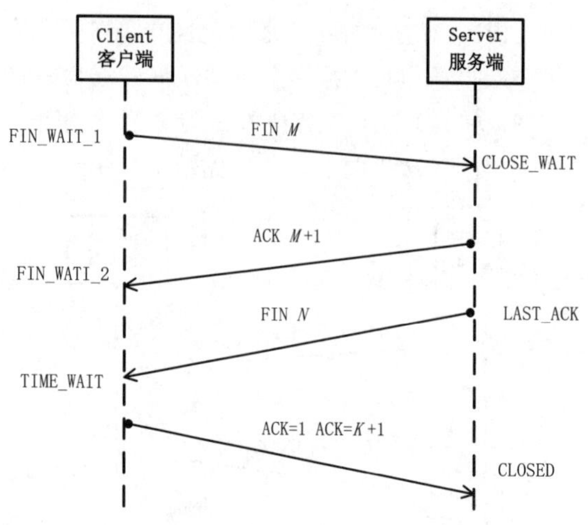

图 1.10　断开 TCP 连接的 4 次“挥手”过程

由图 1.10 可知，断开 TCP 连接经过 4 次确认。4 次“挥手”过程解析见表 1.6。

表 1.6　断开 TCP 连接的 4 次“挥手”过程解析

挥手次序	描　述
第 1 次	客户端发送一个结束标识 FIN，用于关闭客户端到服务端连接，此时客户端进入 FIN_WAIT_1 状态
第 2 次	服务端收到 FIN 标识后，发送一个 ACK 给客户端，确认序列号为收到序号+1，与 SYN 相同，一个 FIN 占用一个序号，服务端进入 CLOSE_WAIT 状态
第 3 次	服务端发送一个 FIN 标识，用来关闭服务端到客户端的连接，服务端进入 LAST_ACK 状态
第 4 次	客户端接收到 FIN 后，随即进入 TIME_WAIT 状态，接着发送一个 ACK 给服务端，确认序列号为收到序列号+1，服务端进入 CLOSED 状态，完成 4 次“挥手”

1.3.4　HTTP

HTTP（Hyper Text Transfer Protocol）即超文本传输协议，HTTP 是短连接，连接一次，发送一个数据包，然后断开连接，客户端连接数量承载能力强，节省服务器资源（长连接，每个客户端消耗部分服务器资源）；HTTP 是无状态连接，服务器不感知客户端状态，数据传输结束后，客户端断开与服务器的连接。HTTP 消息传输过程如图 1.11 所示。

由图 1.11 可知，HTTP 通过客户端向服务端发起请求，服务端收到请求后，将信息返回给客户端。客户端向服务端发起的请求携带 4 部分数据，即请求行、请求头、空行和请求体，详细介绍见表 1.7。

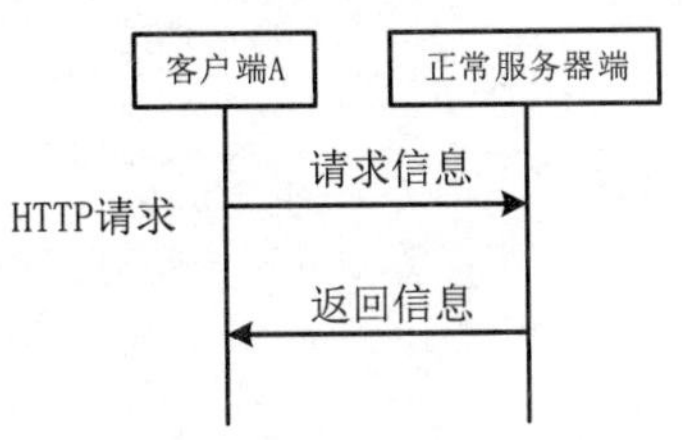

图 1.11　HTTP 信息传输过程

表 1.7　客户端请求携带的数据

请求数据	描　　述
请求行	描述客户端请求方式（GET、POST 等）、请求资源名称（https://domain-name/uri）、HTTP 协议版本号
请求头	客户端请求的服务器主机名，客户端机器环境信息
空行	换行
请求体	请求参数，如 form-data、JSON 数据

服务器接收到客户端发出的请求后，将返回消息给客户端，服务器返回的消息共由 4 部分组成，服务器响应信息解析见表 1.8。

表 1.8　服务器响应信息解析

响应数据	描　　述
状态行	服务器响应状态
消息报头	服务器响应日期、响应数据类型和响应数据长度
空行	换行
响应正文	服务器返回的数据，如 HTML、CSS 和 JSON 数据

1.4　小　　结

本章讲解了微服务的相关知识，主要包括以下内容。

（1）计算机软件种类，包括系统软件和应用软件。

（2）互联网发展史、网络应用软件及 C/S 和 B/S 架构的网络应用软件。

（3）Web Service 技术的具体应用——SOA 和微服务。

（4）微服务远程过程调用流程和基于 TCP 和 HTTP 传输协议的远程过程调用。

（5）TCP 和 HTTP 传输协议。

第2章

Spring 及 Spring Cloud

本章讲解微服务的实现框架 Spring 及 Spring Cloud。微服务是近年来互联网企业推崇的网络应用解决方案，实现大型网络应用的高内聚、低耦合。由第 1 章可知，微服务是在 SOA 的基础上发展而来的网络应用治理方案，将庞大的网络应用按照业务拆分成独立运行的服务，这些独立运行的服务共同构建出完整的网络应用。目前微服务方案应用最广的架构即 Spring 体系，Spring 体系包含了构建微服务所需的所有组件，如 Spring Cloud、Spring Boot，下面详细讲解。

2.1 Spring

Spring 是基于 Java 编程语言的框架。Spring 旨在使 Java 编程更加快捷、易用和安全，Spring 正是由于聚焦速度、简单和效率，成为世界上应用最广的 Java 框架。

2.1.1 为什么选择 Spring

Spring 是 Java 后台开发人员的福音，有了 Spring 框架，对现代开发者而言应该是有了 Spring Boot 后，可以快速迭代，满足业务需求。但是，市面上有这么多的后台框架，如 Struts 2、Play、GWT（Google Web Toolkit）、Grails、Blade 和 JFinal，为什么要选择 Spring 框架呢？

1. 开发者的信赖

Spring 发展至今备受开发者的信赖。互联网发展至今，如阿里巴巴、Amazon、Google 和 Microsoft 等著名公司对 Spring 均有贡献，开发者众多，发展非常迅速且稳定。对于消费者，他们虽然并不知道自己用的服务是由 Spring 体系提供的，但是他们享受到了 Spring 在线上购物、流媒体电视等领域带来的良好的体验与服务，反观这些良好的效果，开发者更加信赖 Spring，正如“滚雪球”一样，Spring 的受众越来越多。

2. 灵活

Spring 具有多种可插拔的组件及第三方库，使其具有足够的灵活度，通过组合不同的组件（包括第三方库），开发者可以构建任何可以想到的应用，如构建安全的 Web 应用、响应式 Web 应用或微服务 Web 应用。Spring 框架的核心功能：控制反转（Inversion of Control, IoC）和依赖注入（Dependency Injection, DI）为 Spring 的功能实现提供了基础，保证了 Spring 的灵活性。

3. 高效

Spring 项目 Spring Boot 的出现，改变了开发者进行 Java 编程的方式，从根本上简化了开发流程，减少了代码量，提高了开发效率。Spring Boot 集成必要的组件，如应用上下文、自动配置的嵌入 Web 服务器，使微服务开发如同编写输出 Hello World 的程序一样简单。在 Spring Boot 中集成 Spring Cloud 等相关的组件，独立的 Spring Boot 项目即可构成微服务体系，显著提高微服务开发效率。

4. 安全

Spring 在处理安全问题方面响应迅速且非常负责，这保证了 Spring 具有更高的安全性，互联网安全是非常重要的一个领域，而 Spring 在安全方面做得非常出色，Spring Security 是一个开箱即用的安全组件，提供了工业标准的安全集成方案。

5. 良好的生态

Spring 社区是一个庞大的、全球性和多样化的社区，涵盖了从初学者到经验丰富的专业人士等不同开发阶段的开发人群，无论在哪个学习阶段，均可从社区获取帮助以及相应的学习资源，如 Quick Start、Guides & Tutorials、Videos 等。

2.1.2 Spring 的功能

经过上一小节的介绍，可知 Spring 是基于 Java 的框架，被广大 Web 后台开发者认可并应用到实际项目开发中，并且社区生态良好。但是，Spring 具有哪些功能使之受到开发者的信赖？Spring 的功能分解如图 2.1 所示。

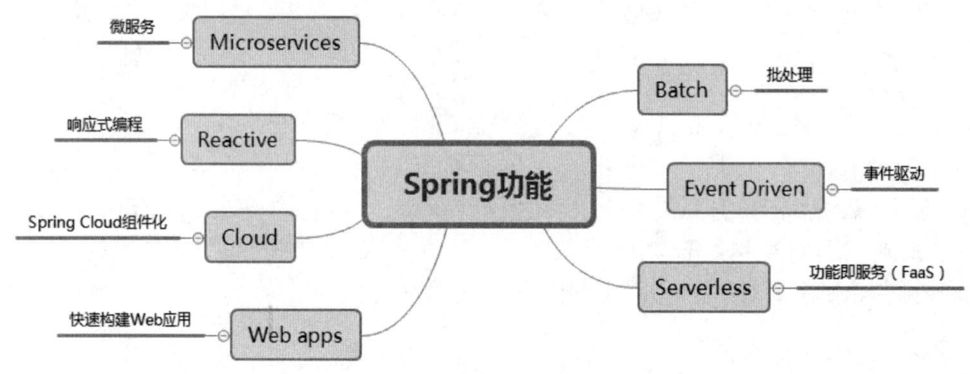

图 2.1　Spring 的功能分解

1. 微服务

微服务是一种现代软件开发方法，微服务中的应用代码分片管理、独立交付，即微服务中的应用是彼此独立的模块，可以单独运行，是弱依赖，如果服务之间没有相互调用关系，则服务是独立进行开发和交付的，相互不影响，保证了项目的独立快速交付，这也是现代互联网所追求的高内聚、低耦合架构实现。

2. 响应式编程

响应式编程是一种范式，开发者可以构建非阻塞、异步的应用程序处理背压（流控）。Spring Framework 5.0 引入的 Web Flux 即响应式编程组件。响应式编程并不会提高服务的响应速度，但是可以在有限资源的情况下提高系统的吞吐量和伸缩性。响应式编程对超时、容错、失败重试进行了优化，用户体验更好。

背压是一种应用运行时状态，当生产者生产数据的速度大于消费者消费的速度时，会导致消费者缓存溢出，即形成背压。阻塞和非阻塞是针对线程而言的，引入非阻塞机制，线程不会阻塞，保证系统资源利用率；异步和同步是针对消息传递而言的，引入异步消息传递，保证系统的流畅性。

3. Spring Cloud 组件化

分布式系统服务间的通信成为开发者面临的重大挑战之一，系统的复杂度由应用层向网络转移，这意味着云原生（Cloud Native）需要处理诸如外部配置、无状态、日志记录和连接到备用服务等问题，而 Spring 的原生项目 Spring Cloud 提供的组件足够处理这些问题。使用 Spring Cloud 可以“一站式”开发、部署、维护分布式服务（微服务集群）。

4. 快速构建 Web 应用

Spring 可以快速构建 Web 应用。Spring 的单体项目 Spring Boot 是一个约定大于配置的 Java Web 框架，该框架移除了众多配置文件，是一种现代化的 Web 编程模型，简化了服务搭建流程，并且 Spring Boot 的启动和停止都非常简便，通过内置的 Tomcat、Netty 等服务器即可完成服务的启停，提高开发和交付效率。

5. 功能即服务

无服务器工作负载是事件驱动的工作负载，与服务器基础设施无关。运行多少个实例、使用哪种操作系统这类问题统一由服务平台管理，对于开发者而言，功能即服务（Function as a Service, FaaS），开发者可以更加专注于业务开发。

6. 事件驱动

事件驱动即消息的发布-订阅，Spring 提供基于事件驱动的组件，可以很好地与 Apache Kafka、RabbitMQ、Azure Event Hub 等消息中间件协作，保证应用服务与业务之间消息互通，当业务方产生数据时，及时将数据传输至消息队列，应用服务从订阅的队列中获取数据并及时处理，保证业务的顺畅进行。

7. 批处理

批处理是指不需要以外部交互或中断的方式处理有限的数据。批处理技术可以有效处理大量数据，基于 SLA 的排序能力可以充分利用资源，在 JVM 中构建稳定的批处理任务，保证系统的安全稳定与运行。

2.1.3 Spring 框架功能体系

Spring 架构即 Spring Framework，这并不是 Spring 的组成架构，而是 Spring 的功能架构，即 Spring 包含的主要功能，这些功能按模块进行划分，Spring 架构中共有大约 20 个模块，按照各自的职能分为 Core Container、Data Access/Integration、Web、AOP、Instrumentation、Messaging 和 Test，Spring 分层架构如图 2.2 所示。

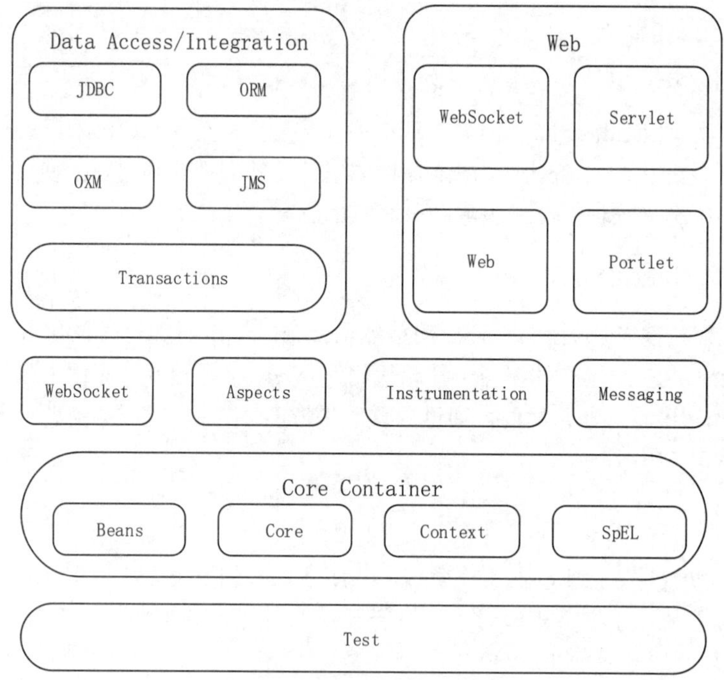

图 2.2　Spring 分层架构

1. Core Container

Core Container 核心容器包括 spring-core、spring-beans、spring-context、spring-context-support 和 spring-expression（Spring Expression Language, SpEL）这 5 个模块。其中，spring-core 和 spring-beans 模块提供框架最基础、最核心的功能，如 IoC 和 DI，BeanFactory 是工厂模式的复杂实现，解除了对单例的依赖，同时将配置从程序中解耦。

Context 上下文模块（spring-context）是在 Core 和 Beans 模块的基础上构建的，Context 模块从 Beans 模块继承并且增加了对国际化、事件广播、资源载入和通过 Servlet 容器创建上下文的支持。Context 模块同样支持 J2EE，如 EJB、JMX 等，ApplicationContext 接口是 Context 模块的关键切入点，spring-context-support 提供第三方库接入 Spring 应用上下文的支持，如缓存（EhCache、Guava、JCache）、邮件（JavaMail）、任务（CommonJ、Quartz）以及模板引擎（FreeMarker、JasperReports、Velocity）。

spring-expression 模块为运行时查询和操作对象提供强大的表达式语言。SpEL 是统一表达式语言的扩展，该语言支持 setting 和 getting 属性值、属性赋值、方法引用、获取数组、集合内容等。

2. AOP 和 Instrumentation

spring-aop 模块提供面向切面编程的功能，开发者可以使用 AOP 自定义切面，将功能实现与业务逻辑解耦，功能实现即通过切面操作某部分逻辑的执行过程，如统计某部分业务逻辑的耗时、日志等，业务逻辑即实际的需求。

独立的 spring-aspects 模块提供了与 AspectJ 的集成。spring-instrument 模块使用 java.lang.instrument（容器类）作为动态的 instrumentation（执行容器），开发者可以构建独立于应用程序的代理程序监测和协助运行在 JVM 中的程序，甚至替换和修改类的定义，同时提供了类加载器实现功能。spring-instrument-tomcat 模块包含 Spring 对 Tomcat 的动态执行容器代理。

3．Messaging

Messaging 为集成 Message API 和消息协议提供支持。Spring Framework 从 4.0 开始引入 spring-messaging 模块，该模块的核心理念借鉴了 Spring Integration，如 Message、Message Channel、Message Handler，该模块同时包含了一系列类似于 Spring MVC 注解编程风格的消息方法注解。

4．Data Access/Integration

Data Access/Integration 层包括 JDBC、ORM、OXM、JMS 和 Transactions（事务）模块。spring-jdbc 模块提供了 JDBC 抽象层，无须对数据库供应商的错误代码进行 JDBC 编码和解析；spring-tx 模块支持对事务的管理；spring-orm 模块支持对象关系映射组件的集成，如 JPA、JDO 和 Hibernate；spring-oxm 模块支持对象与 XML 的映射，如 JAXB、Castor、XMLBeans 等；spring-jms 模块即 Java Messaging Service 提供生产-消费消息功能，从 Spring Framework 4.1 版本开始集成到 spring-messaging 模块中。

5．Web

Web 层包括 spring-web、spring-webmvc、spring-websocket 和 spring-webmvc-portlet 模块。其中，spring-web 模块提供最基础的 Web 功能，如多文件上传、使用 Servlet 监听器初始化 IoC 容器以及 Web 应用上下文功能，同时包含 HTTP 客户端远程调用的功能。

spring-webmvc 模块包含 Spring 的 MVC 和 REST 风格的接口服务实现的功能；spring-webmvc-portlet 模块提供了 MVC 实现功能。

6．Test

spring-test 模块支持 Spring 组件 Junit 和 TestNG 的单元测试和集成测试，spring-test 模块提供加载 Spring 应用上下文并缓存上下文的功能，并且可以通过模拟对象进行隔离测试。

2.1.4 Spring 项目体系

就项目层级而言，Spring 是一个位于顶层的抽象项目，Spring 包含了从配置到安全、Web 应用到大数据等功能的所有组件或独立的项目，帮助开发者实现功能，其中独立的项目有 Spring Boot、微服务组件 Spring Cloud、持久层组件 Spring Data JDBC 层，完整的 Spring 项目组成如图 2.3 所示。

由图 2.3 可知，Spring 架构体系共包含了 24 个项目类，每个项目都是独立的组件，而 Spring Framework 则是对 Spring 功能的抽象，不具备独立的功能，职责单一。微服务中最常用的有 Spring Boot 和 Spring Cloud，Spring Boot 是独立运行的单体项目，而 Spring Cloud 是微服务聚合项目，包含了微服务所需的组件。

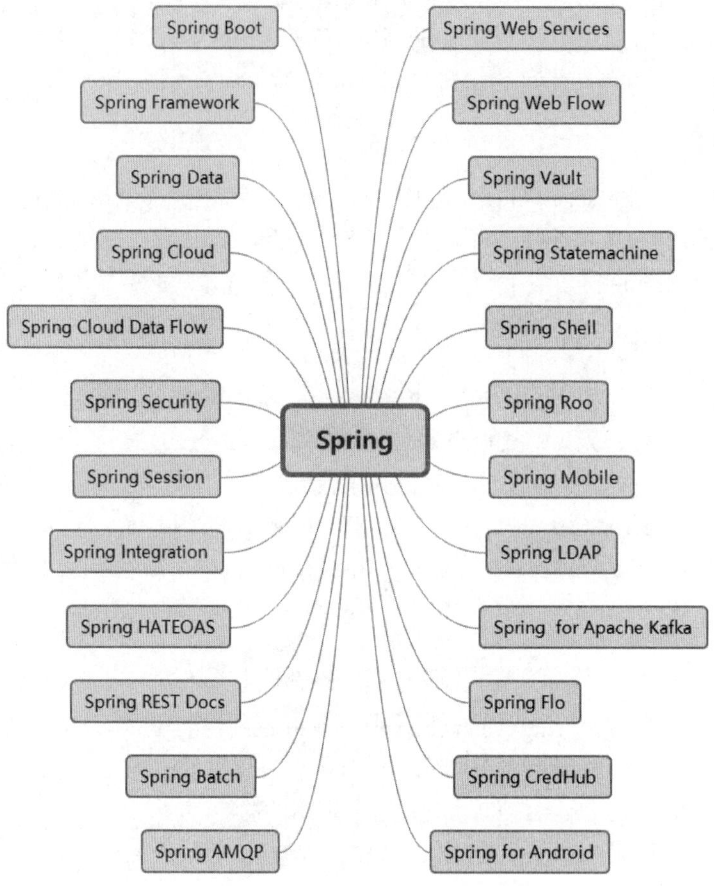

图 2.3　完整的 Spring 项目组成

2.2　Spring Cloud

Spring Cloud 项目是由多个独立项目集合而成的，每个项目都是独立的，但是 Spring Cloud 本身并不能独立运行，需要集成到 Spring Boot 中实现相应的功能。Spring Cloud 中的项目各自进行迭代和版本发布，因此 Spring Cloud 使用版本名称进行版本管理，而不是通过版本号，避免 Spring Cloud 的版本号与子项目版本号冲突。Spring Cloud 以英国伦敦地铁站名命名，以字母排序，如最初的项目发行版为 Angel，每当 Spring Cloud 解决严重 Bug 或更新较多功能时，会发布一个 Service Release 版本，简称 SR，版本号即该大版本下的第一次发布。

这里以 GNU 版本号为例讲解版本的迭代，GNU 版本格式为：主版本号.子版本号.[修正版本号[.编译版本号]]，如 v0.0.0，GNU 版本号的含义见表 2.1。

表 2.1 GNU 版本号的含义

版本号	描　述
主版本号	重大修改或局部修改较多，导致项目整体发生变化，主版本号加 1
子版本号	增加功能，主版本号不变，子版本号加 1，修正版本号归零
修正版本号	局部修改或修复 Bug，修正版本号加 1，主版本号和子版本号不变
编译版本号	编译器编译过程中自动生成，我们只定义格式，不进行人为控制

2.2.1 Spring Cloud 与 Spring Boot

Spring Cloud 提供的工具可以帮助开发者在分布式系统中快速构建一些通用的功能，如配置管理、服务发现、断路器、智能路由、微代理、控制总线、一次性令牌、全局锁、领导选举和分布式会话等，开发人员可以使用 Spring Cloud 在分布式系统中快速启动相同模式的服务和应用，在各自的分布环境中独立运行，包括开发者的计算机设备、裸机数据中心和云计算等托管平台，Spring Cloud 专注于提供更好的开箱即用的服务。

Spring Cloud 是微服务的核心组件之一，为微服务的正常运行提供了重要支持，Spring Cloud 是多个独立项目的集合，并且有自己的版本管理机制，当 Spring Boot 单体服务构建微服务时，需要对应版本的 Spring Cloud 支持，否则会因为版本不兼容无法启动应用，Spring Cloud 与 Spring Boot 的版本对应关系见表 2.2。

表 2.2 Spring Cloud 与 Spring Boot 的版本对应关系

Spring Cloud 版本	Spring Boot 版本
2020.0.x aka Ilford	2.4.x
Hoxton	2.2.x，2.3.x（从 SR5 开始）
Greenwich	2.1.x
Finchley	2.0.x
Edgware	1.5.x
Dalston	1.5.x

Spring 官网提醒 Spring Cloud 的 Dalston、Edgware 和 Greenwich 版本已经达到项目生命周期终点，不再继续支持，因此，后续使用 Spring Cloud 从 Hoxton 版本开始集成。通过上面的介绍可知，Spring Cloud 是多个项目的组合项目，主要的项目有 23 个，Spring Cloud 主要项目组成如图 2.4 所示。

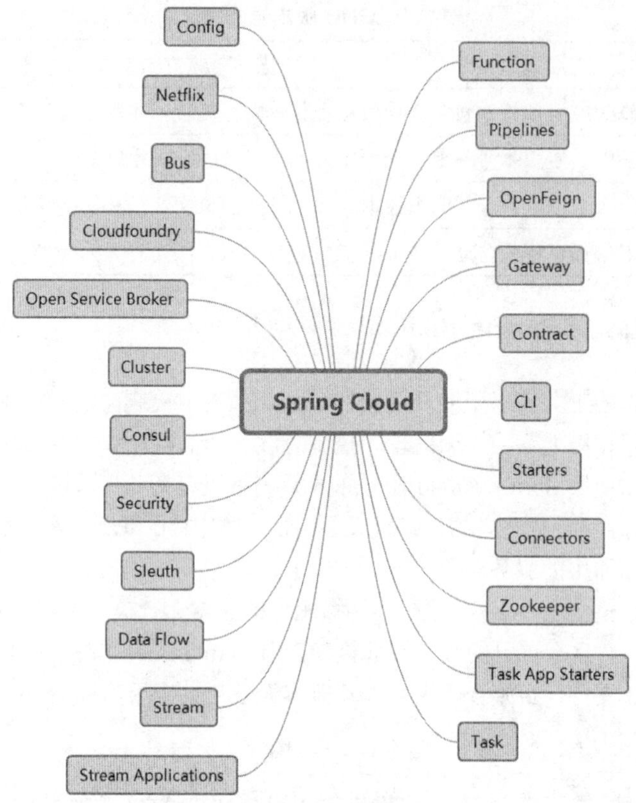

图 2.4　Spring Cloud 主要项目组成

2.2.2　Spring Cloud 五大组件

Spring Cloud 为微服务体系提供了 5 个常用组件，分别为注册中心、客户端负载均衡、断路器、网关和配置中心。

1. 注册中心

注册中心在微服务体系中提供单体服务的注册与发现，注册即单体服务将服务信息（如 IP 地址）存储到注册中心，注册中心生成该服务的唯一实例；发现即向注册中心注册的服务之间可以相互寻址并进行通信。注册中心与各服务间的关系如图 2.5 所示。

由图 2.5 可知，客户端服务（A、B 和 C）向服务端（注册中心）注册服务信息，注册中心记录各个客户端服务的名称、IP、端口等，供客户端服务查询（发现），这样，客户端服务无须直接获取其他客户端的信息，而是通过注册中心间接获得。因此，当某个客户端服务 IP 或端口发生变化时，会重新注册到注册中心，其他客户端服务无须重新修改调用其他服务的配置，因为注册中心已经帮我们做了修改。客户端与服务端周期性进行心跳交互，注册中心向各单体服务发送信息，注册中心依据响应数据更新服务租约和服务信息。

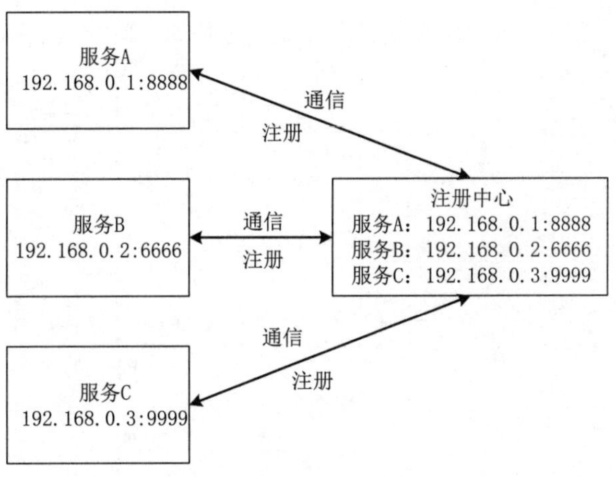

图 2.5　注册中心与各服务间的关系

常用的注册中心有 Eureka、Nacos、Consul、CoreDNS 和 Zookeeper，Spring Cloud 原生的注册中心为 Eureka，各注册中心的对比见表 2.3。

表 2.3　常用注册中心的对比

对比内容 \ 注册中心	Eureka	Nacos	Consul	CoreDNS	Zookeeper
CAP	AP	CP+AP	CP	/	CP
健康检查	ClientBeat	TCP/HTTP/MYSQL/ClientBeat	TCP/HTTP/gRPC/Cmd	/	KeepAlive
负载均衡策略	Ribbon	权重/metadata/Selector	Fabio	Round Robin	/
雪崩保护	有	有	无	无	无
自动注销实例	支持	支持	不支持	不支持	不支持
访问协议	HTTP	HTTP/DNS	HTTP/DNS	DNS	TCP
监听支持	支持	支持	支持	不支持	不支持
多数据中心	支持	支持	支持	不支持	不支持
跨注册中心同步	不支持	支持	支持	不支持	不支持
SpringCloud 集成	支持	支持	支持	不支持	不支持
Dubbo 集成	不支持	支持	不支持	不支持	支持
K8S 集成	不支持	支持	支持	支持	不支持

2．客户端负载均衡

客户端负载均衡（Ribbon）是客户端之间调用的负载均衡，Spring Cloud Ribbon 是基于 HTTP 和 TCP 的客户端负载均衡工具，基于 Netflix Ribbon 实现，通过 Spring Cloud 封装在 Eureka 注册中心组件中，可以轻松地将服务的 REST 模板请求自动转换成客户端负载均衡的服务调用。分布式微服务体系如图 2.6 所示。

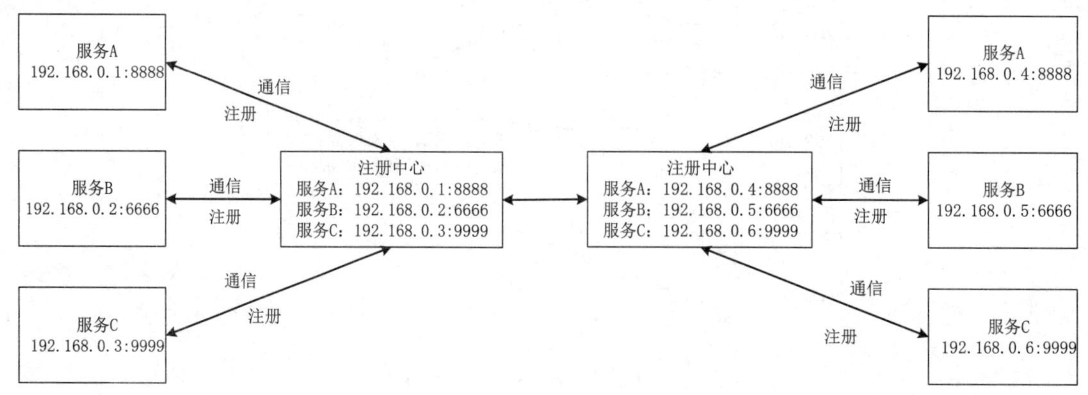

图 2.6　分布式微服务技术

由图 2.6 可知，分布式部署的微服务系统，同一个服务会有多个，如服务 A、B、C 均有两个，当服务 A 调用服务 B 时，通过 Ribbon 进行负载均衡将请求转发到对应的服务 B，Ribbon 负载均衡提高客户端服务的并发能力。由于注册中心之间是互通的，所以，客户端服务只需要向一个注册中心注册即可进行相互调用。

3. 断路器

断路器（Hystrix）保护系统，控制故障范围，保证服务高可用。断路器用于解决服务的“雪崩”效应，所谓服务“雪崩”效应，即微服务体系中某个单体服务出现问题无法正常响应时，调用这个服务会出现线程阻塞，若此时有大量的请求进入该故障的服务，Servlet 容器中的线程耗尽时，导致服务瘫痪，故障会在微服务相互依赖的单体服务中传播，最终导致整个微服务系统瘫痪。断路器生效过程如图 2.7 所示。

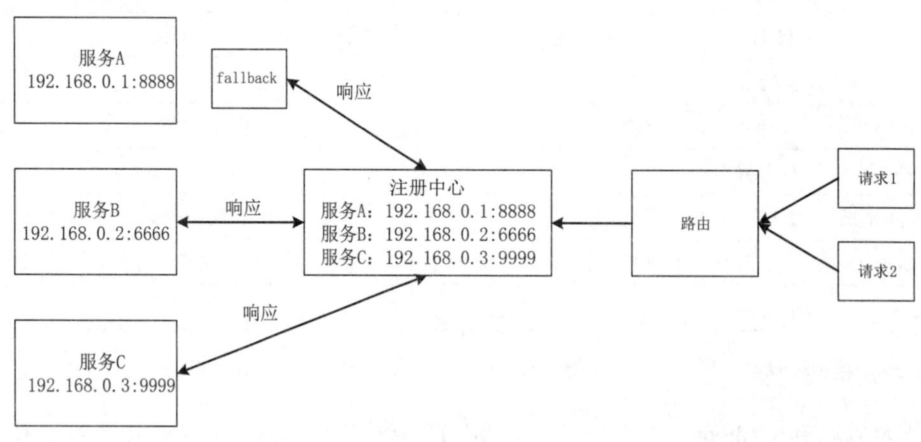

图 2.7　断路器生效过程

由图 2.7 可知，当服务 A 不可用，且不可用次数达到阈值（Hystrix 为 5s 20 次）时断路器生效，此时请求服务 A 会通过 fallback 方法直接返回一个固定值，避免故障“传染”，切断故障点。

4．网关

服务网关（Zuul）通过反向代理统一管理微服务中所有的服务接口，实现微服务体系中所有服务的接口均通过网关进行转发，即所有的请求向网关发起，然后由网关将请求进行转发，网关在微服务体系中的位置如图 2.8 所示。

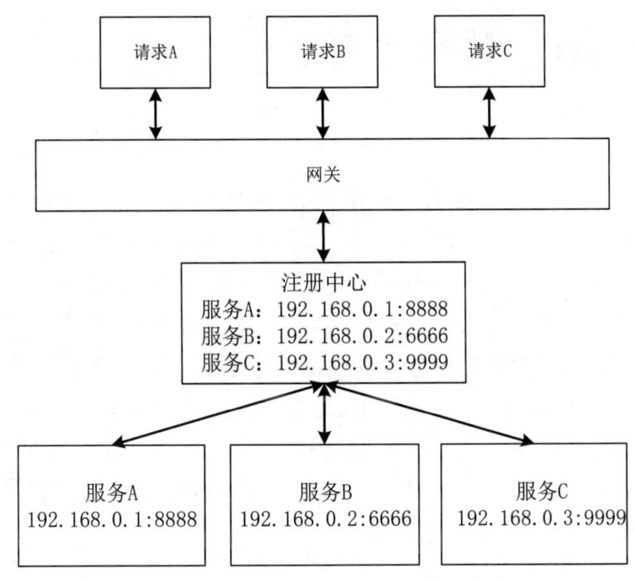

图 2.8　网关在微服务体系中的位置

5．配置中心

Spring Cloud Config 是解决分布式系统配置的方案，包含客户端和服务端两部分，服务端提供配置文件的存储服务，以接口的形式提供配置参数，客户端通过接口获取配置数据初始化项目。

2.3　小　　结

本章讲解了微服务相关应用框架 Spring 及 Spring Cloud，主要包括以下内容。

（1）Spring 是什么及为什么选择 Spring。

（2）Spring 的功能及 Spring 框架功能体系。

（3）Spring Cloud 架构及与 Spring Boot 的对应关系。

（4）Spring Cloud 五大组件：注册中心、客户端负载均衡、断路器、网关和配置中心。

第 3 章

Spring Boot 框架

本章讲解 Spring Boot 框架。Spring Boot 即 Spring 的启动框架（Boot 即计算机/程序启动），自动运行 Spring 是 Spring Boot 第 1 个区别于其他 Spring 框架的重要特性，Spring Boot 自带启动功能，通过主函数完成服务的启动。Spring Boot 的启动并对外提供服务需要内置服务器的支持，是 Spring Boot 的第 2 个重要特性，Spring Boot 内置了 Tomcat、Netty 等服务器，启动后可以直接提供网络接口。另外，Spring Boot 同样具备 IoC 和 AOP，Spring Boot 约定大于配置，即运行 Spring 所需的配置在 Spring Boot 中是自动配置完成的。

3.1 IoC

控制反转(Inversion of Control, IoC)是Spring的核心设计，也称为依赖注入(Dependency Injection, DI)，即在启动Spring Boot时，将类统一实例化存储到Spring的容器中，类的实例化、依赖的实例化和依赖的传入都由Spring完成，并由Spring容器管理，而不是由开发工程师管理，此为控制反转。通常，类的实例化由开发者完成，而IoC的理念是将类的实例化交给程序控制，将实例化的类放到对象工厂中，需要时，从工厂中直接获取完成加工（实例化）的对象，无须重新实例化。

Java程序运行在JVM中，而Spring Boot框架同样是Java程序，因此Spring的容器是在JVM中开辟的内存空间，Spring容器统一管理在JVM中实例化的类，因为Spring已经将类提前实例化，随用随取，所以Spring的运行效率较应用时实例化类更高。

3.1.1 Bean 对象及容器

在Spring实例化的类称为Bean，即Bean是对象，所有的Bean对象都在Spring容器中（同样是JVM内存）。Bean对象的创建有多种方式，Spring Boot中常用注解@Component、@Controller和@Service创建，也可以通过XML文件创建Bean对象。Spring容器即Bean容器，是Spring自动向JVM申请的内存，无须手动创建，使用Spring Boot框架，在启动框架时，即向JVM申请内存空间，Spring容器结构如图3.1所示。

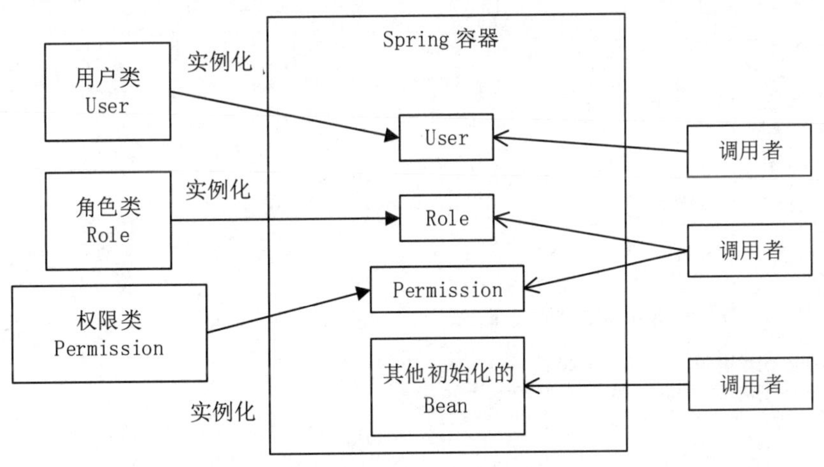

图3.1 Spring容器结构

由图3.1可知，Bean对象由Spring进行实例化，将实例化后的对象存储在Spring容器中，由Spring容器管理Bean对象的生命周期，调用者使用对象时无须手动创建，直接从Spring容器中获取即可。在这里，由于项目规模不同，程序复杂度也不同，初始化Bean对象需要的JVM内存空间不同，因此，开发工程师依据项目情况配置JVM，保证Spring Boot服务的正常运行。

3.1.2 创建 Bean 对象

Spring Boot 中常用的创建 Bean 对象的方式有 3 种，分别为注解创建 Bean 对象、Java 配置类创建 Bean 对象和 XML 配置文件创建 Bean 对象，Spring Boot 框架中最常用的创建 Bean 对象的方式为注解和 Java 配置类，下面详细讲解这 3 种创建 Bean 对象的方式。

1．注解创建 Bean 对象

Spring Boot 中为创建 Bean 对象提供了 3 种常用注解，分别为@Controller、@Service 和@Component。其中，@Controller 注解常用于路由层，即接口层创建 Bean 对象；@Service 注解常用于业务层，组合持久层逻辑；@Component 注解是面向开发工程师的自定义 Bean 对象。下面以@Component 注解为例创建 Bean 对象，实现代码如下，具体参见代码文件 microservice-book 中 microservice-data 模块/bean/ComponentBean.java。

```
package com.company.microservicedata.bean;

import com.company.microservicedata.constant.StringConstant;
import org.springframework.stereotype.Component;

/**
 * Component 创建 Bean
 * @author xindaqi
 * @since 2021-01-23
 */
@Component
public class ComponentBean {

    public String myComponentBean() {
        return StringConstant.COMPONENT_BEAN;
    }
}
```

测试用例如下，具体参见代码文件 microservice-book 中 microservice-data 模块 MicroserviceDataApplicationTests.java。

```
package com.company.microservicedata;

import com.alibaba.fastjson.JSON;
import com.alibaba.fastjson.TypeReference;
import com.company.microservicedata.bean.ComponentBean;
import com.company.microservicedata.bean.ConfigurationBean;
import com.company.microservicedata.bean.XmlBean;
import com.company.microservicedata.constant.StringConstant;
import com.company.microservicedata.util.ExcelProcessUtil;
```

```
import com.company.microservicedata.vo.UserDetailsVO;
import com.netflix.discovery.converters.Auto;
import org.junit.Assert;
import org.junit.Test;
import org.junit.runner.RunWith;
import org.springframework.beans.factory.annotation.Autowired;
import org.springframework.context.ApplicationContext;
import org.springframework.context.annotation.AnnotationConfigApplicationContext;
import org.springframework.context.support.ClassPathXmlApplicationContext;
import org.springframework.context.support.FileSystemXmlApplicationContext;
import org.springframework.test.context.junit4.SpringRunner;
import org.springframework.boot.test.context.SpringBootTest;
import org.slf4j.Logger;
import org.slf4j.LoggerFactory;
import org.springframework.web.context.support.AnnotationConfigWebApplicationContext;
import org.springframework.web.context.support.XmlWebApplicationContext;

/**
 * @author xindaqi
 * @since 2020-12-02
 */
@RunWith(SpringRunner.class)
@SpringBootTest
public class MicroserviceDataApplicationTests {

    private static Logger logger = LoggerFactory.getLogger
                                   (MicroserviceDataApplicationTests.class);

    @Autowired
    private ComponentBean componentBean;

    /**
     * Component 创建 Bean
     */
    @Test
    public void componentBeanTest() {
        String componentBeanStr = componentBean.myComponentBean();
        Assert.assertEquals(StringConstant.COMPONENT_BEAN, componentBeanStr);
        logger.info("Bean:{}", componentBeanStr);
    }

}
```

2. Java 配置类创建 Bean 对象

Java 配置类创建 Bean 对象一方面需要在类上使用@Configuration 注解，另一方面需要在方法上添加@Bean 注解并指定名称，实现代码如下，具体参见代码文件 microservice-book 中 microservice-data 模块/bean/ConfigurationBean.java。

```
package com.company.microservicedata.bean;

import com.company.microservicedata.constant.StringConstant;
import org.springframework.context.annotation.Bean;
import org.springframework.context.annotation.Configuration;

/**
 * Configuration 创建 Bean
 * @author xindaqi
 * @since 2021-01-23
 */
@Configuration
public class ConfigurationBean {

    @Bean(name = "myConfigurationBean")
    public String myConfigurationBean() {
        return StringConstant.CONFIGURATION_BEAN;
    }
}
```

测试用例如下，具体参见代码文件 microservice-book 中 microservice-data 模块 MicroserviceDataApplicationTests.java。

```
package com.company.microservicedata;

import com.alibaba.fastjson.JSON;
import com.alibaba.fastjson.TypeReference;
import com.company.microservicedata.bean.ComponentBean;
import com.company.microservicedata.bean.ConfigurationBean;
import com.company.microservicedata.bean.XmlBean;
import com.company.microservicedata.constant.StringConstant;
import com.company.microservicedata.util.ExcelProcessUtil;
import com.company.microservicedata.vo.UserDetailsVO;
import com.netflix.discovery.converters.Auto;
import org.junit.Assert;
import org.junit.Test;
import org.junit.runner.RunWith;
import org.springframework.beans.factory.annotation.Autowired;
import org.springframework.context.ApplicationContext;
import org.springframework.context.annotation.AnnotationConfigApplicationContext;
import org.springframework.context.support.ClassPathXmlApplicationContext;
import org.springframework.context.support.FileSystemXmlApplicationContext;
import org.springframework.test.context.junit4.SpringRunner;
import org.springframework.boot.test.context.SpringBootTest;
```

```
import org.slf4j.Logger;
import org.slf4j.LoggerFactory;
import org.springframework.web.context.support.AnnotationConfigWebApplicationContext;
import org.springframework.web.context.support.XmlWebApplicationContext;

/**
 * @author xindaqi
 * @since 2020-12-02
 */
@RunWith(SpringRunner.class)
@SpringBootTest
public class MicroserviceDataApplicationTests {

    private static Logger logger = LoggerFactory.getLogger
                                   (MicroserviceDataApplicationTests.class);

    @Autowired
    private ComponentBean componentBean;

    @Autowired
    private ConfigurationBean configurationBean;
    /**
     * Configuration 创建 Bean
     */
    @Test
    public void configurationBeanTest() {
         String configurationBeanStr = configurationBean.myConfigurationBean();
         Assert.assertEquals(StringConstant.CONFIGURATION_BEAN, configurationBeanStr);
         logger.info("Bean:{}", configurationBeanStr);
    }

}
```

3. XML 文件创建 Bean 对象

通过注解和 Java 配置类创建 Bean 对象都是直接在代码中完成对象的构建，而最传统的方式是通过 XML 文件创建 Bean 对象，创建普通类实现代码如下所示，具体参见代码文件 microservice-book 中 microservice-data 模块/bean/XmlBean.java。

```
package com.company.microservicedata.bean;

import com.company.microservicedata.constant.StringConstant;

/**
 * XML 创建 Bean
 * @author xindaqi
```

```
 * @since 2021-01-23
 */

public class XmlBean {

    public String myXmlBean() {
        return StringConstant.XML_BEAN;
    }
}
```

创建普通类，此时的类并不能交给 Spring 容器管理，Spring 并不能将 Java 普通类实例化（没有经过任何处理的类），而此时通过 XML 文件配置 Bean 标签，将普通 Java 类交给 Spring 容器管理。配置 XML 文件的实现代码如下，具体参见代码文件 microservice-book 中 microservice-data 模块 ApplicationContext.xml。

```
<?xml version="1.0" encoding="UTF-8"?>
<beans xmlns="http://www.springframework.org/schema/beans"
       xmlns:xsi="http://www.w3.org/2001/XMLSchema-instance"
       xmlns:p="http://www.springframework.org/schema/p"
       xsi:schemaLocation="http://www.springframework.org/schema/beans
       http://www.springframework.org/schema/beans/spring-beans.xsd">
       <bean id="xmlBeanTest" class="com.company.microservicedata.bean.XmlBean"/>
</beans>
```

测试用例如下，具体参见代码文件 microservice-book 中 microservice-data 模块 MicroserviceDataApplicationTests.java。

```
package com.company.microservicedata;

import com.alibaba.fastjson.JSON;
import com.alibaba.fastjson.TypeReference;
import com.company.microservicedata.bean.ComponentBean;
import com.company.microservicedata.bean.ConfigurationBean;
import com.company.microservicedata.bean.XmlBean;
import com.company.microservicedata.constant.StringConstant;
import com.company.microservicedata.util.ExcelProcessUtil;
import com.company.microservicedata.vo.UserDetailsVO;
import com.netflix.discovery.converters.Auto;
import org.junit.Assert;
import org.junit.Test;
import org.junit.runner.RunWith;
import org.springframework.beans.factory.annotation.Autowired;
import org.springframework.context.ApplicationContext;
import org.springframework.context.annotation.AnnotationConfigApplicationContext;
import org.springframework.context.support.ClassPathXmlApplicationContext;
import org.springframework.context.support.FileSystemXmlApplicationContext;
import org.springframework.test.context.junit4.SpringRunner;
```

```
import org.springframework.boot.test.context.SpringBootTest;
import org.slf4j.Logger;
import org.slf4j.LoggerFactory;
import org.springframework.web.context.support.AnnotationConfigWebApplicationContext;
import org.springframework.web.context.support.XmlWebApplicationContext;

/**
 * @author xindaqi
 * @since 2020-12-02
 */
@RunWith(SpringRunner.class)
@SpringBootTest
public class MicroserviceDataApplicationTests {

    private static Logger logger =
LoggerFactory.getLogger(MicroserviceDataApplicationTests.class);

    @Autowired
    private XmlBean xmlBean;

    /**
     * XML 创建 Bean
     */
    @Test
    public void xmlBeanTest() {
        String xmlBeanStr = xmlBean.myXmlBean();
        Assert.assertEquals(StringConstant.XML_BEAN, xmlBeanStr);
        logger.info("Bean:{}", xmlBeanStr);
    }

}
```

3.1.3 获取 Bean 对象

Spring 容器自动管理 Bean 对象，当需要使用容器中的对象时，同样需要借助 Spring 提供的工具获取 Bean 对象，常用的获取 Bean 对象的方式有 4 种，分别获取通过注解创建的 Bean 对象、通过 Java 配置类创建的 Bean 对象和通过 XML 文件创建的 Bean 对象，下面详细讲解如何获取 Bean 对象。

1. 通过 FileSystemXmlApplicationContext 获取

通过 FileSystemXmlApplicationContext 上下文类获取 XML 配置中创建的 Bean 对象，实现代码如下，具体参见代码文件 microservice-book 中 microservice-data 模块 MicroserviceDataApplicationTests.java。

```
package com.company.microservicedata;
```

```
import com.alibaba.fastjson.JSON;
import com.alibaba.fastjson.TypeReference;
import com.company.microservicedata.bean.ComponentBean;
import com.company.microservicedata.bean.ConfigurationBean;
import com.company.microservicedata.bean.XmlBean;
import com.company.microservicedata.constant.StringConstant;
import com.company.microservicedata.util.ExcelProcessUtil;
import com.company.microservicedata.vo.UserDetailsVO;
import com.netflix.discovery.converters.Auto;
import org.junit.Assert;
import org.junit.Test;
import org.junit.runner.RunWith;
import org.springframework.beans.factory.annotation.Autowired;
import org.springframework.context.ApplicationContext;
import org.springframework.context.annotation.AnnotationConfigApplicationContext;
import org.springframework.context.support.ClassPathXmlApplicationContext;
import org.springframework.context.support.FileSystemXmlApplicationContext;
import org.springframework.test.context.junit4.SpringRunner;
import org.springframework.boot.test.context.SpringBootTest;
import org.slf4j.Logger;
import org.slf4j.LoggerFactory;
import org.springframework.web.context.support.AnnotationConfigWebApplicationContext;
import org.springframework.web.context.support.XmlWebApplicationContext;

/**
 * @author xindaqi
 * @since 2020-12-02
 */
@RunWith(SpringRunner.class)
@SpringBootTest
public class MicroserviceDataApplicationTests {

    private static Logger logger = LoggerFactory.getLogger
                                (MicroserviceDataApplicationTests.class);

    @Autowired
    private ComponentBean componentBean;

    /**
     *获取 XML 创建的 Bean
     */
    @Test
    public void getBeanByXml() {
        ApplicationContext ac = new FileSystemXmlApplicationContext("classpath:xml/
                                applicationContext.xml");
        XmlBean xmlBean = (XmlBean) ac.getBean("xmlBeanTest");
```

```
        String xmlBeanStr = xmlBean.myXmlBean();
        Assert.assertEquals(StringConstant.XML_BEAN, xmlBeanStr);
        logger.info("Bean:{}", xmlBeanStr);

    }
}
```

2. 通过 AnnotationConfigApplicationContext 获取

通过 AnnotationConfigApplicationContext 上下文类获取 Java 配置类创建的 Bean 对象，实现代码如下，具体参见代码文件 microservice-book 中 microservice-data 模块 MicroserviceDataApplicationTests.java。

```
package com.company.microservicedata;

import com.alibaba.fastjson.JSON;
import com.alibaba.fastjson.TypeReference;
import com.company.microservicedata.bean.ComponentBean;
import com.company.microservicedata.bean.ConfigurationBean;
import com.company.microservicedata.bean.XmlBean;
import com.company.microservicedata.constant.StringConstant;
import com.company.microservicedata.util.ExcelProcessUtil;
import com.company.microservicedata.vo.UserDetailsVO;
import com.netflix.discovery.converters.Auto;
import org.junit.Assert;
import org.junit.Test;
import org.junit.runner.RunWith;
import org.springframework.beans.factory.annotation.Autowired;
import org.springframework.context.ApplicationContext;
import org.springframework.context.annotation.AnnotationConfigApplicationContext;
import org.springframework.context.support.ClassPathXmlApplicationContext;
import org.springframework.context.support.FileSystemXmlApplicationContext;
import org.springframework.test.context.junit4.SpringRunner;
import org.springframework.boot.test.context.SpringBootTest;
import org.slf4j.Logger;
import org.slf4j.LoggerFactory;
import org.springframework.web.context.support.AnnotationConfigWebApplicationContext;
import org.springframework.web.context.support.XmlWebApplicationContext;

/**
 * @author xindaqi
 * @since 2020-12-02
 */
@RunWith(SpringRunner.class)
@SpringBootTest
public class MicroserviceDataApplicationTests {

    private static Logger logger = LoggerFactory.getLogger
```

```
                                    (MicroserviceDataApplicationTests.class);

    /**
     * 获取 Java 配置类的 Bean
     */
    @Test
    public void getBeanByConfiguration() {
        AnnotationConfigApplicationContext ctx = new
                                          AnnotationConfigApplicationContext();
        ctx.register(ConfigurationBean.class);
        ctx.refresh();
        String beanStr = (String) ctx.getBean("myConfigurationBean");
        Assert.assertEquals(StringConstant.CONFIGURATION_BEAN, beanStr);
        logger.info("Bean:{}", beanStr);
        ctx.close();

    }

}
```

3. 通过 AnnotationConfigWebApplicationContext 获取

通过 AnnotationConfigWebApplicationContext 上下文类获取 Bean 对象，实现代码如下，具体参见代码文件 microservice-book 中 microservice-data 模块 MicroserviceDataApplicationTests.java。

```
package com.company.microservicedata;

import com.alibaba.fastjson.JSON;
import com.alibaba.fastjson.TypeReference;
import com.company.microservicedata.bean.ComponentBean;
import com.company.microservicedata.bean.ConfigurationBean;
import com.company.microservicedata.bean.XmlBean;
import com.company.microservicedata.constant.StringConstant;
import com.company.microservicedata.util.ExcelProcessUtil;
import com.company.microservicedata.vo.UserDetailsVO;
import com.netflix.discovery.converters.Auto;
import org.junit.Assert;
import org.junit.Test;
import org.junit.runner.RunWith;
import org.springframework.beans.factory.annotation.Autowired;
import org.springframework.context.ApplicationContext;
import org.springframework.context.annotation.AnnotationConfigApplicationContext;
import org.springframework.context.support.ClassPathXmlApplicationContext;
import org.springframework.context.support.FileSystemXmlApplicationContext;
import org.springframework.test.context.junit4.SpringRunner;
import org.springframework.boot.test.context.SpringBootTest;
import org.slf4j.Logger;
```

```
import org.slf4j.LoggerFactory;
import org.springframework.web.context.support.AnnotationConfigWebApplicationContext;
import org.springframework.web.context.support.XmlWebApplicationContext;

/**
 * @author xindaqi
 * @since 2020-12-02
 */
@RunWith(SpringRunner.class)
@SpringBootTest
public class MicroserviceDataApplicationTests {

    private static Logger logger = LoggerFactory.getLogger
                                (MicroserviceDataApplicationTests.class);

    /**
     * 获取注解创建的 Bean
     */
    @Test
    public void getBeanByAnnotaion() {
        AnnotationConfigWebApplicationContext ctx = new
                                        AnnotationConfigWebApplicationContext();
        ctx.register(ComponentBean.class);
        ctx.refresh();
        ComponentBean componentBean = ctx.getBean(ComponentBean.class);
        String beanStr = componentBean.myComponentBean();
        Assert.assertEquals(StringConstant.COMPONENT_BEAN, beanStr);
        logger.info("Bean:{}", beanStr);
        ctx.close();
    }

}
```

4．通过 ClassPathXmlApplicationContext 获取

通过 ClassPathXmlApplicationContext 上下文类同样可以获取 XML 配置文件创建的 Bean 对象，实现代码如下，具体参见代码文件 microservice-book 中 microservice-data 模块 MicroserviceDataApplicationTests.java。

```
package com.company.microservicedata;

import com.alibaba.fastjson.JSON;
import com.alibaba.fastjson.TypeReference;
import com.company.microservicedata.bean.ComponentBean;
import com.company.microservicedata.bean.ConfigurationBean;
import com.company.microservicedata.bean.XmlBean;
```

```
import com.company.microservicedata.constant.StringConstant;
import com.company.microservicedata.util.ExcelProcessUtil;
import com.company.microservicedata.vo.UserDetailsVO;
import com.netflix.discovery.converters.Auto;
import org.junit.Assert;
import org.junit.Test;
import org.junit.runner.RunWith;
import org.springframework.beans.factory.annotation.Autowired;
import org.springframework.context.ApplicationContext;
import org.springframework.context.annotation.AnnotationConfigApplicationContext;
import org.springframework.context.support.ClassPathXmlApplicationContext;
import org.springframework.context.support.FileSystemXmlApplicationContext;
import org.springframework.test.context.junit4.SpringRunner;
import org.springframework.boot.test.context.SpringBootTest;
import org.slf4j.Logger;
import org.slf4j.LoggerFactory;
import org.springframework.web.context.support.AnnotationConfigWebApplicationContext;
import org.springframework.web.context.support.XmlWebApplicationContext;

/**
 * @author xindaqi
 * @since 2020-12-02
 */
@RunWith(SpringRunner.class)
@SpringBootTest
public class MicroserviceDataApplicationTests {

    private static Logger logger = LoggerFactory.getLogger
                                   (MicroserviceDataApplicationTests.class);

    /**
     * 从 classpath 中获取 XML 创建的 Bean
     */
    @Test
    public void getBeanByClasspath() {
        ApplicationContext ctx = new ClassPathXmlApplicationContext
                                 ("classpath:xml/applicationContext.xml");
        XmlBean xmlBean = (XmlBean) ctx.getBean("xmlBeanTest");
        String beanStr = xmlBean.myXmlBean();
        Assert.assertEquals(StringConstant.XML_BEAN, beanStr);
        logger.info("Bean:{}", beanStr);
    }

}
```

3.1.4 BeanFactory 与 FactoryBean

BeanFactory 是 IoC 的核心接口，包括类实例化、定位、配置应用程序中的对象和建立对象依赖，定义了 Spring 容器的最基本形式与 IoC 应该遵守的最底层和最基本的编程规范。BeanFactory 是负责生产和管理 Bean 的工厂，即 Spring 中所有的 Bean 对象都由 BeanFactory 管理，BeanFactory 不提供 IoC 的具体实现，但是 Spring 容器提供了很多 BeanFactory 的具体实现方式，如 DefaultListableBeanFactory、XmlBeanFactory、ApplicationContext 等，BeanFactory 接口源码如下：

```
package org.springframework.beans.factory;
import org.springframework.beans.BeansException;
import org.springframework.core.ResolvableType;
import org.springframework.lang.Nullable;

public interface BeanFactory {

    String FACTORY_BEAN_PREFIX = "&";

    Object getBean(String name) throws BeansException;

    <T> T getBean(String name, Class<T> requiredType) throws BeansException;

    Object getBean(String name, Object... args) throws BeansException;

    <T> T getBean(Class<T> requiredType) throws BeansException;

    <T> T getBean(Class<T> requiredType, Object... args) throws BeansException;

    <T> ObjectProvider<T> getBeanProvider(Class<T> requiredType);

    <T> ObjectProvider<T> getBeanProvider(ResolvableType requiredType);

    boolean containsBean(String name);

    boolean isSingleton(String name) throws NoSuchBeanDefinitionException;

    boolean isPrototype(String name) throws NoSuchBeanDefinitionException;

    boolean isTypeMatch(String name, ResolvableType typeToMatch) throws
NoSuchBeanDefinitionException;

    boolean isTypeMatch(String name, Class<?> typeToMatch) throws
NoSuchBeanDefinitionException;

    @Nullable
    Class<?> getType(String name) throws NoSuchBeanDefinitionException;
```

```
    @Nullable
    Class<?> getType(String name, boolean allowFactoryBeanInit) throws
NoSuchBeanDefinitionException;

    String[] getAliases(String name);
}
```

由 BeanFactory 接口源码可知，通过 BeanName 获取 Bean 对象时需要在 BeanName 前添加"&"，因此实现 FactoryBean 获取 Bean 对象时，需要手动添加"&"。

FactoryBean 同样是一个接口，是一种工厂 Bean，可以返回 Bean 实例，通过实现 FactoryBean 接口完成自定义逻辑，Spring 自身提供了 70 多个 FactoryBean 实现实例，并且隐藏了实例化复杂的细节，方便上层调用，从 Spring 3.0 开始，FactoryBean 支持泛型，FactoryBean 的源码如下：

```
package org.springframework.beans.factory;

import org.springframework.lang.Nullable;

public interface FactoryBean<T> {

    String OBJECT_TYPE_ATTRIBUTE = "factoryBeanObjectType";

    @Nullable
    T getObject() throws Exception;

    @Nullable
    Class<?> getObjectType();

    default boolean isSingleton() {
        return true;
    }

}
```

当实现 FactoryBean 接口之后，通过 getBean(String BeanName)方法获取的 Bean 对象并不是 FactoryBean 实现类对象，而是实现类中 getObject()方法返回的对象。若要获取 FactoryBean 实现类对象，需要在 BeanName 前添加"&"，即 getBean(String &BeanName)。下面通过 XML 创建 Bean 对象，实现 FactoryBean 接口，验证获取实现类对象，新建普通类，实现代码如下，具体参见代码文件 microservice-book 中 microservice-data 模块/bean/TestFactoryBean.java。

```
package com.company.microservicedata.bean;

import com.company.microservicedata.constant.StringConstant;
import lombok.Data;
```

```
/**
 * XmlBean 实现 FactoryBean
 * @author xindaqi
 * @since 2021-01-23
 */
@Data
public class TestFactoryBean {

    private int id;

    public String myXmlBean() {
        return StringConstant.XML_BEAN;
    }

}
```

实现 FactoryBean 接口类，FactoryBean 中的泛型类型为普通类，即 TestFactoryBean.java，通过接口实现类结合普通类完成自定义逻辑，实现代码如下，具体参见代码文件 microservice-book 中 microservice-data 模块/bean/XmlFactoryBean.java。

```
package com.company.microservicedata.bean;

import org.springframework.beans.factory.FactoryBean;

/**
 * XmlBean 实现 FactoryBean
 * @author xindaqi
 * @since 2021-01-23
 */

public class XmlFactoryBean implements FactoryBean<TestFactoryBean> {

    @Override
    public TestFactoryBean getObject() throws Exception {
        return new TestFactoryBean();
    }

    @Override
    public Class<?> getObjectType() {
        return TestFactoryBean.class;
    }

    public String beanMethodTest() {
        return "FactoryBean";
    }
}
```

通过 XML 创建 Bean 对象，XML 配置文件如下，在 XML 中新建的 Bean 映射的类为 FactoryBean 接口实现类，具体参见代码文件 microservice-book 中 microservice-data 模块 /resources/xml/applicationContext.xml。

```
<?xml version="1.0" encoding="UTF-8"?>
<beans xmlns="http://www.springframework.org/schema/beans"
       xmlns:xsi="http://www.w3.org/2001/XMLSchema-instance"
       xmlns:p="http://www.springframework.org/schema/p"
       xsi:schemaLocation="http://www.springframework.org/schema/beans
       http://www.springframework.org/schema/beans/spring-beans.xsd">
    <bean id="xmlBeanTest" class="com.company.microservicedata.bean.XmlBean"/>
    <bean id="xmlFactoryBean" class="com.company.microservicedata.bean.XmlFactoryBean"/>
</beans>
```

测试样例实现代码如下，通过 getBean(String BeanName)方法获取普通类自定义逻辑，通过 getBean(String & BeanName)方法获取 FactoryBean 接口实现类 Bean 对象，具体参见代码文件 microservice-book 中 microservice-data 模块 MicroserviceDataApplicationTests.java。

```
package com.company.microservicedata;

// import org.junit.jupiter.api.Test;
import com.alibaba.fastjson.JSON;
import com.alibaba.fastjson.TypeReference;
import com.company.microservicedata.bean.*;
import com.company.microservicedata.constant.StringConstant;
import com.company.microservicedata.util.ExcelProcessUtil;
import com.company.microservicedata.vo.UserDetailsVO;
import com.netflix.discovery.converters.Auto;
import org.junit.Assert;
import org.junit.Test;
import org.junit.runner.RunWith;
import org.springframework.beans.factory.annotation.Autowired;
import org.springframework.context.ApplicationContext;
import org.springframework.context.annotation.AnnotationConfigApplicationContext;
import org.springframework.context.support.ClassPathXmlApplicationContext;
import org.springframework.context.support.FileSystemXmlApplicationContext;
import org.springframework.test.context.junit4.SpringRunner;
import org.springframework.boot.test.context.SpringBootTest;
import org.slf4j.Logger;
import org.slf4j.LoggerFactory;
import org.springframework.web.context.support.AnnotationConfigWebApplicationContext;
import org.springframework.web.context.support.XmlWebApplicationContext;

/**
 * @author xindaqi
 * @since 2020-12-02
```

```
 */
@RunWith(SpringRunner.class)
@SpringBootTest
public class MicroserviceDataApplicationTests {

    private static Logger logger = LoggerFactory.getLogger
                                    (MicroserviceDataApplicationTests.class);

    /**
     * 通过 XML 获取 Bean
     */
    @Test
    public void getFactoryBeanByXml() {
        ApplicationContext ac = new FileSystemXmlApplicationContext
                                ("classpath:xml/applicationContext.xml");
        TestFactoryBean xmlBean = (TestFactoryBean) ac.getBean("xmlFactoryBean");
        String xmlBeanStr = xmlBean.myXmlBean();
        XmlFactoryBean xmlFactoryBean = (XmlFactoryBean) ac.getBean ("&xmlFactoryBean");
        String xmlFactroyBeanStr = xmlFactoryBean.beanMethodTest();
        Assert.assertEquals(StringConstant.XML_BEAN, xmlBeanStr);
        logger.info("Bean:{}", xmlBeanStr);
        logger.info("Factory bean: {}", xmlFactroyBeanStr);

    }

}
```

3.2 AOP

面向切面编程（Aspect Oriented Programming, AOP）是一种编程范式，属于面向函数编程，即在面向切面的世界里，是针对函数（功能）进行的。通俗地讲，切面即具有特定功能的函数，切面是函数的“黏合剂”，通过切面组合和嵌入不同的功能，组合即把不同的功能串联为解决特定场景问题的完整功能，如数据分析需要串联权限认证、数据查询功能，嵌入则是在原有功能的基础上在不改变原有功能代码的前提下，增加自定义功能，如打印日志、统计方法耗时等。

面向切面编程没有强制的实现方式，常用的有两种实现方式，即 AspectJ 和代理，其中代理有 3 种实现方式，分别为静态代理、动态代理和 CGLib 代理。

3.2.1 切面

面向切面编程最重要的是构造出合理的切面，切面是实现高内聚、低耦合至关重要的一环，面向切面编程是函数式编程，因此切面是函数功能（业务逻辑）的划分。面向切面编程的架构如图 3.2 所示。

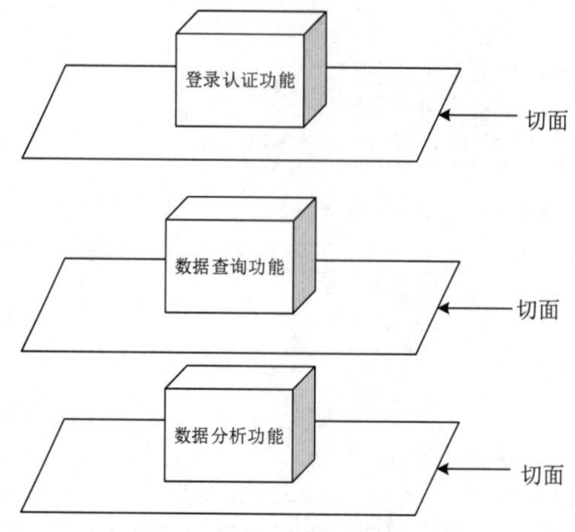

图 3.2 面向切面编程的架构

由图 3.2 可知，数据分析功能通过切面将复杂的功能划分成 3 个不同的功能模块，即登录认证功能、数据查询功能和数据分析功能。功能细分之后，登录认证可以单独形成一个权限管理模块，供所有需要认证的服务调用；数据查询功能提供通用数据查询服务；数据分析是最终的效果展示。虽然将一个功能拆分成多个功能，但是对于整个系统是松耦合且健壮的。面向切面编程一方面降低了模块内的复杂度，另一方面提高了模块的复用性。

3.2.2 AspectJ

AspectJ 是 Java 中成熟稳定且易用的面向切面编程框架。AspectJ 提供了切面配置（PointCut）、连接点（JoinPoint）、前置通知（Before）、后置通知（After）和返回通知（AfterReturing）等注解配置，供开发工程师建立切面、使用切面，完成业务逻辑拆分、耗时统计、日志输出等功能的实现。AspectJ 框架的面向切面编程架构如图 3.3 所示。

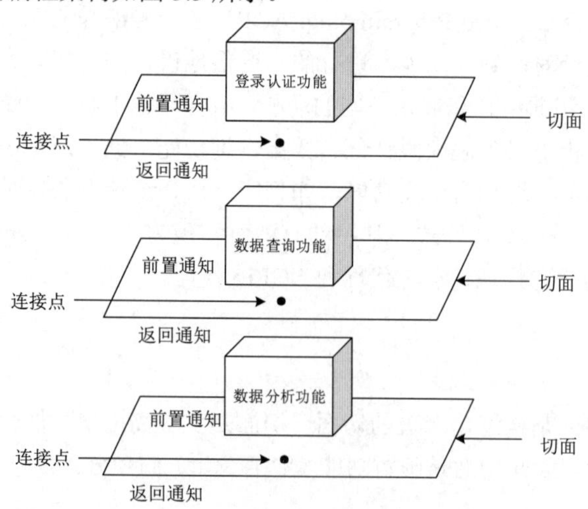

图 3.3 AspectJ 框架的面向切面编程架构

由图 3.3 可知，AspectJ 细化了面向切面编程，如加入了连接点、前置通知和返回通知的概念。连接点即切面的功能对象，通过连接点可以获取切面对象的相关属性和功能，如类名称、方法名称等；前置通知即在执行切面方法前执行的逻辑，如获取入参、请求者 IP、方法执行开始时间等数据；返回通知即执行切面方法并获取返回结果后执行的逻辑，如获取输出参数、方法耗时等数据。

AspectJ 关键注解解析见表 3.1。下面以日志打印和接口耗时统计为例，讲解 AspectJ 注解的应用。

表 3.1　AspectJ 关键注解解析

注　解	描　述
@PointCut	创建切面，通过配置执行表达式，为指定的包创建切面
@Before	前置通知，切面调用前执行的逻辑
@After	后置通知，切面调用后执行的逻辑
@AfterReturning	返回通知，切面执行并正常返回数据后执行的逻辑
@Around	环绕通知，基于 CGLib 代理，相当于 MethodInterceptor 方法拦截，可以对多种注解（@Controller、@Servcie、@Component）的类创建切面

1. 切面

切面即把函数功能进行模块化，通过切面进行的模块化更加灵活和高效，通过 AspectJ 实现切面，需要引入 AOP 类包(Maven 依赖)，依赖如下，具体参见代码文件 microservice-book 中 microservice-data 模块 pom.xml。

```
<dependency>
    <groupId>org.springframework.boot</groupId>
    <artifactId>spring-boot-starter-aop</artifactId>
</dependency>
```

使用注解@PointCut 创建指定功能的切面，在该注解中配置表达式，即可对包中的类或某个指定的类创建切面，如对 User 模块的路由层（Controller）创建切面，实现代码如下，具体参见代码文件 microservice-book 中 microservice-user 模块/aop/ApiCallLog.java。

```
package com.company.microserviceuser.aop;

import java.util.Enumeration;

import javax.annotation.Resource;
import javax.servlet.http.HttpServletRequest;

import com.company.microserviceuser.utils.AnnotationUtil;

import org.aspectj.lang.JoinPoint;
import org.aspectj.lang.annotation.AfterReturning;
import org.aspectj.lang.annotation.Aspect;
import org.aspectj.lang.annotation.Before;
```

```
import org.aspectj.lang.annotation.After;
import org.aspectj.lang.annotation.Pointcut;
import org.slf4j.Logger;
import org.slf4j.LoggerFactory;
import org.springframework.stereotype.Component;
import org.springframework.web.context.request.RequestContextHolder;
import org.springframework.web.context.request.ServletRequestAttributes;
import java.util.stream.Stream;

import com.company.microserviceuser.dto.LoginInputDTO;
/**
 * 日志拦截
 *
 * @author xindaqi
 * @since 2020-10-23
 */
@Aspect
@Component
public class ApiCallLog {

    @Resource
    private AnnotationUtil annotationUtil;

    private static ThreadLocal<Long> startTime = new ThreadLocal<>();

    private Logger logger = LoggerFactory.getLogger(ApiCallLog.class);

    /**
     * 方法切入点，执行对应的方法
     * 1. execution : 表达式主体
     * 2. * :任意类型返回值
     * 3. com.company.web.controller : AOP 切片的包名
     * 4. .. :当前包及子包
     * 5. * : 类名,*表示所有类
     * 6. .*(..) : 方法名,*表示任何方法名,(..)表示任何参数类型
     */
    @Pointcut("execution(* com.company.microserviceuser.controller..*.*(..)) ||
execution(* com.company.microserviceuser.exception..*.*(..))")
    public void callLog() {
        logger.info("Pointcut");
    }

}
```

由上述代码可知，为路由层 Controller 创建切面使用了 execution 执行表达式，execution 表达式的参数说明见表 3.2。

表 3.2　execution 表达式参数说明

参　数	描　述
*	返回值，*表示任意类型的返回值
com.company.web.controller	包名，创建切面的包名
..	切面遍历的包路径，..表示当前包和上一级路径
*	类名，包中类名称，*表示所有类，代理所有的类
.*(..)	方法名，*表示所有方法名，(..)表示方法所有类型的参数

2．切入点

切入点（JoinPoint）是前置通知、后置通知和返回通知的参数，该参数是由 AspectJ 提供的工具类，代理当前类，用于当前切面类的类名、执行的方法名称等，在统计方法耗时的应用场景下非常有用，可以准确定位到类和方法。

3．前置通知

前置通知即执行切面前的逻辑，如调用接口前打印入参和请求者 IP 地址，实现代码如下，具体参见代码文件 microservice-book 中 microservice-user 模块/aop/ApiCallLog.java。

```
package com.company.microserviceuser.aop;

import java.util.Enumeration;

import javax.annotation.Resource;
import javax.servlet.http.HttpServletRequest;

import com.company.microserviceuser.utils.AnnotationUtil;

import org.aspectj.lang.JoinPoint;
import org.aspectj.lang.annotation.AfterReturning;
import org.aspectj.lang.annotation.Aspect;
import org.aspectj.lang.annotation.Before;
import org.aspectj.lang.annotation.After;
import org.aspectj.lang.annotation.Pointcut;
import org.slf4j.Logger;
import org.slf4j.LoggerFactory;
import org.springframework.stereotype.Component;
import org.springframework.web.context.request.RequestContextHolder;
import org.springframework.web.context.request.ServletRequestAttributes;
import java.util.stream.Stream;

import com.company.microserviceuser.dto.LoginInputDTO;
/**
 * 日志拦截
```

```
 *
 * @author xindaqi
 * @since 2020-10-23
 */
@Aspect
@Component
public class ApiCallLog {

    @Resource
    private AnnotationUtil annotationUtil;

    private static ThreadLocal<Long> startTime = new ThreadLocal<>();

    private Logger logger = LoggerFactory.getLogger(ApiCallLog.class);

    /**
     * 切入方法执行前的方法
     *
     * @param joinPoint 反射接口（Interface）
     * @throws Exception
     */
    @Before("callLog()")
    public void doBefore(JoinPoint joinPoint) throws Throwable {
        startTime.set(System.currentTimeMillis());
        logger.info("===Api call aspect do before.===");
        ServletRequestAttributes attributes = (ServletRequestAttributes)
RequestContextHolder.getRequestAttributes();
        HttpServletRequest request = attributes.getRequest();
        logger.info("URL: {}", request.getRequestURI());
        logger.info("HTTP METHOD: {}", request.getMethod());
        logger.info("IP: {}", request.getRemoteAddr());
        logger.info("Class METHOD: {}", joinPoint.getSignature().getDeclaringTypeName() +
"." + joinPoint.getSignature().getName());
        logger.info("Class name:{}", joinPoint.getTarget().getClass().getName());
        Enumeration<String> enums = request.getParameterNames();
        while(enums.hasMoreElements()) {
            String paramName = enums.nextElement();
            logger.info("Parameter name: {}", request.getParameter(paramName));
        }
    }

}
```

4. 后置通知

后置通知即执行切面逻辑后执行的逻辑，本例的逻辑只打印方法执行结束的提示，实现代码如下，具体参见代码文件 microservice-book 中 microservice-user 模块/aop/ApiCallLog.java。

```
package com.company.microserviceuser.aop;

import java.util.Enumeration;

import javax.annotation.Resource;
import javax.servlet.http.HttpServletRequest;

import com.company.microserviceuser.utils.AnnotationUtil;

import org.aspectj.lang.JoinPoint;
import org.aspectj.lang.annotation.AfterReturning;
import org.aspectj.lang.annotation.Aspect;
import org.aspectj.lang.annotation.Before;
import org.aspectj.lang.annotation.After;
import org.aspectj.lang.annotation.Pointcut;
import org.slf4j.Logger;
import org.slf4j.LoggerFactory;
import org.springframework.stereotype.Component;
import org.springframework.web.context.request.RequestContextHolder;
import org.springframework.web.context.request.ServletRequestAttributes;
import java.util.stream.Stream;

import com.company.microserviceuser.dto.LoginInputDTO;
/**
 * 日志拦截
 *
 * @author xindaqi
 * @since 2020-10-23
 */
@Aspect
@Component
public class ApiCallLog {

    @Resource
    private AnnotationUtil annotationUtil;

    private static ThreadLocal<Long> startTime = new ThreadLocal<>();

    private Logger logger = LoggerFactory.getLogger(ApiCallLog.class);

    /**
     * 切入方法执行结束后的方法
     *
     * @param joinPoint 反射接口（Interface）
     */
```

```
    @After("callLog()")
    public void doAfter(JoinPoint joinPoint) {
        logger.info("===Api call aspect do after.===");

    }

}
```

5. 返回通知

返回通知即切面中方法执行结束并正常返回数据后执行的逻辑，如本例统计请求输出的参数、接口耗时，实现代码如下，具体参见代码文件 microservice-book 中 microservice-user 模块 /aop/ApiCallLog.java。

```
package com.company.microserviceuser.aop;

import java.util.Enumeration;

import javax.annotation.Resource;
import javax.servlet.http.HttpServletRequest;

import com.company.microserviceuser.utils.AnnotationUtil;

import org.aspectj.lang.JoinPoint;
import org.aspectj.lang.annotation.AfterReturning;
import org.aspectj.lang.annotation.Aspect;
import org.aspectj.lang.annotation.Before;
import org.aspectj.lang.annotation.After;
import org.aspectj.lang.annotation.Pointcut;
import org.slf4j.Logger;
import org.slf4j.LoggerFactory;
import org.springframework.stereotype.Component;
import org.springframework.web.context.request.RequestContextHolder;
import org.springframework.web.context.request.ServletRequestAttributes;
import java.util.stream.Stream;

import com.company.microserviceuser.dto.LoginInputDTO;
/**
 * 日志拦截
 *
 * @author xindaqi
 * @since 2020-10-23
 */
@Aspect
@Component
public class ApiCallLog {
```

```
    @Resource
    private AnnotationUtil annotationUtil;

    private static ThreadLocal<Long> startTime = new ThreadLocal<>();

    private Logger logger = LoggerFactory.getLogger(ApiCallLog.class);

    /**
     * 切入方法返回后执行方法
     *
     * @param joinPoint 反射接口（Interface）
     */
    @AfterReturning(value = "callLog()", returning = "returnValue")
    public void doAfterReturing(JoinPoint joinPoint, Object returnValue) throws Exception
{
        if(joinPoint.getArgs().length != 0){
            Stream.of(joinPoint.getArgs()).forEach(s ->
annotationUtil.desensitization(s));
            annotationUtil.desensitization(joinPoint.getArgs()[0]);
        }
        logger.info("ARGS: {}", joinPoint.getArgs());
        long costTime = System.currentTimeMillis() - startTime.get();
        logger.info("返回值: {}", returnValue);
        logger.info("Time spending: {}ms", costTime);
        logger.info("===Api call aspect do afterReturing.===");
        startTime.remove();
    }

}
```

3.2.3 代理

代理是面向切面编程的另一种实现方式，与 AspectJ 相比，通过代理实现切面并执行切面前后的逻辑需要更多的代码实现，需要开发工程师有针对性地设计切面。代理有 3 种实现方式，分别为静态代理、动态代理和 CGLib 代理。下面以算术运算接口为例，分别讲解静态代理、动态代理和 CGLib 代理。

算术运算接口代码如下，具体参见代码文件 java-basic-with-maven 中/designpattern/proxy/IArithmeticOperation.java。

```
package designpattern.proxy;

/**
* @description 代理模式：算术运算
* @author xindaqi
```

```
 * @since 2021-02-15 12:23:01
 */
public interface IArithmeticOperation {

    /**
    * description: 加法
    * @since 2021-02-15 12:26:35
    * @param a: 参数
    * @param b: 参数
    * @return 两数之和
    */
    float addition(float a, float b);

    /**
    * description: 减法
    * @since 2021-02-15 12:27:52
    * @param a: 参数
    * @param b: 参数
    * @return 两数之差
    */
    float substraction(float a, float b);

}
```

算术运算接口实现代码如下，具体参见代码文件 java-basic-with-maven 中/designpattern/proxy/ArithmeticOperation.java。

```
package designpattern.proxy;

import java.util.logging.Logger;

/**
* @description 代理模式：算术运算实现
* @author xindaqi
* @since 2021-02-15 12:29:12
*/
public class ArithmeticOperation implements IArithmeticOperation {

    private static final Logger logger = Logger.getLogger("ArithmeticOperation");

    @Override
    public float addition(float a, float b) {
        float result = a + b;
        logger.info("我是原生接口实现：加法，计算结果：" + result);
        return result;
    }

    @Override
```

```
    public float substraction(float a, float b) {
        float result = a - b;
        logger.info("我是原生接口实现：减法，计算结果：" + result);
        return result;
    }

}
```

1. 静态代理

静态代理类实现接口与单纯的实现（只重写方法）不同。在静态代理类中将接口类（Interface）作为属性，并构建有参数的构造方法，当初始化静态类时，传入接口的实现类对象，此时，静态代理类具备了接口提供的功能。静态代理类结构如图 3.4 所示。

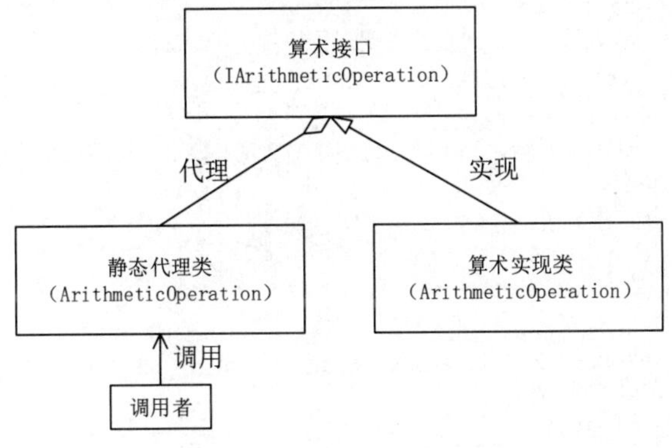

图 3.4　静态代理类结构

静态代理类代码如下，具体参见代码文件 java-basic-with-maven 中 /designpattern/proxy/StaticProxy.java。

```
package designpattern.proxy;

import java.util.logging.Logger;

/**
* @description 代理模式：静态代理
* @author xindaqi
* @since 2021-02-15 12:46:21
*/

public class StaticProxy implements IArithmeticOperation {

    private static final Logger logger = Logger.getLogger("StaticProxy");

    IArithmeticOperation arithmeticOperation;

    public StaticProxy(IArithmeticOperation arithmeticOperation) {
```

```
        this.arithmeticOperation = arithmeticOperation;
    }

    @Override
    public float addition(float a, float b) {
        logger.info("进入原生前，我是静态代理接口实现：加法");
        arithmeticOperation.addition(a, b);
        float result = a + b;
        logger.info("进入原生后，我是静态代理接口实现：加法，计算结果：" + result);
        return result;

    }

    @Override
    public float substraction(float a, float b) {
        logger.info("进入原生前，我是静态代理接口实现：减法");
        arithmeticOperation.addition(a, b);
        float result = a - b;
        logger.info("进入原生后，我是静态代理接口实现：减法，计算结果：" + result);
        return result;
    }

}
```

测试样例如下，具体参见代码文件 java-basic-with-maven 中/designpattern/proxy/StaticProxyTest.java。

```
package designpattern.proxy;

/**
* @description 代理模式：静态代理测试样例
* @author xindaqi
* @since 2021-02-15 12:53:48
*/

public class StaticProxyTest {

    public static void main(String[] args) {
        IArithmeticOperation arithmeticOperation = new ArithmeticOperation();
        StaticProxy staticProxy = new StaticProxy(arithmeticOperation);
        float a = 1.0f;
        float b = 2.0f;
        staticProxy.addition(a, b);
    }

}
```

运行结果如下。由运行结果可知，静态代理类完全重新实现了一次接口，然后通过代理类包装一次实现接口，即代理；在静态代理类中可以完成前置通知和后置通知，即进入原生前和进入原生后。

```
二月 15, 2021 4:09:40 下午 designpattern.proxy.StaticProxy addition
信息：进入原生前，我是静态代理接口实现：加法
二月 15, 2021 4:09:40 下午 designpattern.proxy.ArithmeticOperation addition
信息：我是原生接口实现：加法，计算结果：3.0
二月 15, 2021 4:09:40 下午 designpattern.proxy.StaticProxy addition
信息：进入原生后，我是静态代理接口实现：加法，计算结果：3.0
```

2. 动态代理

动态代理即代理接口类，无须重新实现接口，通过实现 InvocationHandler 接口，代理接口（接口实现类向上转型为接口类型），最后通过动态代理类获取（接口）对象，对象强制转型为被代理的接口类，调用对应的方法。动态代理类结构如图 3.5 所示。

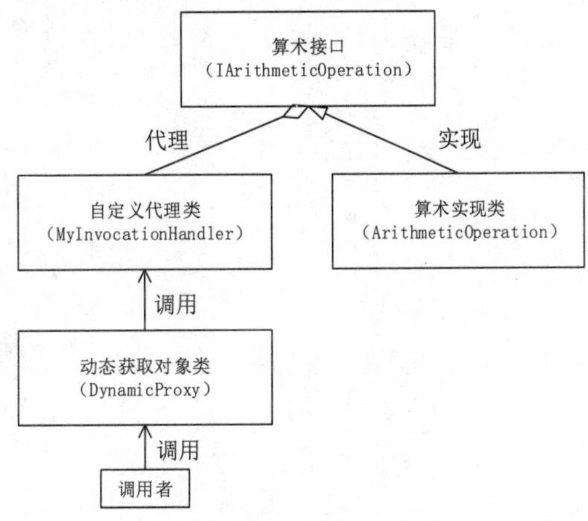

图 3.5　动态代理类结构

通过实现 InvocationHandler 接口，在该类中添加前置通知和后置通知的逻辑，InvocationHandler 接口实现代码如下，具体参见代码文件 java-basic-with-maven 中 /designpattern/proxy/MyInvocationHandler.java。

```
package designpattern.proxy;

import java.lang.reflect.InvocationHandler;
import java.lang.reflect.Method;
import java.util.logging.Logger;

/**
* @description 代理模式：动态代理实现 InvocationHandler
* @author xindaqi
* @since 2021-02-15 13:57:09
*/

public class MyInvocationHandler implements InvocationHandler {
```

```
    private static final Logger logger = Logger.getLogger("MyInvocationHandler");

    Object proxyObject;
    Object a;
    Object b;

    public MyInvocationHandler(Object proxyObject, Object a, Object b) {
        this.proxyObject = proxyObject;
        this.a = a;
        this.b = b;
    }

    @Override
    public Object invoke(Object proxy, Method method, Object[] args) throws Exception {
        logger.info("进入原生前，我是动态代理");
        Object obj = method.invoke(proxyObject, a, b);
        logger.info("进入原生后，我是动态代理");
        return obj;
    }

}
```

实现 InvocationHandler 接口后，新建动态代理类，完成接口对象的封装，供调用者后驱代理的接口即创建切面，实现代码如下，具体参见代码文件 java-basic-with-maven 中/designpattern/proxy/DynamicProxy.java。

```
package designpattern.proxy;

import java.util.logging.Logger;
import java.lang.reflect.InvocationHandler;
import java.lang.reflect.Proxy;
import java.lang.reflect.Method;

/**
* @description 代理模式：动态代理
* @author xindaqi
* @since 2021-02-15 13:34:21
*/

public class DynamicProxy {

    private static final Logger logger = Logger.getLogger("DynamicProxy");

    IArithmeticOperation arithmeticOperation;
    Object a;
    Object b;
```

```
    public DynamicProxy(IArithmeticOperation arithmeticOperation, Object a, Object b) {
        this.arithmeticOperation = arithmeticOperation;
        this.a = a;
        this.b = b;
    }

    public Object getProxy() {
        return Proxy.newProxyInstance(arithmeticOperation.getClass().getClassLoader(),
                                      arithmeticOperation.getClass().getInterfaces(), new
                                      MyInvocationHandler (arithmeticOperation, a, b));
    }

}
```

测试样例如下，具体参见代码文件java-basic-with-maven中/designpattern/proxy/DynamixProxyTest.java。

```
package designpattern.proxy;

import java.util.logging.Logger;

/**
* @description 动态代理：测试样例
* @author xindaqi
* @since 2021-02-15 14:11:27
*/
public class DynamixProxyTest {

    private static final Logger logger = Logger.getLogger("DynamixProxyTest");

    public static void main(String[] args) {
        IArithmeticOperation arithmeticOperation = new ArithmeticOperation();
        float a = 1.0f;
        float b = 2.0f;
        IArithmeticOperation dynamicProxy = (IArithmeticOperation) new DynamicProxy
                                            (arithmeticOperation, a, b).getProxy();
        dynamicProxy.addition(a, b);
    }

}
```

运行结果如下，由运行结果可知，动态代理通过实现InvocationHandler接口，完成接口类代理，实现前置通知和后置通知逻辑。

```
二月 15, 2021 4:08:58 下午 designpattern.proxy.MyInvocationHandler invoke
信息：进入原生前，我是动态代理
二月 15, 2021 4:08:58 下午 designpattern.proxy.ArithmeticOperation addition
信息：我是原生接口实现：加法，计算结果：3.0
```

```
二月 15, 2021 4:08:58 下午 designpattern.proxy.MyInvocationHandler invoke
信息：进入原生后，我是动态代理
```

3. CGLib 代理

与静态代理和动态代理不同，CGLib 代理是对普通类进行代理，通过实现 MethodInterceptor 拦截对象中的方法，完成类代理。CGLib 代理类结构如图 3.6 所示。

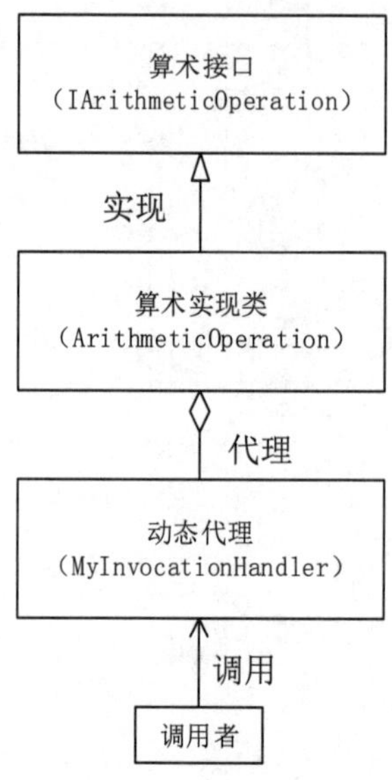

图 3.6 CGLib 代理类结构

CGLib 代理通过实现方法拦截 MethodInterceptor 接口，在该类中完成前置通知和后置通知逻辑功能的实现，方法拦截接口实现代理类代码如下，具体参见代码文件 java-basic-with-maven 中 /designpattern/proxy/ CglibProxy.java。

```
package designpattern.proxy;

import java.util.logging.Logger;
import java.lang.reflect.Method;
import net.sf.cglib.proxy.Enhancer;
import net.sf.cglib.proxy.MethodInterceptor;
import net.sf.cglib.proxy.MethodProxy;


/**
* @description 代理模式：CGLib 代理
* @author xindaqi
* @since 2021-02-15 14:44:55
*/
public class CglibProxy implements MethodInterceptor {
```

```
    private static final Logger logger = Logger.getLogger("CglibProxy");

    Object proxyObject;
    Object a;
    Object b;

    public CglibProxy(Object proxyObject, Object a, Object b) {
        this.proxyObject = proxyObject;
        this.a = a;
        this.b = b;
    }

    public Object getProxyInstance() {
        Enhancer enhancer = new Enhancer();
        enhancer.setSuperclass(proxyObject.getClass());
        enhancer.setCallback(this);
        return enhancer.create();
    }

    @Override
    public Object intercept(Object object, Method method, Object[] args, MethodProxy proxy)
throws Throwable {
        logger.info("进入原生前，我是 CGLib 代理");
        Object obj = method.invoke(proxyObject, a, b);
        logger.info("进入原生后，我是 CGLib 代理");
        return obj;
    }

}
```

测试用例代码如下，具体参见代码文件 java-basic-with-maven 中/designpattern/proxy/CglibProxyTest.java。

```
package designpattern.proxy;

/**
* @description 代理模式：测试样例
* @author xindaqi
* @since 2021-02-15 15:09:53
*/
public class CglibProxyTest {

    public static void main(String[] args) {
        float a = 1.0f;
        float b = 2.0f;
        ArithmeticOperation proxyObject = new ArithmeticOperation();
        CglibProxy cglibProxy = new CglibProxy(proxyObject, a, b);
```

```
        ArithmeticOperation arithmeticOperation = (ArithmeticOperation)
                                              cglibProxy.getProxyInstance();
        arithmeticOperation.addition(a, b);
    }

}
```

运行结果如下。由运行结果可知，CGLib 代理通过实现 MethodInterceptor 接口代理类，在 MethodInterceptor 方法拦截器的 intercept 方法中实现通知和后置通知，最后通过类 Enhancer 获取代理的类。

```
二月 15, 2021 4:07:59 下午 designpattern.proxy.CglibProxy intercept
信息：进入原生前，我是 CGLib 代理
二月 15, 2021 4:07:59 下午 designpattern.proxy.ArithmeticOperation addition
信息：我是原生接口实现：加法，计算结果：3.0
二月 15, 2021 4:07:59 下午 designpattern.proxy.CglibProxy intercept
信息：进入原生后，我是 CGLib 代理
```

3.3 Spring Boot 启动过程

Redis 是内存级高性能数据库，可极大地提高系统数据查询、统计等方面的性能，后台项目中集成 Redis 提高系统性能，Spring Boot 对 Redis 提供良好支持，通过 POM 引入 Redis 包（坐标）即可引入 Redis，并在配置文件中设置 Redis 连接以及 Redis 连接池。

3.3.1 Spring 自动配置文件

Spring Boot 约定大于配置是在启动时，Spring Boot 自动加载已经存在的配置文件，配置文件如下，具体参见 org.springframework.boot:spring-boot-autoconfigure-2.2.8.RELEASE.jar 包中的 /META-INF/spring.factories 文件。

```
# Initializers
org.springframework.context.ApplicationContextInitializer=\
org.springframework.boot.autoconfigure.SharedMetadataReaderFactoryContextInitializer,\
org.springframework.boot.autoconfigure.logging.ConditionEvaluationReportLoggingListener
# Application Listeners
org.springframework.context.ApplicationListener=\
org.springframework.boot.autoconfigure.BackgroundPreinitializer
# Auto Configuration Import Listeners
org.springframework.boot.autoconfigure.AutoConfigurationImportListener=\
org.springframework.boot.autoconfigure.condition.ConditionEvaluationReportAutoConfig
urationImportListener
# Auto Configuration Import Filters
org.springframework.boot.autoconfigure.AutoConfigurationImportFilter=\
```

```
org.springframework.boot.autoconfigure.condition.OnBeanCondition,\
org.springframework.boot.autoconfigure.condition.OnClassCondition,\
org.springframework.boot.autoconfigure.condition.OnWebApplicationCondition
# Auto Configure
org.springframework.boot.autoconfigure.EnableAutoConfiguration=\
org.springframework.boot.autoconfigure.admin.SpringApplicationAdminJmxAutoConfiguration,\
org.springframework.boot.autoconfigure.aop.AopAutoConfiguration,\
org.springframework.boot.autoconfigure.amqp.RabbitAutoConfiguration,\
org.springframework.boot.autoconfigure.batch.BatchAutoConfiguration,\
…
org.springframework.boot.autoconfigure.webservices.WebServicesAutoConfiguration,\
org.springframework.boot.autoconfigure.webservices.client.WebServiceTemplateAutoConf
iguration
# Failure analyzers
org.springframework.boot.diagnostics.FailureAnalyzer=\
org.springframework.boot.autoconfigure.diagnostics.analyzer.NoSuchBeanDefinitionFail
ureAnalyzer,\
…
org.springframework.boot.autoconfigure.session.NonUniqueSessionRepositoryFailureAnalyzer
# Template availability providers
org.springframework.boot.autoconfigure.template.TemplateAvailabilityProvider=\
…
org.springframework.boot.autoconfigure.web.servlet.JspTemplateAvailabilityProvider
```

由配置文件内容可知，Spring Boot 启动需要加载的类都在配置文件中，配置工厂文件是实现 Spring Boot 启动和自动装配的核心，Spring Boot 的启动过程用到的所有注解和类都是围绕这个配置工厂进行的。

3.3.2 自动装配和启动

Spring Boot 启动注解为@SpringBootApplication，该注解是高度封装的注解，@SpringBootApplication 使用了多种注解，一起完成自动化装配并启动 Spring Boot。Spring Boot 加载 Spring 配置工厂的注解结构如图 3.7 所示。

由图 3.7 可知，Spring Boot 启动过程即初始化 Spring 容器的过程，Spring Boot 通过加载配置工厂文件，一方面通过自动装配将必需的类加载到 Spring 容器中，另一方面通过代理或查找的方式将类加载到 Spring 容器中，将所有的 Bean 对象交给 Spring 容器后，调用 run()方法启动 Spring Boot 内置的服务器，如 Tomcat 服务器，完成配置工厂加载和启动服务器，即完成了 Spring Boot 的启动，对外提供 Web 服务。

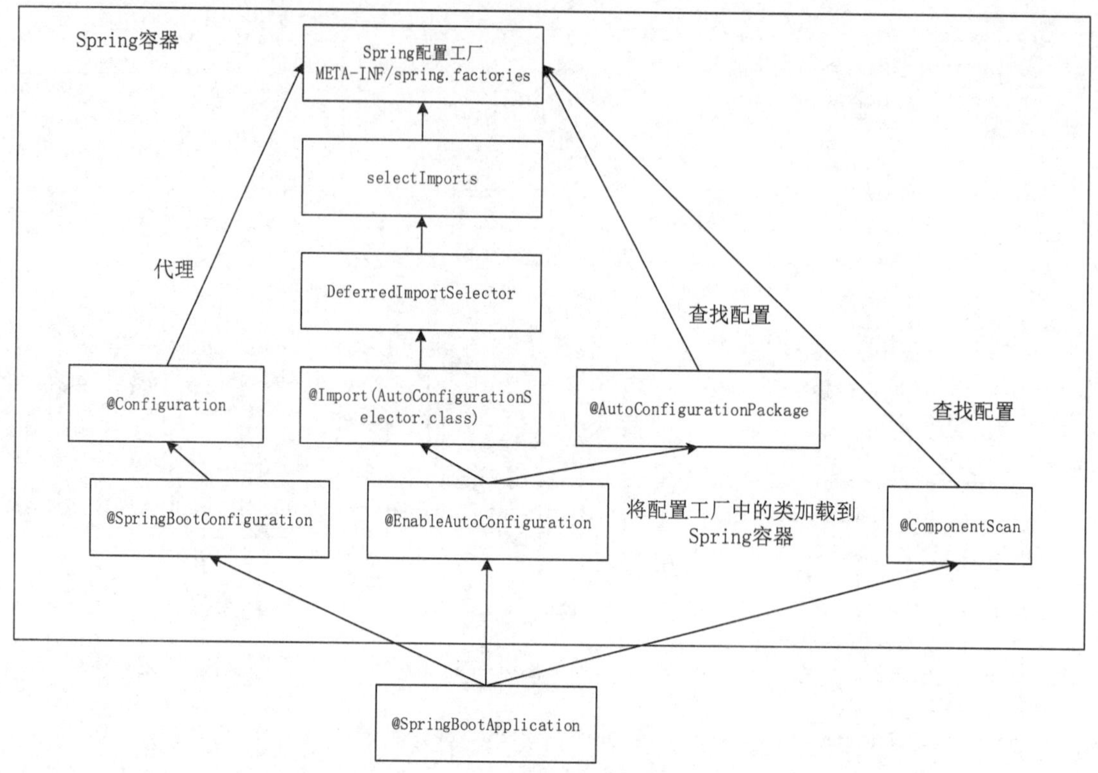

图 3.7 Spring Boot 加载配置工厂的注解结构

3.4 小 结

本章讲解了 Spring Boot 的重要特性和启动过程，主要包括以下内容。

（1）Spring Boot 特性，自动装配、内置服务器、约定大于配置。

（2）控制反转，创建 Bean 对象、获取 Bean 对象以及 BeanFactory、FactoryBean。

（3）面向切面编程，AspectJ 实现切面和代理实现切面。

（4）Spring Boot 自动装配和启动。

第4章

数 据 库

本章讲解数据库基础、数据库操作框架 MyBatis 和数据操作接口开发。数据库即存储数据的仓库，具有新增、删除、修改和查询数据的功能。数据库分为两大类：关系型数据库和非关系型数据库。其中，关系型数据库中存储的数据可以直接反映数据与实体的关系，常用的关系型数据库有 MySQL 和 SQLServer；非关系型数据库是针对分布式、非关系型和不完全遵循事务 ACID 原则的数据库，数据结构不完全反映与实体的关系，最大可能地避免冗余和表连接，简化数据库数据结构，常用的非关系型数据库有 Redis、MongoDB、HBase 和 InfoGrid。

数据库支持原生客户端操作数据（增删改查），但是在开发过程中需要通过代码操作，这时，针对关系型数据库的操作工具对象关系映射（Object Relational Mapping，ORM）系列框架应运而生，MyBatis 则是更接近底层的 MySQL ORM 框架，通过原生 SQL 语句操作数据库。数据库操作和业务逻辑是剥离的，即业务逻辑是数据库操作的组合，而不是一一对应的关系，所以，在实现接口开发时，会有一个业务层对应前端展示数据。

4.1 MySQL 数据库

MySQL 是关系型数据库，其具有体积小、速度快、使用成本低、源代码开放等优点，被各大互联网公司使用。MySQL 具有多种优秀的特性，如支持多语言 API，可以使用 C、C++、Java 和 Python 等语言操作数据库，支持多线程，充分利用 CPU 资源，提供 TCP/IP、ODBC 和 JDB 等多种方式连接，优秀的 SQL 查询算法，查询性能高等。因此，在 Java 后台服务中选择 MySQL 作为数据持久层，完成数据的增删改查，实现业务需求。

4.1.1 部署 MySQL

本书的项目开发完全使用 Windows 10 操作系统，所以数据库也是部署在 Windows 10 操作系统中的，在 Windows 10 操作系统中部署 MySQL 的步骤如下。

1．下载 MySQL 服务端

下载 MySQL 服务端的链接如下：

```
https://downloads.mysql.com/archives/community/
```

选择 5.7.x 版 64 位的 MySQL，如图 4.1 所示，5.7 版本的 MySQL 非常稳定，社区生态良好，出现问题容易解决。将下载的 MySQL 文件解压到安装路径，推荐使用全英文路径，本小节安装 MySQL 的路径为 F:\Serve_for_future\mysql，MySQL 完整路径为 F:\Serve_for_future\mysql\mysql-5.7.31-winx64。

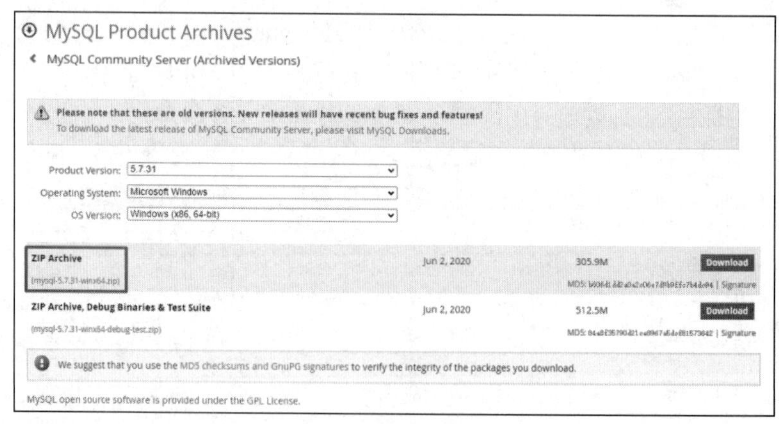

图 4.1 下载 MySQL

2．配置环境变量

MySQL 服务端属于守护进程型软件，没有启动的快捷图标，启动 MySQL 需要配置全局的环境变量。和配置 Java 的环境一样，配置 MySQL 服务端的快捷方式命令，操作过程如下：右击“此电脑”，选择“属性”→“高级系统设置”，如图 4.2 所示。

图 4.2　高级系统设置

打开“系统属性”对话框，如图 4.3 所示，选择“高级”→“环境变量”。打开“环境变量”对话框，如图 4.4 所示。

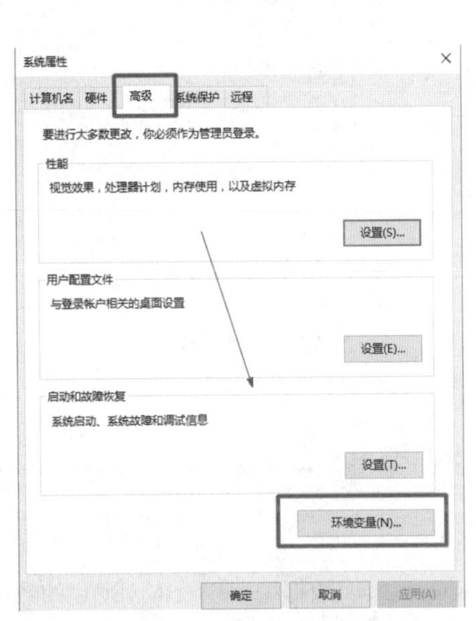

图 4.3　打开环境变量

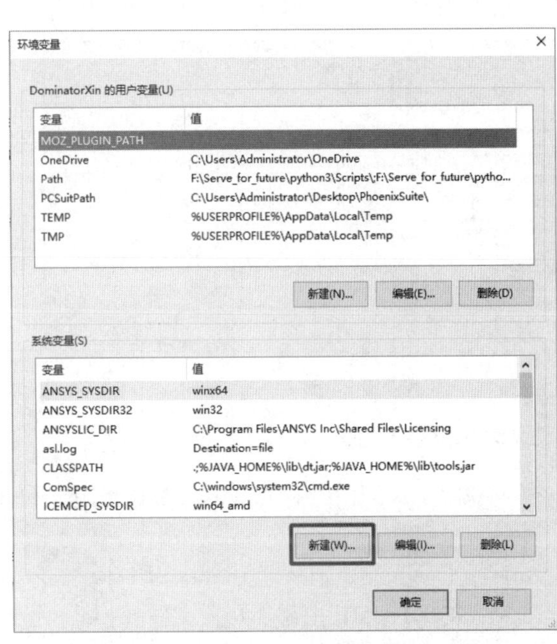

图 4.4　新建环境变量

单击“新建”按钮，打开“新建系统变量”对话框，在其中添加 MySQL 路径信息，生成运行 MySQL 的快捷方式，即软链接，如图 4.5 所示，变量名为 MYSQL_HOME，作为软链接的宏，变量值为 MySQL 的存放路径 F:\Serve_for_future\mysql\mysql-5.7.31-winx64，即可执行文件的父级路径。

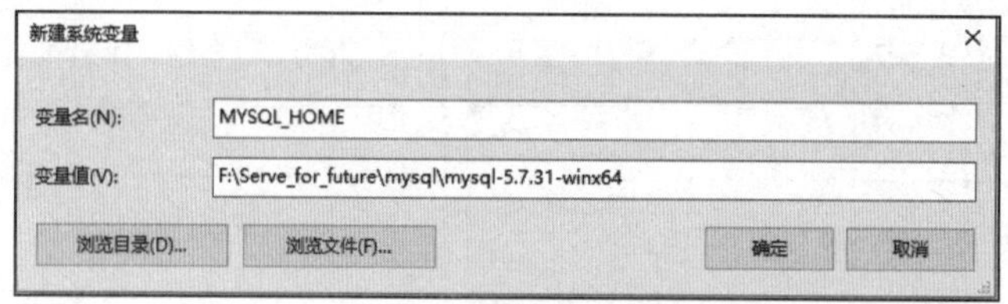

图 4.5　添加 MYSQL_HOME

配置 MySQL 快捷方式之后，需要继续配置执行计划，在“系统变量”列表框中选中 Path 后单击“编辑”按钮，如图 4.6 所示。

在 Path 中添加 MySQL 可执行文件路径，选择编辑环境，单击“新建”按钮，如图 4.7 所示，添加 Path 即 MySQL 可执行的文件路径：%MYSQL_HOME%\bin，其中 MYSQL_HOME 为刚添加的 MySQL 父级路径，bin 为 MySQL 可执行文件所在路径。

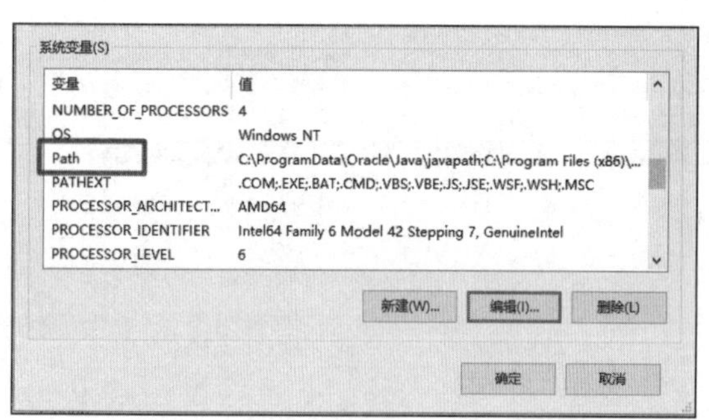

图 4.6　编辑 Path

图 4.7　添加 Path

3. 添加文件夹

在 MYSQL_HOME 中添加 data（数据目录）和 pipeline（文件导入和导出目录）文件夹。

4. 添加配置文件

在 MYSQL_HOME 中添加配置文件 my.ini，指定 MySQL 端口、数据编码以及 MySQL 的数据存储路径、基础路径和日志路径，配置信息如下：

```
[mysqld]
port=3306
character_set_server=utf8
basedir= F:\Serve_for_future\mysql\mysql-5.7.31-winx64
```

```
datadir= F:\Serve_for_future\mysql\mysql-5.7.31-winx64\data
server-id=1
sql_mode=NO_AUTO_CREATE_USER,NO_ENGINE_SUBSTITUTION
lower_case_table_names=1
innodb_file_per_table = 1
log_timestamps=SYSTEM

log-error   = error.log
slow_query_log = 1
slow_query_log_file = slow.log
long_query_time = 5
log-bin = binlog
binlog_format = row
expire_logs_days = 15
log_bin_trust_function_creators = 1
secure-file-priv= F:\Serve_for_future\mysql\mysql-5.7.31-winx64\pipeline
[client]
default-character-set=utf8
```

5. 初始化数据库

初始化数据库服务端配置，即使上面的配置信息已经生效（按 Win+R 组合键，输入 cmd 进入命令行窗口），如图 4.8 所示。

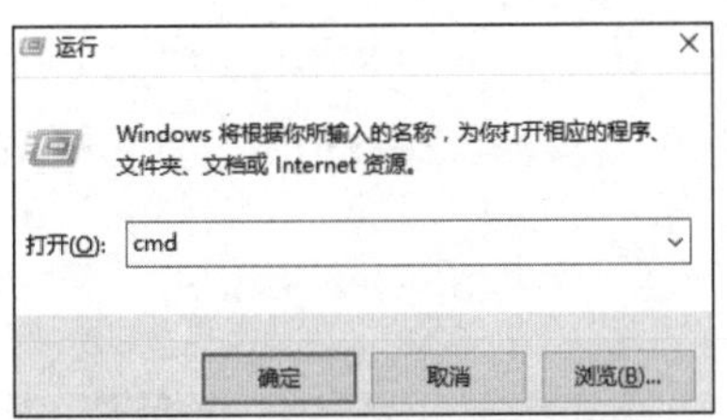

图 4.8 进入命令行窗口

打开命令行窗口，进入 MYSQL_HOME\bin 目录，即 MySQL 可执行文件所在的路径，在 Windows 环境下进入路径会先进入父级磁盘的目录，如 F 盘，则在命令行窗口输入“F:”进入 F 盘，之后进入子目录，通过 cd 命令进入 MySQL 可执行文件所在的路径之后，执行初始化命令，如图 4.9 所示。

```
mysqld -initialize-insecure
```

由图 4.9 可知，初始化之后，并没有成功安装 MySQL 服务端，由于没有操作权限，所以需要重新执行安装 MySQL 服务端的命令。通过管理员打开命令行窗口，按 Win 键，搜索 cmd，右击“命令提示符”，然后以管理员身份运行，如图 4.10 所示。

以管理员身份打开命令行窗口并进入 MYSQL_HOME\bin 文件夹，安装 MySQL 服务端，安装命令如下：

```
mysqld -install MySQL57
```

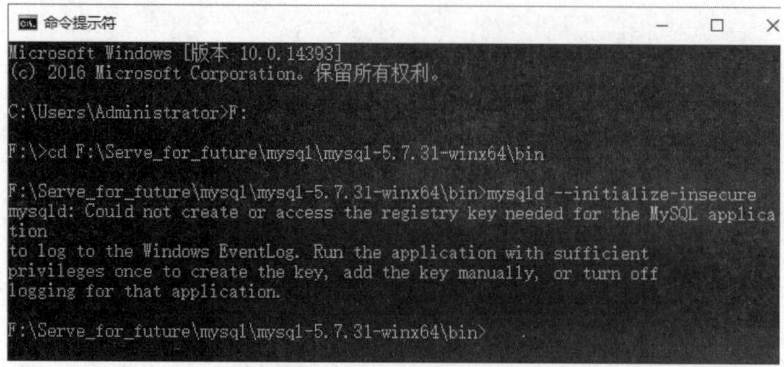

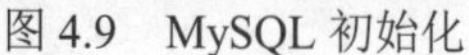
图 4.9　MySQL 初始化

图 4.10　以管理员方式运行命令窗口

安装 MySQL 服务端结果如图 4.11 所示。

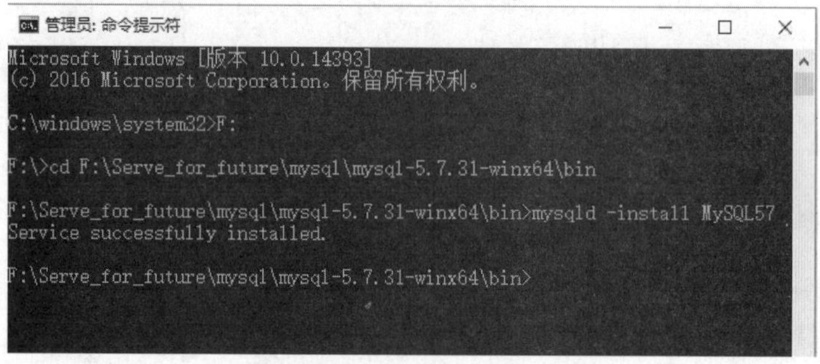

图 4.11　安装 MySQL 服务端结果

安装 MySQL 服务端之后，启动服务端，命令如下，结果如图 4.12 所示。

```
net stat MySQL57
```

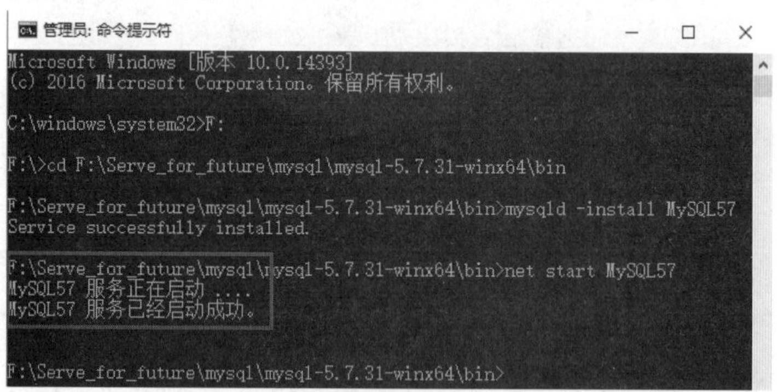

图 4.12　启动 MySQL 服务端

6. 登录 MySQL

打开任意命令行窗口，登录 MySQL 服务端，命令如下，结果如图 4.13 所示。

```
mysql -u root
```

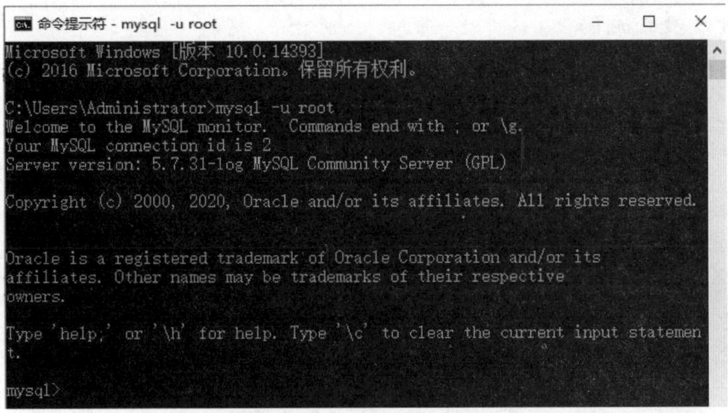

```
Microsoft Windows [版本 10.0.14393]
(c) 2016 Microsoft Corporation。保留所有权利。

C:\Users\Administrator>mysql -u root
Welcome to the MySQL monitor.  Commands end with ; or \g.
Your MySQL connection id is 2
Server version: 5.7.31-log MySQL Community Server (GPL)

Copyright (c) 2000, 2020, Oracle and/or its affiliates. All rights reserved.

Oracle is a registered trademark of Oracle Corporation and/or its
affiliates. Other names may be trademarks of their respective
owners.

Type 'help;' or '\h' for help. Type '\c' to clear the current input statemen
t.

mysql>
```

图 4.13　登录 MySQL 服务端

7. 修改密码

初始化 MySQL 服务端之后，需要配置用户名和密码，作为连接 MySQL 数据库的用户名和密码，创建用户名 root，密码为 123456，这里只作为演示项目使用，实际项目中的数据库密码要重新设计，否则会出现安全问题。命令操作结果如图 4.14 所示。

```
-- 修改密码
alter user 'root'@'localhost' identified by '123456';
-- 修改生效
flush privileges;
```

```
mysql> alter user 'root'@'localhost' identified by '123456';
Query OK, 0 rows affected (0.09 sec)

mysql> flush privileges;
Query OK, 0 rows affected (0.09 sec)
```

图 4.14　修改用户名和密码

8. 远程登录

MySQL 默认没有开启远程登录，无法在项目中连接数据库，开启远程登录的命令如下，结果如图 4.15 所示。

```
-- 开启远程登录
grant all privileges on *.* to 'root'@'%' identified by '123456' with grant option;
-- 修改生效
flush privileges;
```

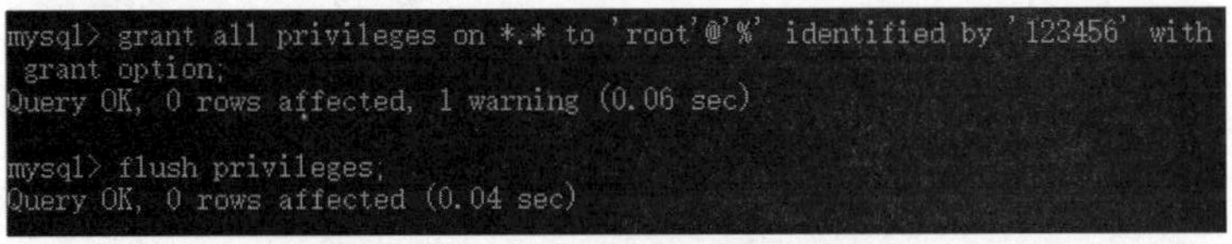

```
mysql> grant all privileges on *.* to 'root'@'%' identified by '123456' with
 grant option;
Query OK, 0 rows affected, 1 warning (0.06 sec)

mysql> flush privileges;
Query OK, 0 rows affected (0.04 sec)
```

图 4.15　开启远程登录

9．安装 MySQL 客户端

下载 MySQL 客户端 Workbench 的链接如下：

```
https://dev.mysql.com/downloads/workbench/
```

在官网中下载选择 mysql-workbench-community-8.0.22-winx64.msi 版本，进入下载页面后，无须注册用户，直接选择 No thanks, just start my download，如图 4.16 所示。下载之后即可安装，安装过程比较简单，没有注意事项，此处不再赘述。

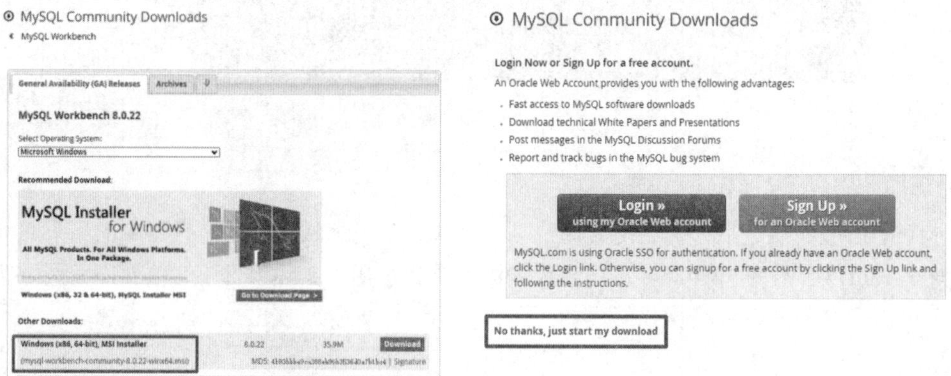

图 4.16　下载 MySQL 客户端 Workbench

4.1.2　事务

MySQL 的事务是针对 InnoDB 存储引擎而言的，这里以常用的 InnoDB 存储引擎为例讲解事务。事务是 MySQL 中一系列要执行的操作，通过事务管理 insert、update 和 delete 操作。MySQL 事务执行过程如图 4.17 所示。

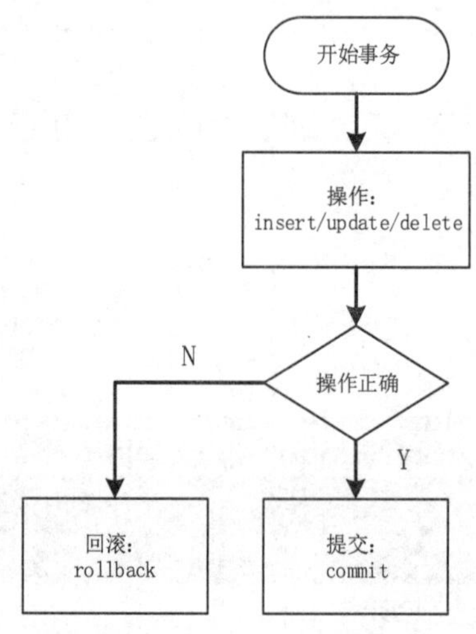

图 4.17　MySQL 事务执行过程

由图 4.17 可知，MySQL 事务执行时分成 3 步：开始事务、执行操作、提交。若操作错误，可执行回滚。MySQL 默认情况下会自动提交事务，因此，开发人员在操作数据库进行增、删、改时，对事务是无感的。事务具有以下 4 个特性。

1. 原子性

事务是最小执行单元，不可分割。事务细分的过程，要么全部执行，要么全部不执行，进行回滚。例如，开启事务后，正在执行插入操作时突然断电，无法提交事务，此时，数据进行回滚，不会改变数据库中的数据。

2. 一致性

事务执行完成前和完成后，数据库中的数据结构保持一致，不会改变数据表的字段。若事务未提交，数据表中的数据不会改变；若事务提交，数据表中的数据改变，但两者都不会改变数据表的数据结构（字段），一致性保证了数据库、表结构的完整性。

3. 隔离性

事务之间相互隔离，MySQL 数据库允许多个并发事务同时对数据表中的数据进行读写和修改，隔离性保证事务之间是“不可见”的，防止多个事务并发执行时，出现数据不一致的情况。事务隔离分为 4 个级别，即读未提交（Read Uncommited）、读已提交（Read Committed）、可重复读（Repeatable Read）和串行化（Serializable），每个级别对应的事务隔离层次不同。隔离级别信息见表 4.1。

表 4.1　隔离级别的信息

隔离级别	描　　述
读未提交	事务间可以读取未提交的数据
读已提交	事务间只能读取已提交的数据
可重复读	事务间读取修改的数据的一致性
串行化	事务间只能串行执行，不可并发执行

事务隔离级别用于解决脏读、幻读和不可重复读的问题。其中，脏读是数据库事务未提交时，事务间即读取到被改变的数据；幻读是事务间读到了新插入的数据，即使此时的数据是正确的，但是破坏了可重复读。隔离级别的作用见表 4.2，“√”表示会出现此种状况，“×”表示不会出现此种状况。

表 4.2　隔离级别的作用

隔离级别	脏　读	不可重复读	幻　读
读未提交	√	√	√
读已提交	×	√	√
可重复读	×	×	√
串行化	×	×	×

4. 持久化

一旦事务完成提交，该事务做的修改会永久保存到数据库中，数据库数据存储在磁盘（外存）中，不会出现断电擦除的情况，只要磁盘不存在物理损坏或被删除，持久化到数据库中的数据不会丢失，随时可查。

4.1.3 索引

索引是一种数据结构，用于提高数据查询速度、降低数据库 I/O 成本，这也是使用索引最重要的原因。当然，索引并不是万能的，索引并不适用于所有场景，使用索引既有优点又有缺点。

1. 优点

索引的主要优点是提高查询速度，主要表现为如下几个方面：

- 减少服务器数据库数据扫描数量，如 B-Tree 索引不会扫描全表，提高查询速度。
- 避免排序和临时表，如 B-Tree 索引顺序存储，使用即排序。
- 将服务器随机 I/O 变成顺序 I/O，使用分组和排序语句时，索引可以有效减少查询中的分析和排序时间。
- 唯一索引可以保证某条（行）数据的唯一性，避免重复的无效（异常）数据。
- 加快表与表之间的连接速度。
- 查询过程中使用优化隐藏器，提高系统性能。

2. 缺点

索引的缺点主要是对于维护和增、删、改频繁操作而言的，主要表现为如下几个方面。

- 创建和维护索引耗费时间，且随着数据量的增加，创建和维护索引的成本增加。
- 索引占用磁盘空间，数据表中的数据有上限，若表中存在大量索引，索引文件可能比数据更快达到上限值。
- 当增、删、改表中数据时，索引需要动态维护，降低数据维护速度。

3. 使用原则

如上所述，使用索引要充分发挥其优点，避免其缺点带来的问题。因此，以下几种情况不推荐使用索引。

- 数据表中的数据更新频繁：索引按照顺序排列，更新频繁，会导致查询效率较低。应避免使用过多索引，防止影响更新（增、删、改）性能，仅对经常查询的字段创建索引。
- 数据表数据量较少：数据量较小，查询全部数据花费的时间可能比遍历索引的时间短，此时，索引不能提高查询速度。
- 数据表字段数据变化较少的列：字段数据变化较少，索引带来的性能提升有限，如性别字段。

4．种类

常见的索引有 4 种形式，即单列索引、组合索引、全文索引和空间索引。

1）单列索引

每个索引中只包含一个列（字段），一个数据表中可以有多个单列索引，单列索引又包括普通索引、唯一索引和主键索引，详细信息见表 4.3。

表 4.3　单列索引简介

单列索引类型	含　义
普通索引	基本索引类型，基本无限制，允许在定义索引的列中插入重复或空值，提高查询速度
唯一索引	索引列中的数据必须是唯一的，允许空值
主键索引	特殊的唯一索引，不允许有空值，MySQL 主键为默认索引

2）组合索引

组合索引中包含多个列（字段），即在多个列（字段）上创建索引。组合索引遵循最左原则，使用时需从左至右且不可跳过某个索引，否则查询时不使用索引。例如，索引字段为（id，name，phone_number），使用时需按照 id、name、phone_number 的顺序使用，不可调整顺序，也不可跳过某个字段，如 id、phone_number 顺序，但是可以省略某个字段，如 id、name。

3）全文索引

全文索引是针对 MyISAM 存储引擎而言的，而 InnoDB 存储引擎没有全文索引。全文索引只能在 char、varchar 和 text 类型字段上使用，在某段文字中，通过关键字查询数据。

4）空间索引

空间索引针对空间数据类型的字段建立，MySQL 中有 4 种空间数据：GEOMETRY、POINT、INSTRING 和 POLYGON，创建空间索引时使用 SPATIAL 关键字，MyISAM 存储引擎创建空间索引的列不为 NULL。

5．失效情况

索引创建后，并不是任何情况下查询都会利用索引，在使用不当或不符合索引使用条件等情况下，查询不会利用索引。主要有以下几种情况：

- like 以%开始，索引失效；但只以%结尾，索引有效。
- or 语句前后没有同时使用索引，即 or 左右查询字段只有一个使用索引字段，此时索引失效。
- 组合索引未遵循最左原则，出现跳列使用索引查询，此时索引失效。
- 数据类型出现隐式转换，如 varchar 不加单引号可能自动转换为 int 类型，索引失效。
- 在索引列上使用 IS NULL 或 IS NOT NULL 时，索引不会索引空值，索引失效。
- 索引字段使用 not、<>、!=，索引失效。
- 对索引字段进行计算及在索引字段上使用函数，索引失效。
- 全表扫描比索引速度快时，索引失效。

4.1.4 新增

新增即新添加或新建操作，共有 5 种情况，分别为新建数据库、新建数据表、新增数据、新增字段、新建索引。

1．新建数据库

MySQL 新建数据库需要设定数据库的编码类型，常用的编码类型为 utf8_general_ci，语法格式如下。

```
CREATE DATABASE database_name
SET type;
```

其中，database_name 为数据库名称；type 为数据库编码类型。以创建 book 数据库为例，创建语句如下。

```
CREATE DATABASE book CHARACTER
SET utf8 COLLATE utf8_general_ci;
```

2．新建数据表

新建数据表时需要添加判断语句，判断新建的该数据表是否已经存在，即 IF NOT EXISTS，如果不存在则新建表。以创建 user_information 数据表为例，创建语句如下。

```
CREATE TABLE
IF
    NOT EXISTS 'user_information' (
    'id' BIGINT UNSIGNED auto_increment COMMENT '主键',
    'user_id' VARCHAR ( 255 ) DEFAULT NULL COMMENT '用户 id',
    'username' VARCHAR ( 50 ) DEFAULT NULL COMMENT '用户姓名',
    'sex' VARCHAR ( 10 ) DEFAULT NULL COMMENT '性别',
    'address' VARCHAR ( 255 ) DEFAULT NULL COMMENT '用户住址',
    'phone_number' VARCHAR ( 11 ) DEFAULT NULL COMMENT '手机号',
    'password' VARCHAR ( 255 ) DEFAULT NULL COMMENT '用户密码，加密',
    'is_delete' TINYINT ( 1 ) DEFAULT 0 COMMENT '删除标志位',
    'created_time' datetime DEFAULT NULL COMMENT '创建数据时间',
    'updated_time' datetime DEFAULT NULL COMMENT '更新数据时间',
    PRIMARY KEY ('id' ) USING BTREE
    ) ENGINE = INNODB DEFAULT charset = utf8;
```

其中，user_information 为数据表名，字段分别为 id、user_id 等，PRIMARY KEY 为主键，默认情况下主键为 id，自增且使用 BTREE 索引，数据表的引擎为 InnoDB，编码格式为 utf8，详见 SQL 脚本 resources/sql/book.sql。

MySQL 新建数据表需要遵循一定的规则，具体有以下 6 个规则。

（1）表名和字段名必须使用小写字母或数字，禁止以数字作为开头，禁止两个下划线中间只出现数字。

（2）表名不使用复数名词。

（3）禁止使用保留字，如 desc、range、match 等。

（4）表必备 3 个字段：id、表数据创建时间和表数据更新时间。

（5）所有字段必须添加注释 COMMENT。

（6）主键索引名为“pk_字段名”，唯一索引名为“uk_字段名”，普通索引名为“idx_字段名”。其中，pk 为 primary key，uk 为 unique key，idx 为 index。

3. 新增数据

新增数据使用 INSERT INTO 语句，语法格式如下，必须指明新增数据的字段名称。

```
INSERT INTO table_name ( column_1, column_2, …, column_n )
VALUES
    ( value_1, value_2, …, value_n );
```

以 user_information 表为例，新增数据用户名（username）和创建时间（created_time），语句如下。创建时间使用 MySQL 的 now()方法，在测试环境中可以使用，但是在生产环境中推荐使用 Java8 的 LocalDateTime 获取当前时间。

```
INSERT INTO user_information ( username, created_time )
VALUES
    ( "张三", now( ) );
```

4. 新增字段

新增字段是在已存在的表中新增字段，语法如下。

```
ALTER TABLE table_name ADD COLUMN type DEFAULT 'value' COMMENT 'description';
```

以 user_information 表为例，添加 phone_number 字段，语句如下。

```
ALTER TABLE user_information ADD phone_number VARCHAR ( 11 ) DEFAULT NULL COMMENT '手
机号';
```

5. 新建索引

MySQL 的索引有多种，创建方式不同，下面一一列举。

1）新建普通索引

通过 CREATE 创建索引。

```
CREATE INDEX idx_username ON user_information ( username ) COMMENT '用户名普通索引';
```

通过 ALTER 创建索引。

```
ALTER TABLE user_information ADD INDEX idx_username ( username ) COMMENT '用户名普通索引';
```

2）新建唯一索引

通过 CREATE 创建索引。

```
CREATE UNIQUE INDEX uk_phone_number ON user_information ( phone_number ) COMMENT '手机号唯一索引';
```

通过 ALTER 创建索引。

```
ALTER TABLE user_information ADD UNIQUE INDEX uk_phone_number ( phone_number ) COMMENT '手机号唯一索引';
```

3）新建单列索引

通过 CREATE 创建索引。

```
CREATE INDEX idx_username ON user_information ( username ) COMMENT '用户名单列索引';
```

通过 ALTER 创建索引。

```
ALTER TABLE user_information ADD INDEX idx_username ( username ) COMMENT '用户名单列索引';
```

4）新建多列索引

通过 CREATE 创建索引。

```
CREATE INDEX idx_name_phone_number ON user_information ( username, phone_number ) COMMENT '多列索引：用户名和手机号';
```

通过 ALTER 创建索引。

```
ALTER TABLE user_information ADD INDEX idx_name_phone_number ( username, phone_number ) COMMENT '多列索引：用户名和手机号';
```

4.1.5 删除

删除操作在数据库操作中是最危险的，但是在开发过程中仍需要掌握，删除仍是以多个层次展开的，如删除数据库、数据表和数据。

1. 删除数据库

删除数据库的语法如下。

```
DROP DATABASE database_name;
```

以删除 book 数据库为例，删除数据库。

```
DROP DATABASE book;
```

2. 删除数据表

删除数据表的语法如下。

```
DROP TABLE table_name;
```

以删除 user_information 为例，删除数据表。

```
DROP TABLE user_information;
```

3. 删除数据

删除数据有两种方式：一种为物理删除，即使用 DELETE 从数据库中永久删除，语法如下。

```
DELETE
FROM
    table_name
WHERE
    CONDITION;
```

另一种为逻辑删除，即以更新数据的方式，将删除标识位置 1，这种方式比较安全，仅在逻辑上删除，可以随时找回数据。

永久删除 id=6 的数据的语句如下。

```
DELETE
FROM
    user_information
WHERE
    id = 6;
```

4. 删除字段

删除主句表中的字段的语法如下。

```
ALTER TABLE table_name DROP COLUMN;
```

以删除 phone_number 字段为例，语句如下。

```
ALTER TABLE user_information DROP phone_number;
```

5. 删除索引

删除索引的语法如下。

```
DROP INDEX index_name ON table_name;
```

以删除 idx_username 为例，语句如下。

```
DROP INDEX idx_username ON user_information;
```

4.1.6 修改

修改操作包括修改数据表名称、修改数据、修改字段名称和修改字段类型 4 个方面，详细介绍如下。

1. 修改数据表名称

修改数据表名称的语法如下。

```
ALTER TABLE old_table_name RENAME TO / AS new_table_name;
```

以 user_information 数据表名为例，分别使用 TO 和 AS 实现数据表名修改，语句如下。

```
ALTER TABLE user_information RENAME AS user_info;
ALTER TABLE user_info RENAME TO user_information;
```

2. 修改数据

修改数据表中的数据的语法如下。

```
UPDATE table_name
SET COLUMN =
VALUE
WHERE
    CONDITION;
```

以修改 id=1 的用户名为例，语句如下。

```
UPDATE user_information
SET username = "小小"
WHERE
    id = 1;
```

3. 修改字段名称

使用 CHANGE 修改字段名称，同时需要添加数据类型，即使数据类型不需要修改，仍要添加数据类型，语法如下。

```
ALTER TABLE table_name CHANGE old_column new_column type DEFAULT
VALUE COMMENT 'description';
```

以修改 username 字段为例，语句如下。

```
ALTER TABLE user_information CHANGE username usernames VARCHAR ( 100 ) DEFAULT NULL COMMENT
'用户名';
```

4. 修改字段类型

使用 MODIFY 修改字段类型的语法如下。

```
ALTER TABLE table_name MODIFY COLUMN type;
```

以修改 sex 类型为例，语句如下。

```
ALTER TABLE user_information MODIFY sex TINYINT ( 1 ) UNSIGNED;
```

4.1.7 查询

查询是数据库操作中最常用的功能，普通的查询包括查询数据库、查询数据表以及查询数据等，详细介绍如下。

1. 查询数据库

查询 MySQL 服务器的语法如下。

```
SHOW DATABASES;
```

这是为了操作 Linux 服务器中的 MySQL 数据库，当需要操作数据库中的数据表时，需要先使用该数据库，语法如下：

```
USE database_name;
```

使用指定的数据库，方可操作数据库中的表，使用界面工具操作数据库时则无须使用该方法。

2. 查询数据表

查询数据表同样是为 Linux 服务器中的 MySQL 数据库操作准备的，语法如下。

```
SHOW TABLES;
```

3. 查询数据

当获取了数据库和数据表之后，即可查询数据表中的数据，查询数据的方式多种多样，可以满足多种数据应用场景，这也是 MySQL 应用广泛的原因之一。查询数据包括查询所有字段、按条件查询、连接查询和子查询等方式，下面以数据表 user_information 和 user_role 表为例，实现数据的多种查询。

1）查询所有数据字段

查询数据表中的所有数据字段，使用星号（*）表示所有字段，实现方式如下。

```
SELECT
    *
FROM
    book.user_information;
```

2）查询指定字段数据

查询指定字段数据是按需查询，将指定的字段放在 SELECT 之后即可，实现方式如下。

```
SELECT
    username,
    sex,
    address
FROM
    book.user_information;
```

3）按条件查询

按条件查询分为单条件查询和多条件查询，使用 WHERE 进行条件过滤，单条件查询实现方式如下。

```
SELECT
```

```
    username,
    sex,
    address
FROM
    book.user_information
WHERE
    address = "黑龙江";
```

多条件查询只需要逐次在上一个条件之后添加 AND 即可实现多个字段条件的过滤，以两个条件为例，实现方式如下。

```
SELECT
    username,
    sex,
    address
FROM
    book.user_information
WHERE
    address = "黑龙江"
    AND sex = "女";
```

4）按时间范围查询

按时间范围查询在统计中经常会用到，最基本的是简单的时间范围查询，使用 BETWEEN 和 AND，实现方式如下。

```
SELECT
    username,
    sex,
    address,
    created_time
FROM
    book.user_information
WHERE
    created_time BETWEEN "2020-11-08 00:00:00"
    AND "2020-11-09 23:59:59";
```

查询本年的数据。

```
SELECT
    username,
    sex,
    address,
    created_time
FROM
    book.user_information
WHERE
    YEAR ( created_time ) = YEAR ( now( ) );
```

查询去年的数据。

```
SELECT
    username,
    sex,
    address,
    created_time
FROM
    book.user_information
WHERE
    YEAR ( created_time ) = YEAR ( DATE_SUB( now( ), INTERVAL 1 YEAR ) );
```

查询今天的数据。

```
SELECT
    username,
    sex,
    address,
    created_time
FROM
    book.user_information
WHERE
    TO_DAYS( created_time ) = TO_DAYS( now( ) );
```

查询昨天的数据。

```
SELECT
    username,
    sex,
    address,
    created_time
FROM
    book.user_information
WHERE
    TO_DAYS( now( ) ) - TO_DAYS( created_time ) <= 1;
```

查询本周的数据。

```
SELECT
    username,
    sex,
    address,
    created_time
FROM
    book.user_information
WHERE
    YEARWEEK( DATE_FORMAT( created_time, '%Y-%m-%d' ) ) = YEARWEEK( now( ) );
```

查询上周的数据。

```
SELECT
```

```
    username,
    sex,
    address,
    created_time
FROM
    book.user_information
WHERE
    YEARWEEK( DATE_FORMAT( created_time, '%Y-%m-%d' ) ) = YEARWEEK( now( ) ) - 1;
```

查询近 7 天的数据。

```
SELECT
    username,
    sex,
    address,
    created_time
FROM
    book.user_information
WHERE
    DATE_SUB( CURDATE( ), INTERVAL 7 DAY ) <= DATE( created_time );
```

查询近 30 天的数据。

```
SELECT
    username,
    sex,
    address,
    created_time
FROM
    book.user_information
WHERE
    DATE_SUB( CURDATE( ), INTERVAL 30 DAY ) <= DATE( created_time );
```

查询本月的数据。

```
SELECT
    username,
    sex,
    address,
    created_time
FROM
    book.user_information
WHERE
    DATE_FORMAT( created_time, '%Y%m' ) = DATE_FORMAT( CURDATE( ), '%Y%m' );
```

查询上月的数据。

```
SELECT
    username,
```

```
    sex,
    address,
    created_time
FROM
    book.user_information
WHERE
    PERIOD_DIFF( DATE_FORMAT( NOW( ), '%Y%m' ), DATE_FORMAT( created_time, '%Y%m' ) ) = 1;
```

查询近 6 个月的数据。

```
SELECT
    username,
    sex,
    address,
    created_time
FROM
    book.user_information
WHERE
    created_time BETWEEN DATE_SUB( now( ), INTERVAL 6 MONTH )
    AND now( );
```

查询本季度的数据。

```
SELECT
    username,
    sex,
    address,
    created_time
FROM
    book.user_information
WHERE
    QUARTER ( created_time ) = QUARTER ( now( ) );
```

查询上季度的数据。

```
SELECT
    username,
    sex,
    address,
    created_time
FROM
    book.user_information
WHERE
    QUARTER ( created_time ) = QUARTER ( DATE_SUB( now( ), INTERVAL 1 QUARTER ) );
```

5）分组查询

分组查询主要用于在统计时合并数据，统计功能包括 count()和 sum()，以 sex 为分组，统计某列包含分组的行数，其中，count()中的表达式为*，表示统计 sex 列不为 NULL 的数量，实现方式如下。

```
SELECT
    sex,
    count( * ) count
FROM
    book.user_information
GROUP BY
    sex;
```

sum()用于计算某列数据的和，如通过 sex 分组，计算各自性别所在 id 的和，实现方式如下。

```
SELECT
    sex,
    sum( id )
FROM
    book.user_information
GROUP BY
    sex;
```

6）排序查询

数据查询需要按照指定规则进行排序，特别是统计数据的场景，排序分为正序排列（从小到大）和倒序排列（从大到小）。

正序排列使用 ASC，实现方式如下。

```
SELECT
    id,
    username
FROM
    book.user_information
ORDER BY
    id ASC;
```

倒序排列使用 DESC，实现方式如下。

```
SELECT
    id,
    username
FROM
    book.user_information
ORDER BY
    id DESC;
```

7）统计查询

统计查询主要使用 sum()和 count()，其中，sum()用于将列上的所有数据相加，count()统计所有非 NULL 的行，同时 count()中的表达式是无效的，而 sum()可以通过表达式统计指定的数据。统计所有非 NULL 行数的实现方式如下。

```
SELECT
```

```
    count( * ) count
FROM
    book.user_information;
```

count()中的表达式是无效的，验证如下。

```
SELECT
    count( sex = "男" ) count
FROM
    book.user_information;
```

sum()可以通过表达式实现计算功能，验证如下。

```
SELECT
    sum( sex = "男" ) count
FROM
    book.user_information;
```

8）子查询

子查询是将查询的结果替代数据表，以查询结果作为临时表进行表与表之间的连接查询，实现方式如下。

```
SELECT
    a.user_id uid,
    ui.*
FROM
    ( SELECT user_id FROM book.user_role WHERE role_id = "x1" ) a
    LEFT JOIN book.user_information ui ON ui.user_id = a.user_id;
```

9）索引

查看数据表中建立的索引的实现方式如下。

```
SHOW INDEX
FROM
    user_information;
```

4.2　Spring Boot 操作数据库

上一节介绍了通过客户端操作数据库的方法，但在实际的开发中是使用其他语言操作数据库的，而不是直接利用客户端，因为客户端无法通过接口实现操作数据库的功能。但是，数据库有第三方的数据库驱动，这为其他开发语言操作数据库提供了桥梁，即数据库驱动是通往数据的桥梁，而在 Spring Boot 中使用 JDBC 数据库驱动作为与 MySQL 数据库沟通的桥梁，操作数据库的工具则选择 MyBatis。

4.2.1 数据库驱动

数据库驱动是通往数据库的桥梁，早期数据库开发领域没有通用的数据库应用程序编程接口，开发人员使用不同的数据库产品时，必须使用数据库厂商专用的 API。此后，为统一业界数据库编程接口，微软推出了 ODBC（Open Database Connectivity，开放数据库互连），并在数据库开发厂商和开发人员之间得到广泛使用。而后，Sun 公司参考 ODBC，为 Java 设计了专用的数据库连接驱动 JDBC（Java Database Connectivity），实现了一次开发适用所有数据库。

Java 中的 JDBC 驱动有 4 种类型，分别为 JDBC-ODBC 桥、本地 API 驱动、网络协议驱动和本地协议驱动。

1. JDBC-ODBC 桥

Sun 公司开发 JDBC 初期，市面上可用的 JDBC 驱动程序种类有限，但是此时 ODBC 已相对成熟，Sun 公司则利用 JDBC 与 ODBC 桥接的方式，实现 JDBC 间接调用数据库，如图 4.18 所示。

2. 本地 API 驱动

本地 API 驱动会直接调用数据库提供的原生链接库或客户端，由于是直接访问数据库，数据库访问速度较快，但是该类驱动需要与数据库绑定，无法实现 JDBC 跨平台应用，JDBC 规范中不推荐使用。本地 API 驱动如图 4.19 所示。

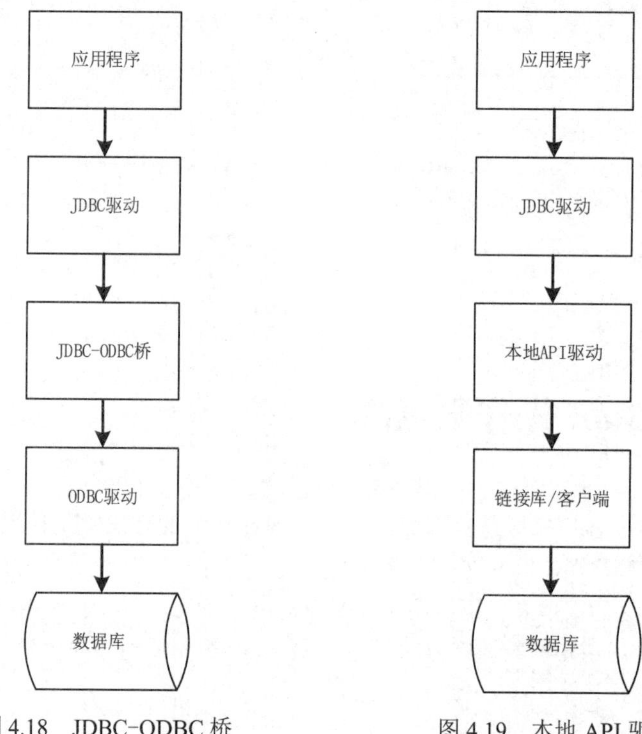

图 4.18 JDBC-ODBC 桥

图 4.19 本地 API 驱动

3. 网络协议驱动

网络协议驱动将 JDBC 转换为独立于数据库的协议，然后通过特定的中间件或服务器转换为数据库通信协议，JDBC 领域网络协议驱动并不常见，微软的 ADO.NET 则使用这种驱动，应用程序通过网络协议驱动操作数据库的过程如图 4.20 所示。

4. 本地协议驱动

本地协议驱动是最常用的数据库驱动，如 mysql-connector-java 驱动。驱动程序将 JDBC 调用直接转换为数据特定的网络通信协议，支持跨平台。本地协议驱动如图 4.21 所示。

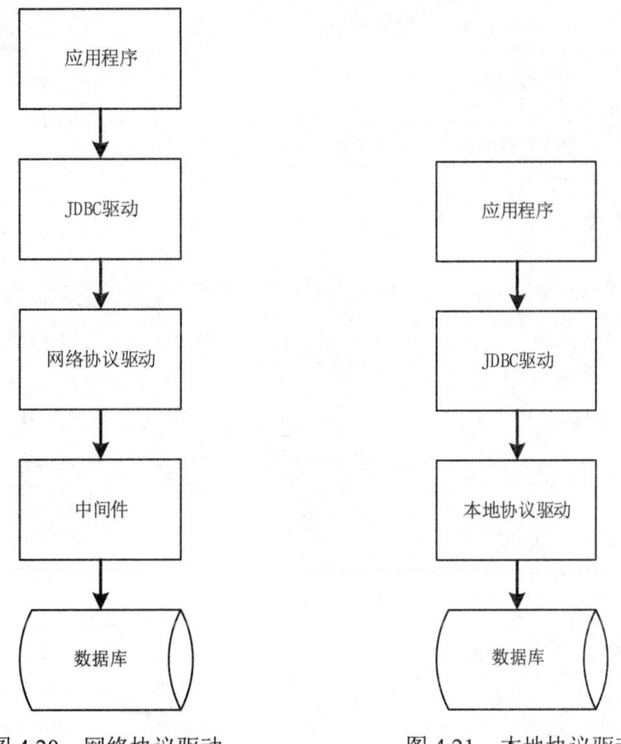

图 4.20　网络协议驱动　　图 4.21　本地协议驱动

5. Spring Boot 中的 JDBC 驱动配置

Spring Boot 通过配置文件配置数据源 datasource，在数据源中配置数据库驱动，配置参数如下，参数解析见表 4.4。

```
spring:
  datasource:
    driver-class-name: com.mysql.cj.jdbc.Driver
    url: jdbc:mysql://localhost:3306/book?useUnicode=true&characterEncoding=UTF-
8&useSSL=false&serverTimezone=Asia/Shanghai
    username: root
```

```
password: 123456
type: com.alibaba.druid.pool.DruidDataSource
```

表 4.4　数据源参数解析

参　　数	说　　明
datasource	数据源，表示 Spring Boot 连接的数据源
driver-class-name	数据库驱动，MySQL5 驱动为 com.mysql.jdbc.Driver，MySQL6 驱动为 com.mysql.cj.jdbc.Driver，本小节使用 MySQL6 驱动
url	数据库链接地址，内容格式为“jdbc:mysql://ip:port/database_name?+其他配置”，ip 和 port 为数据库 ip 和 port，database_name 为数据库名称
username	数据库用户名
password	数据库密码
type	数据库连接池类型，本项目使用 Druid 数据库连接池

4.2.2　数据库连接池

数据库连接池（Database Connection Pooling）是在程序启动时由建立的数据库连接组成的连接池，通过程序动态地对连接池中的连接进行申请、使用和释放，数据库连接池和线程池类似，都是预先申请内存资源，当需要调用资源时直接取用，无须执行申请资源、利用资源和释放资源这个过程，数据库连接耗时如图 4.22 所示。

创建连接	数据库操作	释放连接
t_1	t_2	t_3

图 4.22　数据库连接耗时

每次操作数据库都需要重复此过程，创建连接和释放连接都需要耗时，而数据库连接池则是解决此问题的一种高效方案，使用连接池后，应用程序通过数据库连接池连接数据库的过程如图 4.23 所示。

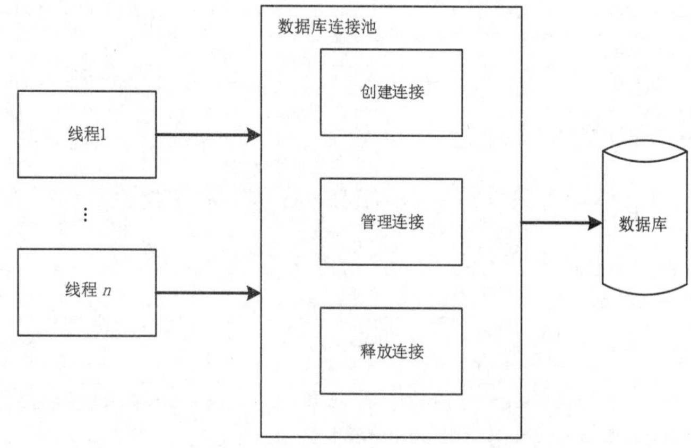

图 4.23　应用程序通过数据库连接池连接数据库

数据库的连接、操作和释放都通过数据库连接池进行管理，应用程序连接数据库则省去了建立连接和销毁连接的时间，耗时如图 4.24 所示。

创建连接	数据库操作	释放连接
0	t_2	0

图 4.24 通过数据库连接池连接数据库耗时

由以上内容可知，使用数据库连接池主要有以下 3 个方面的优势。

（1）减少连接耗时。使用数据库连接池，省去了与数据库连接和销毁连接的时间，直接从数据库连接池已经创建的连接中获取资源，一切都交由连接池管理。

（2）简化编程模式。使用连接池，程序可以直接面向 JDBC 编程。

（3）控制资源利用。使用连接池，数据库连接和销毁交由连接池管理，因此，数据库连接资源均由连接池管理，通过连接池可以直接控制数据库连接资源。

1. dbcp 连接池

dbcp 连接池稳定，速度稍慢，在大并发的情况下稳定性下降，不提供数据库连接池监控，参数解析见表 4.5。

表 4.5 dbcp 连接池参数解析

参 数	描 述
initialSize	初始化数据库连接数
maxActive	最大数据库连接数
maxIdle	最大空闲数据库连接数，即没有数据库连接请求时，数据库连接池中存活的最大数据库连接
minIdle	最小空闲数据库连接数，即没有数据库连接请求时，数据库连接池中存活的最小数据库连接
maxWait	最大等待时间，连接池中的连接用完时，新的请求等待的时间，默认为-1，表示无限等待，直到超时

2. c3p0 连接池

c3p0 连接池稳定性好，大并发压力下仍保持一定的稳定性，不提供连接池监控，具备通用参数配置（如 dbcp 连接池）。

3. Druid 连接池

Druid 连接池提供连接池监控，本书中使用的数据库连接池是 Druid 连接池，参数解析见表 4.6。

表 4.6 Druid 连接池参数解析

参 数	默认值	描 述
initialSize	0	初始化数据库连接数，默认为 0
maxActive	8	最大数据库连接数，默认为 8

续表

参　　数	默认值	描　　述
minIdle	0	最小空闲数据库连接数，即没有数据库连接请求时，数据库连接池中存活的最小数据库连接
maxWait	-1	最大等待时间，连接池中的连接用完时，新的请求等待的时间，默认为-1，表示无限等待，直到超时，配置 maxWait 之后，默认使用公平锁，并发效率在一定程度上会降低
poolPreparedStatement	false	是否缓存 preparedStatement，即 PSCache，PSCache 对支持游标的数据库性能提升巨大，如 Oracle，而 MySQL 数据库建议关闭
maxOpenPreparedStatements	-1	启用 PSCache，必须配置大于 0，当大于 0 时，poolPreparedStatement 自动触发修改为 true，在 Druid 连接池中，Oracle 中 PSCache 占用内存较少，可以设置大一些
validationQuery		检测连接是否为有效的 sql，要求数据表操作为查询语句，若 validationQuery 为 null，testOnBorrow、testOnReturn 和 testWhileIdle 均无效
testOnBorrow	true	申请连接时执行 validationQuery 检测连接是否有效，但是会降低性能
testOnReturn	false	归还连接时执行 validationQuery 检测连接是否有效，同时会降低性能
testWhileIdle	false	申请连接时，如果空闲时间大于 timeBetweenEvictionRunsMillis，执行 validationQuery 检测连接是否有效
timeBetweenEvictionRunsMillis		销毁线程时检测连接的时间间隔
connectionInitSqls		物理连接初始化是执行的 SQL
exceptionSorter	根据 dbType 自动识别	当数据库抛出不可恢复的异常时，抛弃连接
filters		通过别名配置扩展插件，如监控统计 stat，日志插件 log4j，防止 SQL 注入插件 wall
proxyFilters		如果同时配置了 filters 和 proxyFilters，两者为组合关系

Druid 提供了数据库连接池监控，使用 druid-spring-boot-starter，而不是直接使用 Druid，因为 Druid 不能提供连接池监控，代码如下，具体参见代码文件 microservice-book 中 microservice-user 模块 pom.xml。

```
<dependency>
    <groupId>com.alibaba</groupId>
    <artifactId>druid-spring-boot-starter</artifactId>
    <version>1.1.10</version>
</dependency>
```

application-dev.xml 配置文件如下，通过配置 stat-view-servlet 开启 Druid 的数据库连接池监控，并通过 login-username 和 login-password 配置 Druid 登录账号和密码，进行权限控制，具体参见代码文件 microservice-book 中 microservice-data 模块/resources/application-dev.yml。

```
spring:
```

```
  devtools:
    restart:
      enabled: true
  profiles: dev
  datasource:
    driver-class-name: com.mysql.cj.jdbc.Driver
    url: jdbc:mysql://localhost:3306/book?useUnicode=true&characterEncoding=UTF-
8&useSSL=false&serverTimezone=Asia/Shanghai
    username: root
    password: 123456
    type: com.alibaba.druid.pool.DruidDataSource
    druid:
      initial-size: 10
      max-active: 100
      min-idle: 10
      max-wait: 6000
      filters: stat, wall
      stat-view-servlet:
        enabled: true
        login-username: admin
        login-password: 123456
```

访问 Druid 的地址为 http://localhost:8002/druid，如图 4.25 所示。

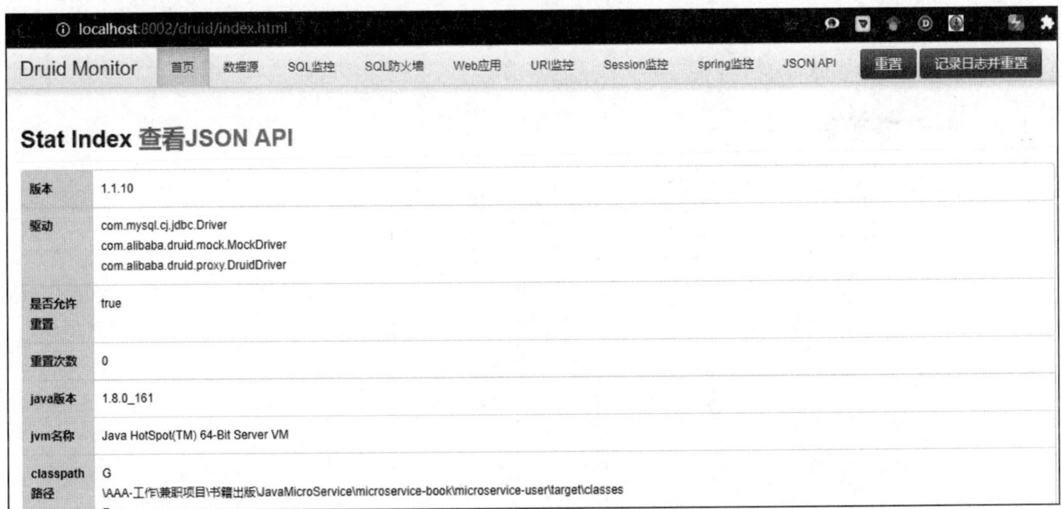

图 4.25　Druid 数据库连接池监控

Druid 数据库连接池的配置信息通过数据源标签即可查看，如图 4.26 所示。

Druid Monitor 首页 数据源 SQL监控 SQL防火墙 Web应用 URI监控 Session监控 spring监控 JSON API 重置 记录日志并重置

DataSource-1939388850

Basic Info For DataSource-1939388850View JSON API

* 用户名	root	指定建立连接时使用的用户名
* 连接地址	jdbc:mysql://localhost:3306/book?useUnicode=true&characterEncoding=UTF-8&useSSL=false&serverTimezone=Asia/Shanghai	jdbc连接字符串
* 数据库类型	mysql	数据库类型
* 驱动类名	com.mysql.cj.jdbc.Driver	jdbc驱动的类名
* filter类名	com.alibaba.druid.filter.stat.StatFilter,com.alibaba.druid.wall.WallFilter	filter的类名
* 获取连接时检测	false	是否在获得连接后检测其可用性
* 空闲时检测	true	是否在连接空闲一段时间后检测其可用性
* 连接放回连接池时检测	false	是否在连接放回连接池后检测其可用性
* 初始化连接大小	10	连接池建立时创建的初始化连接数
* 最小空闲连接数	10	连接池中最小的活跃连接数
* 最大连接数	100	连接池中最大的活跃连接数

图 4.26 Druid 数据库连接池配置信息

4.2.3 MyBatis 简介

MyBatis 是持久层框架，支持自定义 SQL、存储过程和高级映射，是一个可直接通过 SQL 原生语句进行增删改查的 ORM 框架。MyBatis 几乎省略了所有的 JDBC 代码以及设置参数和获取结果集的工作。通过 XML 或注解的方式配置，将简单的 Java 对象（Plain Ordinary Java Object，POJO）映射到数据库中的字段，并实现 Java 接口（Interface），该接口即是 Java 操作数据库的入口，通过接口实现对数据库的增删改查操作。

1. 一对一数据映射

一对一数据映射即一个数据表对应一个实体类且字段一一对应，实体类代码如下，具体参见代码文件 microservice-book 中 microservice-user 模块/vo/UserDetailsVO.java。

```
package com.company.microserviceuser.vo;

/**
 * 用户详情
 * @author xindaqi
 * @since 2020-10-07
 */

public class UserDetailsVO {
    private Integer id;

    private String username;

    private String sex;
```

```
    private String address;

    // 省略 Getter 和 Setter

    @Override
    public String toString() {
        return "UserDetailsVO{" +
                "id=" + id +
                ", username='" + username + '\'' +
                ", sex='" + sex + '\'' +
                ", address='" + address + '\'' +
                '}';
    }
}
```

MyBatis 配置一对一方式如下，具体参见代码文件 microservice-book 中 microservice-user 模块/resources/mybatis/mapper/UserMapper.xml，一对一数据表参数解析见表 4.7。

```
<?xml version="1.0" encoding="UTF-8"?>
<!DOCTYPE mapper PUBLIC "-//mybatis.org//DTD Mapper 3.0//EN"
"http://mybatis.org/dtd/mybatis-3-mapper.dtd">
<mapper namespace="com.company.microserviceuser.dao.UserDAO">
    <resultMap id="userDetailsMap" type=
"com.company.microserviceuser.vo.UserDetailsVO">
        <result property="id" column="id"/>
        <result property="username" column="username"/>
        <result property="sex" column="sex"/>
        <result property="address" column="address"/>
    </resultMap>
</mapper>
```

表 4.7　一对一数据表参数解析

参　　数	说　　明
namespace	数据库操作接口 Interface
resultMap	XML 标签，返回结果标签
id	标签 id，通过 id 获取数据
type	返回数据对应的实体
result	实体字段标签
property	实体字段
column	数据库字段

2. 一对多数据映射

一对多是多个表之间的映射关系，此时，需要将重复的数据作为外层数据，即一对多中的“一”，而“多”则通过集合的方式组合到一起。“一”对应的实体类代码如下，具体参见代码文件 microservice-book 中 microservice-user 模块/dto/RoleOutputDTO.java。

```
package com.company.microserviceuser.dto;

import lombok.Data;

/**
 * 角色信息
 * @author xindaqi
 * @since 2020-11-21
 */
@Data
public class RoleOutputDTO {

    private String roleId;

}
```

“多”对应的实体类代码如下，具体参见代码文件 microservice-book 中 microservice-user 模块/dto/UserAndRoleOutputDTO.java。

```
package com.company.microserviceuser.dto;

import lombok.Data;
import java.util.List;

/**
 * 用户及角色
 * @author xindaqi
 * @since 2020-11-21
 */

@Data
public class UserAndRoleOutputDTO {

    private Integer id;

    private String username;

    private String sex;

    private String address;

    private List<RoleOutputDTO> roleList;
}
```

使用@Data 注解实现 Getter 和 Setter 以及 toString()方法，其中属性 roleList 即为“多”对应的实体，List 的参数类型即为“一”对应的实体，通过将“一”实体整合到“多”实体中，实现实体间的“一对多”。MyBatis 配置方式如下，具体参见代码文件 microservice-book 中 microservice-user 模块/resources/mybatis/mapper/UserMapper.xml，一对多数据表参数解析见表 4.8。

```
<?xml version="1.0" encoding="UTF-8"?>
<!DOCTYPE mapper PUBLIC "-//mybatis.org//DTD Mapper 3.0//EN"
"http://mybatis.org/dtd/mybatis-3-mapper.dtd">
<mapper namespace="com.company.microserviceuser.dao.UserDAO">
    <resultMap id="userAndRoleMap"
type="com.company.microserviceuser.dto.UserAndRoleOutputDTO">
        <result property="id" column="id"/>
        <result property="username" column="username"/>
        <result property="sex" column="sex"/>
        <result property="address" column="address"/>
        <collection property="roleList" javaType="List" ofType=
"com.company.microserviceuser.dto.RoleOutputDTO" fetchType="lazy">
            <result property="roleId" column="role_id"/>
        </collection>
    </resultMap>
</mapper>
```

表 4.8 一对多数据表参数解析

参　数	说　明
namespace	数据库操作接口 Interface
resultMap	XML 标签，返回结果标签
id	标签 id，通过 id 获取数据
type	返回数据对应的实体类
result	实体字段标签
property	总实体字段，即一对多关系的总数据结构，包括一和多的数据实体
column	数据库字段
collection	XML 标签，表示多数据的标签集合
property	一对多关系中多的实体字段
javaType	实体类型，如 List 类型
ofType	实体类
fetchType	关联数据加载类型。懒加载（fetchType.lazy）表示取出一对应的数据时关联的数据不会取出，同一个 session 中，用到时再去数据库中取；急加载（fetchType.eager）是取出一对一的数据，关联的数据会放到内存中

4.2.4 MyBatis 数据处理

MyBatis 是操作数据库的 ORM 框架，因此，使用 MyBatis 可实现对数据库的增删改查操作，结合数据映射配置，可以实现复杂的数据查询。其中，查询包括一对一查询、一对多查询、分页查询和批量查询，分别使用了 MyBatis 的不同功能。

1. 新增数据

MyBatis 新增数据使用 insert 标签，配置 id 和参数类型之后，使用 MySQL 原生语句即可实现插入数据。参数解析通过#{variable}方式获取，其中 variable 为实体类对应的变量，实现代码如下，具体参见代码文件 microservice-book 中 microservice-user 模块/resources/mybatis/mapper/UserMapper.xml，新增数据参数解析见表 4.9。

```
<?xml version="1.0" encoding="UTF-8"?>
<!DOCTYPE mapper PUBLIC "-//mybatis.org//DTD Mapper 3.0//EN"
"http://mybatis.org/dtd/mybatis-3-mapper.dtd">
<mapper namespace="com.company.microserviceuser.dao.UserDAO">

    <insert id="addUser" parameterType="com.company.microserviceuser.dos.UserDO">
        INSERT INTO user_information ( username, sex, address, phone_number, PASSWORD,
created_time )
        VALUES
            (#{username}, #{sex}, #{address}, #{phoneNumber}, #{password}, #{createdTime})
    </insert>
</mapper>
```

表 4.9 新增数据参数解析

参　数	说　明
insert	插入数据 MyBatis 标签，执行 MySQL 的 INSERT 操作
id	数据库操作接口 Interface，即 id 为 Interface 的实现
parameterType	传入参数类型
#{username}	入参解析，实体 UserDO 包含 username 字段，通过#{variable}方式解析对应的数据

2. 删除数据

MyBatis 删除数据使用 delete 标签，配置 id 和参数类型实现数据删除，实现代码如下，具体参见代码文件 microservice-book 中 microservice-user 模块/resources/mybatis/mapper/UserMapper.xml，删除数据参数解析见表 4.10。

```
<?xml version="1.0" encoding="UTF-8"?>
<!DOCTYPE mapper PUBLIC "-//mybatis.org//DTD Mapper 3.0//EN"
"http://mybatis.org/dtd/mybatis-3-mapper.dtd">
<mapper namespace="com.company.microserviceuser.dao.UserDAO">
```

```
    <delete id="deleteUserPhysical" parameterType="Long">
        DELETE
        FROM
            user_information
        WHERE
            id = #{id}
    </delete>
</mapper>
```

表 4.10 删除数据参数解析

参　数	说　明
delete	删除数据 MyBatis 标签，执行 MySQL 的 DELETE 操作
id	数据库操作接口 Interface，即 id 为 Interface 的实现
parameterType	传入参数类型

3. 修改数据

MyBatis 修改数据通过 update 标签实现，配置 id 和参数类型实现修改数据，实现代码如下，具体参见代码文件 microservice-book 中 microservice-user 模块/resources/mybatis/mapper/UserMapper.xml，修改数据参数解析见表 4.11。

```
<?xml version="1.0" encoding="UTF-8"?>
<!DOCTYPE mapper PUBLIC "-//mybatis.org//DTD Mapper 3.0//EN"
"http://mybatis.org/dtd/mybatis-3-mapper.dtd">
<mapper namespace="com.company.microserviceuser.dao.UserDAO">
    <update id="deleteUserLogical"
parameterType="com.company.microserviceuser.dos.UserDO">
        UPDATE user_information
        SET is_delete = #{delete}, updated_time=#{updatedTime} where id=#{id}
    </update>
    <update id="editUser" parameterType="com.company.microserviceuser.dos.UserDO">
        <if test="id !=null ">
            UPDATE user_information
            <set>
                <if test="username != null and username != ''">
                    username = #{username},
                </if>
                <if test="sex != null and sex != ''">
                    sex = #{sex},
                </if>
                <if test="address != null and address != ''">
                    address = #{address},
                </if>
                <if test="password != null and password != ''">
                    password = #{password},
```

```
                </if>
                <if test="phoneNumber != null and phoneNumber != ''">
                    phone_number = #{phoneNumber},
                </if>
                <if test="updatedTime != null and updatedTime != ''">
                    updated_time = #{updatedTime}
                </if>
            </set>
            where id=#{id}
        </if>
    </update>
</mapper>
```

表 4.11　修改数据参数解析

参　　数	说　　明
update	修改/更新数据 MyBatis 标签，执行 MySQL 的 UPDATE 操作
id	数据库操作接口 Interface，即 id 为 Interface 的实现
parameterType	传入参数类型
if	判断入参类型
test	获取入参判断类型的结果

4. 查询数据

1）一对一查询

一对一查询，既要配置 id、入参类型，又要配置返回参数类型，实现如下，具体参见代码文件 microservice-book 中 microservice-user 模块/resources/mybatis/mapper/UserMapper.xml，一对一查询参数解析见表 4.12。

```
<?xml version="1.0" encoding="UTF-8"?>
<!DOCTYPE mapper PUBLIC "-//mybatis.org//DTD Mapper 3.0//EN"
"http://mybatis.org/dtd/mybatis-3-mapper.dtd">
<mapper namespace="com.company.microserviceuser.dao.UserDAO">
    <resultMap id="userDetailsMap" type="com.company.microserviceuser.vo.UserDetailsVO">
        <result property="id" column="id"/>
        <result property="username" column="username"/>
        <result property="sex" column="sex"/>
        <result property="address" column="address"/>
    </resultMap>

    <select id="queryUserDetails" parameterType="Long" resultMap="userDetailsMap">
        SELECT
            id,
            username,
            sex,
```

```
            address
        FROM
            user_information
        <where>
            <if test="id !=null and id !=''">
                and id=#{id}
            </if>
        </where>
    </select>
</mapper>
```

表 4.12　一对一查询参数解析

参　　数	说　　明
select	查询数据 MyBatis 标签，执行 MySQL 的 SELECT 操作
id	数据库操作接口 Interface，即 id 为 Interface 的实现
parameterType	传入参数类型
resultMap	返回数据对应的实体，也可使用 resultType 的 Map 类型接收返回数据
if	判断入参类型
test	获取入参判断类型的结果

2）一对多查询

一对多查询与一对一查询的不同点在于返回数据的实体类不同，实现如下，具体参见代码文件 microservice-book 中 microservice-user 模块/resources/mybatis/mapper/UserMapper.xml，其余和一对一的查询一致。

```
<?xml version="1.0" encoding="UTF-8"?>
<!DOCTYPE mapper PUBLIC "-//mybatis.org//DTD Mapper 3.0//EN"
"http://mybatis.org/dtd/mybatis-3-mapper.dtd">
<mapper namespace="com.company.microserviceuser.dao.UserDAO">

    <resultMap id="userAndRoleMap" type="com.company.microserviceuser.
dto.UserAndRoleOutputDTO">
        <result property="id" column="id"/>
        <result property="username" column="username"/>
        <result property="sex" column="sex"/>
        <result property="address" column="address"/>
        <collection property="roleList" javaType="List" ofType=
"com.company.microserviceuser.dto.RoleOutputDTO" fetchType="lazy">
            <result property="roleId" column="role_id"/>
        </collection>
    </resultMap>

    <select id="queryUserAndRole" parameterType="Long" resultMap="userAndRoleMap">
```

```
        SELECT
            ui.id,
            ui.user_id,
            ui.sex,
            ui.username,
            ui.address,
            ur.role_id
        FROM
            user_information ui,
            user_role ur
        WHERE
            ui.user_id = ur.user_id
            <if test="id !=null and id !=''">
                AND ui.id = #{id}
            </if>
    </select>
</mapper>
```

3）分页查询

分页查询和一对一查询在 MyBatis 层面没有差别，实现方式如下，具体参见代码文件 microservice-book 中 microservice-user 模块/resources/mybatis/mapper/UserMapper.xml，具体的分页功能将在后面的业务逻辑层进行讲解。

```
<?xml version="1.0" encoding="UTF-8"?>
<!DOCTYPE mapper PUBLIC "-//mybatis.org//DTD Mapper 3.0//EN"
"http://mybatis.org/dtd/mybatis-3-mapper.dtd">
<mapper namespace="com.company.microserviceuser.dao.UserDAO">
    <resultMap id="userDetailsMap" type="com.company.microserviceuser.vo.UserDetailsVO">
        <result property="id" column="id"/>
        <result property="username" column="username"/>
        <result property="sex" column="sex"/>
        <result property="address" column="address"/>
    </resultMap>

    <select  id="queryUserByPage"  parameterType="com.company.microserviceuser.dos.UserDO"
resultMap="userDetailsMap">
        SELECT
            id,
            username,
            sex,
            address
        FROM
            user_information
        <where>
            <if test="id != null and id != ''">
                and id = #{id}
```

```
            </if>
            <if test="username != null and username != ''">
                and username = #{username}
            </if>
            <if test="sex != null and sex != ''">
                and sex = #{sex}
            </if>
            <if test="address != null and address != ''">
                and address like "%"#{address}"%"
            </if>
            <if test="phoneNumber != null and phoneNumber != ''">
                and phone_number like "%"#{phoneNumber}"%"
            </if>
        </where>
    </select>
</mapper>
```

4）批量查询

批量查询时，入参为一个列表，与一对一和一对多查询方式相同，不同的它是使用了 MyBatis 的 foreach 标签，实现如下，具体参见代码文件 microservice-book 中 microservice-user 模块/resources/mybatis/mapper/UserMapper.xml，批量查询参数解析见表 4.13。

```
<?xml version="1.0" encoding="UTF-8"?>
<!DOCTYPE mapper PUBLIC "-//mybatis.org//DTD Mapper 3.0//EN"
"http://mybatis.org/dtd/mybatis-3-mapper.dtd">
<mapper namespace="com.company.microserviceuser.dao.UserDAO">
    <resultMap id="userDetailsMap" type="com.company.microserviceuser.vo.UserDetailsVO">
        <result property="id" column="id"/>
        <result property="username" column="username"/>
        <result property="sex" column="sex"/>
        <result property="address" column="address"/>
    </resultMap>

    <select id="queryUserByIdList" parameterType="com.company.microserviceuser.dto.
QueryUserByIdListInputDTO" resultMap="userDetailsMap">
        SELECT
            id,
            username,
            sex,
            address
        FROM
            user_information
        <where>
            <if test = "idList != null and idList.size() > 0" >
                id in
                <foreach item = "id" index = "index" collection = "idList" open = "("
separator = "," close = ")">
```

```
                #{id}
            </foreach>
        </if>
    </where>
</select>
</mapper>
```

表 4.13　批量查询参数解析

参　数	说　　明
foreach	遍历入参标签
item	迭代对象的内容，若迭代对象为 List，item 为 List 中的数据；若迭代对象为 Map，item 为 Map 的键名 key
index	索引，若迭代对象为 List，索引为序号；若迭代对象为 Map，索引为 key
collection	迭代对象，如 idList
open	foreach 过滤条件开始符号
separator	元素分隔符，逗号为连续数据(a,b,c)，可以为 and 或 or
close	foreach 过滤条件结束符号

4.3　Spring Boot 数据库操作接口开发

MyBatis 数据库操作是基础，通过 MyBatis 在 XML 配置文件中完成数据库的增删改查，接下来可以使用 Spring Boot 进行接口开发，在接口中通过业务层组合数据库操作，完成接口功能的开发。

4.3.1　数据表操作 DAO 层

MyBatis 的 XML 数据库操作实现与 DAO 层的接口一一映射，即 MyBatis 的 XML 是 DAO 层接口的实现，在 Java 中通过调用 DAO 层的接口即可完成数据库操作。以用户模块的增删改查为例，实现代码如下，具体参见代码文件 microservice-book 中 microservice-user 模块/dao/ UserDAO.java。

```
package com.company.microserviceuser.dao;

import com.company.microserviceuser.vo.*;
import com.company.microserviceuser.dto.*;
import com.company.microserviceuser.dos.*;

import org.apache.ibatis.annotations.Mapper;
import java.util.List;

/**
 * 用户信息增删改查
```

```
 * @author xindaqi
 * @since 2020-11-08
 */
@Mapper
public interface UserDAO {

    /**
     * 查询用户详情
     * @param id 用户 id
     * @return
     */
    UserDetailsVO queryUserDetails(Long id);

    /**
     * 登录时查询用户信息
     * @param params 用户名和用户密码
     * @return
     */
    LoginOutputDTO queryUserLoginDetails(LoginInputDTO params);

    /**
     * 新增用户
     * @param params 用户信息
     * @return
     */
    Integer addUser(UserDO params);

    /**
     * 物理删除用户
     * @param id 用户 id
     * @return
     */
    Integer deleteUserPhysical(Long id);

    /**
     * 逻辑删除用户
     * @param params 用户参数
     * @return
     */
    Integer deleteUserLogical(UserDO params);

    /**
     * 修改用户
     * @param params 用户参数
     * @return
     */
```

```
    Integer editUser(UserDO params);

    /**
     * 分页查询用户信息
     * @param params 用户参数
     * @return
     */
    List<UserDetailsVO> queryUserByPage(UserDO params);

    /**
     * 批量查询用户信息
     * @param params
     * @return
     */
    List<UserDetailsVO> queryUserByIdList(QueryUserByIdListInputDTO params);

    /**
     * 查询用户信息和角色信息
     * @param id 用户 id
     * @return
     */
    UserAndRoleOutputDTO queryUserAndRole(Long id);
}
```

由上面代码总结出，MyBatis 对数据库进行增删改查时分别返回的数据类型详细解析见表 4.14。

表 4.14　MyBatis 操作数据库返回数据类型解析

数据库操作	返回数据类型
插入数据	整型数据，1 表示插入成功，0 表示插入失败
删除数据	整型数据，1 表示删除成功，0 表示删除失败
修改数据	整型数据，1 表示修改成功，0 表示修改失败
一对一查询	列表、实体类、Map 类型、整型或字符串
一对多查询	列表
批量入参查询	列表

4.3.2　业务逻辑 Service 层

业务逻辑 Service 层封装了业务逻辑，即组合多次数据库操作，如果没有特别复杂的功能，业务逻辑层和 DAO 层的数据操作可以一一对应，以用户模块的增删改查为例，实现业务逻辑如注册用户、查询用户、删除用户。其中，删除用户分为物理删除和逻辑删除：物理删除即永久删除该用户；逻辑删除仅将该用户的删除标识位置 1，表示删除，可以依据业务进行恢复。高内聚，低耦合，面向接口（Interface）编程，将业务层的接口和实现分开。

1. 业务逻辑接口

业务逻辑接口分别实现用户注册（新增）、查询用户详情、查询用户角色、分页查询用户信息和通过 id 列表查询用户信息。这里引入的设计理念是业务逻辑要靠近业务，而不是数据库，如用户注册是业务需求，而数据库操作是新增用户，因此在业务逻辑 Servcie 层应该命名为注册，而不是新增，业务层是通用层，面向产品经理、项目经理等人员，更容易理解。实现代码如下，具体参见代码文件 microservice-book 中 microservice-user 模块/service/ IUserService.java。

```
package com.company.microserviceuser.service;

import com.github.pagehelper.PageInfo;

import com.company.microserviceuser.dto.*;
import com.company.microserviceuser.dos.*;
import com.company.microserviceuser.vo.*;

/**
 * 用户信息增删改查业务逻辑接口
 * @author xindaqi
 * @since 2020-10-07
 */

public interface IUserService {

    /**
     * 查询用户信息
     * @param id
     * @return
     */
    UserDetailsVO queryUserDetails(Long id);

    /**
     * 用户登录
     * @param params
     * @return
     */
    LoginOutputDTO login(LoginInputDTO params);

    /**
     * 用户注册
     * @param params
     * @return
     */
    Integer registerUser(UserDO params);

    /**
```

```
     * 永久注销用户（物理删除）
     * @param id
     * @return
     */
    Integer deleteUserPhysical(Long id);

    /**
     * 注销用户（逻辑删除）
     * @param params
     * @return
     */
    Integer deleteUserLogical(UserDO params);

    /**
     * 修改用户信息
     * @param params
     * @return
     */
    Integer editUser(UserDO params);

    /**
     * 分页查询用户信息
     * @param params
     * @param pageNum
     * @param pageSize
     * @return
     */
    PageInfo<UserDetailsVO> queryUserByPage(UserDO params, Integer pageNum, Integer pageSize);

    /**
     * 批量查询用户信息
     * @param params
     * @return
     */
    PageInfo<UserDetailsVO> queryUserByIdList(QueryUserByIdListInputDTO params);

    /**
     * 查询用户角色
     * @param id
     * @return
     */
    UserAndRoleVO queryUserAndRole(Long id);

}
```

2．接口实现

接口实现则通过调用 DAO 接口（Interface）实现业务功能。这里需要注意的是，重写接口必须添加@Override 注解，保证正确的重写方法，需要配置的是分页查询。分页查询使用分页插件 com.github.pagehelper.PageInterceptor，实现代码如下，具体参见代码文件 microservice-book 中 microservice-user 模块/impl/UserServiceImpl.java。

```
package com.company.microserviceuser.service.impl;

import org.springframework.stereotype.Service;
import org.springframework.beans.BeanUtils;
import org.springframework.beans.factory.annotation.Autowired;
import com.github.pagehelper.PageHelper;
import com.github.pagehelper.PageInfo;

import java.util.stream.Collectors;

import com.company.microserviceuser.dto.*;
import com.company.microserviceuser.service.*;
import com.company.microserviceuser.dao.*;
import com.company.microserviceuser.dos.*;
import com.company.microserviceuser.vo.*;

import java.util.List;

/**
 * 用户信息接口实现
 * @author xindaqi
 * @since 2020-10-07
 */

@Service
public class UserServiceImpl implements IUserService {

    @Autowired
    private UserDAO userDao;

    @Override
    public UserDetailsVO queryUserDetails(Long id) {
        return userDao.queryUserDetails(id);
    }

    @Override
    public LoginOutputDTO login(LoginInputDTO params){
        return userDao.queryUserLoginDetails(params);
    }
```

```
    @Override
    public Integer registerUser(UserDO params) {
        return userDao.addUser(params);
    }

    @Override
    public Integer deleteUserPhysical(Long id) {
        return userDao.deleteUserPhysical(id);
    }

    @Override
    public Integer deleteUserLogical(UserDO params) {
        return userDao.deleteUserLogical(params);
    }

    @Override
    public Integer editUser(UserDO params) {
        return userDao.editUser(params);
    }

    @Override
    public PageInfo<UserDetailsVO> queryUserByPage(UserDO params, Integer pageNum,
Integer pageSize) {
        PageHelper.startPage(pageNum, pageSize);
        List<UserDetailsVO> userList = userDao.queryUserByPage(params);
        PageInfo<UserDetailsVO> pageInfo = new PageInfo<UserDetailsVO>(userList);
        return pageInfo;
    }

    @Override
    public PageInfo<UserDetailsVO> queryUserByIdList(QueryUserByIdListInputDTO params) {
        Integer pageNum = params.getPageNum();
        Integer pageSize = params.getPageSize();
        PageHelper.startPage(pageNum, pageSize);
        List<UserDetailsVO> userList = userDao.queryUserByIdList(params);
        PageInfo<UserDetailsVO> pageInfo = new PageInfo<UserDetailsVO>(userList);
        return pageInfo;
    }

    @Override
    public UserAndRoleVO queryUserAndRole(Long id) {
        UserAndRoleOutputDTO userAndRoleOutputDTO = userDao.queryUserAndRole(id);
        List<String> roleList = userAndRoleOutputDTO.getRoleList().stream().map
(RoleOutputDTO::getRoleId).collect(Collectors.toList());
        UserAndRoleVO userAndRoleVO = new UserAndRoleVO();
```

```
        BeanUtils.copyProperties(userAndRoleOutputDTO, userAndRoleVO);
        userAndRoleVO.setRoleList(roleList);
        return userAndRoleVO;
    }
}
```

4.3.3 分页查询

MyBatis 分页查询有两种方式：第一种是原生显式分页查询，使用 limit 进行分页，这种方式的 limit 是从 0 开始进行分页的，需要在入参阶段对分页入参进行处理，比较烦琐；第二种是通过分页插件 com.github.pagehelper.PageInterceptor 实现分页，POM 文件中的内容如下。

```
<dependency>
    <groupId>com.github.pagehelper</groupId>
    <artifactId>pagehelper</artifactId>
    <version>5.1.2</version>
</dependency>
```

当然，分页查询是物理分页，将分页数据处理交给分页插件。分页插件的配置如下，具体参见代码文件 microservice-book 中 microservice-user 模块/resources/config/mybatis-config.xml。

```
<?xml version="1.0" encoding="UTF-8" ?>
<!DOCTYPE configuration PUBLIC "-//mybatis.org//DTD Config 3.0//EN"
"http://mybatis.org/dtd/mybatis-3-config.dtd">
<configuration>


    <settings>
        <setting name="mapUnderscoreToCamelCase" value="true"/>
        <setting name="logImpl" value="STDOUT_LOGGING" />
    </settings>
    <!-- 引入 pageHelper 插件 -->
    <!--注意这里要写成 PageInterceptor, 5.0 之前的版本都是写 PageHelper, 5.0 之后要换成
PageInterceptor-->
    <plugins>
        <plugin interceptor="com.github.pagehelper.PageInterceptor">
            <!--reasonable：分页合理化参数，默认值为 false,直接根据参数进行查询
              当该参数设置为 true 时，pageNum<=0 时会查询第 1 页，pageNum>pages（超过总数时），
会查询最后一页-->
            <!--<property name="reasonable" value="true"/>-->
        </plugin>
    </plugins>

</configuration>
```

以用户信息分页查询为例，实现方法如下。

```
@Override
```

```
public PageInfo<UserDetailsVO> queryUserByIdList(QueryUserByIdListInputDTO params) {
    Integer pageNum = params.getPageNum();
    Integer pageSize = params.getPageSize();
    PageHelper.startPage(pageNum, pageSize);
    List<UserDetailsVO> userList = userDao.queryUserByIdList(params);
    PageInfo<UserDetailsVO> pageInfo = new PageInfo<UserDetailsVO>(userList);
    return pageInfo;
}
```

分页查询使用 PageInfo 类作为接收数据的实体，通过 PageHelper 处理分页页码，将页码处理为 limit 对应的数据，如前端传的起始页为 1，通过 PageHelper 会将起始页处理为 0，使用 PageInfo 处理查询结果，会在查询语句中拼接 limit 物理查询。

查询的数据作为 PageInfo 参数进行数据处理，PageInfo 实体类中的参数如下。

```
package com.github.pagehelper;

import java.io.Serializable;
import java.util.Collection;
import java.util.List;

public class PageInfo<T> implements Serializable {
    private static final long serialVersionUID = 1L;
    //当前页
    private int pageNum;
    //每页的数量
    private int pageSize;
    //当前页的数量
    private int size;

    //由于 startRow 和 endRow 不常用，这里介绍一个具体的用法
    //可以在页面中显示 startRow 到 endRow 共 size 条数据

    //当前页面第 1 个元素在数据库中的行号
    private int startRow;
    //当前页面最后 1 个元素在数据库中的行号
    private int endRow;
    //总记录数
    private long total;
    //总页数
    private int pages;
    //结果集
    private List<T> list;

    //前一页
    private int prePage;
    //下一页
```

```
    private int nextPage;

    //是否为第 1 页
    private boolean isFirstPage = false;
    //是否为最后一页
    private boolean isLastPage = false;
    //是否有前一页
    private boolean hasPreviousPage = false;
    //是否有下一页
    private boolean hasNextPage = false;
    //导航页码数
    private int navigatePages;
    //所有导航页号
    private int[] navigatepageNums;
    //导航条上的第 1 页
    private int navigateFirstPage;
    //导航条上的最后一页
    private int navigateLastPage;

    public PageInfo() {
    }
    // 省略 Getter 和 Setter 等

}
```

通过 PageInfo 数据结构获取对应的查询结果，关键的有 total（查到的数据总数和数据），通过 getTotal()方法获取数据总数，通过 getList()方法获取查询到的分页数据，在 Controller 层实现 PageInfo 处理结果，实现如下，具体参见代码文件 microservice-book 中 microservice-user 模块/controller/UserController.java。

```
 @RequestMapping(value = "/query/page", method = RequestMethod.POST)
 @ApiOperation("分页查询用户")
 @ApiImplicitParam(name = "params", value = "分页查询用户注册信息", dataType =
"QueryUserByPageInputDTO", paramType = "body")
 public ResponseVO<List<UserDetailsVO>> queryUserByPage(@RequestBody
QueryUserByPageInputDTO params) {
    try{
        UserDO userDo = new UserDO();
        Integer pageNum = params.getPageNum();
        Integer pageSize = params.getPageSize();
        BeanUtils.copyProperties(params, userDo);
        PageInfo<UserDetailsVO> userInformation = userService.queryUserByPage(userDo,
pageNum, pageSize);
        List<UserDetailsVO> userList = userInformation.getList();
        Long total = userInformation.getTotal();
        logger.info("成功--分页查询用户");
```

```
        return new ResponseVO<List<UserDetailsVO>>().ok(userList, total);

    }catch (Exception e) {
        logger.error("失败--列表分页查询用户");
        return new ResponseVO<List<UserDetailsVO>>().fail();
    }

}
```

由上面的代码可知，PageInfo 的查询结果为 userInformation，通过 total()方法获取查询数据的总条数，通过 getList()方法获取查询结果，即用户列表。

4.3.4 事务回滚

事务回滚即当某个逻辑中存在多个事务，某个或某些事务出现异常无法执行时，不操作数据库，保持数据库的完整性（与操作之前一致）。在复杂的场景中，经常会在一个完整的功能中多次操作数据库，当多次操作只有部分正常时，如果不进行事务管理，容易出现脏数据、数据被误删等不安全的情况。Spring Boot 提供了事务管理解决方案，帮助解决关联事务造成的数据不安全问题，通过@Transactional 注解进行事务管理。以批量添加用户为例，测试多个 MySQL 事务的回滚。

1. 批量添加用户接口

批量添加用户接口（Interface）代码如下，具体参见代码文件 microservice-book 中 microservice-user 模块/service/IUserService.java。

```
package com.company.microserviceuser.service;

import com.github.pagehelper.PageInfo;

import com.company.microserviceuser.dto.*;
import com.company.microserviceuser.dos.*;
import com.company.microserviceuser.vo.*;

import java.util.List;

/**
 * 用户信息增删改查业务逻辑接口
 * @author xindaqi
 * @since 2020-10-07
 */

public interface IUserService {

    /**
     * 批量注册用户，用于测试事务回滚
```

```
     * @param userDOList 用户信息列表
     * @return
     */
    Integer registerUserBatch(List<UserDO> userDOList);

}
```

批量添加用户接口的实现如下，这里使用@Transactional 注解，该注解应用在特定的方法中，同时指定回滚时的异常类，保证事务的执行效率。@Transactional 注解默认捕获 RuntimeException 异常，为避免其他异常捕获失效，指定 Exception 异常，关于异常的相关介绍参见 11.3 节的相关知识，具体参见代码文件 microservice-book 中 microservice-user 模块/impl/UserServiceImpl.java。

```
package com.company.microserviceuser.service.impl;

import com.github.pagehelper.page.PageMethod;
import org.springframework.stereotype.Service;
import org.springframework.transaction.annotation.Transactional;
import org.springframework.beans.BeanUtils;
import org.springframework.beans.factory.annotation.Autowired;
import com.github.pagehelper.PageInfo;

import java.util.stream.Collectors;

import com.company.microserviceuser.dto.*;
import com.company.microserviceuser.service.*;
import com.company.microserviceuser.dao.*;
import com.company.microserviceuser.dos.*;
import com.company.microserviceuser.vo.*;

import java.util.List;

/**
 * 用户信息接口实现
 * @author xindaqi
 * @since 2020-10-07
 */

@Service
public class UserServiceImpl implements IUserService {

    @Autowired
    private UserDAO userDao;

    @Transactional(rollbackFor = Exception.class)
    @Override
    public Integer registerUserBatch(List<UserDO> userDOList) {
```

```
        userDOList.stream().forEach( s -> {
            if(null == s.getUserId() || s.getUserId().isEmpty()) {
                throw new IllegalArgumentException("用户 id 不能为空");
            }
            userDao.addUser(s);
        });
        return 1;
    }
}
```

批量添加用户时，通过判断 userId 是否为空或为 NULL 抛出参数异常进行回滚，测试回滚的请求参数如下。将 userId 设置为空值，当开启事务管理时，触发回滚。

```
[
    {
    "address":"",
    "userId":"123456",
    "phoneNumber": "",
    "sex": "",
    "username": "事务 20210217-3",
    "password":"123456"
    },{
    "address":"",
    "userId":"",
    "phoneNumber": "",
    "sex": "",
    "username": "事务 20210217-4",
    "password":"123456"
    }
]
```

2. 批量添加用户路由

批量添加用户路由的实现如下，具体参见代码文件 microservice-book 中 microservice-user 模块/controller/UserController.java。

```
package com.company.microserviceuser.controller;

import com.company.microserviceuser.exception.MyException;
import org.springframework.web.bind.annotation.*;
import org.springframework.beans.BeanUtils;
import org.springframework.beans.factory.annotation.Autowired;
import org.slf4j.Logger;
import org.slf4j.LoggerFactory;
import org.springframework.security.crypto.bcrypt.BCryptPasswordEncoder;
import com.github.pagehelper.PageInfo;
```

```
import io.swagger.annotations.Api;
import io.swagger.annotations.ApiImplicitParam;
import io.swagger.annotations.ApiOperation;

import com.company.microserviceuser.dto.*;
import com.company.microserviceuser.enums.MyCodeEnums;
import com.company.microserviceuser.service.*;
import com.company.microserviceuser.vo.common.*;
import com.company.microserviceuser.vo.*;
import com.company.microserviceuser.dos.*;
import com.company.microserviceuser.utils.*;

import javax.annotation.Resource;
import javax.validation.Valid;
import java.util.List;

import static com.company.microserviceuser.constant.StringConstant.DATE_Y_M_D_H_M_S;
import com.company.microserviceuser.constant.*;
/**
 * UserController API.
 * @author xindaqi
 * @since 2020-10-26
 */
@CrossOrigin(origins = "*", maxAge = 3600)
@RestController
@RequestMapping("/api/v1/user")
@Api(tags = "人员信息")
public class UserController {

    private static Logger logger = LoggerFactory.getLogger(UserController.class);

    @Autowired
    private TimeProcessUtil timeProcessUtil;

    @Autowired
    private IUserService userService;

    @PostMapping(value = "/add/batch/test")
    @ApiOperation("批量注册用户")
    @ApiImplicitParam(name = "params", value = "用户注册信息", dataType = "List<UserDO>",
paramType = "body")
    public ResponseVO<String> addUserBatch(@RequestBody List<UserDO> params) {

        Integer addUserBatchFlag = userService.registerUserBatch(params);
        logger.info("成功--批量添加用户");
```

```
        return new ResponseVO<String>().ok("成功批量添加用户");

    }

}
```

分情况测试事务执行效果，即添加事务管理和不添加事务管理。不添加事务管理时，使用上述参数批量添加用户信息输出的日志信息如下。

```
- Class name:com.company.microserviceuser.controller.UserController
Creating a new SqlSession
SqlSession [org.apache.ibatis.session.defaults.DefaultSqlSession@275d985e] was not registered for synchronization because synchronization is not active
JDBC Connection [com.alibaba.druid.proxy.jdbc.ConnectionProxyImpl@74b7fea6] will not be managed by Spring
==>  Preparing: INSERT INTO user_information ( username, sex, address, phone_number, PASSWORD, created_time ) VALUES (?, ?, ?, ?, ?, ?)
==> Parameters: 事务20210217-3(String), (String), (String), (String), 123456(String), null
<==    Updates: 1
Closing non transactional SqlSession [org.apache.ibatis.session.defaults.DefaultSqlSession@275d985e]
```

由运行结果可知，不添加事务管理时，Spring Boot 执行两个事务，第 1 个事务成功，第 2 个事务失败，此时数据库中添加了第 1 条数据，第 2 条数据没有完成存储。

添加事务管理时，输出的日志信息如下。

```
- Class name:com.company.microserviceuser.controller.UserController
Creating a new SqlSession
Registering transaction synchronization for SqlSession [org.apache.ibatis.session.defaults.DefaultSqlSession@801236f]
JDBC Connection [com.alibaba.druid.proxy.jdbc.ConnectionProxyImpl@1995485f] will be managed by Spring
==>  Preparing: INSERT INTO user_information ( username, sex, address, phone_number, PASSWORD, created_time ) VALUES (?, ?, ?, ?, ?, ?)
==> Parameters: 事务20210217-3(String), (String), (String), (String), 123456(String), null
<==    Updates: 1
Releasing transactional SqlSession [org.apache.ibatis.session.defaults.DefaultSqlSession@801236f]
Transaction synchronization deregistering SqlSession [org.apache.ibatis.session.defaults.DefaultSqlSession@801236f]
Transaction synchronization closing SqlSession [org.apache.ibatis.session.defaults.DefaultSqlSession@801236f]
```

由运行结果可知，Spring Boot 执行两个事务，第 1 个事务完成，第 2 个事务异常时，触发了事务回滚，即 Transaction synchronization deregistering SqlSession，此时数据库没有任何操作，两条数据都没有保存。

对比执行多个 MySQL 事务是否添加回滚机制运行结果可知，在 Spring Boot 中操作数据库默认是以单个事务为单位进行提交的，即当前的逻辑中存在多个事务时（多次操作数据库）完成一个事务即提交一个事务，而不是等待所有操作完成统一提交。因此，当多个事务中有失败的事务时，并不会影响其他事务的提交。如果多个事务之间存在关联关系，会产生脏数据。当使用事务回滚机制，Spring Boot 一次执行逻辑中存在多个事务时，先遍历执行操作，但是不提交，当所有的操作都成功执行时，统一提交，若多个事务中出现任意一个或多个异常，都不会触发事务提交，不操作数据库，保证数据安全，不产生脏数据。

4.3.5 接口 Controller 层

接口即后台服务对外提供的功能，以用户模块为例，对外提供的接口功能包括用户注册、用户删除（物理删除和逻辑删除）、修改用户信息和查询用户信息。将接口类放在 Controller 层，是因为 Spring Boot 在接口上使用@Controller 或@RestController 注解解析页面或数据，所以使用 Controller 层作为对外展示层，同样可以使用 Facade 作为对外的接口层，实现代码如下，具体参见代码文件 microservice-book 中 microservice-user 模块/controller/UserController.java。

```
package com.company.microserviceuser.controller;

import org.springframework.web.bind.annotation.CrossOrigin;
import org.springframework.web.bind.annotation.RequestMapping;
import org.springframework.web.bind.annotation.RestController;
import org.springframework.web.bind.annotation.RequestMethod;
import org.springframework.web.bind.annotation.RequestBody;
import org.springframework.web.bind.annotation.RequestParam;
import org.springframework.beans.BeanUtils;
import org.springframework.beans.factory.annotation.Autowired;
import org.slf4j.Logger;
import org.slf4j.LoggerFactory;
import org.springframework.security.crypto.bcrypt.BCryptPasswordEncoder;
import org.springframework.security.crypto.bcrypt.BCrypt;
import com.github.pagehelper.PageInfo;

import java.util.Map;
import java.time.LocalDateTime;
import java.time.format.DateTimeFormatter;

import io.swagger.annotations.Api;
import io.swagger.annotations.ApiImplicitParam;
import io.swagger.annotations.ApiOperation;

import com.company.microserviceuser.dto.*;
import com.company.microserviceuser.service.*;
import com.company.microserviceuser.vo.common.*;
```

```
import com.company.microserviceuser.vo.*;
import com.company.microserviceuser.dos.*;
import com.company.microserviceuser.utils.*;

import java.util.List;

/**
 * UserController API.
 * @author xindaqi
 * @since 2020-10-26
 */
@CrossOrigin(origins = "*", maxAge = 3600)
@RestController
@RequestMapping("/api/v1/user")
@Api(tags = "人员信息")
public class UserController {

    private static Logger logger = LoggerFactory.getLogger(UserController.class);

    @Autowired
    private TimeProcessUtil timeProcessUtil;

    @Autowired
    private IUserService userService;

    @Autowired
    private BCryptPasswordEncoder passwordEncoderCrypt;

    @RequestMapping(value = "/save", method = RequestMethod.POST)
    @ApiOperation("注册用户")
    @ApiImplicitParam(name = "params", value = "用户注册信息", dataType =
"RegisterInputDTO", paramType = "body")
    public ResponseVO<String> save(@RequestBody RegisterInputDTO params) {
        String passwordRaw = params.getPassword();
        String passwordEncode = passwordEncoderCrypt.encode(passwordRaw);
        String createdTime = timeProcessUtil.timeGenerateFromPattern("yyyy-MM-dd HH:mm:ss");
        UserDO userDO = new UserDO();
        userDO.setUsername(params.getUsername());
        userDO.setSex(params.getSex());
        userDO.setAddress(params.getAddress());
        userDO.setPassword(passwordEncode);
        userDO.setPhoneNumber(params.getPassword());
        userDO.setCreatedTime(createdTime);
        Integer saveFlag = userService.registerUser(userDO);
        if(saveFlag == 1) {
            logger.info("成功--注册用户");
```

```
            return new ResponseVO<String>().ok(passwordEncode);
        }else {
            logger.info("失败--注册用户");
            return new ResponseVO<String>().fail();
        }

    }

    @RequestMapping(value = "/delete/physical", method = RequestMethod.DELETE)
    @ApiOperation("物理删除用户")
    @ApiImplicitParam(name = "id", value = "用户信息", dataType = "Long", paramType = "query")
    public ResponseVO<String> deleteUserPhysical(@RequestParam Long id) {
        try{
            Integer deleteFlag = userService.deleteUserPhysical(id);
            if(deleteFlag == 1) {
                logger.info("成功--物理删除用户");
                return new ResponseVO<String>().ok("成功删除");
            }else {
                logger.error("失败--物理删除用户");
                return new ResponseVO<String>().fail();
            }
        }catch (Exception e) {
            logger.info("异常--物理删除用户");
            return new ResponseVO<String>().fail();
        }

    }

    @RequestMapping(value = "/delete/logical", method = RequestMethod.DELETE)
    @ApiOperation("逻辑删除用户")
    @ApiImplicitParam(name = "id", value = "用户信息", dataType = "Long", paramType = "query")
    public ResponseVO<String> deleteUserLogical(@RequestParam Long id) {
        try{
            String  updatedTime  =  timeProcessUtil.timeGenerateFromPattern("yyyy-MM-dd
HH:mm:ss");
            UserDO userDo = new UserDO();
            userDo.setUpdatedTime(updatedTime);
            userDo.setDelete(1);
            userDo.setId(id);
            Integer deleteFlag = userService.deleteUserLogical(userDo);
            if(deleteFlag == 1) {
                logger.info("成功--逻辑删除用户");
                return new ResponseVO<String>().ok("成功删除");
            }else {
                logger.error("失败--逻辑删除用户");
                return new ResponseVO<String>().fail();
```

```
            }
        }catch (Exception e) {
            logger.error("异常--逻辑删除用户");
            return new ResponseVO<String>().fail();
        }

    }

    @RequestMapping(value = "/edit", method = RequestMethod.POST)
    @ApiOperation("修改用户")
    @ApiImplicitParam(name = "params", value = "修改用户信息", dataType = 
"EditUserInputDTO", paramType = "body")
    public ResponseVO<String> editUser(@RequestBody EditUserInputDTO params) {
        try{
            String updatedTime = timeProcessUtil.timeGenerateFromPattern("yyyy-MM-dd 
HH:mm:ss");
            UserDO userDo = new UserDO();
            userDo.setUpdatedTime(updatedTime);
            BeanUtils.copyProperties(params, userDo);
            Integer editFlag = userService.editUser(userDo);
            if(editFlag == 1) {
                logger.info("成功--修改用户信息");
                return new ResponseVO<String>().ok("成功修改");
            }else {
                logger.error("失败--修改用户信息");
                return new ResponseVO<String>().fail();
            }
        }catch (Exception e) {
            logger.error("异常--修改用户信息");
            return new ResponseVO<String>().fail();
        }

    }

    @RequestMapping(value = "/query", method = RequestMethod.GET)
    @ApiOperation("查询用户")
    @ApiImplicitParam(name = "id", value = "用户注册信息", dataType = "Integer", paramType = 
"query")
    public ResponseVO<UserDetailsVO> query(@RequestParam Long id) {
        try{
            UserDetailsVO userInformation = userService.queryUserDetails(id);
            logger.info("成功--查询用户详情信息");
            return new ResponseVO<UserDetailsVO>().ok(userInformation);

        }catch (Exception e) {
            logger.error("失败--查询用户详情信息");
```

```
            return new ResponseVO<UserDetailsVO>().fail();
        }
    }

    @RequestMapping(value = "/query/page", method = RequestMethod.POST)
    @ApiOperation("分页查询用户")
    @ApiImplicitParam(name = "params", value = "分页查询用户注册信息", dataType =
"QueryUserByPageInputDTO", paramType = "body")
    public ResponseVO<List<UserDetailsVO>> queryUserByPage(@RequestBody
QueryUserByPageInputDTO params) {
        try{
            UserDO userDo = new UserDO();
            Integer pageNum = params.getPageNum();
            Integer pageSize = params.getPageSize();
            BeanUtils.copyProperties(params, userDo);
            PageInfo<UserDetailsVO> userInformation = userService.queryUserByPage(userDo,
pageNum, pageSize);
            List<UserDetailsVO> userList = userInformation.getList();
            Long total = userInformation.getTotal();
            logger.info("成功--分页查询用户");
            return new ResponseVO<List<UserDetailsVO>>().ok(userList, total);

        }catch (Exception e) {
            logger.error("失败--列表分页查询用户");
            return new ResponseVO<List<UserDetailsVO>>().fail();
        }

    }

    @RequestMapping(value = "/query/idlist", method = RequestMethod.POST)
    @ApiOperation("id 列表分页查询用户")
    @ApiImplicitParam(name = "params", value = "分页查询用户注册信息", dataType =
"QueryUserByIdListInputDTO", paramType = "body")
    public ResponseVO<List<UserDetailsVO>> queryUserByIdList(@RequestBody
QueryUserByIdListInputDTO params) {
        try{
            PageInfo<UserDetailsVO> userInformation = userService.queryUserByIdList(params);
            List<UserDetailsVO> userList = userInformation.getList();
            Long total = userInformation.getTotal();
            logger.info("成功--id 列表分页查询用户");
            return new ResponseVO<List<UserDetailsVO>>().ok(userList, total);

        }catch (Exception e) {
            logger.error("失败--id 列表分页查询用户");
            return new ResponseVO<List<UserDetailsVO>>().fail();
        }
```

```
    }

    @RequestMapping(value = "/query/user/role", method=RequestMethod.GET)
    @ApiOperation("查询用户及角色")
    @ApiImplicitParam(name="id", value="用户 id", dataType="Long", paramType="query")
    public ResponseVO<UserAndRoleVO> queryUserAndRole(@RequestParam("id") Long id) {
        try {
            UserAndRoleVO userAndRoleVO = userService.queryUserAndRole(id);
            logger.error("成功--查询用户及角色信息");
            return new ResponseVO<UserAndRoleVO>().ok(userAndRoleVO);
        }catch(Exception e) {
            logger.error("失败--查询用户及角色信息");
            return new ResponseVO<UserAndRoleVO>().fail();

        }
    }

}
```

4.3.6 接口测试

通过 Postman 进行接口测试，Postman 是开发中常用的接口测试工具。以分页查询用户信息为例，使用 Postman 构造请求测试接口，如图 4.27 所示。

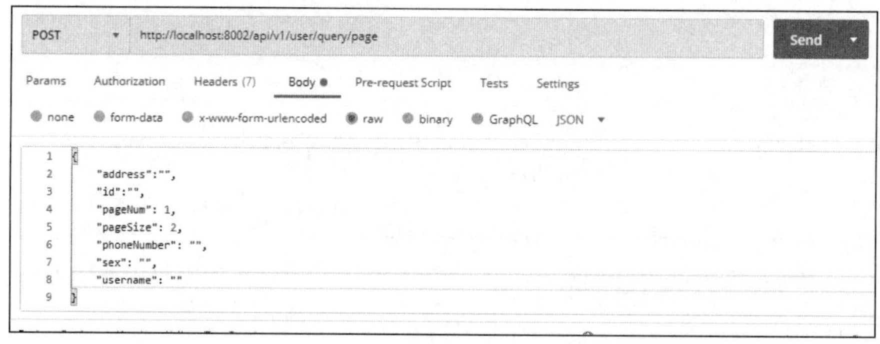

图 4.27　Postman 构造请求

使用 Postman 构造请求测试分页查询用户信息接口，先构造 URL，通过 RequestMapping 中的数据拼接请求 URI，本地测试使用 HTTP 以及 localhost，端口为 8002，并选择 POST 请求方法，设置请求体，选择 Body 中的 raw，即原生数据请求体，如图 4.27 所示。构造请求之后，单击 Send 按钮发送请求，请求结果如图 4.28 所示。

由图 4.28 可知，请求成功，状态 Status 为 200 OK，请求时间 Time 为 81ms，返回数据尺寸 Size 为 607B，完整的请求结果如下。

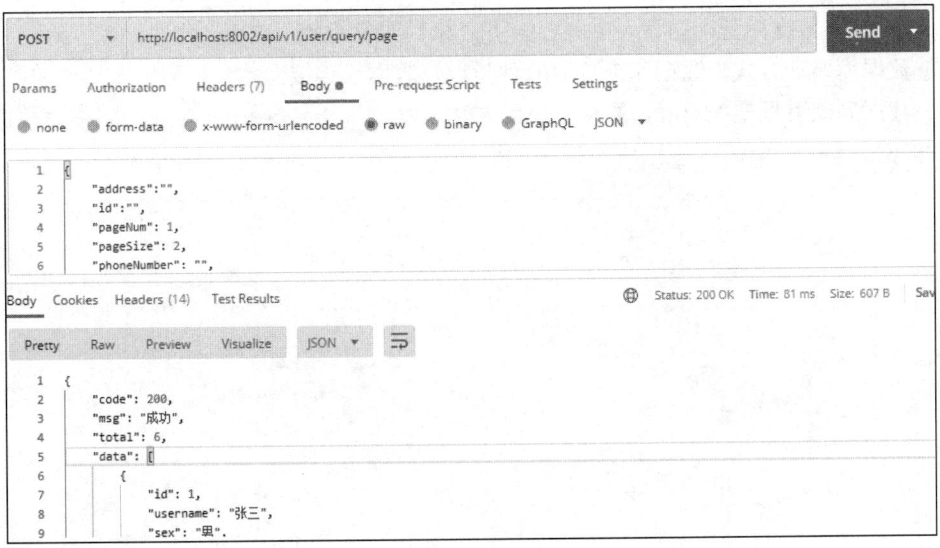

图 4.28　请求结果

```
{
    "code": 200,
    "msg": "成功",
    "total": 6,
    "data": [
        {
            "id": 1,
            "username": "张三",
            "sex": "男",
            "address": "黑龙江"
        },
        {
            "id": 3,
            "username": "小花",
            "sex": "女",
            "address": "黑龙江"
        }
    ]
}
```

4.4　小　　结

本章讲解了数据库的相关内容，主要包括以下内容。

（1）数据库种类，分为关系型数据库和非关系型数据库。

（2）MySQL 数据库基础知识（事务、索引）和数据表的增删改查操作。

（3）数据库驱动方式、数据库连接池的种类以及数据库连接池的参数配置。

（4）数据库映射框架 MyBatis 的基础使用方法，以及与 Spring Boot 集成，完整的数据库操作接口开发实例。

第 5 章

接口测试及接口管理

本章讲解接口测试及接口管理。接口测试有两种方式：一种是通过接口测试工具进行测试；另一种是通过代码（脚本）进行测试。其中，常用的测试工具包括 Postman、Swagger 和 YApi，只需使用工具构建参数即可完成接口测试，无须开发代码，适用范围最广，开发人员、测试人员和其他人员均可进行测试，学习成本较低，易上手；而使用代码测试接口需要一定的开发经验，通常是具备接口开发经验的开发人员或使用其他语言的开发者，如 Java、Python 和 C#均可进行接口测试，这种接口测试需要测试者具备开发能力，应用有一定的局限性。因此，本章讲解如何使用接口测试工具测试接口，并讲解如何撰写标准的对外接口文档。

5.1 接口文档

接口文档是接口的说明书，接口文档中记录了接口的全部信息，包括接口地址、请求方法、请求入参说明和返回数据说明，通过接口文档可以完成接口测试。接口文档有两种形式：一种是离线的 Word 文档（或其他文档工具）；另一种是在线接口文档，如 Swagger 接口文档和 YApi 接口文档。

5.1.1 标准接口文档

标准接口文档是提供给本公司以外的调用方使用的，包含了完成接口调用的所有信息，一般包含两部分：一部分是修订历史；另一部分是接口说明。修订历史模板见表 5.1。

表 5.1 修订历史模板

<table>
<tr><th>版　本</th><th colspan="4">描　　述</th><th>修订人</th><th>修订时间</th></tr>
<tr><td>V0.0.0</td><td colspan="4">用户模块接口</td><td>xindaqi</td><td>2020 年 12 月 24 日</td></tr>
<tr><td rowspan="6">环境</td><td colspan="4">域名及端口</td><td rowspan="6"></td><td rowspan="6"></td></tr>
<tr><td>环境</td><td>域名/IP</td><td>HTTP 端口</td><td>HTTPS 端口</td></tr>
<tr><td>开发</td><td>192.168.0.2</td><td>8000</td><td></td></tr>
<tr><td>测试</td><td>10.51.22.40</td><td>8000</td><td></td></tr>
<tr><td>预发布</td><td>company.ai.web</td><td></td><td>8000</td></tr>
<tr><td>正式</td><td>company.ai.web</td><td></td><td>8000</td></tr>
</table>

由表 5.1 可知，修订历史模板中包含了接口版本、修订人和修订时间，用于记录接口变更，并且分环境标明接口的域名或 IP、端口，供接口调用时使用。服务器的端口号通常选择 1024～49151，这个范围内的端口多数没有具体的服务占用，开发者可以根据实际情况使用。每台服务器可以使用的最大端口数量为 65535 个，不同的端口有不同的含义，大致可分为 3 类，分别为公认端口（Well Known Ports）、注册端口（Registered Ports）和动态或私有端口（Dynamic and/or Private Ports）。

一般开发环境与测试环境使用 IP 和 HTTP 协议，预发布环境与正式环境使用域名和 HTTPS 协议。接口描述的文档中记录的是接口的 URI，而不是完整的 URL，因为一套接口服务可能有不同的部署提供方式，即部署的服务器不同，域名（IP）不同，不够通用，而 URI 是通用的，所以接口中的接口地址仅保留 URI。接口模板见表 5.2。

表 5.2　接口模板

<table>
<tr><th>请求方式</th><th colspan="4">URI</th></tr>
<tr><td>POST</td><td colspan="4">/microservice-user/api/v1/user/query/page</td></tr>
<tr><td rowspan="8">请求体参数</td><td>参数名</td><td>参数类型</td><td>参数描述</td><td>必填</td></tr>
<tr><td>id</td><td>Integer</td><td>用户 id</td><td>否</td></tr>
<tr><td>username</td><td>String</td><td>用户姓名</td><td>否</td></tr>
<tr><td>sex</td><td>String</td><td>用户性别</td><td>否</td></tr>
<tr><td>address</td><td>String</td><td>用户住址</td><td>否</td></tr>
<tr><td>phoneNumber</td><td>String</td><td>用户手机号</td><td>否</td></tr>
<tr><td>pageNum</td><td>Integer</td><td>当前页页码</td><td>是</td></tr>
<tr><td>pageSize</td><td>Integer</td><td>当前页数据数量</td><td>是</td></tr>
<tr><td>请求样例</td><td colspan="4">{
"id": "",
"username": "",
"sex": "",
"address": "",
"phoneNumber": "",
"pageNum": 1,
"pageSize": 1
}</td></tr>
<tr><td>返回结果</td><td colspan="4">{
"code": 200,
"msg": "成功",
"total": 6,
"data": [
{
"id": 1,
"username": "张三",
"sex": "男",
"address": "黑龙江"
}
]
}</td></tr>
<tr><td rowspan="5">返回结果说明</td><td>参数</td><td colspan="3">描述</td></tr>
<tr><td>code</td><td colspan="3">识别码：200（成功）、401（未授权）等</td></tr>
<tr><td>msg</td><td colspan="3">结果描述，成功或失败</td></tr>
<tr><td>total</td><td colspan="3">数据总量</td></tr>
<tr><td>data</td><td colspan="3">数据</td></tr>
</table>

由表 5.2 可知，接口模板中记录了接口请求必需的全部元素，如 URI、请求方式、请求入参和入参说明，并给出了接口返回数据的结构，以及返回参数说明。按照接口说明使用接口测试工具，

如 Postman，即可完成接口测试。但对于公司内部，每次开发都编写接口文档费时、费力，需要工具解放开发人员的双手，提高生产力，Swagger 接口文档应运而生，下面详细介绍。

5.1.2 Swagger 接口文档

Swagger 是集接口文档管理和测试于一身的工具，既提供了接口可视化管理功能，又提供了接口测试功能。以人员信息模块为例，Swagger 可视化接口文档如图 5.1 所示。

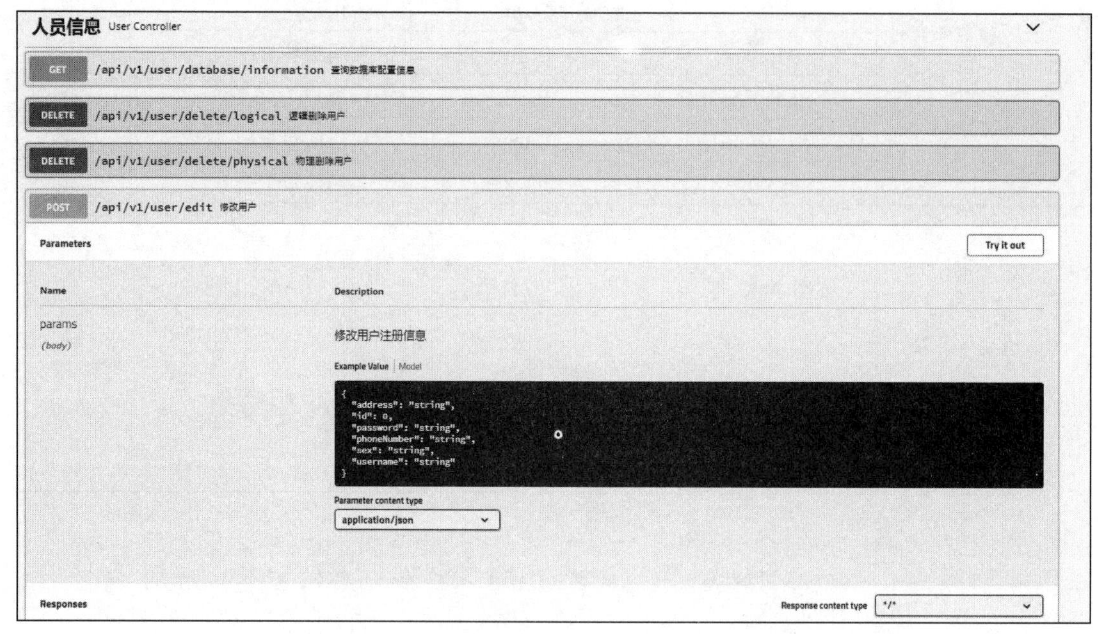

图 5.1　人员信息模块 Swagger 可视化接口文档

由图 5.1 可知，Swagger 可视化接口文档既管理了该模块的所有接口，又为每个接口构造了入参，直接为入参赋值即可进行接口测试，无须重新构造接口以及接口参数。并且，开发完接口即可输出接口文档，解放了开发人员的双手，使他们更专注于业务和学习。

5.2 Spring Boot 集成 Swagger

接口自动化工具 Swagger 可以通过 jar 包引入，Spring Boot 可以通过 Maven 管理 POM 文件使用 Swagger。Spring Boot 集成 Swagger 之后，可通过浏览器直接测试接口，无须构造参数，十分方便，Swagger 接口文档效果如图 5.2 所示。

由图 5.2 可知，该模块共有 3 个功能组：Redis 增删改查、人员信息和线程池测试，每个功能组的接口各自聚合实现相应的接口功能。

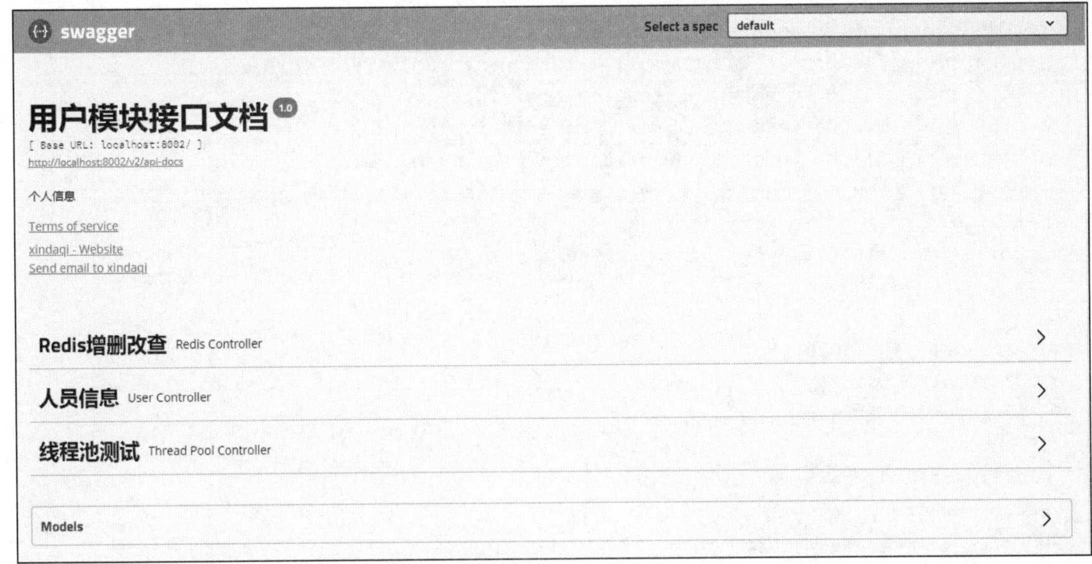

图 5.2 Swagger 接口文档效果

5.2.1 Swagger 配置

Spring Boot 对 Swagger 提供了良好的支持，通过 POM 配置引入 Swagger 包（坐标）文件即可集成Swagger，坐标文件如下，具体参见代码文件 microservice-book 中 microservice-user 模块 pom.xml。

```
<dependency>
    <groupId>io.springfox</groupId>
    <artifactId>springfox-swagger2</artifactId>
    <version>2.9.1</version>
</dependency>
<dependency>
    <groupId>io.springfox</groupId>
    <artifactId>springfox-swagger-ui</artifactId>
    <version>2.9.1</version>
</dependency>
```

引入 Swagger 包之后，需要添加 Swagger 的配置 Bean 到 Spring 容器，扫描需要生成接口文档的 Controller，配置代码如下，具体参见代码文件 microservice-book 中 microservice-user 模块/config/SwaggerConfig.java。

```
package com.company.microserviceuser.config;

import springfox.documentation.service.Contact;
import org.springframework.context.annotation.Bean;
import org.springframework.context.annotation.Configuration;
import springfox.documentation.builders.ApiInfoBuilder;
```

```
import springfox.documentation.builders.PathSelectors;
import springfox.documentation.builders.RequestHandlerSelectors;
import springfox.documentation.service.ApiInfo;
import springfox.documentation.spi.DocumentationType;
import springfox.documentation.spring.web.plugins.Docket;
import springfox.documentation.swagger2.annotations.EnableSwagger2;
import org.springframework.core.env.Profiles;
import org.springframework.core.env.Environment;

/**
 * Swagger Configure.
 * @author xindaqi
 * @since 2020-10-26
 */
@Configuration
@EnableSwagger2
public class SwaggerConfig {
    @Bean
    public Docket createRestApi(Environment environment){
        Profiles profiles = Profiles.of("dev", "test");
        boolean b = environment.acceptsProfiles(profiles);
        return new Docket(DocumentationType.SWAGGER_2)
                .apiInfo(apiInfo())
                .enable(b)
                .select()
                .apis(RequestHandlerSelectors.basePackage("com.company.microserviceuser
.controller"))
                .paths(PathSelectors.any())
                .build();
    }

    private ApiInfo apiInfo(){
        return new ApiInfoBuilder()
                .title("用户模块接口文档")
                .contact(new Contact("xindaqi", "xdq101@qq.com", "xdq101@qq.com"))
                .version("1.0")
                .description("个人信息")
                .termsOfServiceUrl("http://localhost:8888/api/v1")
                .build();
    }
}
```

上述代码对 com.company.microserviceuser.controller 文件夹下的接口进行管理，即所有 controller 文件夹下使用@RestController 或@Controller 注解的类都会纳入 Swagger 进行管理。因此，每次新建模块，配置 Swagger 接口文档时，需要添加对应的接口路径。通常，Swagger 文档只允许在开发和测试环境中出现，因此使用了 Profiles 管理 Swagger 所在的环境，如使用 Swagger 管理开发环境和测试环境，引入 dev 和 test，并使用 acceptsProfiles()方法控制文档展示。

这里的 dev 和 test 在配置文件 application.yml 中配置激活对应的环境，以 dev（开发）环境为例，配置信息如下，具体参见代码文件 microservice-book 中 microservice-user 模块/resources/application.yml。

```
spring:
  profiles:
    active: dev
```

通过 active 激活对应的环境，即可配合 Swagger 展示相应环境的接口文档。Swagger 配置展示信息如图 5.3 所示，接口访问地址如下。

```
http://localhost:8002/swagger-ui.html
```

图 5.3　Swagger 配置展示信息

Swagger 配置属性与页面信息的对应关系见表 5.3。

表 5.3　Swagger 配置属性与页面信息的对应关系

参　　数	描　　述
title	用户模块接口文档
contact	xindaqi-Website，Send email to xindaqi
version	1.0
description	个人信息
termsOfServiceUrl	Terms of service

5.2.2　入参/出参管理

接口的入参和出参通过 Swagger 注解管理，并以模块（Model）展示在页面上，以人员模块的用户信息分页查询入参为例，使用 Swagger 注解实现参数管理的代码如下，具体参见代码文件 microservice-book 中 microservice-user 模块/dto/QueryUserByPageInputDTO.java。

```
package com.company.microserviceuser.dto;

import java.io.Serializable;
import lombok.Data;
import io.swagger.annotations.ApiModel;
import io.swagger.annotations.ApiModelProperty;

/**
 * 用户信息分页查询
 * @author xindaqi
 * @since 2020-11-29
 */

@Data
@ApiModel(description = "分页查询用户信息入参")
public class QueryUserByPageInputDTO implements Serializable {
    private static final long serialVersionUID = 4683113122303496296L;

    @ApiModelProperty(value = "用户 ID", position = 1)
    private Long id;

    @ApiModelProperty(value = "用户姓名", position = 2)
    private String username;

    @ApiModelProperty(value = "用户性别", position = 3)
    private String sex;

    @ApiModelProperty(value = "用户住址", position = 4)
    private String address;

    @ApiModelProperty(value = "用户手机号", position = 5)
    private String phoneNumber;

    @ApiModelProperty(value = "当前页码", position = 6)
    private Integer pageNum;

    @ApiModelProperty(value = "当前页数据行数", position = 7)
    private Integer pageSize;

    public void setId(long id) {
        this.id = id;
    }
    public long getId() {
        return id;
    }
```

```
    public void setUsername(String username) {
        this.username = username;
    }
    public String getUsername() {
        return username;
    }

    public void setSex(String sex) {
        this.sex = sex;
    }
    public String getSex() {
        return sex;
    }

    public void setAddress(String address) {
        this.address = address;
    }
    public String getAddress() {
        return address;
    }

    public void setPhoneNumber(String phoneNumber) {
        this.phoneNumber = phoneNumber;
    }
    public String getPhoneNumber() {
        return phoneNumber;
    }

    public void setPageNum(Integer pageNum) {
        this.pageNum = pageNum;
    }
    public Integer getPageNum() {
        return pageNum;
    }

    public void setPageSize(Integer pageSize) {
        this.pageSize = pageSize;
    }
    public Integer getPageSize() {
        return pageSize;
    }

}
```

Swagger 管理参数展示效果如图 5.4 所示，分别使用模块注解@ApiModel 和模块属性@ApiModelProperty 描述参数。

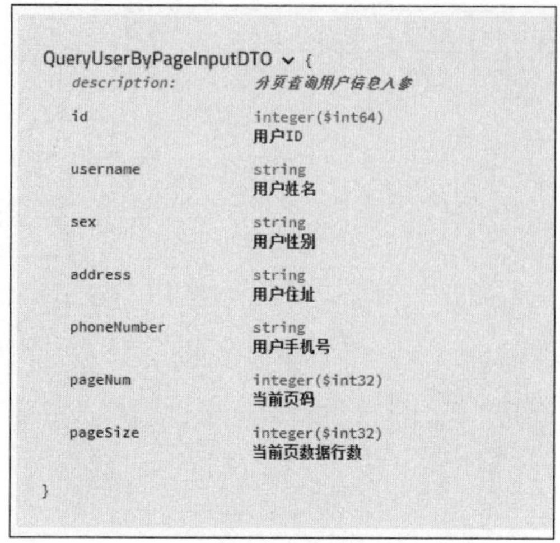

图 5.4 Swagger 管理参数展示效果

@ApiModel 注解用于描述入参实体，即图 5.4 中的 description，该注解的参数解析见表 5.4。

表 5.4 @ApiModel 注解的参数解析

参　　数	数据类型	描　　述
value	string	类名称，即实体名称
description	string	类描述，用于描述类的功能
parent	class<?>parent	当前类的继承关系
discriminatory	string	类继承和多态
subTypes	class<?>[]	继承的子类型数组
reference	string	指定对应类型定义的引用，覆盖指定的其他元数据

@ApiModelProperty 注解用于入参或出参的属性描述与控制，常用的有字段（属性）描述及参数位置，该注解的参数解析见表 5.5。

表 5.5 @ApiModelProperty 注解的参数解析

参　　数	数据类型	描　　述
value	string	字段描述
name	string	重写属性名称
allowableValues	string	限制参数可接收的值，3 种方法，固定取值，固定范围
access	string	过滤属性
notes	string	尚未使用
dataType	string	参数类型，类名或原始数据类型
required	boolean	是否为必填属性，false 为非必填，true 为必填
position	int	参数排序，默认值为 0

续表

参　数	数据类型	描　述
hidden	boolean	当前属性值隐藏，false 为展示，true 为隐藏
example	string	属性样例值
readOnly	boolean	只读属性，false 为非只读，true 为只读
reference	string	属性定义的引用，覆盖其他元数据
allowEmptyValue	boolean	允许传空值，false 为不允许传空值，true 为允许传空值

5.2.3 接口管理

接口管理是 Swagger 最核心的功能，以 User 模块人员信息功能组为例，使用 Swagger 接口管理注解进行管理，实现接口的管理、页面展示及通过页面测试接口，实现代码如下，具体参见代码文件 microservice-book 中 microservice-user 模块/controller/UserController.java。

```
package com.company.microserviceuser.controller;

import org.springframework.web.bind.annotation.CrossOrigin;
import org.springframework.web.bind.annotation.RequestMapping;
import org.springframework.web.bind.annotation.RestController;
import org.springframework.web.bind.annotation.RequestMethod;
import org.springframework.web.bind.annotation.RequestBody;
import org.springframework.web.bind.annotation.RequestParam;
import org.springframework.beans.BeanUtils;
import org.springframework.beans.factory.annotation.Autowired;
import org.slf4j.Logger;
import org.slf4j.LoggerFactory;
import org.springframework.security.crypto.bcrypt.BCryptPasswordEncoder;
import org.springframework.security.crypto.bcrypt.BCrypt;
import com.github.pagehelper.PageInfo;

import com.alibaba.druid.pool.DruidDataSource;

import java.util.Map;
import java.time.LocalDateTime;
import java.time.format.DateTimeFormatter;

import io.swagger.annotations.Api;
import io.swagger.annotations.ApiImplicitParam;
import io.swagger.annotations.ApiOperation;

import com.company.microserviceuser.dto.*;
import com.company.microserviceuser.service.*;
import com.company.microserviceuser.vo.common.*;
import com.company.microserviceuser.vo.*;
```

```
import com.company.microserviceuser.dos.*;
import com.company.microserviceuser.utils.*;

import java.util.List;

/**
 * UserController API.
 * @author xindaqi
 * @since 2020-10-26
 */
@CrossOrigin(origins = "*", maxAge = 3600)
@RestController
@RequestMapping("/api/v1/user")
@Api(tags = "人员信息")
public class UserController {

    private static Logger logger = LoggerFactory.getLogger(UserController.class);

    @Autowired
    private TimeProcessUtil timeProcessUtil;

    @Autowired
    private IUserService userService;

    @Autowired
    private BCryptPasswordEncoder passwordEncoderCrypt;

    @RequestMapping(value = "/save", method = RequestMethod.POST)
    @ApiOperation("注册用户")
    @ApiImplicitParam(name = "params", value = "用户注册信息", dataType = "RegisterInputDTO",
paramType = "body")
    public ResponseVO<String> save(@RequestBody RegisterInputDTO params) {
        String passwordRaw = params.getPassword();
        String passwordEncode = passwordEncoderCrypt.encode(passwordRaw);
        String createdTime = timeProcessUtil.timeGenerateFromPattern("yyyy-MM-dd
HH:mm:ss");
        UserDO userDO = new UserDO();
        userDO.setUsername(params.getUsername());
        userDO.setSex(params.getSex());
        userDO.setAddress(params.getAddress());
        userDO.setPassword(passwordEncode);
        userDO.setPhoneNumber(params.getPassword());
        userDO.setCreatedTime(createdTime);
        Integer saveFlag = userService.registerUser(userDO);
        if(saveFlag == 1) {
            logger.info("成功--注册用户");
```

```
            return new ResponseVO<String>().ok(passwordEncode);
        }else {
            logger.info("失败--注册用户");
            return new ResponseVO<String>().fail();
        }

    }

    @RequestMapping(value = "/delete/physical", method = RequestMethod.DELETE)
    @ApiOperation("物理删除用户")
    @ApiImplicitParam(name = "id", value = "用户信息", dataType = "Long", paramType = "query")
    public ResponseVO<String> deleteUserPhysical(@RequestParam Long id) {
        try{
            Integer deleteFlag = userService.deleteUserPhysical(id);
            if(deleteFlag == 1) {
                logger.info("成功--物理删除用户");
                return new ResponseVO<String>().ok("成功删除");
            }else {
                logger.error("失败--物理删除用户");
                return new ResponseVO<String>().fail();
            }
        }catch (Exception e) {
            logger.info("异常--物理删除用户：{}", e);
            return new ResponseVO<String>().fail();
        }

    }

    @RequestMapping(value = "/delete/logical", method = RequestMethod.DELETE)
    @ApiOperation("逻辑删除用户")
    @ApiImplicitParam(name = "id", value = "用户信息", dataType = "Long", paramType = "query")
    public ResponseVO<String> deleteUserLogical(@RequestParam Long id) {
        try{
            String updatedTime = timeProcessUtil.timeGenerateFromPattern("yyyy-MM-dd
HH:mm:ss");
            UserDO userDo = new UserDO();
            userDo.setUpdatedTime(updatedTime);
            userDo.setDelete(1);
            userDo.setId(id);
            Integer deleteFlag = userService.deleteUserLogical(userDo);
            if(deleteFlag == 1) {
                logger.info("成功--逻辑删除用户");
                return new ResponseVO<String>().ok("成功删除");
            }else {
                logger.error("失败--逻辑删除用户");
                return new ResponseVO<String>().fail();
```

```
            }
        }catch (Exception e) {
            logger.error("异常--逻辑删除用户:{}", e);
            return new ResponseVO<String>().fail();
        }

    }

    @RequestMapping(value = "/edit", method = RequestMethod.POST)
    @ApiOperation("修改用户")
    @ApiImplicitParam(name = "params", value = "修改用户注册信息", dataType = "EditUserInputDTO",
paramType = "body")
    public ResponseVO<String> editUser(@RequestBody EditUserInputDTO params) {
        try{
            String updatedTime = timeProcessUtil.timeGenerateFromPattern("yyyy-MM-dd
HH:mm:ss");
            UserDO userDo = new UserDO();
            userDo.setUpdatedTime(updatedTime);
            BeanUtils.copyProperties(params, userDo);
            Integer editFlag = userService.editUser(userDo);
            if(editFlag == 1) {
                logger.info("成功--修改用户信息");
                return new ResponseVO<String>().ok("成功修改");
            }else {
                logger.error("失败--修改用户信息");
                return new ResponseVO<String>().fail();
            }
        }catch (Exception e) {
            logger.error("异常--修改用户信息");
            return new ResponseVO<String>().fail();
        }

    }

    @RequestMapping(value = "/query", method = RequestMethod.GET)
    @ApiOperation("查询用户")
    @ApiImplicitParam(name = "id", value = "用户注册信息", dataType = "Integer", paramType =
"query")
    public ResponseVO<UserDetailsVO> query(@RequestParam Long id) {
        try{
            UserDetailsVO userInformation = userService.queryUserDetails(id);
            logger.info("成功--查询用户详情信息");
            return new ResponseVO<UserDetailsVO>().ok(userInformation);

        }catch (Exception e) {
            logger.error("失败--查询用户详情信息");
```

```
            return new ResponseVO<UserDetailsVO>().fail();
        }
    }

    @RequestMapping(value = "/query/page", method = RequestMethod.POST)
    @ApiOperation("分页查询用户")
    @ApiImplicitParam(name = "params", value = "分页查询用户注册信息", dataType =
"QueryUserByPageInputDTO", paramType = "body")
    public ResponseVO<List<UserDetailsVO>> queryUserByPage(@RequestBody
QueryUserByPageInputDTO params) {
        try{
            UserDO userDo = new UserDO();
            Integer pageNum = params.getPageNum();
            Integer pageSize = params.getPageSize();
            BeanUtils.copyProperties(params, userDo);
            PageInfo<UserDetailsVO> userInformation = userService.queryUserByPage(userDo,
pageNum, pageSize);
            List<UserDetailsVO> userList = userInformation.getList();
            Long total = userInformation.getTotal();
            logger.info("成功--分页查询用户");
            return new ResponseVO<List<UserDetailsVO>>().ok(userList, total);

        }catch (Exception e) {
            logger.error("失败--列表分页查询用户");
            return new ResponseVO<List<UserDetailsVO>>().fail();
        }

    }

    @RequestMapping(value = "/query/idlist", method = RequestMethod.POST)
    @ApiOperation("id 列表分页查询用户")
    @ApiImplicitParam(name = "params", value = "分页查询用户注册信息", dataType =
"QueryUserByIdListInputDTO", paramType = "body")
    public ResponseVO<List<UserDetailsVO>> queryUserByIdList(@RequestBody
QueryUserByIdListInputDTO params) {
        try{
            PageInfo<UserDetailsVO> userInformation = userService.queryUserByIdList(params);
            List<UserDetailsVO> userList = userInformation.getList();
            Long total = userInformation.getTotal();
            logger.info("成功--id 列表分页查询用户");
            return new ResponseVO<List<UserDetailsVO>>().ok(userList, total);

        }catch (Exception e) {
            logger.error("失败--id 列表分页查询用户");
            return new ResponseVO<List<UserDetailsVO>>().fail();
        }
```

```
    }

    @RequestMapping(value = "/query/user/role", method=RequestMethod.GET)
    @ApiOperation("查询用户及角色")
    @ApiImplicitParam(name="id", value="用户 id", dataType="Long", paramType="query")
    public ResponseVO<UserAndRoleVO> queryUserAndRole(@RequestParam("id") Long id) {
        try {
            UserAndRoleVO userAndRoleVO = userService.queryUserAndRole(id);
            logger.error("成功--查询用户及角色信息");
            return new ResponseVO<UserAndRoleVO>().ok(userAndRoleVO);
        }catch(Exception e) {
            logger.error("失败--查询用户及角色信息");
            return new ResponseVO<UserAndRoleVO>().fail();

        }
    }
}
```

上述代码展示了用户信息功能组的接口管理，人员信息接口列表的可视化效果如图 5.5 所示。由图 5.5 可知，人员信息的所有接口均在页面展示，通过该页面即可进行接口测试，接口测试将在本章后续小节讲解。

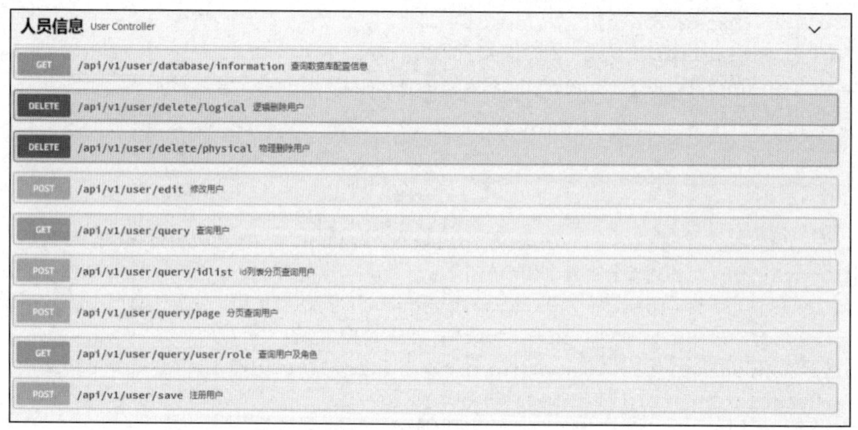

图 5.5　人员信息接口列表的可视化效果

图 5.5 中展示的信息，通过@Api、@ApiOperation 和@ApiImplicitParam 注解进行控制，常用的功能有功能组描述、接口描述及接口参数定义。@Api 注解用于接口类描述，其参数解析见表 5.6。

表 5.6　@Api 注解的参数解析

参　　数	描　　述
value	字段描述
tags	接口分类标签，如用户信息

@ApiOperation 注解用于接口描述，即图 5.5 中接口 URI 后面的中文描述，其参数解析见表 5.7。

表 5.7 @ApiOperation 注解的参数解析

参　数	数据类型	描　述
value	string	接口说明
notes	string	接口发布说明
httpMethod	string	接口请求方式
response	class<?>	接口返回数据类型

@ApiImplicitParam 注解用于接口入参的管理，如参数名称、参数描述和参数类型，其参数解析见表 5.8。

表 5.8 @ApiImplicitParam 注解的参数解析

参　数	描　述
name	参数名称
value	参数描述
required	参数是否必填，true 为必填，false 为非必填
dataType	参数数据类型
paramType	查询的参数类型，共有 5 种

接口入参的类型共分为 5 种，即 path（URL 直接拼接的参数）、query（URL 中使用“？”连接映射的参数）、body（请求体）、header（请求头参数）和 form（表单参数），paramType 解析见表 5.9。

表 5.9 paramType 解析

类　型	描　述
path	URL 中直接提交的参数，如参数为 id，值为 1，则 URL 为 http://ip:port/api/v1/1
query	URL 中使用“？”连接的参数，如参数为 id，值为 1，则 URL 为 http://ip:port/api/v1?id=1
body	请求体参数
header	请求头参数
form	form 表单数据

5.2.4 接口请求和响应展示

Swagger 管理的接口文档可以直接进行接口测试，在接口管理页面进入响应的接口即可，以分页查询用户信息接口为例，接口请求页面如图 5.6 所示。

由图 5.6 可知，接口请求页面展示了接口的入参，通过给对应的参数赋值，即可进行接口请求。接口使用 Swagger 管理，只需为入参进行赋值，无须构造请求参数、请求链接以及请求方法，直接赋值后即可进行测试，接口的响应信息如图 5.7 所示。

POST /api/v1/user/query/page 分页查询用户

分页查询用户v0.0

Parameters　　Try it out

Name	Description
params (body)	分页查询用户注册信息

Example Value | Model

```
{
  "id": 0,
  "username": "string",
  "sex": "string",
  "address": "string",
  "phoneNumber": "string",
  "pageNum": 0,
  "pageSize": 0
}
```

Parameter content type

application/json

图 5.6　接口请求页面

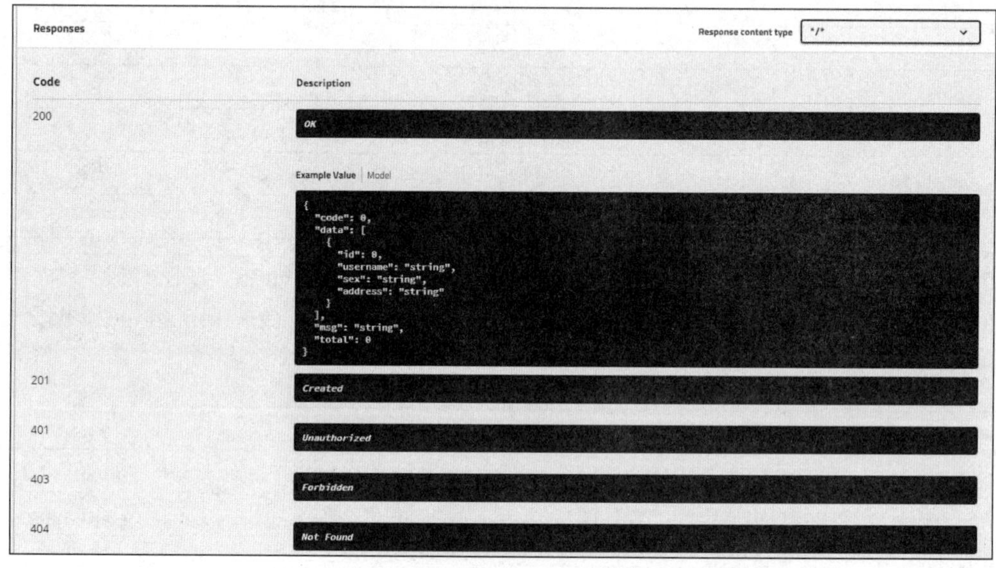

图 5.7　接口的响应信息

由图 5.7 可知，接口的响应信息会展示在 Example Value 区域，用于验证接口的功能。

5.2.5　Gateway 聚合 Swagger 接口文档

单体 Spring Boot 服务中，进行接口测试时可以直接访问一个 Swagger 接口地址。但是对于有多个单体服务的微服务，会有很多个 Swagger 文档，每个服务有各自的 Swagger 接口文档，测试时，需要通过各自的接口 URL 进行切换测试，降低了测试效率。针对这一情况，使用网关（Gateway）集成 Swagger，对各服务模块的 Swagger 接口文档集中管理，微服务中的所有 Swagger 接口均通过网关作为统一入口，进行不同接口切换的测试。

1. 网关配置

微服务中，网关的核心功能即统一服务入口，将微服务中的所有服务纳入网关进行管理，所有的请求均向网关发起，由网关将请求分发至对应的服务，而接口文档同样可以使用网关进行管理，在网关中集成 Swagger 进行接口管理，实现代码如下，具体参见代码文件 microservice-book 中 microservice-gateway 模块/config/MySwaggerResourceProvider.java。

```
package com.company.microservicegateway.config;

import org.springframework.beans.factory.annotation.Autowired;
import org.springframework.beans.factory.annotation.Value;
import org.springframework.cloud.gateway.route.RouteLocator;
import org.springframework.stereotype.Component;
import springfox.documentation.swagger.web.SwaggerResource;
import springfox.documentation.swagger.web.SwaggerResourcesProvider;

import java.util.*;

/**
 * Aggregate swagger.
 * @author xindaqi
 * @since 2020-11-03
 */
@Component
public class MySwaggerResourceProvider implements SwaggerResourcesProvider {

    private static final String SWAGGER2URL = "/v2/api-docs";

    private final RouteLocator routeLocator;

    @Value("${spring.application.name}")
    private String self;

    @Autowired
    public MySwaggerResourceProvider(RouteLocator routeLocator) {
        this.routeLocator = routeLocator;
    }

    @Override
    public List<SwaggerResource> get() {
        List<SwaggerResource> resources = new ArrayList<>();
        List<String> routeHosts = new ArrayList<>();
        routeLocator.getRoutes().filter(route -> route.getUri().getHost() != null)
                .filter(route -> !self.equals(route.getUri().getHost()))
                .subscribe(route -> routeHosts.add(route.getUri().getHost()));
```

```
        Set<String> dealed = new HashSet<>();
        routeHosts.forEach(instance -> {
            String url = "/" + instance.toLowerCase() + SWAGGER2URL;
            if(!dealed.contains(url)) {
                dealed.add(url);
                SwaggerResource swaggerResource = new SwaggerResource();
                swaggerResource.setUrl(url);
                swaggerResource.setName(instance);
                resources.add(swaggerResource);
            }
        });
        return resources;
    }

}
```

2. 网关控制器（Controller）

在网关中进行 Swagger 配置之后，需要进一步配置，实现代码如下，具体参见代码文件 microservice-book 中 microservice-gateway 模块/controller/SwaggerResourceController.java。

```
package com.company.microservicegateway.controller;

import com.company.microservicegateway.config.MySwaggerResourceProvider;

import org.springframework.beans.factory.annotation.Autowired;
import org.springframework.http.HttpStatus;
import org.springframework.http.ResponseEntity;
import org.springframework.web.bind.annotation.RequestMapping;
import org.springframework.web.bind.annotation.RestController;
import org.springframework.web.bind.annotation.CrossOrigin;
import springfox.documentation.swagger.web.*;

import java.util.List;

/**
 * Swagger
 * @author xindaqi
 * @since 2020-11-03
 */
@CrossOrigin(origins = "*", maxAge = 3600)
@RestController
@RequestMapping("/swagger-resources")
public class SwaggerResourceController {

    private MySwaggerResourceProvider swaggerResourceProvider;
```

```
    @Autowired
    public SwaggerResourceController(MySwaggerResourceProvider swaggerResourceProvider) {
        this.swaggerResourceProvider = swaggerResourceProvider;
    }

    @RequestMapping(value = "/configuration/security")
    public ResponseEntity<SecurityConfiguration> securityConfiguration() {
        return new ResponseEntity<>(SecurityConfigurationBuilder.builder().build(),
HttpStatus.OK);
    }

    @RequestMapping(value = "/configuration/ui")
    public ResponseEntity<UiConfiguration> uiConfiguration() {
        return new ResponseEntity<>(UiConfigurationBuilder.builder().build(), HttpStatus.OK);
    }

    @RequestMapping
    public ResponseEntity<List<SwaggerResource>> swaggerResources() {
        return new ResponseEntity<>(swaggerResourceProvider.get(), HttpStatus.OK);
    }

}
```

5.2.6 接口聚合效果

网关集成 Swagger 配置之后，所有的接口均纳入网关管理，即网关作为接口的统一入口。网关聚合接口文档如图 5.8 所示。

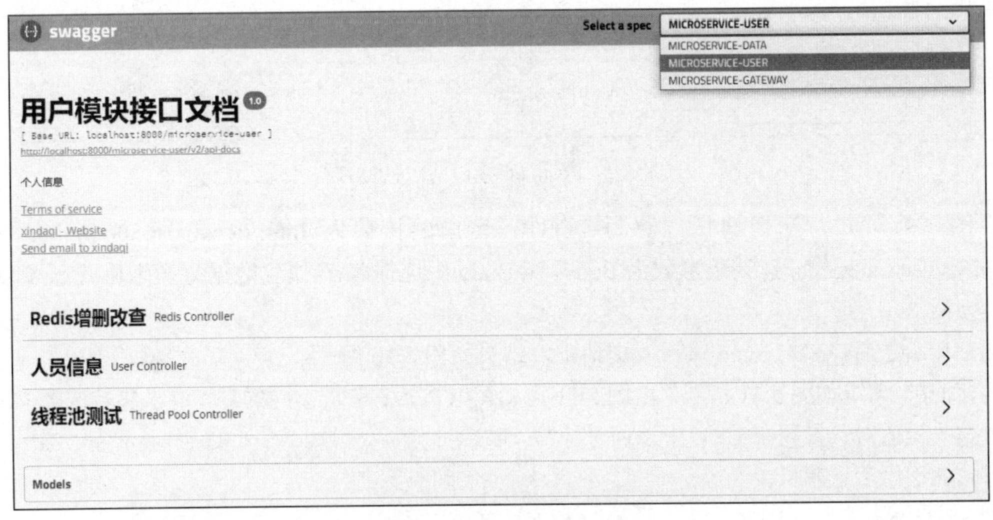

图 5.8　网关聚合接口文档

由图 5.8 可知，网关的统一接口入口为

```
http://localhost:8000/swagger-ui.html
```

其中，http://localhost:8000/为地址前缀，swagger-ui.html 为 Swagger 默认配置。通过 Select a spec 下拉菜单即可切换不同的 Swagger 接口文档。

5.3 接口测试

接口测试即测试接口功能，通常有两种方式：第一种是通过集成工具，如用 Swagger 进行接口测试；第二种是通过独立的第三方软件，如用 Postman 进行接口测试。

5.3.1 Postman 测试

Postman 是一款“万能”的接口测试工具，所有返回 JSON 数据的接口均可使用 Postman 进行测试。如果是前后端不分离的项目，接口即页面，通过浏览器进行测试。常用的接口请求方式有两种：POST 和 GET。现在以 User 模块的 POST 和 GET 接口为例进行讲解。Postman 接口请求-POST 如图 5.9 所示。

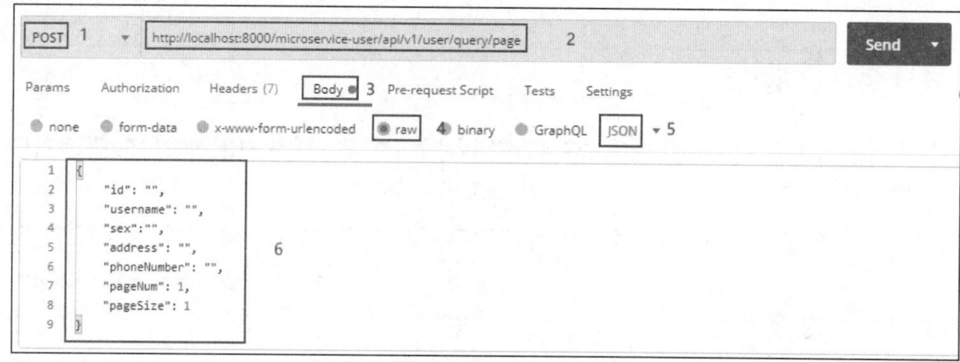

图 5.9 Postman 接口请求-POST

由图 5.9 可知，配置选择方法为 POST，请求的接口为 http://localhost:8000/microservice-user/api/v1/user/query/page，请求参数为 Body，在 Body 中选择 raw（原生数据），数据格式选择 JSON，请求体参数显示在下方。

构建请求之后，单击 Send 按钮发送请求，结果如图 5.10 所示。

构建 GET 请求如图 5.11 所示。由图 5.11 可知，与 POST 请求不同的是，请求参数选择 Params，请求参数为键值对，参数在 URL 中以问号（?）连接。例如，参数 id 在 URL 中表示为“?id=1”，作为入参，传送给后台解析。

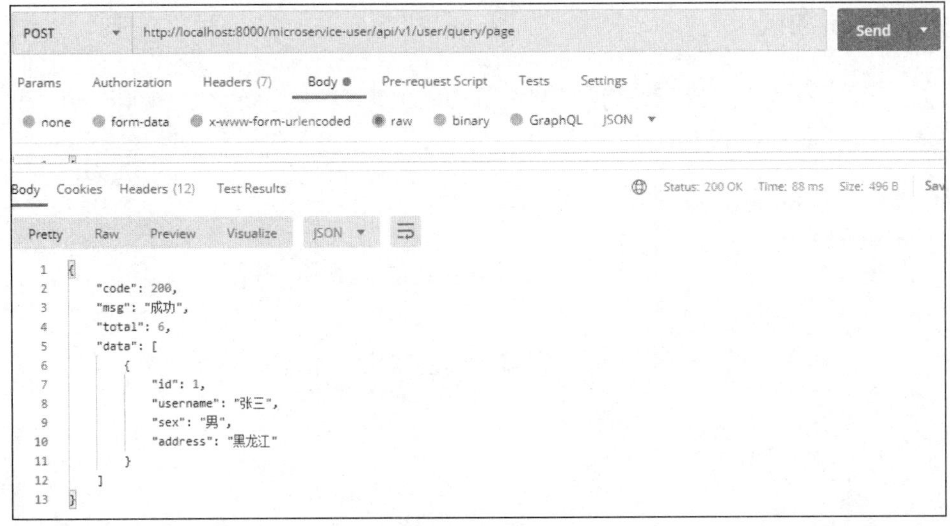

图 5.10 Postman 接口响应-POST

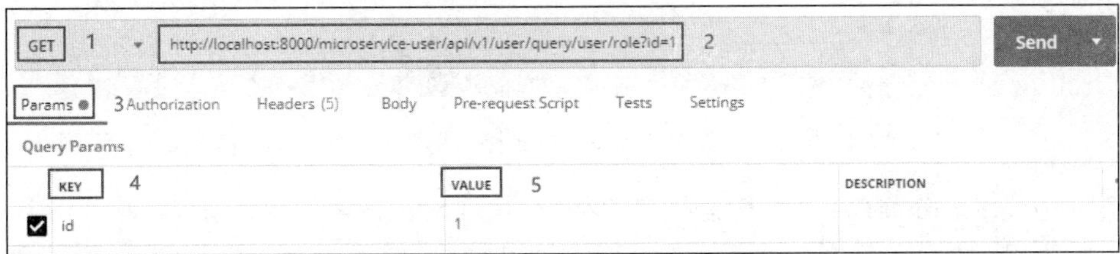

图 5.11 Postman 接口请求-GET

请求结果如图 5.12 所示。

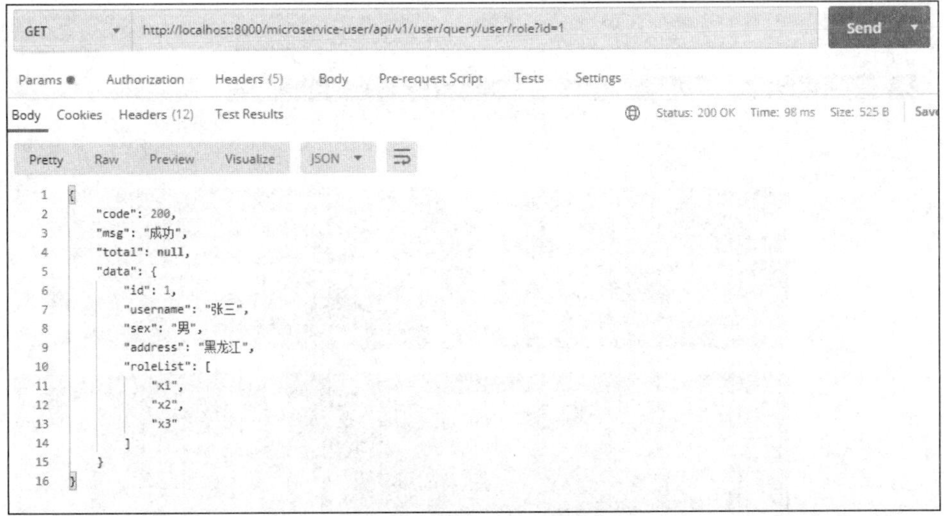

图 5.12 Postman 接口响应-GET

5.3.2 Swagger 测试

Swagger 自动管理接口功能已经为各个纳入 Swagger 管理的接口初始化了请求方法、接口 URL 和接口入参结构，如图 5.13 所示。

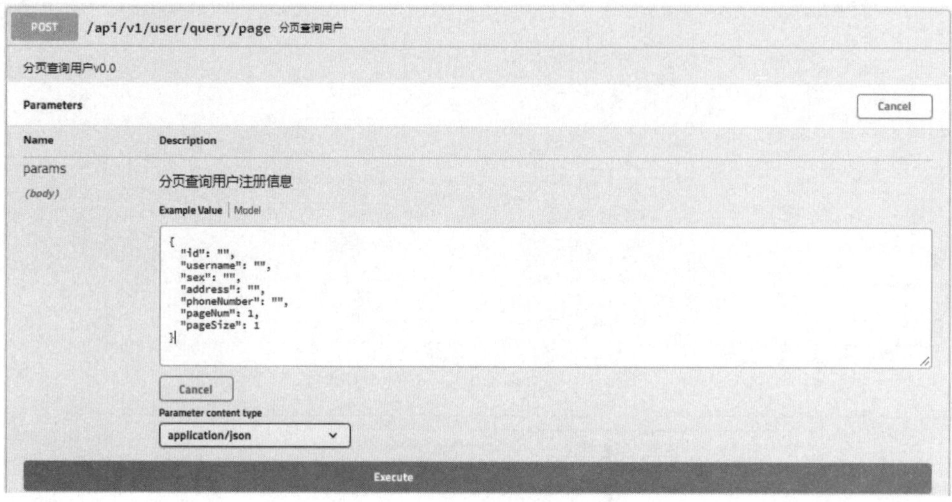

图 5.13　Swagger 接口请求

图 5.13 中展示了分页查询用户信息接口的结构，与 Postman 类似，有请求方法、请求 URI（不是 URL，Swagger 统一管理 IP 和 Port）、请求体，通过 Execute 进行接口测试。Swagger 请求结果如图 5.14 所示。

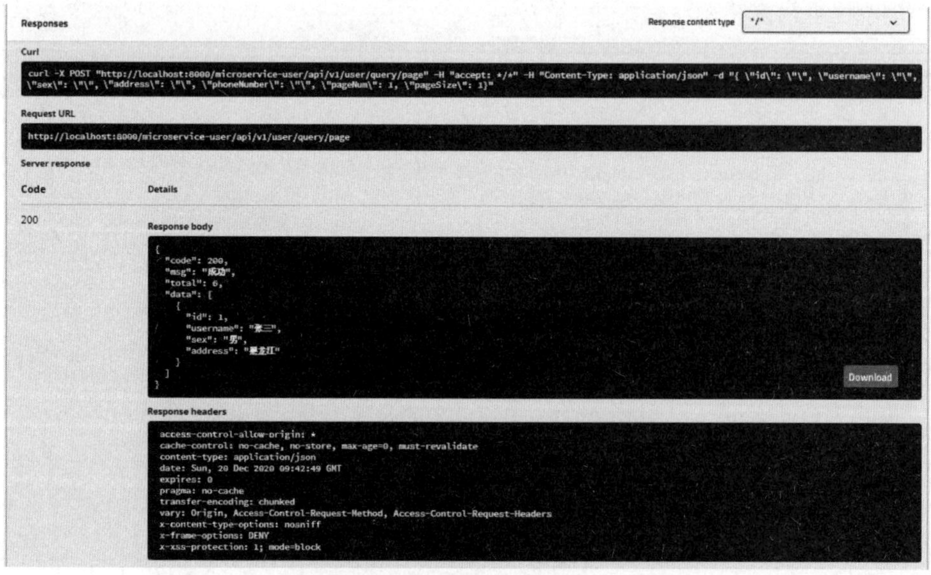

图 5.14　Swagger 接口响应

由图 5.14 可知，Swagger 的请求结果在 Response body 区域中展示，并且返回了 Curl 地址，该地址可以通过终端直接进行请求，无须借助第三方工具即可完成接口测试。Curl 地址如下。

```
curl -X POST "http://localhost:8000/microservice-user/api/v1/user/query/page" -H "accept: */*" -H "Content-Type: application/json" -d "{ \"id\": \"\", \"username\": \"\", \"sex\": \"\", \"address\": \"\", \"phoneNumber\": \"\", \"pageNum\": 1, \"pageSize\": 1}"
```

通过 Curl 请求的参数，以转义字符“\”连接组成字符串，而通过接口工具构建请求体为 JSON 数据。

```
{
  "id": "",
  "username": "",
  "sex": "",
  "address": "",
  "phoneNumber": "",
  "pageNum": 1,
  "pageSize": 1
}
```

5.4 小　　结

本章讲解了接口管理和接口测试相关的内容，主要包括以下内容。

（1）接口标准文档和接口文档管理工具 Swagger。

（2）Swagger 接口测试和 Postman 接口测试。

（3）Spring Boot 集成 Swagger 以及网关聚合多个单体服务的 Swagger 文档。

（4）Swagger 的接口文档注解。

第6章 日志管理

日志管理包括两大板块：一个是日志分级输出，另一个是日志持久化。日志分级输出和持久化的基础都是基于日志等级管理，通过日志级别控制日志的输出和日志的持久化。日志中包含请求的入参和出参以及请求耗时等基本信息，同时需要对一些敏感信息进行脱敏，如用户密码、手机号、身份证号等。微服务系统中，更是需要通过日志分析系统运行情况以及服务调用情况。为此，引入 Sleuth 组件，通过 traceId 串联微服务系统中一次请求调用的服务。

6.1 简　　介

日志（Log）的概念出自航海领域。航海日志记录了时间、航向、航位、气象、潮流等信息，是反映船舶运行过程的原始记录，在海事争端中日志可以作为初步证据，和陆地上的行车记录仪的功能相同，不过航海日志记录的信息更加全面。

对于计算机程序，我们不能 7×24 小时不间断地人为监控程序的运行状态，但是，需要在程序异常时收到异常通知，并且可以追溯到异常发生的时间和异常信息。此时，程序运行日志应运而生，包括运行时间、操作记录、异常记录等最基本的信息（可以依据不同的软件类型，定制合适的日志内容），并且这些日志可以持久化到存储介质中（如机械硬盘）。

6.1.1　日志级别

计算机程序运行时产生的日志多种多样，如程序正常运行时记录的运行日志、程序发生错误时记录的执行日志等，这些日志记录了程序不同运行状态的信息，日志信息种类多样，为问题分析和排查带来了诸多不便，因此，每种开发语言都会有各自的日志系统用于日志管理。日志系统有两个子系统：一个是日志分级生成的子系统；另一个是控制日志输出和持久化的子系统。日志系统主要是以分层思想设计的，将日志分为不同的等级，按照日志等级进行日志输出和持久化。日志系统架构如图 6.1 所示。

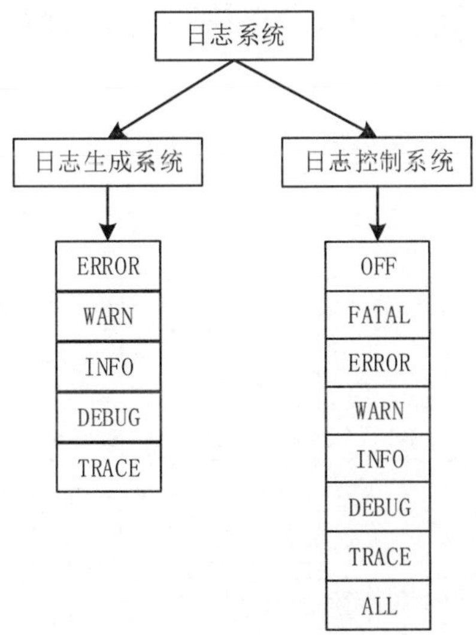

图 6.1　日志系统架构

日志生成系统的职责是生成指定级别的程序运行信息，程序运行日志级别共有 5 个，分别为 ERROR、WARN、INFO、DEBUG 和 TRACE，其描述见表 6.1。

表 6.1　程序运行日志级别描述

日志级别	描　　述
TRACE	追踪日志，日志级别最低
DEBUG	调试日志，调试程序时使用该级别， 用于程序调试
INFO	信息日志，记录程序正常执行的节点信息
WARN	警告信息，记录程序告警节点信息
ERROR	错误日志，记录程序执行错误时的信息，主要是程序运行异常的信息

在程序设计中，根据不同的任务节点使用不同级别的日志，如记录程序正常执行的节点信息（如登录日志）使用 INFO 级别日志，记录程序运行发生错误节点时（如程序抛出异常）使用 ERROR 级别日志。不同级别的日志，在输出时使用的格式也不相同，其中 TRACE、 DEBUG、INFO 和 WARN 级别的日志使用占位符输出，ERROR 日志通过传 Throwable 对象输出日志信息。

TRACE、DEBUG、WARN 和 INFO 级别的日志使用占位符是为了节省内存资源，当使用占位符接收日志信息，控制日志级别高于输出的日志级别时，不会拼接字符串，也不会执行对象的 toString()方法，输出 ERROR 级别的日志，直接将异常对象 Throwable 传入 ERROR 方法，作为 Throwable 参数，而不使用占位符。其实，ERROR 级别的日志，使用或不使用占位符，不影响记录异常的栈轨迹信息。

通过日志输出系统生成程序运行日志，接着日志控制系统会控制日志的可视化输出和持久化，日志控制系统同样是通过日志级别可视化日志和持久化日志，通过对日志进行可视化管控与分级存储，有利于日志统计和分析。日志控制系统共有 8 个级别，分别为 OFF、FATAL、ERROR、WARN、INFO、DEBUG、TRACE 和 ALL。日志级别由高到低排序为 ERROR>WARN>INFO>DEBUG>TRACE，日志级别功能描述见表 6.2。

表 6.2　日志级别功能描述

日志级别	描　　述
ALL	打印所有日志
TRACE	打印 TRACE 级别及高于 TRACE 级别的日志，展示所有级别日志
DEBUG	打印 DEBUG 级别及高于 DEBUG 级别的日志，展示的日志级别为 DEBUG、INFO、WARN、ERROR
INFO	打印 INFO 级别及高于 INFO 级别的日志，展示的日志级别为 INFO、WARN、ERROR
WARN	打印 WARN 级别及高于 WARN 级别的日志，展示的日志级别为 WARN、ERROR
ERROR	打印 ERROR 级别及高于 ERROR 级别的日志，展示的日志级别为 ERROR
FATAL	打印 FATAL 级别及高于 FATAL 级别的日志，展示的日志级别为 FATAL
OFF	关闭所有日志打印

完整的日志生成、展示和持久化共 3 个步骤。首先生成日志，其次控制日志级别，最后展示日志和持久化日志，完整流程如图 6.2 所示。

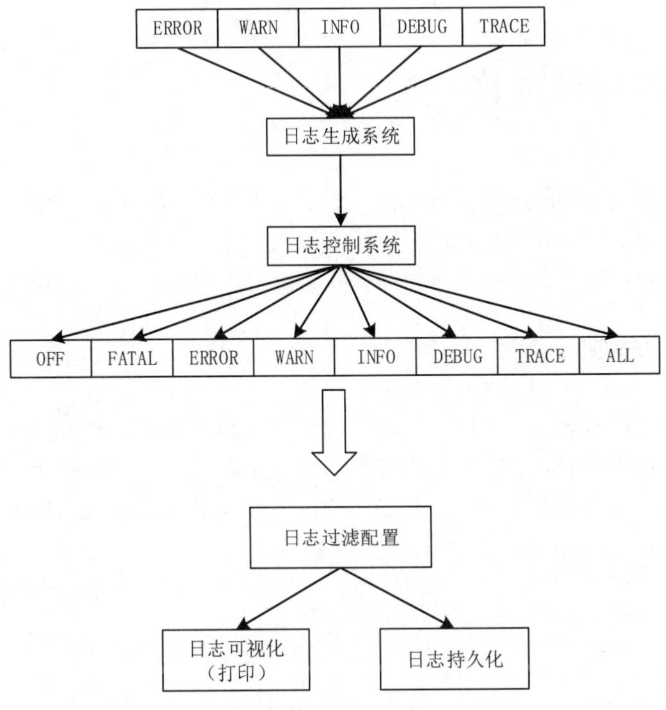

图 6.2　日志生成与控制

由图 6.2 可知，日志生成之后，将日志输入日志控制子系统，通过日志控制子系统对日志进行第 1 层控制，而日志的控制台输出和持久化在日志过滤配置中进行第 2 层控制，完成日志的打印和持久化。

6.1.2　日志组件

Java 中的日志组件众多，常用的日志组件见表 6.3。

表 6.3　日志组件

日志组件	描　　述
jul	Java 原生日志框架：java.util.logging
log4j	Apache 的一个开源日志项目，使用 log4j 日志框架，可以控制日志的输出位置，如控制台、文件、GUI 组件
log4j2	log4j2 与 log4j 源自同一个作者，而且是一个全新的日志框架，克服了 log4j 的不足，吸取了 logback 优点
logback	logback 是一款成熟且功能强大的日志管理框架，共有 3 个模块：logback-core、logback-classic 和 logback-access。其中，logback-core 为核心基础模块；logback-classic 为 log4j 的优化版本；logback-access 与 Servlet 容器集成提供通过 HTTP 访问日志
slf4j	实现了日志框架中通用的 API，可以搭配 log4j 和 logback 使用
commons-logging	Apache 最早的日志框架，提供简单的日志实现和日志解耦功能

6.2 日志输出与持久化

日志最基础和最重要的功能是控制台输出，用于程序调试（Debug）和持久化，用于问题定位、分析和解决。日志管理和代码分支管理同样重要，微服务接入日志框架是为了对日志进行管理和控制，帮助开发者定位和解决线上问题，本节将详细讲解日志的配置与日志级别控制。

6.2.1 日志控制子系统

日志控制子系统是日志的第 1 层控制，控制日志的控制台输出，Spring Boot 提供了日志第 1 层分级控制，通过第 1 层控制将指定级别的日志输出到控制台，通过 application-dev.yml 配置文件设置第 1 层日志权限控制，实现代码如下，具体参见代码文件 microservice-book 中 microservice-user 模块 resources/application-dev.yml。

```
logging:
  level:
    root: DEBUG
```

通过第 1 层的权限控制，当设置日志级别为 WARN 测试登录接口时，控制台输出的日志如下。

```
Logging initialized using 'class org.apache.ibatis.logging.stdout.StdOutImpl' adapter.
Creating a new SqlSession
SqlSession [org.apache.ibatis.session.defaults.DefaultSqlSession@2326b13c] was not
registered for synchronization because synchronization is not active
JDBC Connection [com.alibaba.druid.proxy.jdbc.ConnectionProxyImpl@39f8a8c9] will not be
managed by Spring
==>  Preparing: SELECT username, password FROM user_information WHERE username = ?
==> Parameters: 小花(String)
<==    Columns: username, password
<==        Row: 小花, $2a$10$yb3MvTwhdz/CxaXkdQ/AnOuAdXQ6nRxuG5ACDaXORpeoAvJSeaLLy
<==      Total: 1
Closing non transactional SqlSession
[org.apache.ibatis.session.defaults.DefaultSqlSession@2326b13c]
```

由执行结果可知，日志控制系统过滤级别为 WARN，即控制台仅输出 WARN 和 ERROR 日志。因此，控制台输出仅输出了 SQL 的查询信息，而未出现 INFO 日志，说明日志过滤生效。

6.2.2 日志过滤配置

日志控制系统完成了日志控制台的展示，但是没有对日志持久化进行控制。为了实现对日志持久化的控制，引入日志组件 ch.qos.logback，统一对日志控制台打印和日志持久化进行配置，Spring Boot 对 logback 提供了良好支持，引入坐标（Maven POM 依赖），如下所示。

```
<dependency>
    <groupId>ch.qos.logback</groupId>
    <artifactId>logback-core</artifactId>
    <version>1.2.3</version>
</dependency>
<dependency>
    <groupId>ch.qos.logback</groupId>
    <artifactId>logback-classic</artifactId>
    <version>1.2.3</version>
</dependency>
```

引入 logback 日志过滤组件后，即可通过 XML 文件对日志的控制台输出、持久化日志文件和自动打包日志文件（定期清理日志文件）进行配置，实现日志的自动化管理，日志配置完整代码如下，具体参见代码文件 microservice-book 中 microservie-user 模块 resources/config/logback.xml。

```
<?xml version="1.0" encoding="UTF-8"?>
<configuration>
  <!-- logfile path -->
  <property name="log.path" value="./logs"/>
  <!-- 控制台打印日志的相关配置 -->
  <appender name="STDOUT" class="ch.qos.logback.core.ConsoleAppender">
  <!-- <appender name="STDOUT" class="ch.qos.logback.core.rolling.RollingFileAppender"> -->
    <!-- <file>${log.path}/std.log</file> -->
    <!-- 日志格式 -->
    <encoder>
       <pattern>%d{yyyy-MM-dd HH:mm:ss} [%t] [%level] - %m%n</pattern>
    </encoder>
    <filter class="ch.qos.logback.classic.filter.LevelFilter">
      <!-- 过滤的级别 -->
      <level>INFO</level>
      <!-- 匹配时的操作：接收（记录） -->
      <onMatch>ACCEPT</onMatch>
      <!-- 不匹配时的操作：拒绝（不记录） -->
      <onMismatch>DENY</onMismatch>
    </filter>

  </appender>

  <!-- 文件保存日志的相关配置 -->
  <appender name="ERROR-OUT" class="ch.qos.logback.core.rolling.RollingFileAppender">
     <!-- 保存日志文件的路径 -->
    <file>${log.path}/error.log</file>
    <!-- 日志格式 -->
    <encoder>
        <pattern>%d{yyyy-MM-dd HH:mm:ss} [%class:%line] - %m%n</pattern>
        <charset>UTF-8</charset>
```

```
        </encoder>
        <!-- 日志级别过滤器 -->
        <filter class="ch.qos.logback.classic.filter.LevelFilter">
          <!-- 过滤的级别 -->
          <level>ERROR</level>
          <!-- 匹配时的操作：接收（记录） -->
          <onMatch>ACCEPT</onMatch>
          <!-- 不匹配时的操作：拒绝（不记录） -->
          <onMismatch>DENY</onMismatch>
        </filter>
        <!-- 循环政策：基于时间创建日志文件 -->
        <rollingPolicy class="ch.qos.logback.core.rolling.TimeBasedRollingPolicy">
          <!-- 日志文件名格式 -->
          <fileNamePattern>error.%d{yyyy-MM-dd}.log</fileNamePattern>
          <!-- 最大保存时间：30 天-->
          <maxHistory>30</maxHistory>
        </rollingPolicy>
      </appender>

      <appender name="INFO-OUT" class="ch.qos.logback.core.rolling.RollingFileAppender">
          <!-- 保存日志文件的路径 -->
        <file>${log.path}/info.log</file>
        <!-- 日志格式 -->
        <encoder>
            <pattern>%d{yyyy-MM-dd HH:mm:ss} [%t] [%level][%class:%line] - %m%n</pattern>
            <charset>UTF-8</charset>
          </encoder>
        <!-- 日志级别过滤器 -->
        <filter class="ch.qos.logback.classic.filter.LevelFilter">
          <!-- 过滤的级别 -->
          <level>INFO</level>
          <!-- 匹配时的操作：接收（记录） -->
          <onMatch>ACCEPT</onMatch>
          <!-- 不匹配时的操作：拒绝（不记录） -->
          <onMismatch>DENY</onMismatch>
        </filter>
        <!-- 循环政策：基于时间创建日志文件 -->
        <rollingPolicy class="ch.qos.logback.core.rolling.TimeBasedRollingPolicy">
          <!-- 日志文件名格式 -->
          <fileNamePattern>info.%d{yyyy-MM-dd}.log</fileNamePattern>
          <!-- 最大保存时间：30 天-->
          <maxHistory>30</maxHistory>
        </rollingPolicy>
      </appender>
    <!-- 基于 Debug 处理日志：具体控制台或文件对日志级别的处理还要看所在 appender 配置的 filter，如果
没有配置 filter，则使用 root 配置 -->
    <root level="DEBUG">
```

```
    <appender-ref ref="STDOUT" />
    <appender-ref ref="ERROR-OUT" />
    <appender-ref ref="INFO-OUT"/>
  </root>
</configuration>
```

6.2.3 日志配置解析

日志过滤配置实现了日志控制台打印和日志持久化控制，这里分 4 部分解析日志控制配置文件，即日志输出格式、日志持久化处理级别、日志持久化路径和日志存储策略。

1. 日志输出格式

日志输出格式即程序产生的日志包含的信息，一般包含时间、线程名称、日志级别和描述信息（如类名、方法名、入参、出参、方法执行时间等），设置的格式如下。

```
<!-- 日志格式 -->
<encoder>
    <pattern>%d{yyyy-MM-dd HH:mm:ss} [%t] [%level] - %m%n</pattern>
</encoder>
```

日志格式参数解析见表 6.4。

表 6.4 日志格式参数解析

参　数	解　析
%d{yyyy-MM-dd HH:mm:ss}	日志生成的时间，格式为“年-月-日 时:分:秒”
%t	产生日志的线程名称 ThreadName
%level	日志级别，如 INFO、WARN、ERROR
%m	代码中指定的信息 Message，如 logger.info(“我是 INFO 级别的信息”);
%n	日志换行符，Windows 系统为\r\n，UNIX 系统为\n

2. 日志持久化处理级别

日志持久化需要指定接收和拒绝的日志级别，以实现日志的持久化控制，格式如下，具体参见代码文件 microservice-book 中 microservice-user 模块/resources/config/logback.xml。

```
<appender name="INFO-OUT" class="ch.qos.logback.core.rolling.RollingFileAppender">
     <!-- 保存日志文件的路径 -->
    <file>${log.path}/info.log</file>
    <!-- 日志格式 -->
    <encoder>
        <pattern>%d{yyyy-MM-dd HH:mm:ss} [%t] [%level][%class:%line] - %m%n</pattern>
        <charset>UTF-8</charset>
    </encoder>
    <!-- 日志级别过滤器 -->
```

```
    <filter class="ch.qos.logback.classic.filter.LevelFilter">
      <!-- 过滤的级别 -->
      <level>INFO</level>
      <!-- 匹配时的操作：接收（记录） -->
      <onMatch>ACCEPT</onMatch>
      <!-- 不匹配时的操作：拒绝（不记录） -->
      <onMismatch>DENY</onMismatch>
    </filter>
</appender>
```

不同级别的日志需要指定接收和拒绝策略，以 INFO 级别的日志参数为例，参数解析见表 6.5。

表 6.5　INFO 日志持久化处理参数

参　　数	解　　析
filter	日志过滤使用的过滤类：ch.qos.logback.classic.filter.LevelFilter
level	日志过滤级别，如 INFO、WARN、ERROR
onMatch	当日志输出级别与设定的 level 匹配时，写入日志到磁盘
onMismatch	当日志输出级别与设定的 level 不匹配时，不写入日志到磁盘

3．日志持久化路径

日志持久化需要指定持久化的路径，服务部署到服务器中，程序执行的路径会不尽相同，因此在日志配置文件中使用相对路径。并且，在配置路径之后无须手动新建文件夹，程序会自动生成配置的文件夹，配置路径格式如下。

```
<file>${log.path}/info.log</file>
```

其中，log.path 即设置的相对路径属性；info.log 表示当天产生的指定级别的日志文件名。

4．日志存储策略

日志存储有两种方式：一种是存储当天的实时日志；另一种是存储历史日志文件。历史日志文件既需要定期清理，又需要定期存储。日志存储策略实现方式如下。

```
<!-- 循环政策：基于时间创建日志文件 -->
<rollingPolicy class="ch.qos.logback.core.rolling.TimeBasedRollingPolicy">
   <!-- 日志文件名格式 -->
   <fileNamePattern>info.%d{yyyy-MM-dd}.log</fileNamePattern>
   <!-- 最大保存时间：30 天-->
   <maxHistory>30</maxHistory>
</rollingPolicy>
```

日志存储策略参数解析见表 6.6。

表 6.6 日志存储策略参数解析

参数	描述
rollingPolicy	日志循环策略类，使用 ch.qos.logback.core.rolling.TimeBasedRollingPolicy
fileNamePattern	历史日志存储文件名样式，如 info.%d{yyyy-MM-dd}.log，即 info.2021-01-03.log
maxHistory	存储历史日志的最大周期，如 30 天，即只保存近 30 天的历史日志信息

6.3 日志追踪与拦截

日志的核心作用就是统计数据和分析问题，每次产生的日志应该都可以通过特定的条件进行定位和追踪问题。因此，引入 Sleuth（侦探）组件，为每次产生的日志添加追踪 id（traceId），通过这个 traceId 可以追踪对应的日志。程序中每个方法都会产生特定的日志信息，为了对系统的性能进行统一监测，如方法的入参和出参、方法执行时间，设计统一的日志拦截器，生成统一的性能日志。

6.3.1 Sleuth

Spring Boot 通过对 POM 文件的配置引入 Sleuth，Sleuth 包（坐标）文件内容如下。

```
<dependency>
    <groupId>org.springframework.cloud</groupId>
    <artifactId>spring-cloud-starter-sleuth</artifactId>
    <version>2.2.6.RELEASE</version>
</dependency>
```

Sleuth 组件是 Spring Cloud 的一个项目，用于追踪分布式系统的用户请求过程，包括数据采集、数据传输、数据存储。Sleuth 是微服务中不可或缺的一个组件，Sleuth 在微服务中的位置如图 6.3 所示。

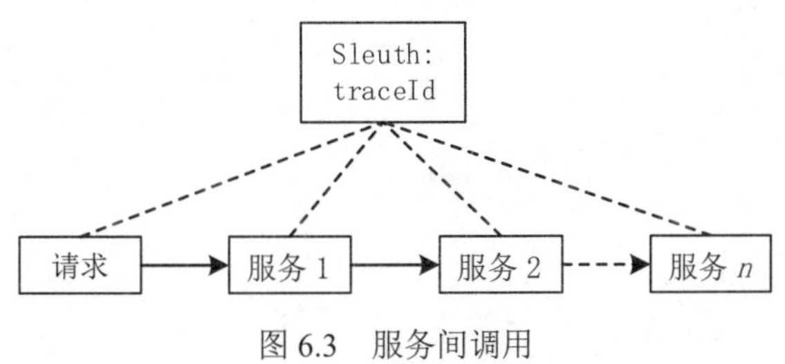

图 6.3 服务间调用

由图 6.3 可知，Sleuth 在一次请求中，串联整个请求链路，在每个服务中都会有 Sleuth 产生的 traceId。并且，一次请求的 traceId 在每个服务中都是相同的，通过 traceId 即可追踪到本次请求用到的所有服务。Sleuth 的特点见表 6.7。

表 6.7 Sleuth 的特点

特　点	描　述
链路追踪	接入 Sleuth 的微服务系统，可以通过 Sleuth 生成的 traceId 追踪当前的请求调用了哪些服务
性能分析	Sleuth 可以展示每个请求的耗时，分析哪些服务调用耗时较多，当服务耗时随请求量增加而变长时，为服务器扩容提供理论依据
优化链路	频繁调用的服务或并行调用的服务针对业务进行优化
可视化	结合 Zipkin 可以将程序未捕获的异常展示到页面上，方便查阅

6.3.2 日志配置

接入了 Sleuth 组件的 Spring Boot 服务，需要在日志中添加 traceId 和 spanId，用于服务调度追踪。日志配置文件如下，具体参见代码文件 microservice-book 中 microservie-user 模块 /resources/config/logback.xml。

```
<?xml version="1.0" encoding="UTF-8"?>
<configuration>
  <!-- logfile path -->
  <property name="log.path" value="./logs"/>
  <!-- 控制台打印日志的相关配置 -->
  <appender name="STDOUT" class="ch.qos.logback.core.ConsoleAppender">
  <!-- <appender name="STDOUT" class="ch.qos.logback.core.rolling.RollingFileAppender"> -->
    <!-- <file>${log.path}/std.log</file> -->
    <!-- 日志格式 -->
    <encoder>
        <pattern>%date %-5level [traceId=%X{X-B3-TraceId:-},
spanId=%X{X-B3-SpanId:-}] %d{yyyy-MM-dd HH:mm:ss} [%t] [%level] - %m%n</pattern>
    </encoder>
    <filter class="ch.qos.logback.classic.filter.LevelFilter">
      <!-- 过滤的级别 -->
      <level>INFO</level>
      <!-- 匹配时的操作：接收（记录） -->
      <onMatch>ACCEPT</onMatch>
      <!-- 不匹配时的操作：拒绝（不记录） -->
      <onMismatch>DENY</onMismatch>
    </filter>

  </appender>

  <!-- 文件保存日志的相关配置 -->
  <appender name="ERROR-OUT" class="ch.qos.logback.core.rolling.RollingFileAppender">
     <!-- 保存日志文件的路径 -->
    <file>${log.path}/error.log</file>
    <!-- 日志格式 -->
    <encoder>
```

```
      <pattern>%date %-5level [traceId=%X{X-B3-TraceId:-}, spanId=%X{X-B3-SpanId:-}]
%d{yyyy-MM-dd HH:mm:ss} [%t] [%level] - %m%n</pattern>
      <charset>UTF-8</charset>
    </encoder>
    <!-- 日志级别过滤器 -->
    <filter class="ch.qos.logback.classic.filter.LevelFilter">
      <!-- 过滤的级别 -->
      <level>ERROR</level>
      <!-- 匹配时的操作：接收（记录） -->
      <onMatch>ACCEPT</onMatch>
      <!-- 不匹配时的操作：拒绝（不记录） -->
      <onMismatch>DENY</onMismatch>
    </filter>
    <!-- 循环政策：基于时间创建日志文件 -->
    <rollingPolicy class="ch.qos.logback.core.rolling.TimeBasedRollingPolicy">
      <!-- 日志文件名格式 -->
      <fileNamePattern>error.%d{yyyy-MM-dd}.log</fileNamePattern>
      <!-- 最大保存时间：30 天-->
      <maxHistory>30</maxHistory>
    </rollingPolicy>
  </appender>

  <appender name="INFO-OUT" class="ch.qos.logback.core.rolling.RollingFileAppender">
    <!-- 保存日志文件的路径 -->
    <file>${log.path}/info.log</file>
    <!-- 日志格式 -->
    <encoder>
      <pattern>%date %-5level [traceId=%X{X-B3-TraceId:-},
spanId=%X{X-B3-SpanId:-}] %d{yyyy-MM-dd HH:mm:ss} [%t] [%level] - %m%n</pattern>
      <charset>UTF-8</charset>
    </encoder>
    <!-- 日志级别过滤器 -->
    <filter class="ch.qos.logback.classic.filter.LevelFilter">
      <!-- 过滤的级别 -->
      <level>INFO</level>
      <!-- 匹配时的操作：接收（记录） -->
      <onMatch>ACCEPT</onMatch>
      <!-- 不匹配时的操作：拒绝（不记录） -->
      <onMismatch>DENY</onMismatch>
    </filter>
    <!-- 循环政策：基于时间创建日志文件 -->
    <rollingPolicy class="ch.qos.logback.core.rolling.TimeBasedRollingPolicy">
      <!-- 日志文件名格式 -->
      <fileNamePattern>info.%d{yyyy-MM-dd}.log</fileNamePattern>
      <!-- 最大保存时间：30 天-->
      <maxHistory>30</maxHistory>
```

```
    </rollingPolicy>
  </appender>


  <!-- 基于 Debug 处理日志：具体控制台或者文件对日志级别的处理还要看所在 appender 配置的 filter，如果没有配置 filter，则使用 root 配置 -->
  <root level="DEBUG">
    <appender-ref ref="STDOUT" />
    <appender-ref ref="ERROR-OUT" />
    <appender-ref ref="INFO-OUT"/>
  </root>
</configuration>
```

与普通的日志配置文件不同，接入 Sleuth 组件的日志输入格式如下。

```
<!-- 日志格式 -->
<encoder>
    <pattern>%date %-5level [traceId=%X{X-B3-TraceId:-},
spanId=%X{X-B3-SpanId:-}] %d{yyyy-MM-dd HH:mm:ss} [%t] [%level] - %m%n</pattern>
    <charset>UTF-8</charset>
</encoder>
```

其中，traceId 和 spanId 是 Sleuth 产生的唯一 id 标记每次请求，通过 traceId 即可在日志系统中查询到当前请求经过的所有服务。

6.3.3 启动日志

Spring Boot 接入 Sleuth 之后，启动过程中产生的日志如下。

```
2021-01-01 02:28:00,660 INFO  [traceId=, spanId=] 2021-01-01 02:28:00 [restartedMain]
[INFO] - Scanning for api listing references2021-01-01 02:28:01,082 INFO  [traceId=,
spanId=] 2021-01-01 02:28:01 [restartedMain] [INFO] - Starting Quartz Scheduler now
2021-01-01 02:28:01,083 INFO  [traceId=, spanId=] 2021-01-01 02:28:01 [restartedMain]
[INFO] - Scheduler quartzScheduler_$_NON_CLUSTERED started.
2021-01-01 02:28:01,157 INFO  [traceId=, spanId=] 2021-01-01 02:28:01 [restartedMain]
[INFO] - Starting ProtocolHandler ["http-nio-8002"]
2021-01-01 02:28:01,206 INFO  [traceId=, spanId=] 2021-01-01 02:28:01 [restartedMain]
[INFO] - Tomcat started on port(s): 8002 (http) with context path ''
2021-01-01 02:28:01,208 INFO  [traceId=, spanId=] 2021-01-01 02:28:01 [restartedMain]
[INFO] - Updating port to 8002
2021-01-01 02:28:02,252 INFO  [traceId=, spanId=] 2021-01-01 02:28:02 [restartedMain]
[INFO] - Started MicroserviceUserApplication in 36.696 seconds (JVM running for 38.378)
2021-01-01 02:28:02,264 INFO  [traceId=, spanId=] 2021-01-01 02:28:02 [restartedMain]
[INFO] - 启动--微服务用户模块
```

由启动日志信息可知，项目启动时，traceId 和 spanId 均为空值，因为项目启动不需要追踪，此时，无须调用 Sleuth 生成追踪 id，因此，没有生成 traceId 和 spanId 数据。

6.3.4 Sleuth 请求日志

以用户登录请求接口为例，当发起登录请求时，产生的登录日志如下。

```
2021-01-01 02:34:04,735 INFO  [traceId=aa73d7d7eb80a9d7, spanId=aa73d7d7eb80a9d7]
2021-01-01 02:34:04 [http-nio-8002-exec-8] [INFO] - ===Api call aspect do before.===
2021-01-01 02:34:04,736 INFO  [traceId=aa73d7d7eb80a9d7, spanId=aa73d7d7eb80a9d7]
2021-01-01 02:34:04 [http-nio-8002-exec-8] [INFO] - URL: /api/v1/user/login
2021-01-01 02:34:04,736 INFO  [traceId=aa73d7d7eb80a9d7, spanId=aa73d7d7eb80a9d7]
2021-01-01 02:34:04 [http-nio-8002-exec-8] [INFO] - HTTP METHOD: POST
2021-01-01 02:34:04,736 INFO  [traceId=aa73d7d7eb80a9d7, spanId=aa73d7d7eb80a9d7]
2021-01-01 02:34:04 [http-nio-8002-exec-8] [INFO] - IP: 0:0:0:0:0:0:0:1
2021-01-01 02:34:04,740 INFO  [traceId=aa73d7d7eb80a9d7, spanId=aa73d7d7eb80a9d7]
2021-01-01 02:34:04 [http-nio-8002-exec-8] [INFO] - Class METHOD:
com.company.microserviceuser.controller.UserController.login
2021-01-01 02:34:04,741 INFO  [traceId=aa73d7d7eb80a9d7, spanId=aa73d7d7eb80a9d7]
2021-01-01 02:34:04 [http-nio-8002-exec-8] [INFO] - ARGS: LoginInputDTO{username='小花',
password='123456'}
Creating a new SqlSession
SqlSession [org.apache.ibatis.session.defaults.DefaultSqlSession@3600dc5b] was not
registered for synchronization because synchronization is not active
JDBC Connection [com.alibaba.druid.proxy.jdbc.ConnectionProxyImpl@28edb5f6] will not be
managed by Spring
==>  Preparing: SELECT username, password FROM user_information WHERE username = ?
==> Parameters: 小花(String)
<==    Columns: username, password
<==        Row: 小花, $2a$10$yb3MvTwhdz/CxaXkdQ/AnOuAdXQ6nRxuG5ACDaXORpeoAvJSeaLLy
<==      Total: 1
Closing non transactional SqlSession
[org.apache.ibatis.session.defaults.DefaultSqlSession@3600dc5b]
2021-01-01 02:34:05,346 INFO  [traceId=aa73d7d7eb80a9d7, spanId=aa73d7d7eb80a9d7]
2021-01-01 02:34:05 [http-nio-8002-exec-8] [INFO] - Time spending: 611ms
2021-01-01 02:34:05,347 INFO  [traceId=aa73d7d7eb80a9d7, spanId=aa73d7d7eb80a9d7]
2021-01-01 02:34:05 [http-nio-8002-exec-8] [INFO] - ===Api call aspect do
afterReturing.===
2021-01-01 02:34:05,348 INFO  [traceId=aa73d7d7eb80a9d7, spanId=aa73d7d7eb80a9d7]
2021-01-01 02:34:05 [http-nio-8002-exec-8] [INFO] - ===Api call aspect do after.===
```

由登录日志可知，traceId 和 spanId 均有唯一值，用户标记当前的请求，当前请求有多次日志打印，但是，每次输出的 INFO 日志具有相同的 traceId 和 spanId，表明这些日志均来自一次请求。并且，登录请求的密码在日志中以明码的形式展示，若日志外泄，直接影响用户信息安全和系统安全，因此日志需要对敏感数据进行脱敏，后面会详细讲解。

6.3.5 统一日志拦截

每个方法都有各自的日志，每次请求都会调用多个方法，为了实现对一次完整请求的日志统一处理，包括获取当前请求的入参和出参、执行时间，解决方案即统一日志拦截，实现代码如下，具体参见代码文件 microservice-book 中 microservie-user 模块/aop/ApiCallLog.java。

```
package com.company.microserviceuser.aop;

import java.util.Enumeration;

import javax.annotation.Resource;
import javax.servlet.http.HttpServletRequest;

import com.company.microserviceuser.utils.AnnotationUtil;

import org.aspectj.lang.JoinPoint;
import org.aspectj.lang.annotation.AfterReturning;
import org.aspectj.lang.annotation.Aspect;
import org.aspectj.lang.annotation.Before;
import org.aspectj.lang.annotation.After;
import org.aspectj.lang.annotation.Pointcut;
import org.slf4j.Logger;
import org.slf4j.LoggerFactory;
import org.springframework.stereotype.Component;
import org.springframework.web.context.request.RequestContextHolder;
import org.springframework.web.context.request.ServletRequestAttributes;
import java.util.stream.Stream;

import com.company.microserviceuser.dto.LoginInputDTO;
/**
 * 日志拦截
 *
 * @author xindaqi
 * @since 2020-10-23
 */
@Aspect
@Component
public class ApiCallLog {

    @Resource
    private AnnotationUtil annotationUtil;

    private static ThreadLocal<Long> startTime = new ThreadLocal<>();
```

```
    private Logger logger = LoggerFactory.getLogger(ApiCallLog.class);

    /**
     * 方法切入点，执行对应的方法
     * 1. execution : 表达式主体
     * 2. * :任意类型返回值
     * 3. com.company.web.controller : AOP 切片的包名
     * 4. .. :当前包及子包
     * 5. * : 类名,*表示所有类
     * 6. .*(..) : 方法名,*表示任何方法名,(..)表示任何参数类型
     */
    @Pointcut("execution(* com.company.microserviceuser.controller..*.*(..)) || execution
(* com.company.microserviceuser.exception..*.*(..))")
    public void callLog() {
        logger.info("Pointcut");
    }

    /**
     * 切入方法执行前的方法
     *
     * @param joinPoint 反射接口（Interface）
     * @throws Exception
     */
    @Before("callLog()")
    public void doBefore(JoinPoint joinPoint) throws Exception {
        startTime.set(System.currentTimeMillis());
        logger.info("===Api call aspect do before.===");
        ServletRequestAttributes      attributes      =      (ServletRequestAttributes)
RequestContextHolder.getRequestAttributes();
        HttpServletRequest request = attributes.getRequest();
        logger.info("URL: {}", request.getRequestURI());
        logger.info("HTTP METHOD: {}", request.getMethod());
        logger.info("IP: {}", request.getRemoteAddr());
        logger.info("Class METHOD: {}", joinPoint.getSignature().getDeclaringTypeName() +
"." + joinPoint.getSignature().getName());
        logger.info("Class name:{}", joinPoint.getTarget().getClass().getName());
        Enumeration<String> enums = request.getParameterNames();
        while(enums.hasMoreElements()) {
            String paramName = enums.nextElement();
            logger.info("Parameter name: {}", request.getParameter(paramName));
        }
    }

    /**
     * 切入方法执行结束后的方法
     */
```

```
    @After("callLog()")
    public void doAfter(JoinPoint joinPoint) {
        logger.info("===Api call aspect do after.===");

    }

    /**
     * 切入方法返回后执行方法
     */
    @AfterReturning("callLog()")
    public void doAfterReturing(JoinPoint joinPoint) throws Exception {

        logger.info("ARGS: {}", joinPoint.getArgs());
        long costTime = System.currentTimeMillis() - startTime.get();
        logger.info("Time spending: {}ms", costTime);
        logger.info("===Api call aspect do afterReturing.===");
        startTime.remove();
    }

}
```

统一日志拦截使用了切面注解@Aspect，建立程序切入点@PointCut，实现方法切入，每次执行切入点包含的方法时，都会调用该切面逻辑，切面逻辑共分为 4 个部分，分别为切入点（@PointCut）、执行切入方法前的逻辑（@Before）、执行切入方法返回后的逻辑（@AfterReturing）和切入方法执行后的逻辑（@After）。如前所述，统一日志拦截在切入点方法执行返回后的逻辑中添加了入参、请求方法、请求 IP 和请求耗时等信息。

6.3.6　统一日志拦截日志

以用户登录接口为例，请求一次登录接口的统一日志拦截日志如下。

```
 2021-01-01 02:34:04 [http-nio-8002-exec-8] [INFO] - ===Api call aspect do before.===
 2021-01-01  02:34:04,736  INFO    [traceId=aa73d7d7eb80a9d7,  spanId=aa73d7d7eb80a9d7]
2021-01-01 02:34:04 [http-nio-8002-exec-8] [INFO] - URL: /api/v1/user/login
 2021-01-01  02:34:04,736  INFO    [traceId=aa73d7d7eb80a9d7,  spanId=aa73d7d7eb80a9d7]
2021-01-01 02:34:04 [http-nio-8002-exec-8] [INFO] - HTTP METHOD: POST
 2021-01-01  02:34:04,736  INFO    [traceId=aa73d7d7eb80a9d7,  spanId=aa73d7d7eb80a9d7]
2021-01-01 02:34:04 [http-nio-8002-exec-8] [INFO] - IP: 0:0:0:0:0:0:0:1
 2021-01-01 02:34:04,740 INFO  [traceId=aa73d7d7eb80a9d7, spanId=aa73d7d7eb80a9d7]
2021-01-01 02:34:04 [http-nio-8002-exec-8] [INFO] - Class METHOD:
com.company.microserviceuser.controller.UserController.login
 2021-01-01  02:34:04,741  INFO    [traceId=aa73d7d7eb80a9d7,  spanId=aa73d7d7eb80a9d7]
2021-01-01 02:34:04 [http-nio-8002-exec-8] [INFO] - ARGS: LoginInputDTO{username='小花',
password='123456'}
 Creating a new SqlSession
```

```
SqlSession [org.apache.ibatis.session.defaults.DefaultSqlSession@3600dc5b] was not registered for synchronization because synchronization is not active
JDBC Connection [com.alibaba.druid.proxy.jdbc.ConnectionProxyImpl@28edb5f6] will not be managed by Spring
2021-01-01 02:34:05,346 INFO [traceId=aa73d7d7eb80a9d7, spanId=aa73d7d7eb80a9d7] 2021-01-01 02:34:05 [http-nio-8002-exec-8] [INFO] - Time spending: 611ms
2021-01-01 02:34:05,347 INFO [traceId=aa73d7d7eb80a9d7, spanId=aa73d7d7eb80a9d7] 2021-01-01 02:34:05 [http-nio-8002-exec-8] [INFO] - ===Api call aspect do afterReturing.===
2021-01-01 02:34:05,348 INFO [traceId=aa73d7d7eb80a9d7, spanId=aa73d7d7eb80a9d7] 2021-01-01 02:34:05 [http-nio-8002-exec-8] [INFO] - ===Api call aspect do after.===
```

由日志可知，切入点方法执行流程如图 6.4 所示。

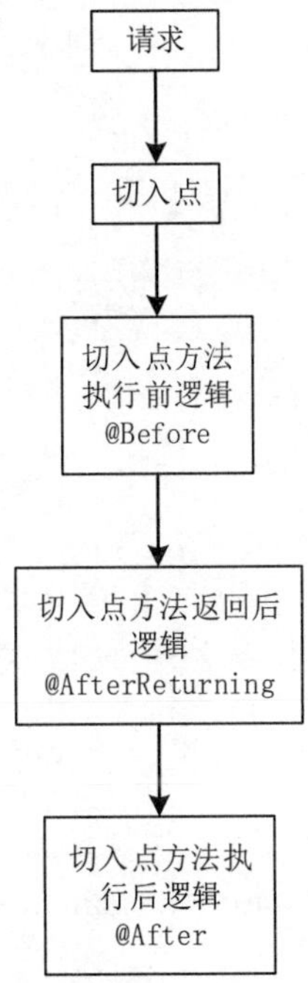

图 6.4　切入点方法执行流程

6.4 日志脱敏

日志中记录的信息禁止包含完整的敏感信息，如完整的电话号码、完整的身份证号码以及密码明文。因此，需要设计脱敏程序来隐藏敏感信息，本节以隐藏明文密码为例，使用注解方式进行设计。

6.4.1 脱敏注解

Spring Boot 中没有使用一个注解不能解决的问题，如果有，那就再多加一个注解。因此，可以对敏感信息使用注解的方式进行过滤与处理。脱敏信息一般为属性信息，设计注解的使用范围为 FIELD，代码如下，具体参见代码文件 microservice-book 中 microservie-user 模块/annotation/Desensitization.java。

```
package com.company.microserviceuser.annotation;

import java.lang.annotation.ElementType;
import java.lang.annotation.Retention;
import java.lang.annotation.RetentionPolicy;
import java.lang.annotation.Target;

/**
 * 字段脱敏注解
 *
 * @author xindaqi
 * @since 2021-01-01
 */
@Target({ElementType.METHOD, ElementType.FIELD})
@Retention(RetentionPolicy.RUNTIME)
public @interface Desensitization {

    String value() default "";

}
```

6.4.2 脱敏实现

定义注解后，需要给当前的注解添加逻辑，实现该注解的功能，代码如下，具体参见代码文件 microservice-book 中 microservie-user 模块/utils/AnnotationUtil.java。

```
package com.company.microserviceuser.utils;

import com.company.microserviceuser.annotation.MyAnnotation;
import com.company.microserviceuser.annotation.Desensitization;
import org.slf4j.Logger;
import org.slf4j.LoggerFactory;
import org.springframework.stereotype.Component;
import java.lang.reflect.Field;

import static com.company.microserviceuser.constant.StringConstant.DESENSITIZATION_PSD;

/**
 * 注解工具
```

```
 * @author xindaqi
 * @since 2020-12-26
 */
@Component
public class AnnotationUtil {

    private static Logger logger = LoggerFactory.getLogger(AnnotationUtil.class);

    public Object desensitization(Object object) {
        try {

            Class<?> clzz = object.getClass();
            Field[] fields = clzz.getDeclaredFields();
            for(Field field : fields) {
                if(field.isAnnotationPresent(Desensitization.class)) {
                    field.setAccessible(true);
                    field.set(object, DESENSITIZATION_PSD);
                }
            }
            return object;

        } catch (Exception e) {
            logger.info("属性脱敏异常");

        }

        return object;
    }

}
```

完成脱敏注解的实现，需要在切入方法执行返回（@AfterReturning）逻辑后，添加入参过滤，代码如下，具体参见代码文件 microservice-book 中 microservie-user 模块/aop/ ApiCallLog.java。

```
package com.company.microserviceuser.aop;

import java.util.Enumeration;

import javax.annotation.Resource;
import javax.servlet.http.HttpServletRequest;

import com.company.microserviceuser.utils.AnnotationUtil;

import org.aspectj.lang.JoinPoint;
import org.aspectj.lang.annotation.AfterReturning;
import org.aspectj.lang.annotation.Aspect;
import org.aspectj.lang.annotation.Before;
import org.aspectj.lang.annotation.After;
```

```
import org.aspectj.lang.annotation.Pointcut;
import org.slf4j.Logger;
import org.slf4j.LoggerFactory;
import org.springframework.stereotype.Component;
import org.springframework.web.context.request.RequestContextHolder;
import org.springframework.web.context.request.ServletRequestAttributes;
import java.util.stream.Stream;

import com.company.microserviceuser.dto.LoginInputDTO;
/**
 * 日志拦截
 *
 * @author xindaqi
 * @since 2020-10-23
 */
@Aspect
@Component
public class ApiCallLog {

    @Resource
    private AnnotationUtil annotationUtil;

    private static ThreadLocal<Long> startTime = new ThreadLocal<>();

    private Logger logger = LoggerFactory.getLogger(ApiCallLog.class);

    /**
     * 方法切入点，执行对应的方法
     * 1. execution : 表达式主体
     * 2. * :任意类型返回值
     * 3. com.company.web.controller : AOP 切片的包名
     * 4. .. :当前包及子包
     * 5. * : 类名,*表示所有类
     * 6. .*(..) : 方法名,*表示任何方法名,(..)表示任何参数类型
     */
    @Pointcut("execution(* com.company.microserviceuser.controller..*.*(..)) || execution
(* com.company.microserviceuser.exception..*.*(..))")
    public void callLog() {
        logger.info("Pointcut");
    }

    /**
     * 切入方法执行前的方法
     *
     * @param joinPoint 反射接口（Interface）
     * @throws Exception
```

```
    */
    @Before("callLog()")
    public void doBefore(JoinPoint joinPoint) throws Exception {
        startTime.set(System.currentTimeMillis());
        logger.info("===Api call aspect do before.===");
        ServletRequestAttributes attributes = (ServletRequestAttributes) RequestContextHolder.
getRequestAttributes();
        HttpServletRequest request = attributes.getRequest();
        logger.info("URL: {}", request.getRequestURI());
        logger.info("HTTP METHOD: {}", request.getMethod());
        logger.info("IP: {}", request.getRemoteAddr());
        logger.info("Class METHOD: {}", joinPoint.getSignature().getDeclaringTypeName() +
"." + joinPoint.getSignature().getName());
        logger.info("Class name:{}", joinPoint.getTarget().getClass().getName());
        Enumeration<String> enums = request.getParameterNames();
        while(enums.hasMoreElements()) {
            String paramName = enums.nextElement();
            logger.info("Parameter name: {}", request.getParameter(paramName));
        }
    }

    /**
     * 切入方法执行结束后的方法
     */
    @After("callLog()")
    public void doAfter(JoinPoint joinPoint) {
        logger.info("===Api call aspect do after.===");

    }

    /**
     * 切入方法返回后执行的方法
     */
    @AfterReturning("callLog()")
    public void doAfterReturing(JoinPoint joinPoint) throws Exception {

        Stream.of(joinPoint.getArgs()).forEach(s -> annotationUtil.desensitization(s));
        logger.info("ARGS: {}", joinPoint.getArgs());
        long costTime = System.currentTimeMillis() - startTime.get();
        logger.info("Time spending: {}ms", costTime);
        logger.info("===Api call aspect do afterReturing.===");
        startTime.remove();
    }

}
```

增加脱敏执行方法，对所有的入参进行入参注解校验，通过反射判断该实体中的对象是否使用了脱敏注解 Stream.of(joinPoint.getArgs()).forEach(s -> annotationUtil.desensitization(s))。

6.4.3 脱敏日志

增加了脱敏配置的日志拦截，当用户登录时，产生的日志如下。

```
2021-01-01  17:49:47,860  INFO   [traceId=a31d2fe2e9a3b14d,  spanId=a31d2fe2e9a3b14d]
2021-01-01 17:49:47 [http-nio-8002-exec-1] [INFO] - ===Api call aspect do before.===
2021-01-01  17:49:47,861  INFO   [traceId=a31d2fe2e9a3b14d,  spanId=a31d2fe2e9a3b14d]
2021-01-01 17:49:47 [http-nio-8002-exec-1] [INFO] - URL: /api/v1/user/login
2021-01-01  17:49:47,861  INFO   [traceId=a31d2fe2e9a3b14d,  spanId=a31d2fe2e9a3b14d]
2021-01-01 17:49:47 [http-nio-8002-exec-1] [INFO] - HTTP METHOD: POST
2021-01-01  17:49:47,861  INFO   [traceId=a31d2fe2e9a3b14d,  spanId=a31d2fe2e9a3b14d]
2021-01-01 17:49:47 [http-nio-8002-exec-1] [INFO] - IP: 0:0:0:0:0:0:0:1
2021-01-01 17:49:47,864 INFO  [traceId=a31d2fe2e9a3b14d, spanId=a31d2fe2e9a3b14d]
2021-01-01 17:49:47 [http-nio-8002-exec-1] [INFO] - Class METHOD:
com.company.microserviceuser.controller.UserController.login
2021-01-01 17:49:47,864 INFO  [traceId=a31d2fe2e9a3b14d, spanId=a31d2fe2e9a3b14d]
2021-01-01 17:49:47 [http-nio-8002-exec-1] [INFO] - Class
name:com.company.microserviceuser.controller.UserController
2021-01-01  17:49:48,373  INFO   [traceId=a31d2fe2e9a3b14d,  spanId=a31d2fe2e9a3b14d]
2021-01-01 17:49:48 [http-nio-8002-exec-1] [INFO] - ARGS: LoginInputDTO{username='小花',
password='****************'}
2021-01-01  17:49:48,374  INFO   [traceId=a31d2fe2e9a3b14d,  spanId=a31d2fe2e9a3b14d]
2021-01-01 17:49:48 [http-nio-8002-exec-1] [INFO] - Time spending: 515ms
2021-01-01  17:49:48,375  INFO   [traceId=a31d2fe2e9a3b14d,  spanId=a31d2fe2e9a3b14d]
2021-01-01 17:49:48 [http-nio-8002-exec-1] [INFO] - ===Api call aspect do afterReturing.===
2021-01-01  17:49:48,375  INFO   [traceId=a31d2fe2e9a3b14d,  spanId=a31d2fe2e9a3b14d]
2021-01-01 17:49:48 [http-nio-8002-exec-1] [INFO] - ===Api call aspect do after.===
```

由输出的日志可知，用户名和密码均被打印。但是，密码已经进行了脱敏处理，生成的效果如下。密码已经使用星号（*）进行替代，保障了用户信息安全以及系统安全。

```
ARGS: LoginInputDTO{username='小花', password='****************'}
```

6.5 小　　结

本章讲解了日志管理的相关知识，主要包括以下内容。

（1）日志输出级别、日志持久化级别以及日志组件。

（2）日志输出和日志持久化配置。

（3）Spring Boot 集成 Sleuth 组件进行日志追踪。

（4）统一拦截日志，获取请求的入参/出参、请求方法和请求耗时，用于监控系统运行。

（5）通过自定义注解和反射方式对日志入参信息进行脱敏处理。

第 7 章

接口权限管理

本章讲解接口权限管理，通过 Spring Boot 集成 JWT 和 Shiro 分别实现接口权限管理。接口权限管理即接口的访问需要认证，认证通过，具有接口访问权限，正常获取请求的数据；认证不通过，无法通过接口获取相应的数据。接口认证与授权有两个阵营：第 1 个阵营，通过 token 认证并授权，请求接口时，在请求头中携带待认证的 token，服务器对 token 进行认证，实现接口的权限管理；第 2 个阵营，通过用户信息直接认证，认证通过，即授权所有接口（这里只需认证一次，无须每次请求接口都进行认证），否则关闭所有接口访问权限。

7.1 权限管理

权限管理是针对用户及资源而言的，通俗地讲就是不同的人拥有不同的资源访问权限，权限管理为资源添加了保护机制，拥有访问权限的用户可以访问资源，否则无法访问指定资源。接口权限管理也是权限管理的一种，这里的主角是用户与接口，接口即资源。

使用 token 管理接口，有两种通用方案：第 1 种是借助 Redis 缓存 token，每次请求时携带 token 与 Redis 中的 token 比对，完成接口授权；第 2 种是使用 JWT 生成 token，请求时直接携带该 token，实现接口权限管理。使用用户信息进行接口权限管理，通用的方案为集成 Shiro 组件，通过 Shiro 对用户进行认证与授权，实现接口权限管理，本节主要讲解 JWT 和 Shiro。

7.1.1 JWT

JWT（JSON Web Token）是基于 JSON 的公开规范，该规范允许开发者使用 JWT 在用户和服务器之间安全可靠地传递消息。JWT 用于身份认证和数据交换，JWT 通过用户请求头中携带的 token 鉴定用户身份，设定 token 有效期，达到浏览器使用 session 保持登录状态的功能。JWT 认证过程时序如图 7.1 所示。

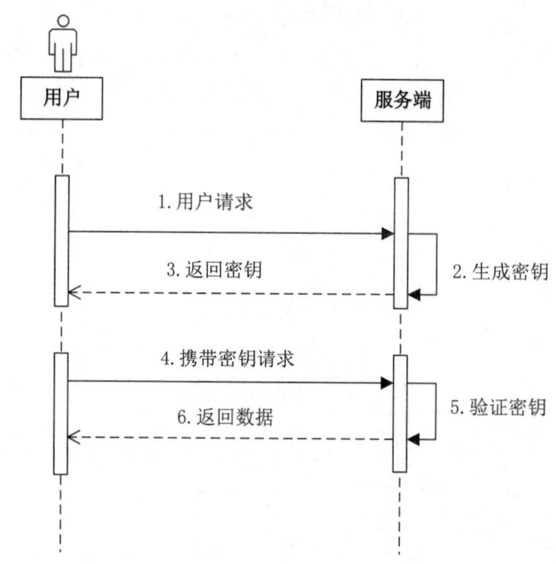

图 7.1 JWT 认证过程时序

由图 7.1 可知，JWT 工作过程分为 3 个部分，即生成 token、用户认证和数据传输。用户向服务器发起请求 token，服务器生成 token 返回给用户，用户在请求头中携带 token，向服务器发起请求，服务器接收到请求头中的 token，进行认证，如果 token 生效，则返回相应的数据；如果 token 无效，则返回提示信息，如 token 过期或 token 无效。

JWT 生成的 token 是一串字符，由 3 部分组成，分别为头（header）、载荷（playload）和签名（signature），生成的 token 如下所示。

```
eyJhbGciOiJIUzI1NiIsInR5cCI6IkpXVCJ9.eyJleHAiOjE2MTA4NjYxMTQsInVzZXJuYW1lIjoi5bCP6Iq
xIn0.tRaRuDgFg02-VWW7pfYFtMIvdbySr3H4WekQwe6I6pw
```

JWT 的 token 结构如图 7.2 所示。

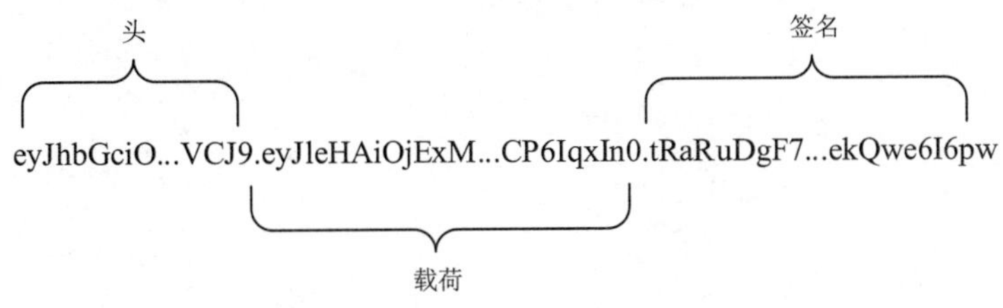

图 7.2　JWT 的 token 结构

由图 7.2 可知，JWT 生成的 token 形式为 header.playload.signature，第 1 部分为头，第 2 部分为载荷，第 3 部分为签名，使用英文的点进行分隔。

1. 头

JWT 生成 token 的头由两部分组成：token 类型和加密算法，JSON 格式如下。

```
{
    "typ":"JWT",
    "alg":"HS256"
}
```

其中，typ 为 token 类型，使用 JWT；alg（Algorithm）为加密算法类型，常用的加密算法为 HMAC SHA256。

2. 载荷

载荷携带 token 的基本信息，帮助接收 token 的服务器理解 token，并且载荷还可以添加自定义信息。载荷有 3 个属性：注册（registered）、公有（public）和私有（private）。token 载荷注册字段有 7 个，见表 7.1。

表 7.1　token 载荷注册字段

属　性	描　述
iss	issuer 签发人
sub	subject 主题
aud	audience 受众
exp	expiration time 过期时间

续表

属　性	描　述
nbf	not before 生效时间，在此之前 token 无效
iat	issued at 签发时间
jti	JWT id 编号

数据格式如下。

```
{
  "sub": "1",
  "iss": "http://localhost:8002/jwt/login",
  "iat": 123456,
  "exp": 234567,
  "nbf": 123456,
  "jti": "xxxxx",
  "aud": "dev"
}
```

3. 签名

签名信息是加密字符串，保证 JWT 没有被篡改，通过加密算法加密 3 部分字符串，即头的 base64 编码字符串、载荷 base64 编码字符串和密钥，如使用 HMAC SHA256 算法生成的签名形式如下。

```
singature = HMACSHA256(Base64Encode(header)+"."+ Base64Encode(playload), secret)
```

HMAC SHA256 是不可逆的算法，多了一个密钥（Secret），密钥存储在服务器中，客户端将 token 发送到服务器进行认证时，服务端将 token 中的头、载荷以及密钥进行 HMAC SHA256 加密，将加密后的结果与客户端 token 比对，若一致，则表明 token 没有被篡改。

7.1.2　Shiro

Shiro 是 Apache 开源的权限管理框架，用于处理身份认证、授权、企业会话管理和加密。Shiro 以简单、易用为宗旨，封装了复杂的加密和解密授权与认证过程，以 API 方式对外提供功能，开发者只需调用相应的功能接口即可实现授权和认证功能，通过 Shiro 授权过的用户，可以访问任何 Shiro 管理的接口，无须使用请求头携带 token 进行权限认证。Shiro 可以实现一次认证，多次使用。Shiro 的基础结构如图 7.3 所示（官方提供）。

由图 7.3 可知，Shiro 的基础结构共有 3 层，分别为 Subject、Shiro Security Manager 和 Realm，各部分描述见表 7.2。

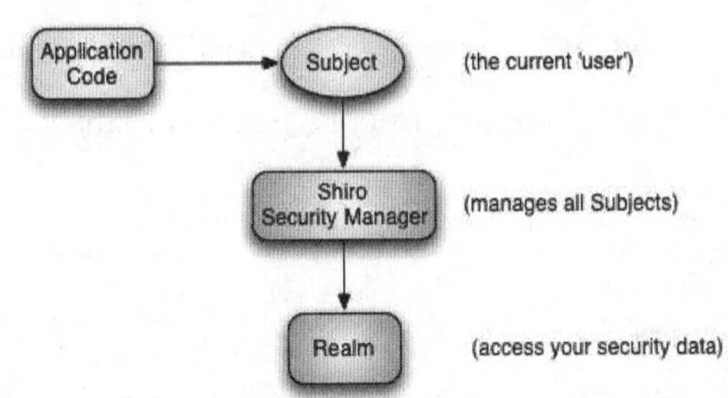

图 7.3　Shiro 的基础结构

表 7.2　Shiro 的基础结构

属　　性	描　　述
Subject	登录 Shiro 的用户
Security Manager	管理所有的用户（Subject）
Realm	登录的用户数据接入服务器用户信息

当用户向服务器发起请求时，Shiro 拦截当前用户（Subject），获取用户信息（Security Manager），将用户信息与服务器的用户库进行匹配（Realm）。若匹配成功，则授权当前用户，访问接口；否则，当前用户无法访问所有 Shiro 保护的接口，达到接口权限控制目的。

Shiro 结构中最核心的部分是 Security Manager，该部分管理登录的用户信息，获取当前用户的信息，将用户信息接入用户信息库（如 LDAP、用户数据库等），进行用户认证。该部分的架构如图 7.4 所示（官方提供）。

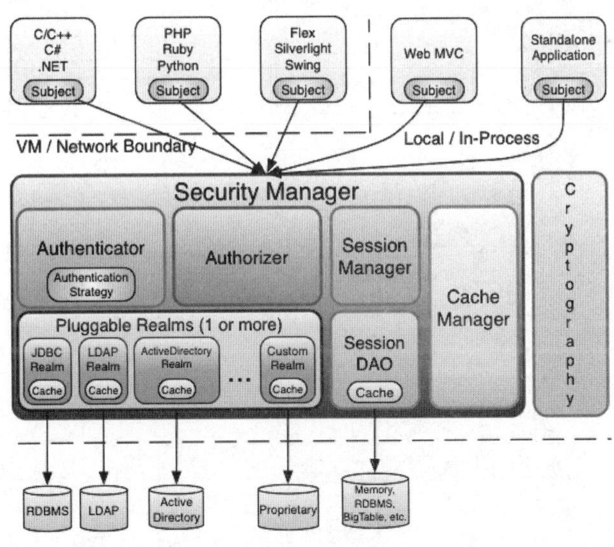

图 7.4　Security Manager 的架构

由图 7.4 可知，Security Manager 分别由 Authenticator、Authorizer、Session Manager、Session DAO、Pluggable Realms 和 Cache Manager 构成。加密和解密（Cryptography）则独立于 Security Manager，当

使用 Shiro 进行用户注册并且用户密码需要使用暗文（加密的字符串）存储时，需要使用第三方提供的加密和解密技术进行密码脱敏处理，如 Spring Boot 的 Security Manager 组件，各部分的解析见表 7.3。

表 7.3 Security Manager 组件

属　性	描　述
Authenticator	登录用户身份判断，并且通过用户登录策略控制用户权限，如果配置了多个 Realms，Authentication Strategy 认证策略会协调这些 Realms 决定身份尝试成功或失败
Authorizer	用户最终的授权，即为经过 Authenticator 授权成功的用户授权
Session Manager	Shiro 提供的跨平台的用户 session 管理平台，即使没有可用的 Web、Servlet 或 EJB 容器，Shiro 将使用内置的企业级会话管理提供服务，Session DAO 允许任何数据源能够在持久会话中使用
Session DAO	Session Manager 执行 session 持久化，允许任何数据存储到会话管理容器中
Pluggable Realms	认证与数据源之间通信的桥梁，即登录的用户信息，通过 Realms 与持久层的用户信息中心校验
Cache Manager	缓存管理，Shiro 提供缓存服务，常用的缓存产品均可集成到 Shiro 的缓存中，提高认证性能

完整的 Shiro 用户认证过程如图 7.5 所示，本节讲解的 Shiro 认证从后台（服务端）服务启动开始，到用户登录认证结束。

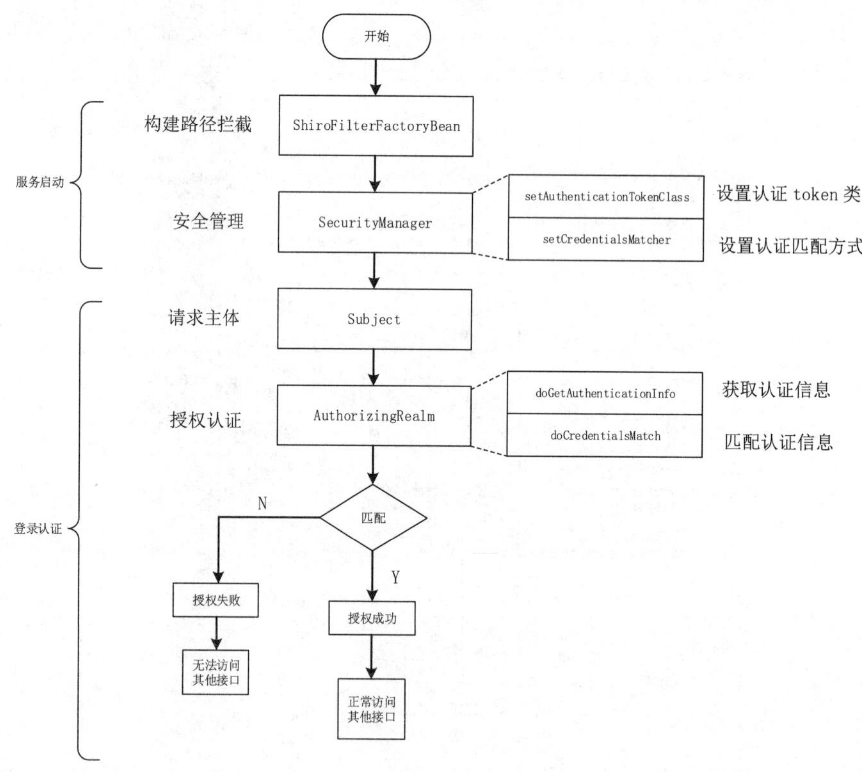

图 7.5 Shiro 登录认证过程

由图 7.5 可知，Shiro 完成用户授权有两个过程：①准备 Security Manager 过程；②授权过程。其中，准备阶段即后台服务启动阶段，会自动加载配置，配置用户加密和解密，配置路径拦截（接口权限管理），后台服务启动后，用户登录，并通过 AuthorizingRealm 进行授权，授权即获取登录用户的信息，将用户信息与服务端的用户信息进行匹配。若匹配成功，则授权 Shiro 拦截的接口；否则，Shiro 拦截的接口无法访问。

7.1.3 统一配置请求头

本节讲解了两种接口权限管理工具：JWT 和 Shiro，二者在接口授权方面有所不同，JWT 接口授权在请求头中携带 token，用于接口认证，开发中使用 Swagger 测试接口，因此在 Swagger 中配置统一的请求头条件，每次请求时，选择填充请求头。Swagger 的配置如下，具体参见代码文件 microservice-book 中 microservice-user 模块/config/ SwaggerConfig.java。

```
package com.company.microserviceuser.config;

import springfox.documentation.builders.ParameterBuilder;
import springfox.documentation.schema.ModelRef;
import springfox.documentation.service.Contact;
import org.springframework.context.annotation.Bean;
import org.springframework.context.annotation.Configuration;
import springfox.documentation.builders.ApiInfoBuilder;
import springfox.documentation.builders.PathSelectors;
import springfox.documentation.builders.RequestHandlerSelectors;
import springfox.documentation.service.ApiInfo;
import springfox.documentation.service.Parameter;
import springfox.documentation.spi.DocumentationType;
import springfox.documentation.spring.web.plugins.Docket;
import springfox.documentation.swagger2.annotations.EnableSwagger2;
import org.springframework.core.env.Profiles;
import org.springframework.core.env.Environment;

import java.util.ArrayList;
import java.util.List;

/**
 * Swagger Configure.
 * @author xindaqi
 * @since 2020-10-26
 */
@Configuration
@EnableSwagger2
public class SwaggerConfig {
    @Bean
    public Docket createRestApi(Environment environment){
```

```
        ParameterBuilder token = new ParameterBuilder();
        List<Parameter> parameterList = new ArrayList<>();
        token.name("token").description("token").modelRef(new ModelRef("string")).parameterType
("header").required(false).build();
        parameterList.add(token.build());
        Profiles profiles = Profiles.of("dev", "test", "mac");
        boolean b = environment.acceptsProfiles(profiles);
        return new Docket(DocumentationType.SWAGGER_2)
                .apiInfo(apiInfo())
                .enable(b)
                .select()
                .apis(RequestHandlerSelectors.basePackage("com.company.microserviceuser
.controller"))
                .paths(PathSelectors.any())
                .build()
                .globalOperationParameters(parameterList);
    }

    private ApiInfo apiInfo(){
        return new ApiInfoBuilder()
                .title("用户模块接口文档")
                .contact(new Contact("xindaqi", "xdq101@qq.com", "xdq101@qq.com"))
                .version("1.0")
                .description("个人信息")
                .termsOfServiceUrl("http://localhost:8888/api/v1")
                .build();
    }
}
```

上面 Swagger 配置的关键点是新建统一的请求头 ParameterBuilder，并且在 Docket 中添加全局方法 globalOperationParameters(parameterList)，在 Swagger 界面中添加请求头，配置结果如图 7.6 所示。

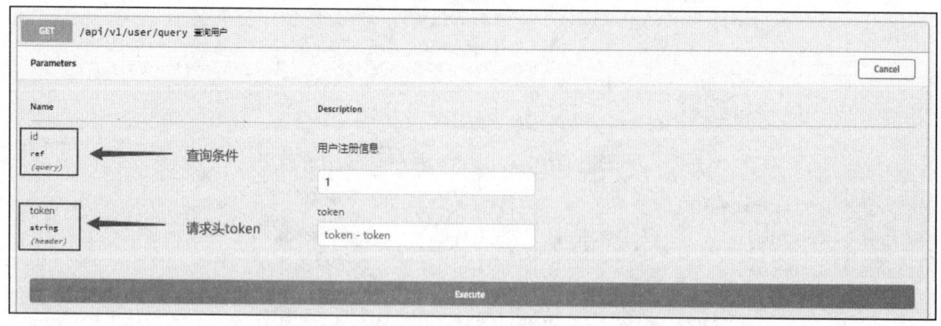

图 7.6　统一请求头

由图 7.6 可知，在用户信息查询接口中，多了一个请求头的参数 token，说明 Swagger 配置生效，后续验证 JWT 接口拦截时可以直接通过 Swagger 文档验证 token。

7.2 Spring Boot 集成 JWT

接口权限使用 token 进行授权访问有两种实现方式：①使用 Redis 缓存生成的 token，为 token 设置有效期，保证接口的授权的时效性；②使用 JWT 自动生成 token，无须使用缓存插件，同时，可以为 token 设置有效期，并具有防篡改认证，更加轻量和安全。下面详细讲解 Spring Boot 集成 JWT。

7.2.1 配置

JWT 自身使用 Java 语言开发，Java 开发人员可以更加方便地使用与集成，同时 JWT 将组件交由 Maven 中央仓库管理，Spring Boot 通过引入依赖即可集成 JWT，坐标配置如下，本书项目使用 3.5.0 版本。

```
<!--JWT 工具-->
<dependency>
    <groupId>com.auth0</groupId>
    <artifactId>java-jwt</artifactId>
    <version>3.5.0</version>
</dependency>
```

7.2.2 加密和解密配置

JWT 用户认证有两个基础且重要的步骤，即生成 token（加密）和验证 token（解密）。构建 JWT 加密和解密工具，由于在请求拦截的类（config/ TokenInterceptor.java）中使用了 token 验证，并且通过注解@Component 将请求拦截托管到 Spring 容器，因此 JWT 工具不交给 Spring 容器管理，注解定义类，使用时再实例化，实现代码如下，具体参见代码文件 microservice-book 中 microserv-user 模块/utils/ JwtUtil.java。

```
package com.company.microserviceuser.utils;

import com.auth0.jwt.JWT;
import com.auth0.jwt.JWTVerifier;
import com.auth0.jwt.algorithms.Algorithm;
import com.auth0.jwt.exceptions.JWTVerificationException;
import com.auth0.jwt.interfaces.DecodedJWT;
import org.slf4j.Logger;
import org.slf4j.LoggerFactory;

import java.time.Instant;
import java.time.LocalDateTime;
import java.time.ZoneId;
import java.util.Date;
import java.util.HashMap;
```

```
import static com.company.microserviceuser.constant.DigitalConstant.EXPIRE_TIME_ONE_
MINUTE;
import static com.company.microserviceuser.constant.StringConstant.PRIVATE_TOKEN_JWT;

/**
 * JWT 工具
 *
 * @author xindaqi
 * @since 2021-01-15
 */
public class JwtUtil {

    private static final Logger logger = LoggerFactory.getLogger(JwtUtil.class);

    /**
     * 生成签名
     *
     * @param username 用户名
     * @return 签名
     */
    public static String generateToken(String username) {

        // 设置过期时间
        Date date = new Date(System.currentTimeMillis() + EXPIRE_TIME_ONE_MINUTE);
        // 私钥加密
        Algorithm algorithm = Algorithm.HMAC256(PRIVATE_TOKEN_JWT);
        // 设置头信息
        HashMap<String, Object> header = new HashMap<>(2);
        header.put("typ", "JWT");
        header.put("alg", "HS256");
        return JWT.create().withHeader(header).withClaim("username", username).withExpiresAt
(date).sign(algorithm);
    }

    /**
     * 验证 token
     *
     * @param token 令牌
     * @return 验证结果：true/false
     */
    public static boolean tokenVerify(String token) {
        try {
            // 私钥加密
            Algorithm algorithm = Algorithm.HMAC256(PRIVATE_TOKEN_JWT);
            // 构建验证器
```

```
            JWTVerifier jwtVerifier = JWT.require(algorithm).build();
            // token 解码
            DecodedJWT decodedJWT = jwtVerifier.verify(token);
            logger.info("过期时间：{}", decodedJWT.getExpiresAt());
            return true;
        } catch(IllegalArgumentException e) {
            logger.error("参数异常：", e);
            return false;
        } catch(JWTVerificationException e) {
            logger.error("验证异常：", e);
            return false;
        }
    }

    private JwtUtil() {}
}
```

由上述代码可知，JWT 生成 token 时，可以指定过期时间，这里使用的过期时间为 1min。配置加密算法，如 HMAC SHA256 加密算法，并且指定密钥，防止 token 被篡改。而 token 解析需要使用与加密算法相同的算法进行 token 解密（授权），同时使用密钥进行验证，保证授权给 token 没有被篡改的用户。

7.2.3 接口拦截器配置

JWT 接口权限配置通过请求拦截器实现，在请求拦截器中配置需要拦截和不进行拦截的接口，在 InterceptorRegistry 中配置接口的 URI，实现接口拦截或放行，配置代码如下。具体参见代码文件 microservice-book 中 microservice-user 模块/config/ WebMvcHandler.java。

```
package com.company.microserviceuser.config;

import org.springframework.context.annotation.Configuration;
import org.springframework.web.servlet.config.annotation.InterceptorRegistration;
import org.springframework.web.servlet.config.annotation.InterceptorRegistry;
import org.springframework.web.servlet.config.annotation.WebMvcConfigurer;

/**
 * 配置请求拦截器
 * @author xindaiq
 * @since 2021-01-15
 */
@Configuration
public class WebMvcHandler implements WebMvcConfigurer {

    @Override
    public void addInterceptors(InterceptorRegistry registry) {
```

```
        InterceptorRegistration    registration    =    registry.addInterceptor(new 
TokenInterceptor());
        registration.addPathPatterns("/**");
        registration.excludePathPatterns("/**/swagger-ui.html");
        registration.excludePathPatterns("/**/swagger-resources/**");
        registration.excludePathPatterns("/**/v2/**");
        registration.excludePathPatterns("/**/webjars/**");
        registration.excludePathPatterns("/**/login");
    }
}
```

由上述代码可知，需要拦截的接口使用 addPathPatterns()方法进行配置，参数为需要拦截接口的 URI；放行（不拦截）的接口使用 excludePathPatterns()方法进行配置，参数为不拦截接口的 URI。有登录接口是要请求 token 的，所以，不需要使用 token 认证，排除 login 接口，配置为 excludePathPatterns("/**/login")，使用/**/login 表示放开所有的 login 接口，不拦截请求。

接口拦截器是接口控制的第 1 层，为不同的接口分配处理逻辑。放行的接口直接返回需要的数据，拦截的接口会执行自定义的逻辑，在请求拦截器中实现。这里，接口拦截和请求拦截是不同的概念，接口拦截发生在接口请求前，而请求拦截发生在接口请求时，请求拦截是接口控制的第 2 层。接口拦截实现 WebMvcConfigurer 接口。

7.2.4 请求拦截器配置

上面配置了接口拦截，所有拦截的接口可以在请求拦截器中进一步操作，即在请求拦截器中实现需要操作的逻辑，如生成和认证 token，这里结合 JWT 的功能，在请求拦截器中实现 token 生成和验证逻辑，实现代码如下。具体参见代码文件 microservice-book 中 microservice-user 模块/config/TokenInterceptor.java。

```
package com.company.microserviceuser.config;

import com.company.microserviceuser.enums.ResponseCodeEnums;
import com.company.microserviceuser.exception.MyException;
import com.company.microserviceuser.utils.JwtUtil;
import org.slf4j.Logger;
import org.slf4j.LoggerFactory;
import org.springframework.stereotype.Component;
import org.springframework.web.servlet.HandlerInterceptor;
import org.springframework.web.servlet.ModelAndView;

import javax.servlet.http.HttpServletRequest;
import javax.servlet.http.HttpServletResponse;

/**
 * 请求拦截器
 * @author xindaqi
```

```
 * @since 2021-01-15
 */
@Component
public class TokenInterceptor implements HandlerInterceptor {

    private static final Logger logger = LoggerFactory.getLogger(TokenInterceptor.class);

    @Override
    public boolean preHandle(HttpServletRequest request, HttpServletResponse response,
Object object) throws Exception {
        String token = request.getHeader("token");
        if(null == token || token.isEmpty()) {
            throw new MyException(ResponseCodeEnums.TOKEN_EMPTY.getCode(),
ResponseCodeEnums.TOKEN_EMPTY.getMsg());
        }
        logger.info("Token: {}", token);
        boolean verifyFlag = JwtUtil.tokenVerify(token);
        logger.info("验证结果：{}", verifyFlag);
        if(verifyFlag) {
            logger.info("成功--进入请求");
            return true;
        }
        logger.info("失败--进入请求");
        throw new MyException(ResponseCodeEnums.TOKEN_INVALID.getCode(), ResponseCodeEnums.
TOKEN_INVALID.getMsg());
    }

    @Override
    public void postHandle(HttpServletRequest request, HttpServletResponse response,
Object object, ModelAndView modelAndView) throws Exception {
        logger.info("完成请求");
    }

    @Override
    public void afterCompletion(HttpServletRequest request, HttpServletResponse response,
Object object, Exception e) throws Exception {
        logger.info("请求结束--什么也不做");
    }
}
```

由上述代码可知，请求拦截分为 3 个阶段，即请求前 preHandle、请求后 postHandle、请求完成后 afterCompletion。使用 JWT 进行权限控制时，需要在请求前进行接口的认证，因此在 preHandle 中实现 token 认证处理逻辑，所有的请求向数据库获取数据时，都会先进行 token 认证，通过认证的请求，才会进入接口实现的逻辑，即 Controller 接口逻辑，认证不通过的请求直接抛出自定义异常，不会向数据库发起请求，保护数据资源。

7.2.5 接口测试

配置接口拦截和请求拦截，以登录接口和查询用户信息接口为例，测试 JWT 的接口权限认证功能。其中，用户登录接口用于获取 JWT 生成的 token；用户信息查询接口验证 token，查询用户信息。两个接口的实现代码如下，具体参见代码文件 microservice-book 中 microservice-user 模块/controller/UserController.java。

```
package com.company.microserviceuser.controller;

import com.company.microserviceuser.exception.MyException;
import org.springframework.web.bind.annotation.*;
import org.springframework.beans.BeanUtils;
import org.springframework.beans.factory.annotation.Autowired;
import org.slf4j.Logger;
import org.slf4j.LoggerFactory;
import org.springframework.security.crypto.bcrypt.BCryptPasswordEncoder;
import com.github.pagehelper.PageInfo;

import io.swagger.annotations.Api;
import io.swagger.annotations.ApiImplicitParam;
import io.swagger.annotations.ApiOperation;

import com.company.microserviceuser.dto.*;
import com.company.microserviceuser.enums.MyCodeEnums;
import com.company.microserviceuser.service.*;
import com.company.microserviceuser.vo.common.*;
import com.company.microserviceuser.vo.*;
import com.company.microserviceuser.dos.*;
import com.company.microserviceuser.utils.*;

import javax.annotation.Resource;
import javax.validation.Valid;
import java.util.List;

import static com.company.microserviceuser.constant.StringConstant.DATE_Y_M_D_H_M_S;
import com.company.microserviceuser.constant.*;
/**
 * UserController API.
 * @author xindaqi
 * @since 2020-10-26
 */
@CrossOrigin(origins = "*", maxAge = 3600)
@RestController
@RequestMapping("/api/v1/user")
@Api(tags = "人员信息")
```

```
public class UserController {

    private static Logger logger = LoggerFactory.getLogger(UserController.class);

    @Autowired
    private TimeProcessUtil timeProcessUtil;

    @Autowired
    private IUserService userService;

    @Autowired
    private BCryptPasswordEncoder passwordEncoderCrypt;

    @PostMapping(value = "/login")
    @ApiOperation(value = "登录")
    @ApiImplicitParam(name = "params", value = "用户信息", dataType = "LoginInputDTO",
paramType = "body")
    public ResponseVO<String> login(@RequestBody @Valid LoginInputDTO params) throws
MyException {

        LoginOutputDTO loginOutputDTO = userService.login(params);
        if(null == loginOutputDTO) {
            throw new MyException(MyCodeEnums.USERNAME_PASSWORD_ERROR.getCode(), MyCodeEnums.
USERNAME_PASSWORD_ERROR.getMsg());
        }
        String passwordInDatabase = loginOutputDTO.getPassword();
        String passwordFromUser = params.getPassword();
        Boolean passwordCmp = passwordEncoderCrypt.matches(passwordFromUser,
passwordInDatabase);
        if(Boolean.TRUE.equals(passwordCmp)) {
            String token = JwtUtil.generateToken(params.getUsername());
            return new ResponseVO<String>().ok(token);
        }
        return new ResponseVO<String>().invalid(MyCodeEnums.USERNAME_PASSWORD_ERROR.getMsg());

    }

    @GetMapping(value = "/query")
    @ApiOperation("查询用户")
    @ApiImplicitParam(name = "id", value = "用户注册信息", dataType = "Integer", paramType =
"query")
    public ResponseVO<UserDetailsVO> query(@RequestParam Long id) {
        try{
            UserDetailsVO userInformation = userService.queryUserDetails(id);
            logger.info("成功--查询用户详情信息");
            return new ResponseVO<UserDetailsVO>().ok(userInformation);
```

```
        }catch (Exception e) {
            logger.error("失败--查询用户详情信息: ", e);
            return new ResponseVO<UserDetailsVO>().fail();
        }
    }

}
```

先从用户查询接口开始测试，默认请求头参数个数为 Headers(6)，验证未添加请求头 token 时，接口返回的信息使用 Postman 构建请求，未添加 token 请求头如图 7.7 所示。

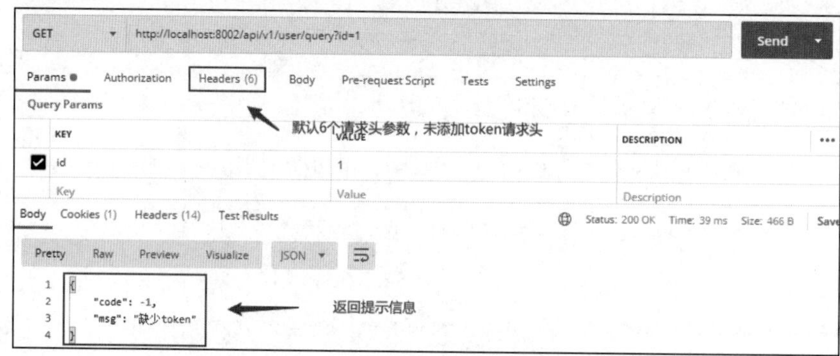

图 7.7　未添加 token 请求头

由图 7.7 可知，未添加请求头查询用户信息时，接口正常返回，提示信息为“缺少 token”，提示信息比较友好。因此，配置了拦截的接口必须添加 token 请求头，获取 token 的接口为登录接口，Postman 构建的请求如图 7.8 所示。

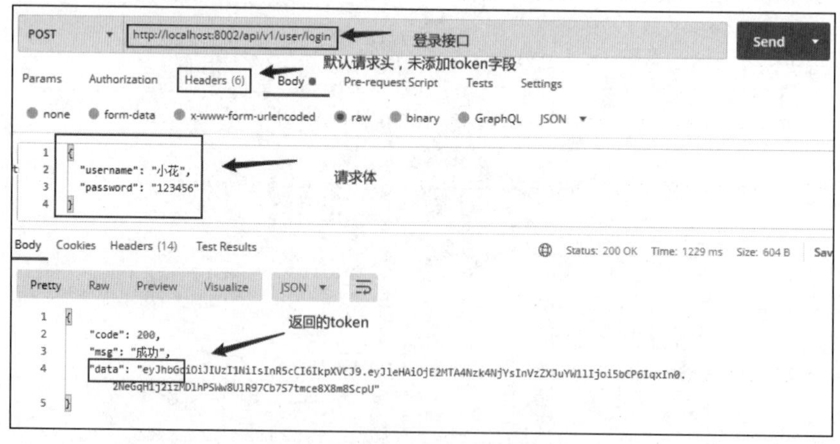

图 7.8　Postman 构建的请求

由图 7.8 可知，登录接口未添加请求头 token 字段，选项卡显示为 Headers(6)，但是请求时可以正常获取 token，因为在接口拦截时使用放行配置，即 excludePathPatterns("/**/login")，获取的 token

为 data 字段的值，使用生成的 token 查询用户信息，如图 7.9 所示。

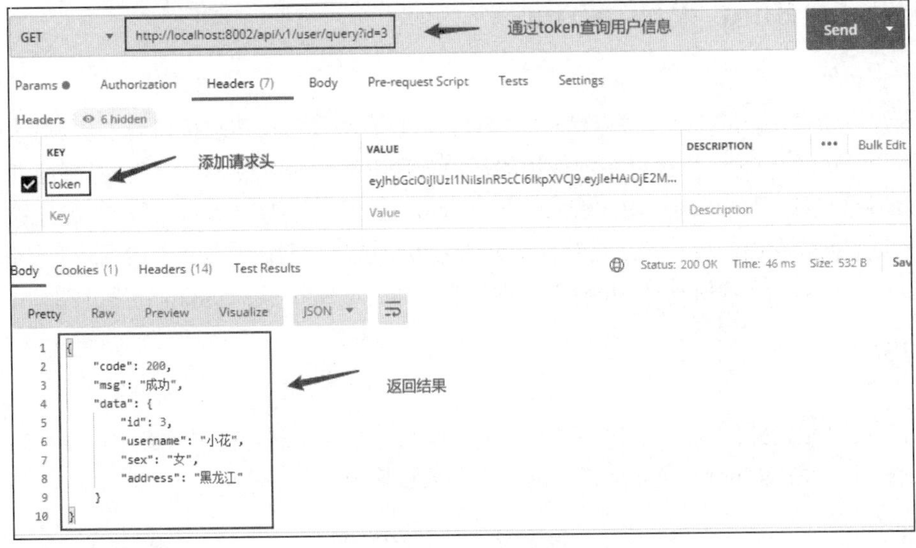

图 7.9　携带 token 查询用户信息

由图 7.9 可知，查询用户信息添加请求头 token 字段，选项卡显示为 Headers(7)说明添加了请求头，当 token 有效时，正常查询到用户信息；当 token 过期时，查到的信息如图 7.10 所示。

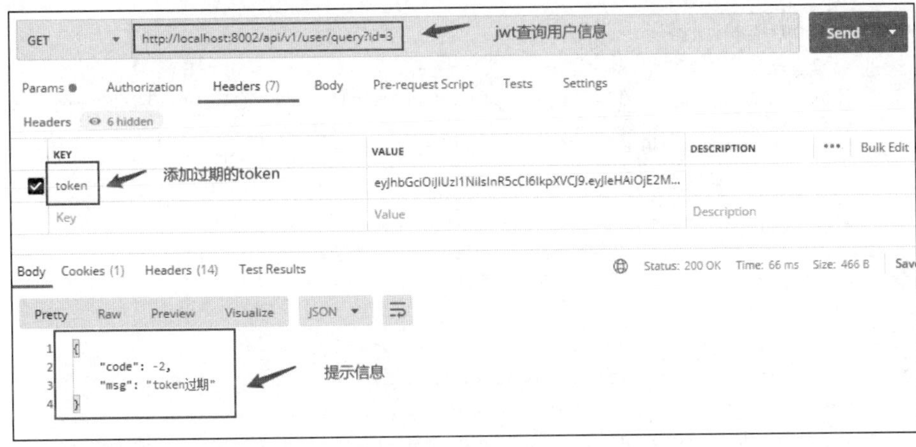

图 7.10　token 过期

由图 7.10 可知，当请求接口携带的 token 过期时，接口会返回相应的提示信息，项目中设定的提示信息为“token 过期”，表明此时的 token 过期，无法正常获取数据，需要重新获取 token，以查询信息。到此，完成了 JWT 接口权限的控制，每次请求配置了接口拦截的功能时，需要在请求头中携带有效的 token，获取需要的数据。

7.3 Spring Boot 集成 Shiro

上面介绍了通过 token 对接口进行鉴权与授权，这种方法在每次请求接口前先认证 token，即做 token 校验。本节介绍一种一次授权多次使用的接口管理方案，即应用 Shiro 组件对接口进行授权。使用 Shiro 的接口权限管理告别了中间变量，无 token，通过一次用户信息认证，即用户登录接口，将用户信息与数据库存储的用户信息进行比对，如果用户信息正确，则对当前的用户（设备）授权，该用户可以在本机器上访问所有受 Shiro 保护的接口。Spring Boot 集成 Shiro 详细介绍如下。

7.3.1 配置

Shiro 作为通用且易用的授权组件，设计人员在设计时即为开发者提供了集成接口，Spring Boot 通过引入依赖即可集成 Shiro，坐标配置如下，本书项目使用 1.4.0 版本。

```
<dependency>
    <groupId>org.apache.shiro</groupId>
    <artifactId>shiro-spring</artifactId>
    <version>1.4.0</version>
</dependency>
```

7.3.2 接口拦截器配置

Shiro 接口拦截与 JWT 一致，验证 Shiro 接口权限控制时，同样需要放行登录接口，Shiro 的登录接口 URI 为/shiro/doLogin，因此配置路径拦截时排除 Shiro 路径下的所有 URI，配置排除的路径格式为/**/shiro/**，实现代码如下，具体参见代码文件 microservice-book 中 microservice-user 模块/config/WebMvcHandler.java。

```
package com.company.microserviceuser.config;

import org.springframework.context.annotation.Configuration;
import org.springframework.web.servlet.config.annotation.InterceptorRegistration;
import org.springframework.web.servlet.config.annotation.InterceptorRegistry;
import org.springframework.web.servlet.config.annotation.WebMvcConfigurer;

/**
 * 配置请求拦截器
 * @author xindaiq
 * @since 2021-01-15
 */
@Configuration
public class WebMvcHandler implements WebMvcConfigurer {
```

```
    @Override
    public void addInterceptors(InterceptorRegistry registry) {
        InterceptorRegistration registration = registry.addInterceptor(new
TokenInterceptor());
        registration.addPathPatterns("/**");
        registration.excludePathPatterns("/**/swagger-ui.html");
        registration.excludePathPatterns("/**/swagger-resources/**");
        registration.excludePathPatterns("/**/v2/**");
        registration.excludePathPatterns("/**/webjars/**");
        registration.excludePathPatterns("/**/login");
        registration.excludePathPatterns("/**/error");
        registration.excludePathPatterns("/**/shiro/**");

    }
}
```

上面代码对路径拦截做了第 1 层拦截，实现接口的权限初步控制，如哪些接口进入请求拦截器、哪些接口不进入请求拦截器。由于测试 Shiro 的权限控制，因此将路径中包含 shiro 的接口均排除在拦截外，不进行接口拦截，不会使用 token 进行认证，所有的 Shiro 接口均由 Shiro 组件自己拦截。在使用接口路径拦截时，会出现 excludePathPatterns 无效的情况，因为请求出错时，会重定向到 error 路由，因此，在排除的路由中添加 error 路径，形式为/**/error。

Shiro 组件进行第 2 层接口的拦截配置，实现代码如下，具体参见代码文件 microservice-user 模块/config/ ShiroConfig.java。

```
package com.company.microserviceuser.config;

import com.company.microserviceuser.utils.*;

import org.apache.shiro.mgt.SecurityManager;
import org.apache.shiro.authc.AuthenticationToken;
import org.apache.shiro.spring.security.interceptor.AuthorizationAttributeSourceAdvisor;
import org.apache.shiro.spring.web.ShiroFilterFactoryBean;
import org.apache.shiro.web.mgt.DefaultWebSecurityManager;
import org.springframework.aop.framework.autoproxy.DefaultAdvisorAutoProxyCreator;
import org.springframework.boot.autoconfigure.condition.ConditionalOnMissingBean;
import org.springframework.context.annotation.Bean;
import org.springframework.context.annotation.Configuration;
import org.springframework.beans.factory.annotation.Autowired;

import java.util.Map;
import java.util.HashMap;
import java.util.LinkedHashMap;

/**
 * @author xindaqi
```

```
 * @since 2020-10-08
 */
@Configuration
public class ShiroConfig {

    @Bean
    MyRealm myRealm(){
        MyRealm myRealm = new MyRealm();
        myRealm.setAuthenticationTokenClass(AuthenticationToken.class);
        myRealm.setCredentialsMatcher(new MyCredentialsMatcherUtil());
        return myRealm;
    }

    @Bean
    SecurityManager securityManager() {
        DefaultWebSecurityManager manager = new DefaultWebSecurityManager();
        manager.setRealm(myRealm());
        return manager;
    }

    @Bean
    ShiroFilterFactoryBean shiroFilterFactoryBean() {
        ShiroFilterFactoryBean bean = new ShiroFilterFactoryBean();
        bean.setSecurityManager(securityManager());
        bean.setLoginUrl("/shiro/login");
        bean.setSuccessUrl("/index");
        bean.setUnauthorizedUrl("/unauthorizedurl");
        Map<String, String> map = new LinkedHashMap<>();
        map.put("/shiro/doLogin", "anon");
        /**
         * Swagger2
         */
        map.put("/swagger-ui.html", "anon");
        map.put("/swagger-resources/**", "anon");
        map.put("/v2/**", "anon");
        map.put("/webjars/**", "anon");
        // map.put("/configuration/security", "anon");
        // map.put("/configuration/ui", "anon");

        map.put("/api/**", "anon");
        map.put("/**", "authc");

        bean.setFilterChainDefinitionMap(map);
        return bean;
    }
```

```
}
```

由上面的 Shiro 配置代码可知，Shiro 配置了接口的拦截与放行，通过 Map 添加需要拦截与放行的接口，接口使用 URI，从 Controller 的第 1 级 URI 开始填写，Shiro 接口权限控制解析见表 7.4。

表 7.4　Shiro 接口权限控制解析

属　性	描　　述
authc	接口拦截，配置之后，该系列的接口均需要 Shiro 授权才可访问
anon	接口放行，该系列的接口无须 Shiro 授权即可访问

Shiro 配置接口权限后，需要配置 setAuthenticationTokenClass 获取 token 和加密解密 setCredentialsMatcher()方法，以及 Realm 获取持久层（如 MySQL 数据库、LDAP）用户信息，构建 Security Manager 环境，实现 Shiro 的初始化。在拦截配置中，授权失败默认重定向的接口 URI 为/shiro/login，通过 setLoginUrl("/shiro/login")方法配置，所有 Shiro 进行权限控制的接口，未获取授权进行请求时，重定向到/shiro/login，开放获取授权的接口 URI 为/shiro/doLogin，保证可以通过用户信息获取相应的授权。

7.3.3　Realm 获取用户信息

Shiro 的 Realm 功能是连接持久层数据源，通过用户请求携带的用户信息，查询数据库中的用户信息。这里通过 Realm 实现了请求用户信息和持久成用户信息的整合，实现代码如下，具体参见代码文件 microservice-book 中 microservice-user 模块/utils/MyRealm.java。

```
package com.company.microserviceuser.utils;

import org.apache.shiro.authc.AuthenticationException;
import org.apache.shiro.authc.AuthenticationInfo;
import org.apache.shiro.authc.AuthenticationToken;
import org.apache.shiro.authc.SimpleAuthenticationInfo;
import org.apache.shiro.authc.UnknownAccountException;
import org.apache.shiro.authz.AuthorizationInfo;
import org.apache.shiro.authz.SimpleAuthorizationInfo;
import org.apache.shiro.realm.AuthorizingRealm;
import org.apache.shiro.subject.PrincipalCollection;
import org.springframework.beans.factory.annotation.Autowired;
import org.springframework.util.StringUtils;
import org.springframework.security.crypto.bcrypt.BCryptPasswordEncoder;
import org.springframework.stereotype.Component;

import com.company.microserviceuser.dto.*;
import com.company.microserviceuser.service.*;
```

```
/**
 * Custom login password and username authentation.
 * @author xindaqi
 * @since 2020-11-08
 */
public class MyRealm extends AuthorizingRealm {

    @Autowired
    private IUserService userService;

    @Override
    protected AuthorizationInfo doGetAuthorizationInfo(PrincipalCollection principals)
{
        return null;
    }

    @Override
    protected AuthenticationInfo doGetAuthenticationInfo(AuthenticationToken token)
throws AuthenticationException {
        String username = (String) token.getPrincipal();
        LoginInputDTO params = new LoginInputDTO();
        params.setUsername(username);
        // params.setPassword();
        LoginOutputDTO loginOutputDTO = userService.login(params);
        String usernameInDb = loginOutputDTO.getUsername();
        String passwordInDb = loginOutputDTO.getPassword();
        if(!usernameInDb.equals(username)) {
            throw new UnknownAccountException("账号不存在");
        }
        return new SimpleAuthenticationInfo(username, passwordInDb, getName());
    }
}
```

由上述代码可知，通过重写 doGetAuthenticationInfo()方法，一方面，获取用户请求的用户信息；另一方面，通过请求携带的用户信息查询数据库的用户信息，如用户名和密码，将这些信息通过 SimpleAuthenticationInfo 携带给 SimpleCredentialsMatcher，通过 doCredentialsMatch()方法进行密码校验。

7.3.4 密码校验

Shiro 没有提供密码校验的功能，使用 Spring Boot 的 Security 进行密码校验，通过继承 SimpleCredentialsMatcher 类自定义密码校验功能，实现代码如下，具体参见代码文件 microservice-book 中 microservice 模块/utils/ MyCredentialsMatcherUtil.java。

```
package com.company.microserviceuser.utils;
```

```
import org.apache.shiro.authc.AuthenticationInfo;
import org.apache.shiro.authc.AuthenticationToken;
import org.apache.shiro.authc.credential.SimpleCredentialsMatcher;
import org.springframework.security.crypto.bcrypt.BCryptPasswordEncoder;
/**
 * 自定义密码校验
 * @author xindaqi
 * @since 2020-10-11
 */
public class MyCredentialsMatcherUtil extends SimpleCredentialsMatcher {

    @Override
    public boolean doCredentialsMatch(AuthenticationToken token, AuthenticationInfo info) {
    // Password from user login
    String originalPassword = String.valueOf((char[]) token.getCredentials());
    // Password in database
    String sqlOriginalPassword=(String)info.getCredentials();
    BCryptPasswordEncoder pwdCmp = new BCryptPasswordEncoder();
    return pwdCmp.matches(originalPassword,sqlOriginalPassword);
    }

}
```

由上述代码可知，自定义密码校验通过继承 SimpleCredentialsMatcher 类重写密码校验方法，以 Spring Boot 组件 Security 方式校验用户密码。

7.3.5 接口测试

Shiro 接口权限管理使用了新的接口，URI 以 Shiro 为前缀，接口代码如下，具体参见代码文件 microservice-book 中 microservice-user 模块/controller/ ShiroTestController.java。

```
package com.company.microserviceuser.controller;

import com.company.microserviceuser.dto.LoginInputDTO;
import com.company.microserviceuser.dto.LoginOutputDTO;
import com.company.microserviceuser.enums.MyCodeEnums;
import com.company.microserviceuser.enums.ResponseCodeEnums;
import com.company.microserviceuser.exception.MyException;
import com.company.microserviceuser.service.IUserService;
import com.company.microserviceuser.vo.common.ResponseVO;
import io.swagger.annotations.Api;
import io.swagger.annotations.ApiImplicitParam;
import io.swagger.annotations.ApiOperation;
import org.apache.shiro.SecurityUtils;
import org.apache.shiro.authc.AuthenticationException;
```

```
import org.apache.shiro.authc.UnknownAccountException;
import org.apache.shiro.authc.UsernamePasswordToken;
import org.apache.shiro.authz.AuthorizationException;
import org.apache.shiro.subject.Subject;
import org.slf4j.Logger;
import org.slf4j.LoggerFactory;
import org.springframework.beans.factory.annotation.Autowired;
import org.springframework.security.crypto.bcrypt.BCryptPasswordEncoder;
import org.springframework.web.bind.annotation.*;

import javax.annotation.Resource;
import javax.validation.Valid;

/**
 * Shiro 测试
 * @author xindaqi
 * @since 2021-01-16
 */
@CrossOrigin(origins = "*", maxAge = 3600)
@RestController
@RequestMapping("/shiro")
@Api(tags = "Shiro 验证")
public class ShiroTestController {

    private static final Logger logger = LoggerFactory.getLogger(ShiroTestController.class);

    @Resource
    private IUserService userService;

    @Resource
    private BCryptPasswordEncoder passwordEncoderCrypt;

    @PostMapping(value = "/doLogin")
    @ApiOperation(value = "登录")
    @ApiImplicitParam(name = "params", value = "用户信息", dataType = "LoginInputDTO",
paramType = "body")
    public ResponseVO<String> login(@RequestBody @Valid LoginInputDTO params) throws
MyException {
        Subject subject = SecurityUtils.getSubject();
        LoginOutputDTO loginOutputDTO = userService.login(params);

        if(null == loginOutputDTO) {
            throw    new    MyException(MyCodeEnums.USERNAME_PASSWORD_ERROR.getCode(),
MyCodeEnums.USERNAME_PASSWORD_ERROR.getMsg());
        }
        UsernamePasswordToken usernamePasswordToken = new UsernamePasswordToken(
```

```
                params.getUsername(),
                params.getPassword()
        );
        try {
            subject.login(usernamePasswordToken);
        } catch (UnknownAccountException e) {
            logger.info("未知用户：{}", e);
            throw   new   MyException(ResponseCodeEnums.USER_NAME_NOT_EXISTS.getCode(),
ResponseCodeEnums.USER_NAME_NOT_EXISTS.getMsg());
        } catch (AuthenticationException e) {
            logger.info("用户名和密码错误：{}", e);
            throw new MyException(ResponseCodeEnums.USER_NAME_PASSWORD_ERROR.getCode(),
ResponseCodeEnums.USER_NAME_PASSWORD_ERROR.getMsg());
        } catch (AuthorizationException e) {
            logger.info("未授权：{}", e);
            throw      new      MyException(ResponseCodeEnums.UNAUTHENTATION.getCode(),
ResponseCodeEnums.UNAUTHENTATION.getMsg());
        }
        return new ResponseVO<String>().ok();
    }

    @PostMapping(value = "/test")
    @ApiOperation(value = "测试 Shiro 权限")
    public ResponseVO<String> test() throws MyException {
        return new ResponseVO<String>().ok();
    }

    @GetMapping(value = "/login")
    @ApiOperation(value = "测试 Shiro 登录默认路由")
    public ResponseVO<String> login() throws MyException {
        return new ResponseVO<String>().ok(ResponseCodeEnums.LOGIN.getMsg());
    }

}
```

由上述代码可知，Shiro 接口权限控制共定义了 3 个测试接口。其中，login 为默认的重定向接口，未获取授权的接口均获取该接口返回的结果，如未登录，请求接口 http://localhost:8002/shiro/test，自动跳转 http://localhost:8002/shiro/login，通过 Postman 构造请求，测试结果如图 7.11 所示。

由图 7.11 可知，未登录（未获取授权）进行接口访问时，请求会重定向到/shiro/login，返回该接口的提示信息，本项目设定的提示信息为“请先登录”。并且，重定向的接口请求方法应设计为 GET，否则重定向报错。登录接口/shiro/doLogin，通过 Postman 构造请求，测试结果如图 7.12 所示。

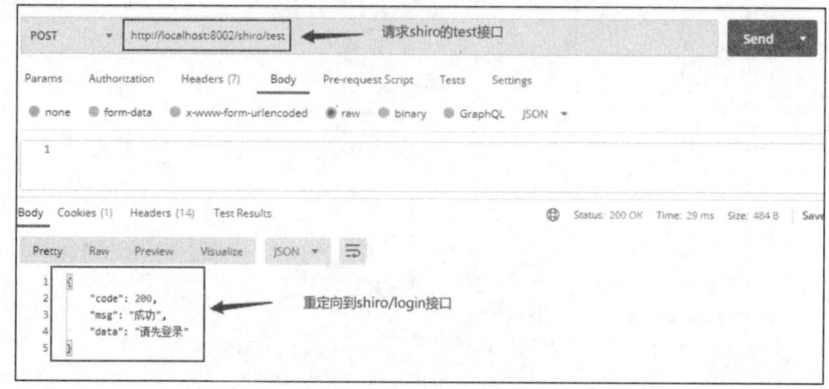

图 7.11　未登录请求接口

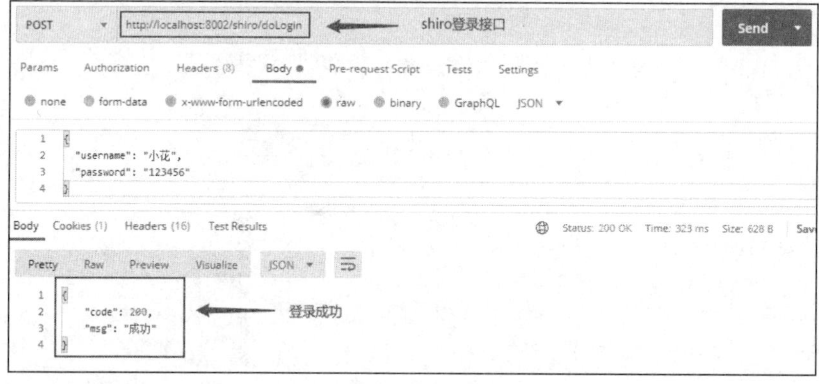

图 7.12　登录成功

由图 7.12 可知，登录成功即获取接口授权，此时客户端可以访问任意 Shiro 组件授权的接口。以访问测试接口 shiro/test 为例，通过 Postman 构造请求，测试结果如图 7.13 所示。

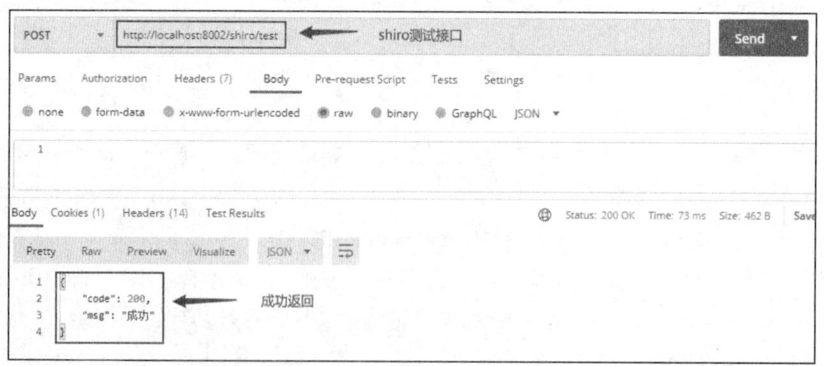

图 7.13　登录后访问 test

由图 7.13 可知，登录授权后，可以直接访问 Shiro 拦截（授权）的接口，无须存储 token 或其他认证信息，所有的服务交由 Shiro 管理，实现一次授权，多次使用。

7.4 小　　结

本章讲解了接口权限管理相关知识，主要包括以下内容。

（1）接口权限管理组件 JWT 和 Shiro 结构及工作过程。

（2）接口拦截器 WebMvcConfigurer 和请求拦截器 HandlerInterceptor 实现接口和请求的拦截。

（3）Swagger 配置下的统一请求头配置。

（4）Spring Boot 集成 JWT：通过 token 认证方式实现接口权限管理。

（5）Spring Boot 集成 Shiro：通过用户信息认证实现接口权限管理。

第 8 章

缓存及 Redis

本章讲解计算机缓存、Redis 缓存以及 Spring Boot 集成 Redis 实现数据增删改查。普通的后台项目，数据全部存储在外存（机械硬盘）数据库中，如 MySQL 数据库。在请求量少、数据量少的项目中（请求量和数据量少依据实际情况而定，这里仅为说明项目情况），数据库 I/O 可满足日常需求，当用户量激增同时并发请求次数增加时，MySQL 数据库 I/O 无法满足业务需求，此时，使用 Redis 内存缓存可以大幅提高系统性能。

Spring Boot 项目支持集成 Redis，在 POM 文件中引入 Redis 程序包（坐标）即可，通过配置文件设置 Redis 连接和 Redis 连接池，对 Redis 数据库进行增删改查。由于 Redis 数据存储在内存缓存中，因此 I/O 性能仅次于 CPU 缓存，这也是 Redis 性能高的最主要原因。

8.1 缓　　存

缓存（Cache）在计算机系统中有两种形式，即 CPU 缓存和内存缓存。CPU 级别的缓存在普通软件开发中不会直接操作，直接操作的是内存缓存。因此，一般概念中的缓存都是指内存缓存。

8.1.1 CPU 缓存

CPU 缓存分为一级缓存（L1 Cache）和二级缓存（L2 Cache）。一级缓存使用随机存取存储器（Random Access Memory，RAM），集成在 CPU 内部，RAM 又分为静态 RAM（SRAM）和动态 RAM（DRAM）。由于静态 RAM 性价比高且扩展性好，现在计算机 CPU 主要使用 SRAM 作为 CPU 缓存。计算机发展初期，二级缓存主要集成到 CPU 内核外，随着技术的进步，二级缓存可以集成到 CPU 内核中，改变了外部二级缓存只有 CPU 主频一半的情况，从而提高了 CPU 的数据传输速度。JVM 中栈使用一级缓存，用完即自动释放；堆使用二级缓存（内存缓存），需要手动释放缓存或通过算法释放缓存。

计算机在处理数据时首先从 CPU 缓存中获取数据，若 CPU 缓存中没有命中数据，则从内存缓存中获取数据，如图 8.1 所示。

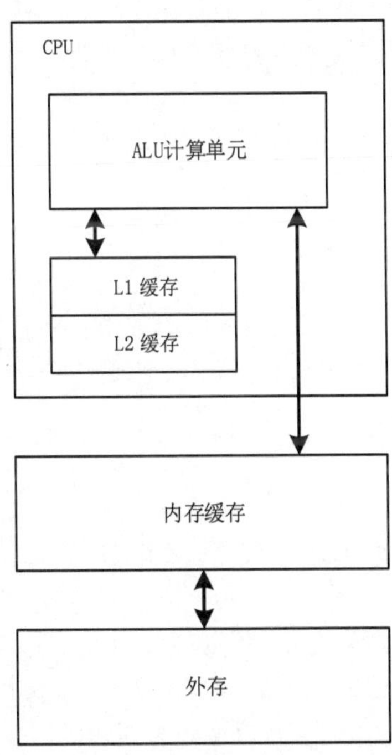

图 8.1　程序执行流程

由图 8.1 可知，CPU 执行程序先从 L1 和 L2 级缓存中加载数据，若命中数据，则立即读取并送到 CPU 进行处理；若没有命中数据，则从内存中读取数据并送到 CPU 进行处理，同时将数据加载到 CPU 缓存中，后续直接从 CPU 内存中读取数据。CPU 每次读取的数据 90%都在 CPU 缓存中，只有约 10%的数据在内存缓存中，这种读取机制节约了 CPU 直接从内存缓存中读取数据的时间，CPU 读取数据基本无须等待。CPU 缓存解析见表 8.1。

表 8.1　CPU 缓存解析

缓存级别	描　述
L1 缓存	一级缓存，是 CPU 第 1 层高速缓存，内置的 L1 缓存容量和结构对 CPU 的性能影响最大，均由静态 RAM 组成，由于 CPU 面积有限，L1 缓存容量不可能做得太大（物理限制），所以，L1 缓存容量一般为 32～256KB
L2 缓存	二级缓存，是 CPU 第 2 层高速缓存，包含内部和外部两种芯片，内部芯片的二级缓存运行速度与主频相同，外部的二级缓存只有主频的一半，L2 缓存同样影响 CPU 性能，理论上容量越大越好，普通台式机的 CPU 的二级缓存一般为 128KB～2MB 或更高，笔记本电脑、服务器和工作站 CPU 二级缓存最高可达 1～3MB

8.1.2　内存缓存

内存缓存即计算机的内存（CPU 之外），计算机处理的数据开始都在外存（机械硬盘等其他物理介质）中，当计算机程序运行时，先将外存的数据加载到内存缓存中，CPU 从内存缓存中加载数据，进行数据计算。在后台服务中，使用内存缓存作为数据缓冲，提高数据 I/O 速度，提升系统性能，保护后台系统稳定。

在使用内存缓存的过程中，存在多种异常情况，如内存泄漏、内存溢出、缓存击穿、缓存穿透和缓存雪崩。

1．内存泄漏

在程序运行过程中申请内存后，如果没有及时释放内存并且操作系统或编程语言无法正常回收该部分内存，会造成内存泄漏。程序长时间运行，一直累积申请的内存而无法正常释放，当占用的内存达到系统上限时，导致内存泄漏。

2．内存溢出

程序申请内存时，如果计算机没有足够的内存分配给当前运行的程序使用，会造成内存溢出，一般如下情况会出现内存溢出。

（1）在内存中加载的数据量过于庞大，超过内存剩余可用的空间。

（2）申请内存后，未能正常回收，由内存泄漏导致内存溢出。

（3）程序存在死循环或循环次数过多，产生过多重复的对象实例。

3. 缓存击穿

缓存击穿是内存中某时刻 t 之前存在需要查询的数据，t 时刻之后，数据过期，此时发起数据查询请求，导致数据查询请求向持久层发起。

4. 缓存穿透

缓存穿透是发送数据查询请求，查询的数据在内存和持久层中均不存在，内存并没有起到数据缓存的作用。此时，数据请求达到持久层，持久层没有查到数据，需要在缓存中存入空值（Null），由于后续可能在持久层添加数据，因此内存中空值的数据有效期会短一些，以保证系统正常运行。

5. 缓存雪崩

缓存雪崩是内存缓存出现异常，所有的数据查询请求全部涌向持久层数据库，数据库无法正常响应，导致数据库卡死。此时，应该对内存缓存中的数据设置不同的过期时间、热点数据永不过期、集群部署内存缓存以及限流降级（缓存失效后，通过加锁或队列控制，向持久层发起请求）。

8.1.3 缓存问题的解决方案

内存缓存问题在后台服务中十分常见，下面简单介绍几种解决方案，见表 8.2。

表 8.2　内存缓存问题解决方案

方　案	描　　述
降级	保证系统基本可用，即重要服务正常运行，暂停或关闭次要服务，给用户友好的异常提示信息
熔断	保证整体系统可用，即整个系统正常运行，某个服务出现过载异常时，关闭过载的服务
限流	保证整体系统可用，即整个系统功能完整，限制服务访问次数，常使用计数器、漏桶和令牌桶算法

8.2 Redis

Redis 是开源（遵循 BSD 协议）且基于内存的数据结构存储数据库，用于数据缓存和小消息代理。Redis 数据库支持多种数据结构，如 string、hash、list、set 和 zset 以及 bitmap、hyperloglog、geospatial。Redis 内置 Lua 脚本、LRU、事务，提供不同级别的磁盘持久化方案，并且通过哨兵模式和集群方案保证系统的高可用性。Redis 使用内存缓存作为数据缓存区，其数据读写速度仅次于 CPU 内存缓存，远高于从外存读写数据，在后台服务中常用 Redis 作为数据缓存中间件，提高系统性能。

由于 Redis 的所有数据操作均在内存缓存中进行，Redis 性能的瓶颈不是 CPU，更多的是内存尺寸和网络带宽，单线程是 Redis 数据操作的最佳方案。采用单线程，避免了不必要的上下文切换和竞争条件，同时不存在多进程或多线程导致的 CPU 消耗。Redis 采用网络 I/O 多路复用技术保证多连接时系统的高吞吐量。

多路是指多个 Socket 连接，复用是指复用一个线程，多路复用主要使用 3 种技术：select、poll 和 epoll。虽然 Redis 使用单线程技术，但是在高并发场景中仍具有良好的性能。

8.2.1　环境部署及配置

Redis 官方没有提供 Windows 的安装版本，起初是由微软在维护，但只维护到 2016 年，最终版本为 3.2.100。tporadowski 一直在维护 Windows 版，目前最新版本为 5.0.10，下载 MSI 文件，如图 8.2 所示，链接如下。

```
https://github.com/tporadowski/redis/releases
```

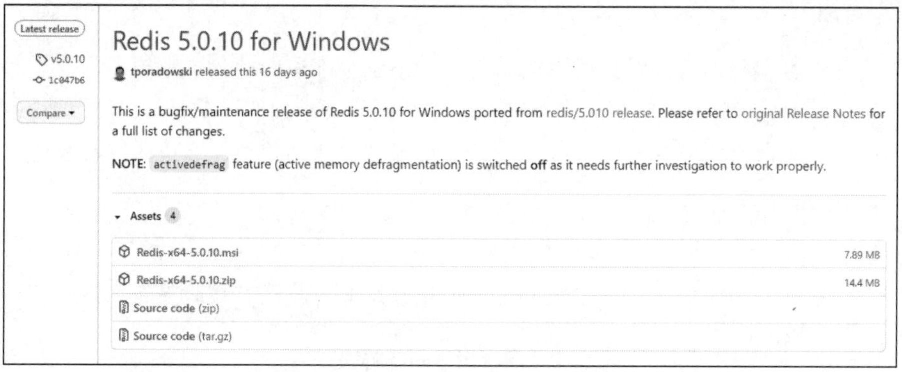

图 8.2　Redis 下载

MSI 文件可以直接安装，自定义安装路径，本书选择的路径为 F:\Serve_for_future\redis，安装完成之后，配置登录密码，打开配置文件 redis.windows.conf 和 redis.windows-service.conf，找到 requirepass 这一行代码，删除注释，修改 foobared 为指定密码，如 123456，配置文件内容如下。

```
################################ SECURITY #################################

# Require clients to issue AUTH <PASSWORD> before processing any other
# commands.  This might be useful in environments in which you do not trust
# others with access to the host running redis-server.
#
# This should stay commented out for backward compatibility and because most
# people do not need auth (e.g. they run their own servers).
#
# Warning: since Redis is pretty fast an outside user can try up to
# 150k passwords per second against a good box. This means that you should
# use a very strong password otherwise it will be very easy to break.
#
requirepass 123456
```

接下来启动 Redis 服务端。按 Win+R 组合键，在打开的“运行”窗口中输入 cmd 即可打开命令行窗口，如图 8.3 所示。

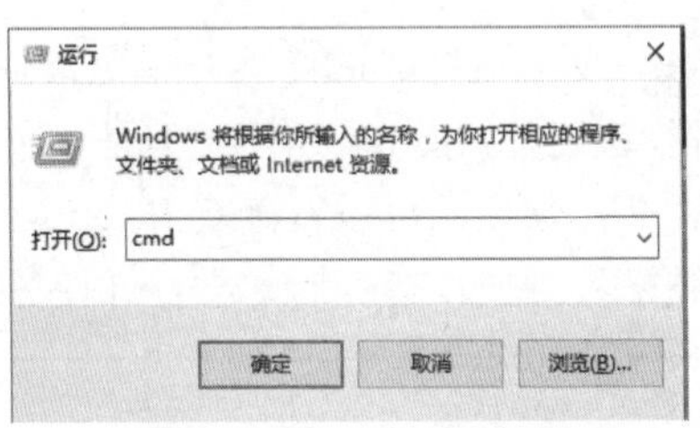

图 8.3　打开命令行窗口

通过命令行窗口进入安装 Redis 的路径，并执行 redis 文件夹下的 redis-server.exe，指定配置文件 redis.windows.conf 运行 Redis 服务端，运行结果如图 8.4 所示。

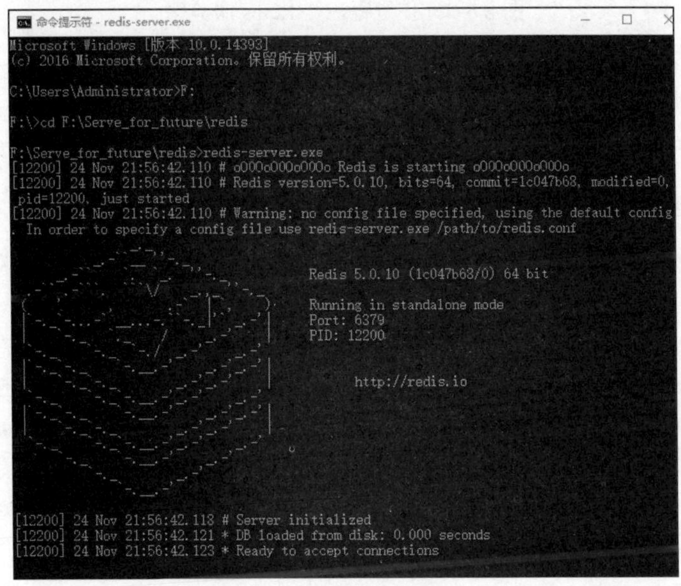

图 8.4　运行 Redis 服务端

由图 8.4 展示的服务端运行信息可知，Redis 在单机模式下运行，版本为 5.0.10，进程 PID 为 12200。Redis 服务端启动后，通过 Redis 客户端连接服务端，进行 Redis 数据库数据的增删改查操作，Redis 客户端为 redis-cli.exe。新建命令行窗口，进入 Redis 安装目录，运行 Redis 客户端，如图 8.5 所示。

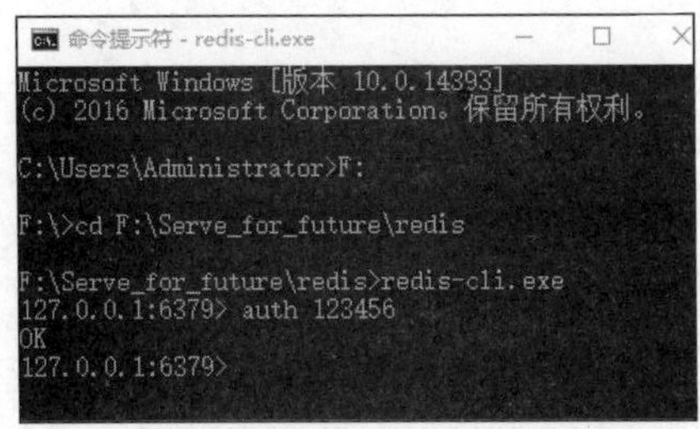

图 8.5　运行 Redis 客户端

由于 Redis 服务端配置了密码，所以运行 Redis 客户端之后，需要通过认证才可以操作 Redis 数据库，通过命令 auth 123456 进行认证，如图 8.5 所示。但是，通过命令行运行服务端每次都要进入命令行窗口结合配置文件运行，非常烦琐。可以直接双击 redis-server.exe 守护进程运行 Redis 服务端，此时会自动加载配置文件使配置生效，运行后，会打开任务管理器，如图 8.6 所示。

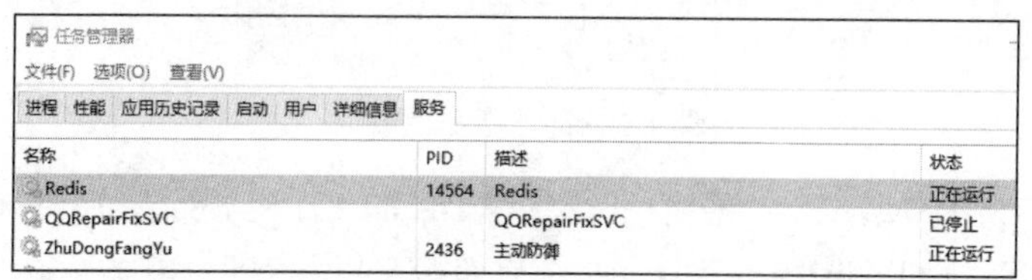

图 8.6　守护进程运行 Redis 服务端

由图 8.6 可知，Redis 已经运行，并且进程 PID 为 14564，此时可以通过密码登录到 Redis 服务端。

安装 Redis 桌面版管理软件（Redis Desktop Manager，RDM），下载地址如下。

```
https://www.jb51.net/softs/669908.html
```

RDM 是由 Python Qt 开发的免费使用的一款功能强大的 Redis 数据库增删改查的软件，可视化操作 Redis 数据库，软件首页如图 8.7 所示。

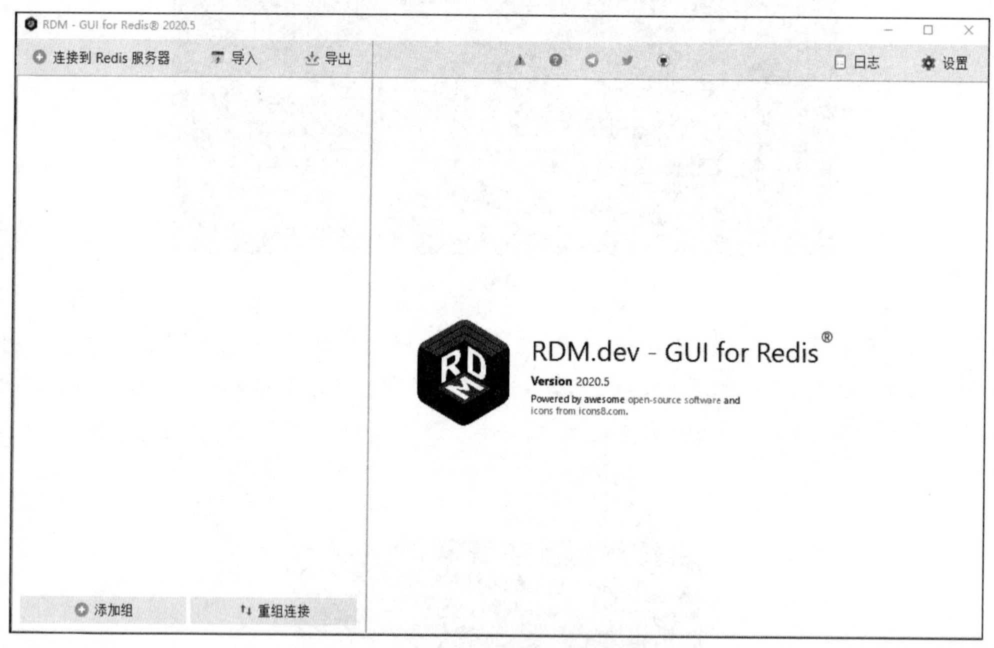

图 8.7　RDM 首页

单击“连接到 Redis 服务器”，配置 Redis 服务器的 IP 地址和密码，如图 8.8 所示。单击“测试连接”按钮，出现提示“连接 Redis 服务器成功”的对话框即成功连接到 Redis 服务器。

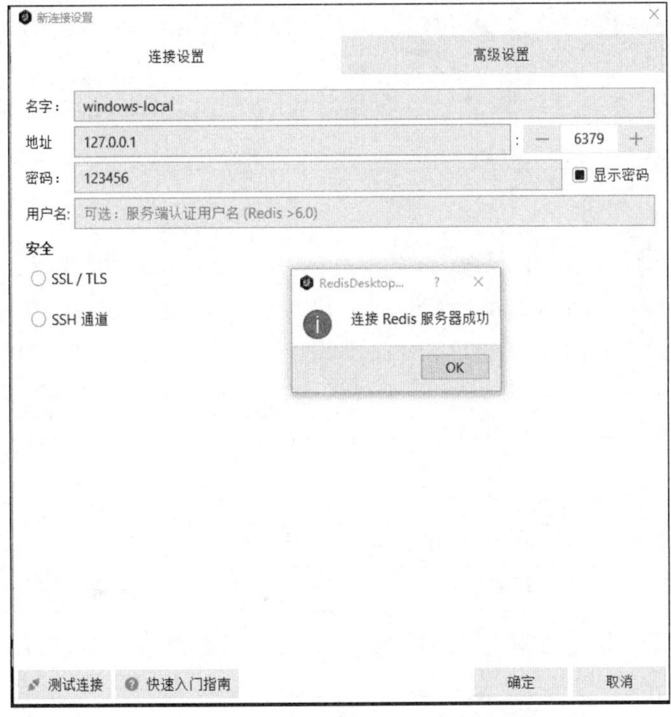

图 8.8　RDM 连接到 Redis 服务器

RDM 成功连接到 Redis 服务器后的界面，如图 8.9 所示。由图 8.9 可知，Redis 服务器上共有 16 个数据库，为 db0～db15，开发者可以选择不同的数据库进行增删改查，并且可以在 application-dev.xml 配置文件中通过指定数据库编号操作对应的数据库。

图 8.9　Redis 服务器数据库

8.2.2 数据类型

Redis 数据库提供了 5 种基础数据类型，分别为 string、list、set、zset 和 hash，同时提供了位操作数据类型 bitmap。

1．string

string 为字符串，以键值对（key-value）的形式存在，键为字符串，值可以为任何对象，如图片、序列化的对象等，值最大可为 512MB。string 类型为二进制，因此，string 只关心二进制字符串，而不用关心具体格式。所以，string 类型可以存储如 JSON、图像格式的数据，操作指令见表 8.3。

表 8.3 string 操作指令

操 作	描 述	指 令
增	键值对	set key value
	批量键值对	mset key value [key value …]
	设置过期时间（单位：s）	setex name seconds value
	键对应的整数加 1	incr key
	整数增加指定数值（value）	incryby key value
	键对应的整数值减 1	decr key
	整数减少指定数值（value）	decrby key value
	字符串拼接	Append key value
删	删除键及对应的值	del key [key …]
改	修改键的值	set key value mset key value [key value …]
查	查询某个键的值	get key
	截取字符串（从 0 开始）	getrange key start end
	查询多个键的值	mget key1 [key2…]
	查询字符串长度	strlen key

2．list

list 为列表，是一个双向链表，增删效率高，常用于消息排行实现消息队列相关功能，可以分别从左和右两侧插入数据，同时可以分别从左右两侧取数据。list 数据模型如图 8.10 所示。

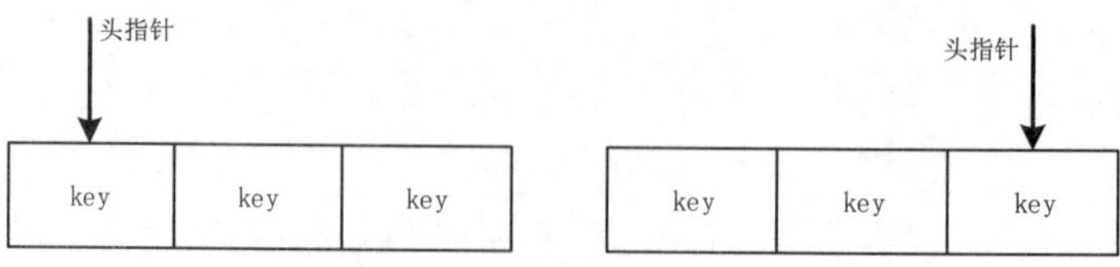

图 8.10 list 数据模型

list 操作指令见表 8.4。

表 8.4　list 操作指令

操　作	描　　述	指　　令
增	从左侧插入数据	lpush key value [value ...]
	从右侧插入数据	rpush key value [value ...]
删	从左侧删除	lpop key
	从右侧删除	rpop key
	保留指定数据	ltrim key start stop
	删除 count 个 value	lrem key count value
改	修改键指定位置的数据	lset key index value
查	查询列表长度	llen key
	查询指定范围的数据	lrange key start stop
	查询指定位置的数据	lindex key index

3. set

set 为集合，类型为哈希表，其中的元素不可重复，用于计算集合间交集、并集和差集。set 数据模型如图 8.11 所示。set 数据类型可以用于实现好友推荐、根据 tag 计算交集、用户抽奖记录（自动去重，防止一个用户多次中奖）等。

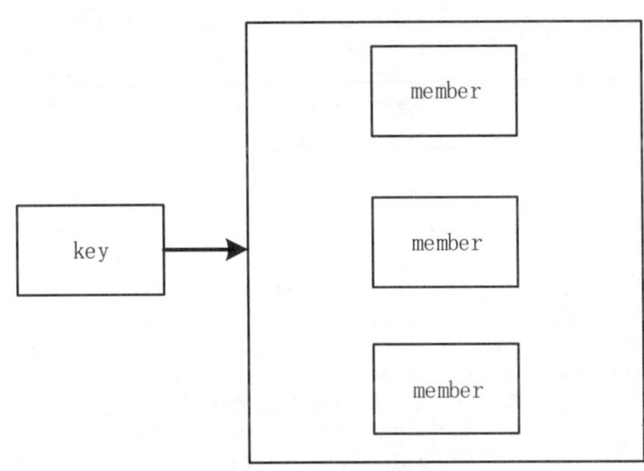

图 8.11　set 数据模型

set 操作指令见表 8.5。

表 8.5　set 操作指令

操　　作	描　　述	指　　令
增	新增集合	sadd key member [member ...]
删	删除集合中指定的数据	srem key member [member ...]

续表

操　　作	描　　述	指　　令
查	查询集合所有值	smembers key
	查询集合数据个数	scard key
	查询集合交集	sinter key [key ...]
	查询集合差集	sdiff key [key ...]

4．zset

zset 为有序集合，是将 set 中的元素添加一个权重参数 score，依据 score 进行排序。zset 数据模型如图 8.12 所示。zset 可以实现排行榜以及带权重的消息队列等，数据不可以重复，但是 score 可以重复。

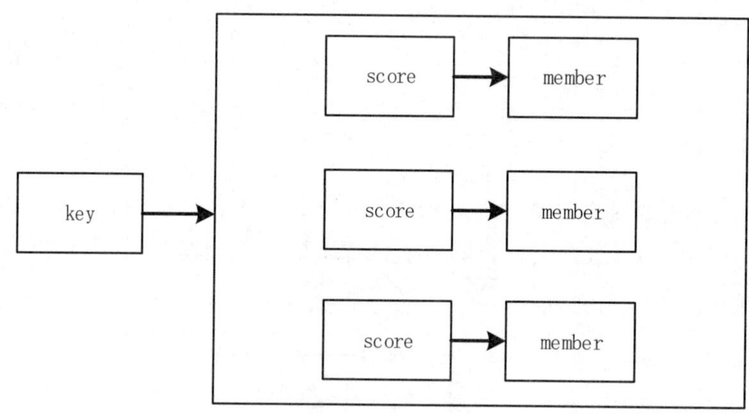

图 8.12　zset 数据模型

zset 操作指令见表 8.6。

表 8.6　zset 操作指令

操　　作	描　　述	指　　令
增	新增带 score 的数据	zadd key [NX|XX] [CH] [INCR] score member [score member ...]
	元素 score 添加指定数值	zincrby key increment member
删	删除集合数据	zrem key member [member ...]
查	查询集合数据个数	zcard key
	查询指定分数区间数据个数	zcount key min max
	查询指定区间的数据	zrange key start stop
	查询分数区间的数据	zrangebyscore key min max
	查询指定集合中的数据分数	zscore key member

5. hash

hash 即哈希字典，string 类型的 field 和 value 映射表，适用于存储对象类数据。hash 数据模型如图 8.13 所示，与 string 类型不同的是，hash 可以任意增加和删除 field，比 string 更加灵活，如用户属性。

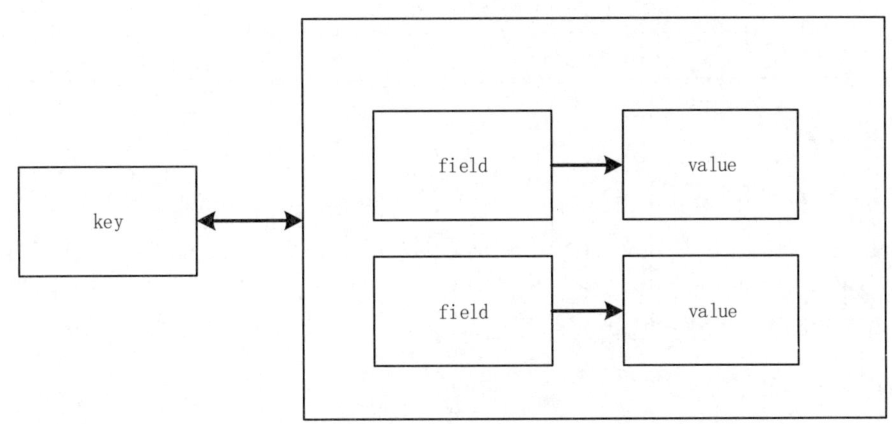

图 8.13 hash 数据模型

hash 操作指令见表 8.7。

表 8.7 hash 操作指令

操 作	描 述	指 令
增	新增单个值	hset key field value
	新增多个值	hmset key field value [field value ...]
	指定 field 添加指定值	hincrby key field increment
删	删除 key 的指定属性	hdel key field [field ...]
查	查询指定 key 中的某个值	hget key field
	查询指定 key 中的多个值	hmget key field [field ...]
	查询指定 key 中的所有值	hgetall key
	查询指定 key 中的键值对数量	hlen key

6. bitmap

bitmap 通过位（bit）存储数据，极大地节约了存储空间，并且可以快速统计数据，常用于实现用户签到、统计活跃用户、用户在线状态统计等，操作指令见表 8.8。

表 8.8　bitmap 操作指令

操　　作	描　　述	指　　令
增	设置指定位数据	setbit key offset value
删	删除 key	del key [key ...]
查	统计 key 为 1 的数量	bitcount key [start end]
	查询某位（bit）的值	getbit key offset

8.2.3　数据存储

Redis 数据操作在内存（非 CPU 内存）中进行，由 8.1.2 小节内存特性可知，内存中的数据具有易失性，即断电后数据会自动消失，对于重要的数据，直接影响用户使用和业务，非常危险。Redis 中提供了持久化方案，将内存中的数据持久化到外存（机械硬盘）中，保证断电后数据可以自动恢复。Redis 有两种持久化方案：RDB 方式和 AOF 方式。

1. RDB 持久化

RDB 即快照持久化（Snapshotting），在指定时间周期内，将内存中的数据保存到快照文件 dump.rdb，但是这种方式有一个缺点，即丢失指定周期的数据。RDB 模式的配置文件内容如下。

```
############################## SNAPSHOTTING ##############################
#
# Save the DB on disk:
#
#   save <seconds> <changes>
#
#   Will save the DB if both the given number of seconds and the given
#   number of write operations against the DB occurred.
#
#   In the example below the behaviour will be to save:
#   after 900 sec (15 min) if at least 1 key changed
#   after 300 sec (5 min) if at least 10 keys changed
#   after 60 sec if at least 10000 keys changed
#
#   Note: you can disable saving completely by commenting out all "save" lines.
#
#   It is also possible to remove all the previously configured save
#   points by adding a save directive with a single empty string argument
#   like in the following example:
#
#   save ""

save 900 1
save 300 10
```

```
save 60 10000

# By default Redis will stop accepting writes if RDB snapshots are enabled
# (at least one save point) and the latest background save failed.
# This will make the user aware (in a hard way) that data is not persisting
# on disk properly, otherwise chances are that no one will notice and some
# disaster will happen.
#
# If the background saving process will start working again Redis will
# automatically allow writes again.
#
# However if you have setup your proper monitoring of the Redis server
# and persistence, you may want to disable this feature so that Redis will
# continue to work as usual even if there are problems with disk,
# permissions, and so forth.
stop-writes-on-bgsave-error yes

# Compress string objects using LZF when dump .rdb databases?
# For default that's set to 'yes' as it's almost always a win.
# If you want to save some CPU in the saving child set it to 'no' but
# the dataset will likely be bigger if you have compressible values or keys.
rdbcompression yes

# Since version 5 of RDB a CRC64 checksum is placed at the end of the file.
# This makes the format more resistant to corruption but there is a performance
# hit to pay (around 10%) when saving and loading RDB files, so you can disable it
# for maximum performances.
#
# RDB files created with checksum disabled have a checksum of zero that will
# tell the loading code to skip the check.
rdbchecksum yes

# The filename where to dump the DB
dbfilename dump.rdb
```

Redis 快照持久化配置参数解析见表 8.9。

表 8.9　Redis 快照持久化配置参数解析

参　　数	描　　述
save 900 1	持久化数据频率，其中： （1）900 表示保存时间频率，单位为 s，即每 900s 持久化一次； （2）1 表示保存数据频率，即每新增一个键持久化一次
stop-writes-on-bgsave-error yes	快照保存失败时，是否继续写入数据，若设置为 yes，当快照保存失败后，无法继续写入数据

续表

参　数	描　述
rdbcompression yes	压缩快照文件标识位，默认为 yes，压缩文件。若不压缩，快照文件会占用较多的磁盘空间
rdbchecksum yes	保存和载入快照文件时校验文件，默认为 yes，若需要更好的性能，可设置为 no
dbfilename dump.rdb	持久化到磁盘的文件名

2. AOF 持久化

AOF（Append Only File）持久化数据更加安全，最多会丢失 1s 的数据，若同时使用 RDB 和 AOF 两种持久化方式，默认载入 AOF 数据，AOF 保存的数据更加可靠，AOF 模式的配置文件内容如下。

```
############################## APPEND ONLY MODE ###############################

# By default Redis asynchronously dumps the dataset on disk. This mode is
# good enough in many applications, but an issue with the Redis process or
# a power outage may result into a few minutes of writes lost (depending on
# the configured save points).
#
# The Append Only File is an alternative persistence mode that provides
# much better durability. For instance using the default data fsync policy
# (see later in the config file) Redis can lose just one second of writes in a
# dramatic event like a server power outage, or a single write if something
# wrong with the Redis process itself happens, but the operating system is
# still running correctly.
#
# AOF and RDB persistence can be enabled at the same time without problems.
# If the AOF is enabled on startup Redis will load the AOF, that is the file
# with the better durability guarantees.
#
# Please check http://redis.io/topics/persistence for more information.

appendonly yes

# The name of the append only file (default: "appendonly.aof")
appendfilename "appendonly.aof"

# The fsync() call tells the Operating System to actually write data on disk
# instead of waiting for more data in the output buffer. Some OS will really flush
# data on disk, some other OS will just try to do it ASAP.
#
# Redis supports three different modes:
#
```

```
# no: don't fsync, just let the OS flush the data when it wants. Faster.
# always: fsync after every write to the append only log. Slow, Safest.
# everysec: fsync only one time every second. Compromise.
#
# The default is "everysec", as that's usually the right compromise between
# speed and data safety. It's up to you to understand if you can relax this to
# "no" that will let the operating system flush the output buffer when
# it wants, for better performances (but if you can live with the idea of
# some data loss consider the default persistence mode that's snapshotting),
# or on the contrary, use "always" that's very slow but a bit safer than
# everysec.
#
# More details please check the following article:
# http://antirez.com/post/redis-persistence-demystified.html
#
# If unsure, use "everysec".

# appendfsync always
appendfsync everysec
# appendfsync no

# When the AOF fsync policy is set to always or everysec, and a background
# saving process (a background save or AOF log background rewriting) is
# performing a lot of I/O against the disk, in some Linux configurations
# Redis may block too long on the fsync() call. Note that there is no fix for
# this currently, as even performing fsync in a different thread will block
# our synchronous write(2) call.
#
# In order to mitigate this problem it's possible to use the following option
# that will prevent fsync() from being called in the main process while a
# BGSAVE or BGREWRITEAOF is in progress.
#
# This means that while another child is saving, the durability of Redis is
# the same as "appendfsync none". In practical terms, this means that it is
# possible to lose up to 30 seconds of log in the worst scenario (with the
# default Linux settings).
#
# If you have latency problems turn this to "yes". Otherwise leave it as
# "no" that is the safest pick from the point of view of durability.
no-appendfsync-on-rewrite no

# Automatic rewrite of the append only file.
# Redis is able to automatically rewrite the log file implicitly calling
# BGREWRITEAOF when the AOF log size grows by the specified percentage.
#
# This is how it works: Redis remembers the size of the AOF file after the
# latest rewrite (if no rewrite has happened since the restart, the size of
# the AOF at startup is used).
```

```
#
# This base size is compared to the current size. If the current size is
# bigger than the specified percentage, the rewrite is triggered. Also
# you need to specify a minimal size for the AOF file to be rewritten, this
# is useful to avoid rewriting the AOF file even if the percentage increase
# is reached but it is still pretty small.
#
# Specify a percentage of zero in order to disable the automatic AOF
# rewrite feature.

auto-aof-rewrite-percentage 100
auto-aof-rewrite-min-size 64mb
```

Redis AOF 持久化配置参数解析见表 8.10。

表 8.10 Redis AOF 持久化配置参数解析

参　数	描　述
appendonly yes	开启 AOF 持久化，默认为 no
appendfsync everysec	持久化频率，3 种方式如下。 （1）always：实时持久化，性能低，但是更安全； （2）everysec：每秒持久化，默认； （3）no：不进行持久化，性能最高
auto-aof-rewrite-percentage 100	重写数据比例，当前数据量超过设定比例时，重新写入数据到 AOF 文件
auto-aof-rewrite-min-size 64mb	重写数据尺寸，当前文件尺寸超过设定最小数据尺寸时，重写数据到 AOF 文件

8.2.4 数据过期策略

Redis 除了数据 I/O 性能高之外，另一个特点就是 Redis 数据库中的所有数据均可以设置过期时间，Redis 数据库中存储的数据到达设定的有效期之后会自动删除，当数据量较小时，自动删除数据不会引起问题，但是当数据较多时，会出现阻塞。Redis 数据库出现卡顿时，需要依据实际情况，选择数据过期策略。

常用的数据过期策略有 3 种：定期删除、惰性删除和定时删除，详细解析见表 8.11。

表 8.11 过期策略

删除策略	描　述
定期删除	主动删除，定期删除是通过设置时间间隔，每个时间段会自动检测键是否过期，定期随机抽取键进行验证和删除
惰性删除	被动删除，惰性删除不会主动在键过期时立即删除，而是在获取键时再删除键
定时删除	主动删除，创建键时同时设置键的过期时间，当键达到过期时间阈值时，立即删除键

数据过期策略中，Redis 提供配置参数 maxmemory 限制内存的使用，当内存中的数据超过 maxmemory 时，Redis 提供了 6 种内存数据淘汰策略，详细介绍见表 8.12。

表 8.12　内存淘汰策略

淘汰策略	描　述
noeviction	当内存不足以存储新增数据时，新写入的数据报错
allkeys-lru	当内存不足以存储新增数据时，在键空间中移除最近最少使用的键
allkeys-random	当内存不足以存储新增数据时，在键空间中随机移除某个键
volatile-lru	当内存不足以存储新增数据时，在设置了过期时间的键中，移除最近最少使用的键
volatile-random	当内存不足以存储新增数据时，在设置了过期时间的键中，随机移除键
volatile-ttl	当内存不足以存储新增数据时，在设置了过期时间的键中，优先移除有更早过期时间的键

8.2.5　多路复用

Redis 是单线程模型的组件，但是 Redis 性能非常高，这得益于其采用的多路复用机制。Redis 支持的多路复用调用有 3 种方式，分别为 select、poll 和 epoll，它们都是同步 I/O，即在读写事件就绪后自身负责读写。I/O 多路复用是指计算机内核一旦监测到进程指定的一个或多个 I/O 条件准备读取，就通知该进程，多路复用在处理数据耗时远低于 I/O 耗时的情况下，可以处理大量并发事务而无须消耗过多的 CPU 或内存。

1．select

select 多路复用对跨平台具有良好的支持，通过维护数组 fd_set，调用 select()函数时，从用户空间复制 fd_set 到内核空间，并通过遍历的方式监听是否有事件触发，时间复杂度为 $O(n)$。单个进程能够监视的文件描述符有上限，默认为 1024。

2．poll

poll 采用遍历的方式监听读写事件，时间复杂度为 $O(n)$。但是，poll 底层采用链表，没有了最大文件描述符数量的限制。select 和 epoll 中有大量文件描述符的数组在用户空间与内核空间进行切换，而无须在意这些文件描述符是否就绪，并且切换的开销随着文件描述符数量的增加而线性增大。

3．epoll

epoll 采用回调的方式监听读写事件，当事件触发时，执行回调，无须轮询，减少遍历，时间复杂度为 $O(1)$，并且没有最大描述符数量的限制，在高并发情况下能够支持更多的连接。

8.3　Spring Boot 集成 Redis

Redis 是内存级高性能数据库，可以极大地提高系统数据查询、统计等方面的性能，在后台项目中集成 Redis 提高系统性能，Spring Boot 对 Redis 提供了良好的支持，通过 POM 引入 Redis 包（坐标）即可引入 Redis，并在配置文件中设置 Redis 连接以及 Redis 连接池。

8.3.1 Redis 配置

Spring Boot 通过 POM 配置引入 Reids，Redis 包（坐标）文件如下。

```
<dependency>
    <groupId>org.springframework.boot</groupId>
    <artifactId>spring-boot-starter-data-redis</artifactId>
</dependency>
```

通过配置文件 application-dev.yml 设置 Redis 连接，指定使用 Redis 数据库以及设置 Redis 连接池，连接配置如下，具体参见代码文件 microservice-book 中 microservice-user 模块/resources/application-dev.yml。

```
spring:
  redis:
    database: 0
    host: 127.0.0.1
    port: 6379
    password: 123456
    jedis:
      pool:
        max-active: 8
        max-idle: 8
        max-wait: -1ms
        min-idle: 0
```

Redis 连接配置和连接池参数解析见表 8.13。

表 8.13　Redis 连接配置和连接池参数解析

参　数	描　　述
database	指定 Redis 数据库，Redis 默认共有 16 个数据库，Spring Boot 连接时可以通过 database 参数指定连接哪一个，默认连接 0 数据库
host	Redis 服务端 IP
port	Redis 服务端端口
password	Redis 服务端密码
max-active	Redis 连接池最大连接数，负值表示没有限制
max-idle	Redis 连接池最大空闲连接
max-wait	Redis 连接池最大阻塞等待时间，负值表示没有限制
min-idle	Redis 连接池最小空闲连接

Redis 存储数据基本类型为 string，存储对象时需要将对象序列化后存储到 Redis 数据库中，Spring Boot 中的 Redis 插件提供了数据序列化方法，Redis 序列化配置如下，具体参见代码文件 microservice-book 中 microservice-user 模块/config/RedisConfig.java。

```
package com.company.microserviceuser.config;

import org.springframework.boot.autoconfigure.AutoConfigureAfter;
import org.springframework.boot.autoconfigure.data.redis.RedisAutoConfiguration;
import org.springframework.context.annotation.Bean;
import org.springframework.context.annotation.Configuration;
import org.springframework.data.redis.connection.lettuce.LettuceConnectionFactory;
import org.springframework.data.redis.core.RedisTemplate;
import org.springframework.data.redis.serializer.GenericJackson2JsonRedisSerializer;
import org.springframework.data.redis.serializer.StringRedisSerializer;

import java.io.Serializable;

/**
 * Redis 配置,存储序列化数据
 * @author xindaqi
 * @since 2020-11-25
 */
@Configuration
@AutoConfigureAfter(RedisAutoConfiguration.class)
public class RedisConfig {

    @Bean
    public RedisTemplate<String, Serializable> redisCacheTemplate(LettuceConnectionFactory
redisConnectionFactory){
        RedisTemplate<String, Serializable> template = new RedisTemplate<>();
        template.setKeySerializer(new StringRedisSerializer());
        template.setValueSerializer(new GenericJackson2JsonRedisSerializer());
        template.setConnectionFactory(redisConnectionFactory);
        return template;
    }

}
```

通过序列化配置后，Redis 可以存储 Java 中经过序列化处理的对象，查询时，通过反序列化完成对象解析。以 Java 的对象 QueryUserByPageInputDTO 实现序列化为例，进行 Redis 对象存取测试，实现代码如下，具体参见代码文件 microservice-book 中 microservice-user 模块/dto/QueryUserByPageInputDTO.java。

```
package com.company.microserviceuser.dto;

import java.io.Serializable;
import lombok.Data;

/**
 * 用户信息分页查询
```

```
 * @author xindaqi
 * @since 2020-11-29
 */

@Data
public class QueryUserByPageInputDTO implements Serializable {
    private static final long serialVersionUID = 4683113122303496296L;
    private Long id;

    private String username;

    private String sex;

    private String address;

    private String phoneNumber;

    private Integer pageNum;

    private Integer pageSize;

}
```

8.3.2 接口开发

Spring Boot 实现 Redis 数据增删改查接口分为两部分：一部分是对象增删改查；另一部分是字符串增删改查。分别使用不同的 Redis 核心类，对象操作使用 RedisTemplate 类，通过上文配置的@Bean，实现对象序列化增删改查；字符串操作使用 StringRedisTemplate 类，针对字符串进行增删改查。

1. 序列化对象存取接口

Redis 存储的对象是经过序列化处理的对象，在 RedisTemplate 类中设置 Serializable 类型，保证 Redis 可以正常接收 Serializable 序列化的数据，增删改查接口的实现代码如下，具体参见代码文件 microservice-book 中 microservice-user 模块/controller/RedisController.java。

```
package com.company.microserviceuser.controller;

import java.util.concurrent.TimeUnit;
import javax.annotation.Resource;
import java.io.Serializable;

import org.springframework.beans.factory.annotation.Autowired;
import org.springframework.data.redis.core.RedisTemplate;
import org.springframework.data.redis.core.StringRedisTemplate;
```

```java
import org.springframework.web.bind.annotation.RequestMapping;
import org.springframework.web.bind.annotation.RequestMethod;
import org.springframework.web.bind.annotation.RequestParam;
import org.springframework.web.bind.annotation.RequestBody;
import org.springframework.web.bind.annotation.ResponseBody;
import org.springframework.web.bind.annotation.CrossOrigin;
import org.springframework.web.bind.annotation.RestController;
import org.springframework.ui.Model;
import org.springframework.ui.ModelMap;
import org.springframework.stereotype.Controller;
import org.slf4j.Logger;
import org.slf4j.LoggerFactory;

import io.swagger.annotations.Api;
import io.swagger.annotations.ApiImplicitParam;
import io.swagger.annotations.ApiOperation;

import com.alibaba.fastjson.JSON;
import com.company.microserviceuser.dto.*;
import com.company.microserviceuser.vo.common.*;

/**
 * Redis 操作接口
 * @author xindaqi
 * @since 2020-11-25
 */
@CrossOrigin(origins="*", maxAge=3600)
@RestController
@RequestMapping("/api/redis")
@Api(tags = "Redis 增删改查")
public class RedisController {

    private static Logger logger = LoggerFactory.getLogger(RedisController.class);

    @Autowired
    private StringRedisTemplate stringRedisTemplate;

    @Resource
    private RedisTemplate<String, Serializable> redisTemplate;

    @RequestMapping(value="/object/add", method=RequestMethod.POST)
    @ApiOperation("Object-Redis 添加数据")
    @ApiImplicitParam(name="params", value="用户信息",
dataType="QueryUserByPageInputDTO", paramType="body")
    public ResponseVO<QueryUserByPageInputDTO> addDataInRedis(@RequestBody
QueryUserByPageInputDTO params) {
```

```
        if(null != redisTemplate.opsForValue().get(params.getUsername())) {
            logger.info("成功--从 Redis 取数据");
            QueryUserByPageInputDTO queryUserByPageInputDTO = (QueryUserByPageInputDTO)
redisTemplate.opsForValue().get(params.getUsername());
            return new ResponseVO<QueryUserByPageInputDTO>().ok(queryUserByPageInputDTO);

        }
        redisTemplate.opsForValue().set(params.getUsername(), params, 180, TimeUnit.SECONDS);
        logger.info("成功--存储 Redis");
        return new ResponseVO<QueryUserByPageInputDTO>().ok(params);
    }

    @RequestMapping(value="/object/delete", method=RequestMethod.DELETE)
    @ApiOperation("Object-Redis 删除数据")
    @ApiImplicitParam(name="username", value="用户姓名", dataType="String", paramType="query")
    public ResponseVO<String> deleteDateInRedis(@RequestParam("username") String username) {
        boolean isDelete = redisTemplate.delete(username);
        if(isDelete) {
            logger.info("成功--删除 Redis 数据");
            return new ResponseVO<String>().ok();
        }
        logger.info("失败--删除 Redis 数据");
        return new ResponseVO<String>().fail();
    }

    @RequestMapping(value="/object/edit", method=RequestMethod.PUT)
    @ApiOperation("Object-Redis 修改数据")
    @ApiImplicitParam(name="params", value="用户信息", dataType="QueryUserByPageInputDTO",
paramType="body")
    public  ResponseVO<String>  editDataInRedis(@RequestBody  QueryUserByPageInputDTO
params) {
        redisTemplate.opsForValue().set(params.getUsername(), params, 180, TimeUnit.SECONDS);
        return new ResponseVO<String>().ok();
    }

    @RequestMapping(value="/object/query", method=RequestMethod.GET)
    @ApiOperation("Object-Redis 查询数据")
    @ApiImplicitParam(name="username", value="用户名", dataType="String", paramType="query")
    public ResponseVO<QueryUserByPageInputDTO> queryDataInRedis(@RequestParam("username")
String username) {
        if(null != redisTemplate.opsForValue().get(username)) {
            return new ResponseVO<QueryUserByPageInputDTO>().ok((QueryUserByPageInputDTO)
redisTemplate.opsForValue().get(username));
        }
        return new ResponseVO<QueryUserByPageInputDTO>().ok();
    }
```

```
}
```

2. 字符串存取接口

字符串操作使用 Redis 核心 StringRedisTemplate 类，专门对字符串类型进行增删改查操作，接口实现代码如下，具体参见代码文件 microservice-book 中 microservice-user 模块/controller/RedisController.java。

```
package com.company.microserviceuser.controller;

import java.util.concurrent.TimeUnit;
import javax.annotation.Resource;
import java.io.Serializable;

import org.springframework.beans.factory.annotation.Autowired;
import org.springframework.data.redis.core.RedisTemplate;
import org.springframework.data.redis.core.StringRedisTemplate;
import org.springframework.web.bind.annotation.RequestMapping;
import org.springframework.web.bind.annotation.RequestMethod;
import org.springframework.web.bind.annotation.RequestParam;
import org.springframework.web.bind.annotation.RequestBody;
import org.springframework.web.bind.annotation.ResponseBody;
import org.springframework.web.bind.annotation.CrossOrigin;
import org.springframework.web.bind.annotation.RestController;
import org.springframework.ui.Model;
import org.springframework.ui.ModelMap;
import org.springframework.stereotype.Controller;
import org.slf4j.Logger;
import org.slf4j.LoggerFactory;

import io.swagger.annotations.Api;
import io.swagger.annotations.ApiImplicitParam;
import io.swagger.annotations.ApiOperation;

import com.alibaba.fastjson.JSON;
import com.company.microserviceuser.dto.*;
import com.company.microserviceuser.vo.common.*;

/**
 * Redis 操作接口
 * @author xindaqi
 * @since 2020-11-25
 */
@CrossOrigin(origins="*", maxAge=3600)
@RestController
```

```
@RequestMapping("/api/redis")
@Api(tags = "Redis 增删改查")
public class RedisController {

    private static Logger logger = LoggerFactory.getLogger(RedisController.class);

    @Autowired
    private StringRedisTemplate stringRedisTemplate;

    @Resource
    private RedisTemplate<String, Serializable> redisTemplate;

    @RequestMapping(value="/string/add", method=RequestMethod.POST)
    @ApiOperation("String-Redis 添加数据")
    @ApiImplicitParam(name="params", value="用户信息", dataType="QueryUserByPageInputDTO",
paramType="body")
    public ResponseVO<QueryUserByPageInputDTO> addStringInRedis(@RequestBody
QueryUserByPageInputDTO params) {
        if(null != redisTemplate.opsForValue().get(params.getUsername())) {
            logger.info("成功--从 Redis 取数据");
            QueryUserByPageInputDTO queryUserByPageInputDTO = JSON.parseObject
(stringRedisTemplate.opsForValue().get(params.getUsername()), QueryUserByPageInputDTO.class);
            return new ResponseVO<QueryUserByPageInputDTO>().ok(queryUserByPageInputDTO);
        }
        stringRedisTemplate.opsForValue().set(params.getUsername(), JSON.toJSONString(params),
180, TimeUnit.SECONDS);
        logger.info("成功--存储 Redis");
        return new ResponseVO<QueryUserByPageInputDTO>().ok(params);
    }

    @RequestMapping(value="/string/delete", method=RequestMethod.DELETE)
    @ApiOperation("String-Redis 删除数据")
    @ApiImplicitParam(name="username", value="用户姓名", dataType="String", paramType="query")
    public ResponseVO<String> deleteStringInRedis(@RequestParam("username") String
username) {
        boolean isDelete = stringRedisTemplate.delete(username);
        if(isDelete) {
            logger.info("成功--删除 Redis 数据");
            return new ResponseVO<String>().ok();
        }
        logger.info("失败--删除 Redis 数据");
        return new ResponseVO<String>().fail();
    }

    @RequestMapping(value="/string/edit", method=RequestMethod.PUT)
    @ApiOperation("String-Redis 修改数据")
```

```
    @ApiImplicitParam(name="params", value="用户信息", dataType="QueryUserByPageInputDTO",
paramType="body")
    public ResponseVO<String> editStringInRedis(@RequestBody QueryUserByPageInputDTO
params) {
        stringRedisTemplate.opsForValue().set(params.getUsername(),
JSON.toJSONString(params), 180, TimeUnit.SECONDS);
        return new ResponseVO<String>().ok();
    }

    @RequestMapping(value="/string/query", method=RequestMethod.GET)
    @ApiOperation("String-Redis 查询数据")
    @ApiImplicitParam(name="username", value="用户名", dataType="String", paramType="query")
    public ResponseVO<QueryUserByPageInputDTO>
queryStringInRedis(@RequestParam("username") String username) {
        if(null != redisTemplate.opsForValue().get(username)) {
            return new ResponseVO<QueryUserByPageInputDTO>().ok(JSON.parseObject
(stringRedisTemplate.opsForValue().get(username), QueryUserByPageInputDTO.class));
        }
        return new ResponseVO<QueryUserByPageInputDTO>().ok();
    }

}
```

8.3.3 数据存储解析

数据存储到 Redis 后，可以通过 Redis 桌面管理软件（RDM）查看数据，序列化存储的结果如下。

```
\xAC\xED\x00\x05sr
\x008com.company.microserviceuser.dto.QueryUserByPageInputDTO\xB3\xAD
\xF3\x89\x9A\x15\xC5\xCA\x02\x00\x07L\x00\x07addresst
\x00\x12Ljava/lang/String;L\x00\x02idt\x00\x10Ljava/lang/Long;L
\x00\x07pageNumt\x00\x13Ljava/lang/Integer;L\x00\x08pageSizeq\x00~
\x00\x03L\x00\x0BphoneNumberq\x00~\x00\x01L\x00\x03sexq\x00~\x00\x01L
\x00\x08usernameq\x00~\x00\x01xpt\x00\x06\xE9\xB9\xA4\xE5\xB2\x97sr
\x00\x0Ejava.lang.Long;\x8B\xE4\x90\xCC\x8F#\xDF\x02\x00\x01J
\x00\x05valuexr\x00\x10java.lang.Number\x86\xAC\x95\x1D\x0B\x94\xE0\x8B
\x02\x00\x00xp\x00\x00\x00\x00\x00\x00\x00\x00sr
\x00\x11java.lang.Integer\x12\xE2\xA0\xA4\xF7\x81\x878\x02\x00\x01I
\x00\x05valuexq\x00~\x00\x07\x00\x00\x00\x01sq\x00~
\x00\x09\x00\x00\x00\x02t\x00\x06123456t\x00\x03\xE7\x94\xB7t
\x00\x06Object
```

由序列化结果可知，com.company.microserviceuser.dto.QueryUserByPageInputDTO 为存储的类，键为 Object。查询数据时，RedisTemplate 类会将序列化的结果进行反序列化，反序列化结果如下。

```
{
  "code": 200,
```

```
  "msg": "成功",
  "total": null,
  "data": {
    "id": 0,
    "username": "Object",
    "sex": "男",
    "address": "鹤岗",
    "phoneNumber": "123456",
    "pageNum": 1,
    "pageSize": 2
  }
}
```

在 Redis 中存储字符串时，通过 RDM（Redis 管理客户端）读取的字符串如下。

```
{"address":"鹤岗","id":0,"pageNum":1,"pageSize":2,
"phoneNumber":"123456",
"sex":"男","username":"String"}
```

由存储的结果可知，Redis 存储字符串时，无须进行序列化存储，可直接读取。

8.3.4 接口测试

第 5 章介绍了接口管理工具 Swagger2，用户单体服务的 Swagger2 文档地址为 http://localhost:8002/swagger-ui.html，本章 Swagger2 用户模块的接口文档首页如图 8.14 所示，由于 Swagger2 测试接口展示不如 Postman 方便，因此测试接口使用 Postman。

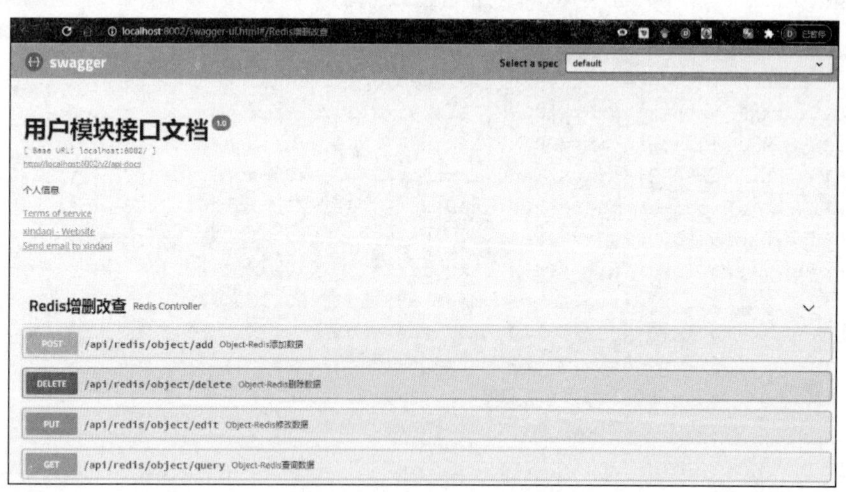

图 8.14 Swagger2 接口文档

1. 新增序列化对象接口

Redis 存储序列化对象如图 8.15 所示，存储的键为 Object，表示存储的数据类型为对象，与普通对象不同的是，存储的对象进行序列化，实现 Serializable，实现对象数据存储到 Redis 数据库。

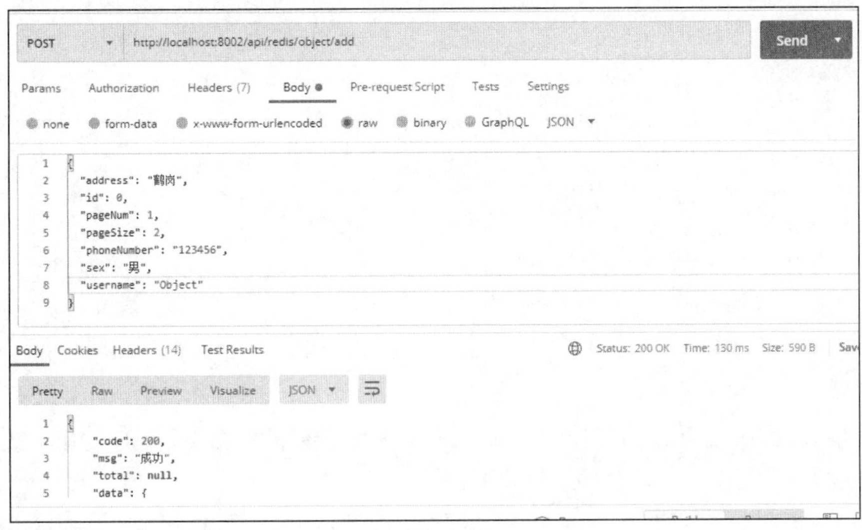

图 8.15　存储序列化对象

2. 查询反序列化对象接口

查询反序列化对象如图 8.16 所示，查询的键为 Object，由于存储序列化对象的键为 Object，所以在查询时使用 Object 键从 Redis 数据库中查询序列化的数据。

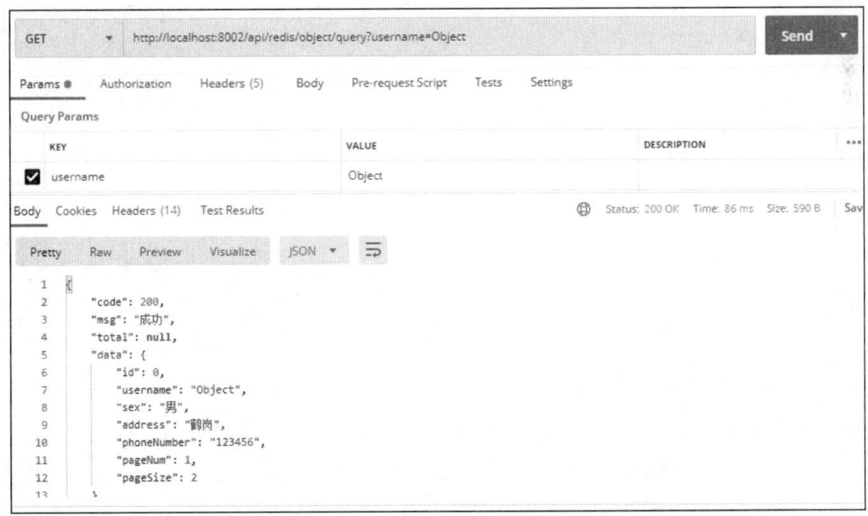

图 8.16　查询反序列化对象

由图 8.16 可知，在 Redis 中存储的对象反序列化读取成功，完整的数据如下。

```
{
    "code": 200,
```

```
    "msg": "成功",
    "total": null,
    "data": {
        "id": 0,
        "username": "Object",
        "sex": "男",
        "address": "鹤岗",
        "phoneNumber": "123456",
        "pageNum": 1,
        "pageSize": 2
    }
}
```

3. 新增字符串接口

新增字符串如图 8.17 所示，存储的键为 String，表示存储的数据类型为字符串，在 Redis 数据库中存储字符串无须特殊操作，普通存储即可。

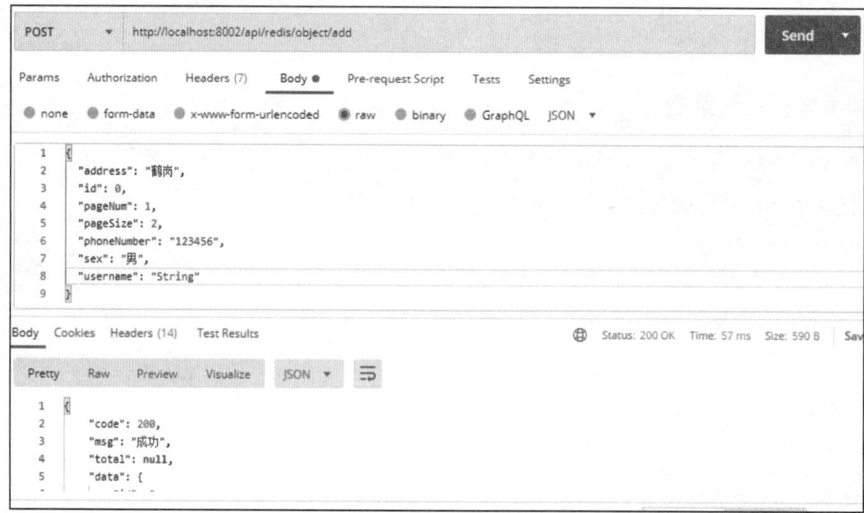

图 8.17　新增字符串

4. 查询字符串接口

查询字符串测试用例如图 8.18 所示，查询的键为 String。

查询字符串完整的数据结构如下。

```
{
    "code": 200,
    "msg": "成功",
    "total": null,
    "data": {
        "id": 0,
```

```
        "username": "String",
        "sex": "男",
        "address": "鹤岗",
        "phoneNumber": "123456",
        "pageNum": 1,
        "pageSize": 2
    }
}
```

图 8.18 查询字符串

8.4 小 结

本章讲解了计算机缓存、Redis 和 Spring Boot 集成 Redis，主要包括以下内容。

（1）计算机的两种缓存，即 CPU 缓存和内存缓存。

（2）Redis 基础数据结构、在 Windows 环境下部署 Redis 以及 Redis 数据存储方式的配置。

（3）内存泄漏和内存溢出以及内存问题的解决方案。

（4）Spring Boot 集成 Redis，对象数据增删改查和字符串数据增删改查。

第 9 章

消息中间件——RabbitMQ

本章讲解消息中间件 RabbitMQ 及 Spring Boot 集成 RabbitMQ 实现消息的发送和接收。消息中间件旨在提高系统性能、削峰和降低耦合度，广泛应用于微服务系统的异步数据处理、微服务间解耦。主流的消息中间件有 RabbitMQ、Kafka、ActiveMQ 和 RocketMQ，本章以 RabbitMQ 为研究对象，详细讲解 AMQP（Advanced Message Queuing Protocol，高级消息队列协议）的工作模式和 RabbitMQ 的消息收发工作过程，并结合 Spring Boot 进行 RabbitMQ 消息收发实践，帮助读者在项目开发中快速应用。

9.1 中 间 件

中间件是一种软件，独立运行于操作系统中，调度操作系统资源或进行网络消息传递。中间件分为六大类，分别为终端仿真或屏幕转换、数据访问中间件、远程过程调用中间件、消息中间件、交易中间件和对象中间件。中间件多以分布式的形式存在，使各应用之间共享资源并进行网络通信，分布式中间件的形式如图 9.1 所示。

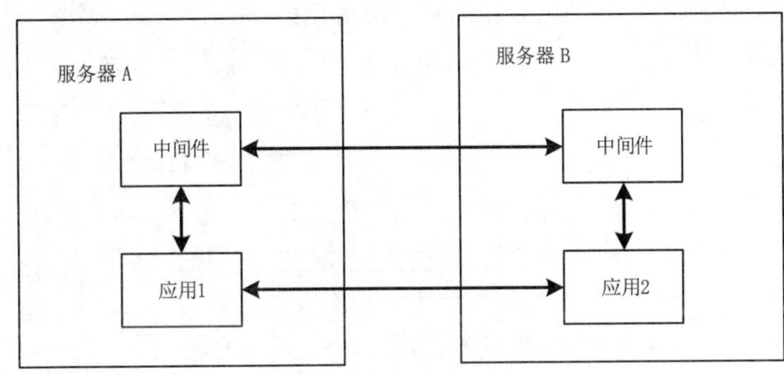

图 9.1　分布式中间件的形式

由图 9.1 可知，分布式中间件位于服务器集群中，应用可以通过中间件调度服务器资源并通过中间件传递消息。中间件具有标准的接口和通信协议，并且支持不同编程语言调用，如 Java、Python、C 等。

9.1.1　消息中间件

在网络服务中最常用的中间件是消息中间件，消息中间件即传递消息的中间件，应用服务之间消息传递通过中间件进行异步发送，而不是直接进行消息传递。多服务利用消息中间件传递消息的过程如图 9.2 所示。

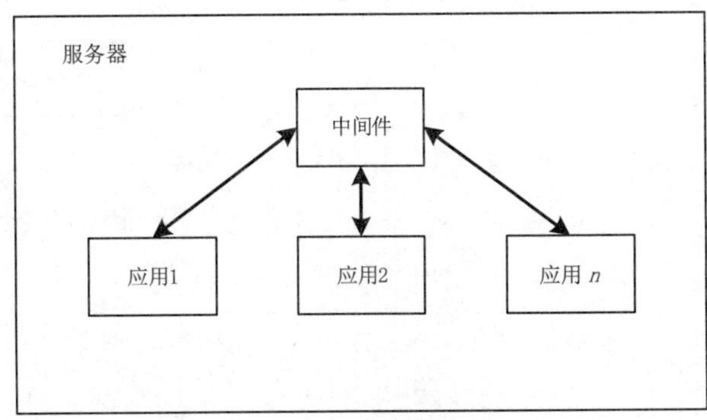

图 9.2　消息中间件传递消息的过程

由图 9.2 可知，单节点多应用之间利用中间件进行消息传递，而应用间没有任何联系，实现多应用解耦，即应用之间运行状态互不影响，除数据传递之外，没有业务逻辑的交叉。

消息中间件具备最基础的存储和消息转发功能，即产生的消息存储到消息队列，当需要获取消息时，从消息队列中读取，这里引出消息生产者和消费者两个概念。生产者即消息发送客户端，将消息存储至消息中间件服务端的消息队列中；消费者即消息读取客户端，从消息中间件服务端的消息队列中读取消息。

消息中间件提供可靠、高效和实时的数据传输，采用异步通信模式，生产者将消息投递至消息队列，无须等待消费者响应；同理，消费者不必实时消费消息队列中的数据，提高通信效率。

消息中间件的消息传递有两种方式，即点对点模式和发布-订阅模式。点对点模式是消息生产者发送消息到某一个指定的消息消费者，即一条消息只能被一个消费者消费，如图 9.3 所示。

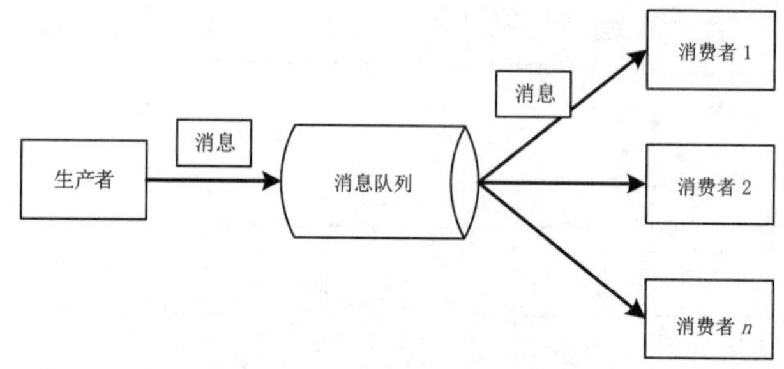

图 9.3　点对点模式消息传递

由图 9.3 可知，消息生产者将消息投递至消息队列，有多个消费者同时监听消息队列，只有一个消费者能成功消费消息，当消息消费结束时即销毁，不会有第 2 个消费者会获取到该消息。

发布-订阅模式，消息生产者将消息投递到消息主题中，消息主题供消费者订阅，如图 9.4 所示。

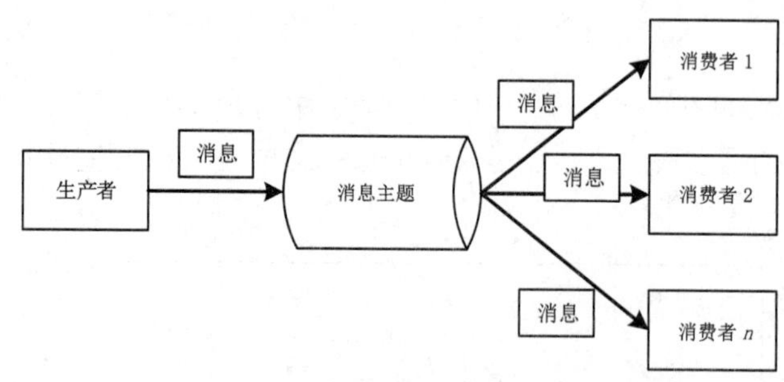

图 9.4　发布-订阅模式消息传递

由图 9.4 可知，消息生产者将消息投递至消息主题后，多个消息消费者可以同时订阅该消息主题，并且都可以消费消息，即消息会传递给所有订阅该主题的消费者。

9.1.2　消息队列

消息队列是一种数据结构，是存储和读取数据（消息）的容器，消息队列是分布式系统中的重要组件，使用消息队列是为了通过异步处理提高系统性能、削峰和降低系统耦合度。

不使用消息队列服务器时，用户的请求数据会直接写入数据库，数据处理流程如图 9.5 所示，在高并发的场景中，数据库压力激增，应用响应速度变慢。

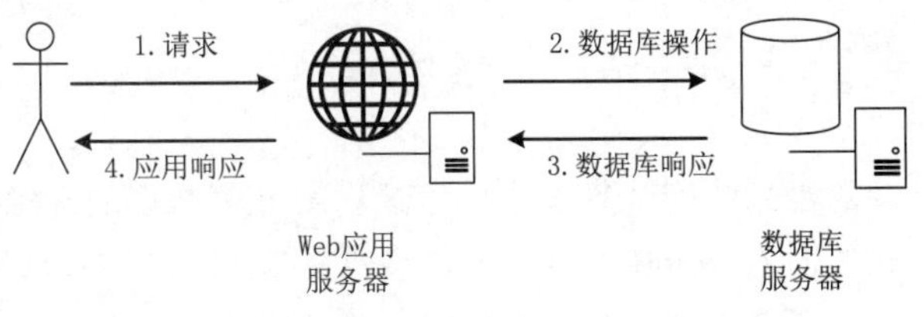

图 9.5　普通请求过程

使用消息队列之后，用户的请求数据会发送给消息队列，并立即返回，接着由消息队列的消费者进程从消息队列中读取数据，异步写入数据库，数据处理流程如图 9.6 所示。

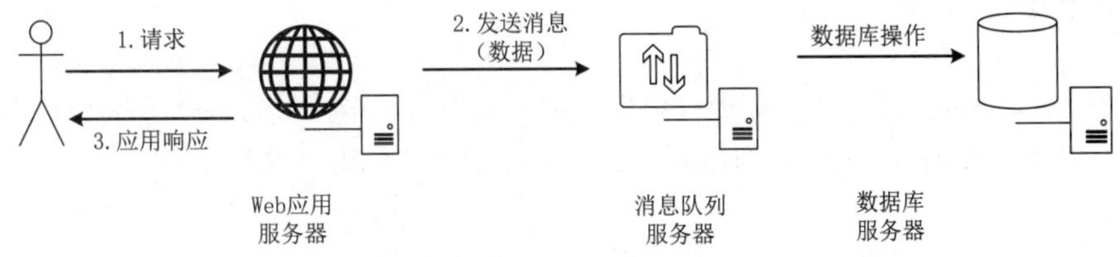

图 9.6　消息队列削峰请求过程

由图 9.6 可知，由于消息队列服务器的处理速度快于数据库（消息队列比数据库有更好的伸缩性），因此响应速度更快。异步处理将短时的大量事务消息存储在消息队列中，削平请求高峰期的并发事务。

使用消息队列后，应用服务间的消息传递通过消息队列，而不是应用服务间直接调用，因此，应用服务间的依赖性降低，应用服务修改业务逻辑，相互影响较小，降低了系统间的耦合程度，如图 9.7 所示。

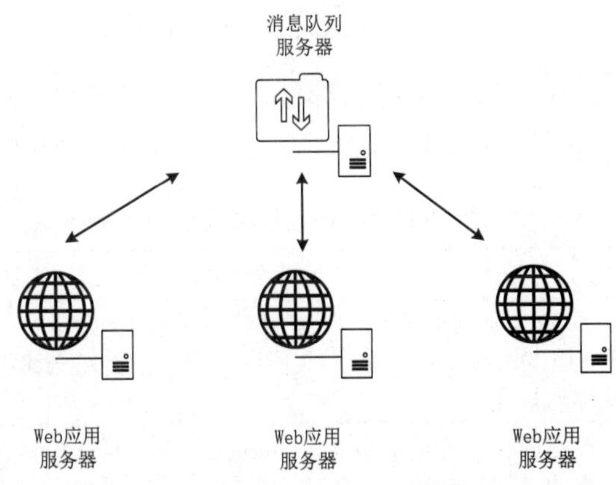

图 9.7　消息队列应用解耦过程

由图 9.7 可知，Web 应用服务器间的消息传递均通过消息队列，以消息队列作为中介连接多个 Web 应用服务，实现 Web 服务间的解耦。

9.2 RabbitMQ

RabbitMQ 是一个开源的消息队列服务软件，是基于 AMQP 协议的开源实现，由 Rabbit 技术公司独立使用 Erlang 语言开发完成。RabbitMQ 支持异步收发消息、分布式部署、可视化管理和监控，通过 AMQP 协议实现信息通信。AMQP 协议的设计理念与数据通信网络中的路由协议非常类似，AMQP 是基于消息队列的状态决定消息生产者与消息消费者之间的链接，消息队列的状态信息决定了通信系统的转发路径，链接两端之间的链路并不是专用且永久的，而是根据消息队列的状态与属性实现信息在 RabbitMQ 服务器上的存储与转发。

9.2.1 Internet 协议栈

Internet 协议栈是利用软件和硬件进行数据传输的数据传输系统，将接入 Internet 的设备进行通信传递消息，以 5 层 Internet 协议栈为例，Internet 协议栈结构如图 9.8 所示。

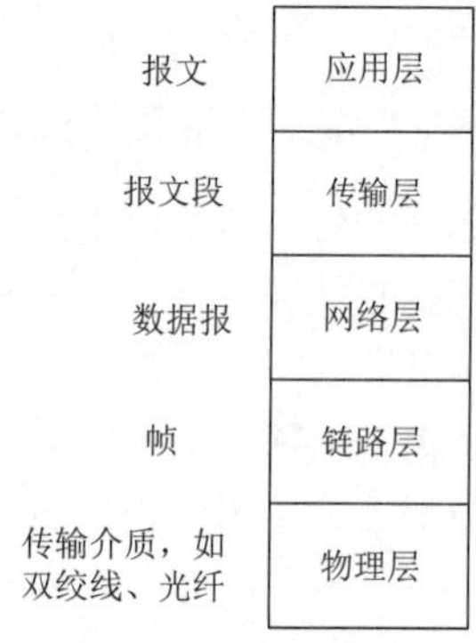

图 9.8 Internet 协议栈结构

由图 9.8 可知，Internet 协议栈共分为 5 层结构：应用层、传输层、网络层、链路层和物理层，信息的发送与接收都是以应用层作为入口和出口，各层功能解析见表 9.1。

表 9.1 Internet 协议栈各层功能解析

层	描　述
应用层	应用层是网络应用程序（如浏览器）、其他网络软件及相关通信协议储存区，应用层协议包括 HTTP 协议（Web 文档请求和发送）、SMTP 协议（邮件报文发送和接收）、AMQP（消息传输），应用层传输的信息称为报文
传输层	传输层发送应用层程序或接收应用层报文，Internet 中有两种传输协议：TCP 和 UDP 协议。TCP 面向连接，提供可靠的数据传输服务；UDP 面向无连接，提供不可靠性的数据传输服务

续表

层	描　述
网络层	网络层将数据报从一台主机传输到另一台主机，广泛应用的网络层协议有因特网协议（Internet Protocol，IP），用于物理机间的通信，IP 是无连接的通信协议，不会占用两个正在通信的计算机间的通信线路
链路层	网络层将报文从计算机 A 传输到计算机 B 中需要依赖链路层，链路层将数据从一个节点传递到下一个节点，链路层数据称为帧
物理层	物理层是将链路层的数据（帧），即一个个比特（bit）从一个节点传递到下一个节点，该层直连物理传输介质，如双绞线、光纤等

9.2.2　AMQP

高级消息队列协议（Advanced Message Queuing Protocol，AMQP）是面向消息中间件的应用层协议，由此可知，AMQP 位于 Internet 协议栈的应用层，通过软件定义消息传递，协议定义了在两个或多个通信实体之间交换的报文格式和顺序，以及报文发送、接收或其他事件采取的动作，使消息在不同的提供商之间实现互操作性，如 SMTP、HTTP 和 FTP 等协议创建交互一样，AMQP 的消息传递模式如图 9.9 所示。

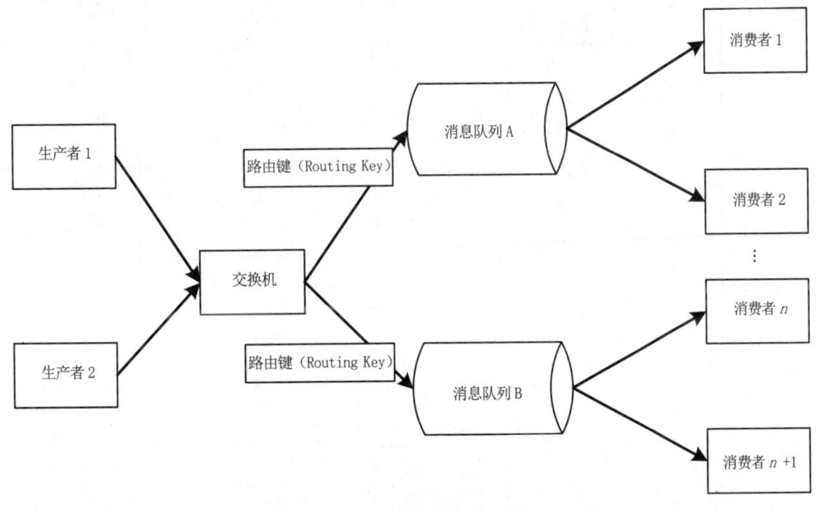

图 9.9　AMQP 的消息传递模式

由图 9.9 可知，AMQP 消息传递过程从生产者开始，生产者产生的消息统一发送到交换机，交换机通过路由键（Routing Key）将消息发送到绑定的队列中，消费者从需要的消息队列中读取消息，一个消费者可以同时消费多个队列的消息，一个消息队列可以被多个消费者消费。

9.2.3　RabbitMQ 架构

RabbitMQ 是 AMQP 的开源实现，因此 RabbitMQ 核心消息传递机制与 AMQP 一致，消息统一发送到交换机（Exchange），通过路由键（Routing Key）绑定到指定的队列（Queue），供消费者进行消费。RabbitMQ 实现 AMQP 消息传递的同时，保证了消息传递的可靠性、硬件资源利用率和对用户进行管理，引入通道（Channel）、Broker，RabbitMQ 完整的架构如图 9.10 所示。

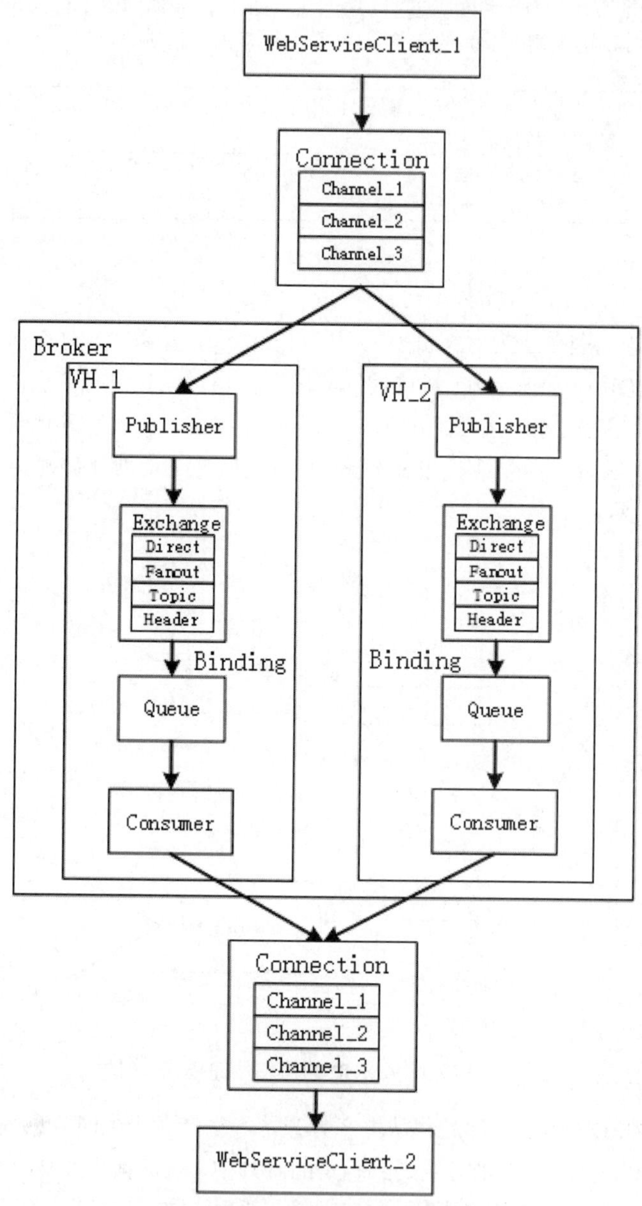

图 9.10　RabbitMQ 完整的架构

由图 9.10 可知，RabbitMQ 由服务端和客户端两大部分组成。客户端即发送消息和接收消息的应用，生产消息的客户端即生产者，消费消息的客户端即消费者。而服务端是 RabbitMQ 的核心部分，包括 Connection 和 Broker，RabbitMQ 服务端各部分的描述见表 9.2。

表 9.2 RabbitMQ 服务端各部分描述

模　　块	描　　述
Connection	RabbitMQ 服务端连接池，即客户端的连接均通过 Connection 与服务端相连
Channel	Connection 中的通道，即客户端与服务端建立的 TCP 连接通道，RabbitMQ 为提高硬件资源利用率及提高系统性能，在服务端中开启多个 TCP 连接的通道，供客户端使用，避免每次消息的生产和消费都重新建立 TCP 连接，增加耗时，降低数据传输性能
Broker	Broker 是 RabbitMQ 的用户管理容器，Broker 中新建多个虚拟主机（Virtual Host）用于不同的消息系统，并对虚拟主机进行管理
Virtual Host（VH）	虚拟主机在 RabbitMQ 是独立的完整生产和消费系统，连接生产者、交换机、队列和消费者，是 RabbitMQ 的核心
Publisher	消息生产者，是数据来源，将消息发送到交换机
Exchange	交换机，接收消息，并通过路由键绑定到消息队列，将生产者产生的消息发送到消息队列，RabbitMQ 交换机共有 4 种：Direct、Topic、Header 和 Fanout
Consumer	消息消费者，从指定队列获取消息

9.2.4 RabbitMQ 交换机

RabbitMQ 交换机是消息的聚集和发布中心，生产者产生的消息先汇集到交换机，再由交换机根据路由键将消息发送至符合规则的消息队列中，消息队列中的消息用于消费者进行监听并消费。RabbitMQ 提供了 4 种交换机：Direct 交换机、Topic 交换机、Fanout 交换机和 Header 交换机（Header 交换机几乎不会用到，本书不再展开介绍），用于消息接收及转换，详细介绍如下。

1. Direct 交换机

Direct 交换机的路由键匹配规则与队列是精确绑定关系，即 Direct 交换机必须通过完全匹配的路由键精确绑定到队列，Direct 交换机消息传递过程如图 9.11 所示。

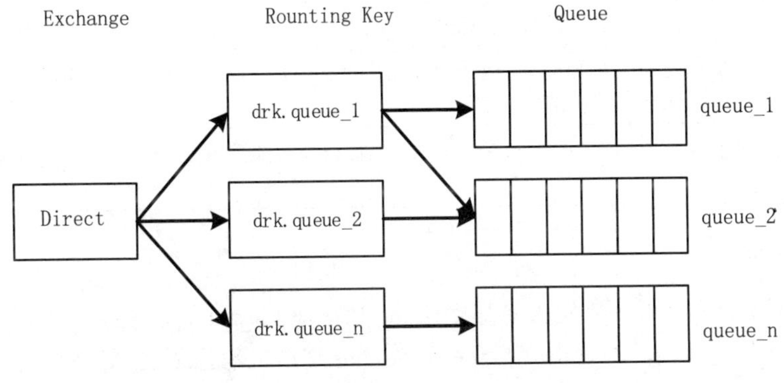

图 9.11 Direct 交换机消息传递过程

由图 9.11 可知，Direct 交换机的路由键是唯一精准确定的，通过完全匹配的路由规则向指定的消息队列发送消息。Direct 交互机消息转发效率高，安全性较好，但是缺乏灵活性，配置工作量较大。

2. Topic 交换机

Topic 交换机的路由键匹配规则与队列既可以是精确绑定关系，又可以是模糊绑定关系，即 Topic 交换机的一个路由键可以完全匹配绑定到一个消息队列，也可以模糊匹配绑定到一个消息队列。Topic 交换机消息传递过程如图 9.12 所示。

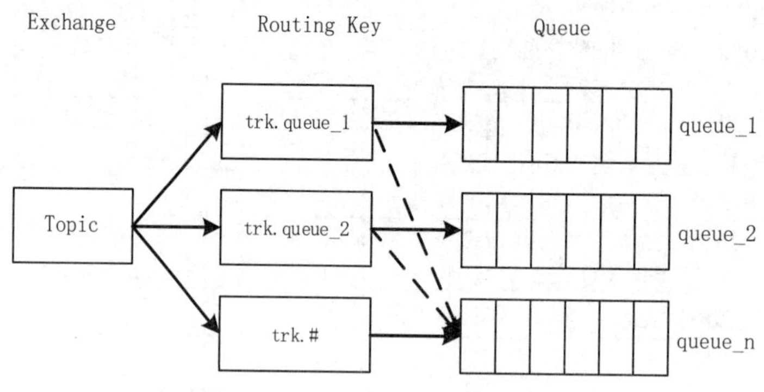

图 9.12　Topic 交换机消息传递过程

由图 9.12 可知，Topic 交换机的路由键有两种形式：精确形式（trk.queue_1）和模糊形式（trk.#）。精确形式的消息传递和 Direct 交换机相同，而模糊形式表示符合 trk.这种路由规则的消息，都会发送到与 trk.#相互绑定的消息队列中，如 queue_n 队列的路由键规则为模糊规则 trk.#。因此，queue_n 队列会接收到所有以 trk.开头的路由键携带的消息，即 queue_n 接收的消息有 3 部分：trk.queue_1、trk.queue_2 和 trk.#自身消息。Topic 交换机是最灵活的消息接收与发布方式。

Topic 的路由键匹配规则有 3 种，具体见表 9.3。

表 9.3　Topic 交换机路由键匹配规则

匹配规则	描　　述
rk	精确匹配，完全匹配与 rk 绑定的消息队列
rk.*	模糊匹配一个词组，匹配所有以 rk.开头路由键且只有一个词组绑定的消息队列，如只能匹配 rk.a 和 rk.b 等只有一个词组的路由键
rk.#	模糊匹配零个或多个词组，匹配一个或多个以 rk.开头路由键绑定的消息队列，如 rk.a 和 rk.a.b.c 等均可匹配

3. Fanout 交换机

Fanout 交换机是所有交换机中绑定关系最宽松的一个，即 Fanout 交换机接收的消息会发送到所有绑定到 Fanout 交换机的队列，与路由规则无关，Fanout 交换机消息传递过程如图 9.13 所示。

由图 9.13 可知，Fanout 交换机中没有路由键的概念，消息队列直接绑定到交换机。因此，交换机聚集的消息会发布到所有的消息队列中。Fanout 交换机消息转发效率最高，但是安全性较低，消费者会获取不属于自己的消息。

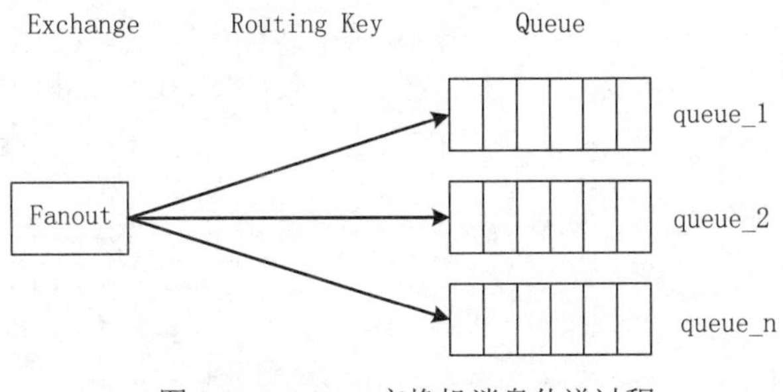

图 9.13　Fanout 交换机消息传递过程

9.3　RabbitMQ 部署及管理系统

RabbitMQ 支持多平台部署，如 Windows、Linux 发行版（CentOS、Ubuntu）等，RabbitMQ 软件整合了服务端和客户端，即安装 RabbitMQ 之后，既可以通过 API 连接客户端进行消息收发，又可以直接通过自带的客户端进行消息收发。RabbitMQ 提供了可视化客户端界面，进行 RabbitMQ 消息收发操作和配置管理。

9.3.1　RabbitMQ 部署

RabbitMQ 由 Erlang 语言开发，安装 RabbitMQ 前需要先安装 Erlang 语言的编译器，以运行 RabbitMQ 软件。

1. 部署 Erlang

以 Windows 10 操作系统作为开发环境，下载 Erlang，链接如下。

```
https://www.erlang.org/downloads
```

下载 Windows 版本的 Erlang，如图 9.14 所示，选择 OTP 23.1 版本。

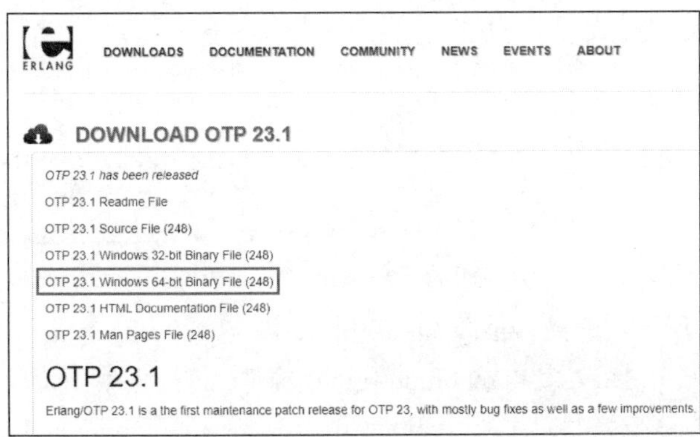

图 9.14　下载 Erlang OTP

安装 Erlang 编译器之后，为 Erlang 添加环境变量，如图 9.15 所示。

Erlang 添加环境变量之后，需要添加快捷方式，通过命令执行 Erlang，如图 9.16 所示。

图 9.15　添加 Erlang 环境变量

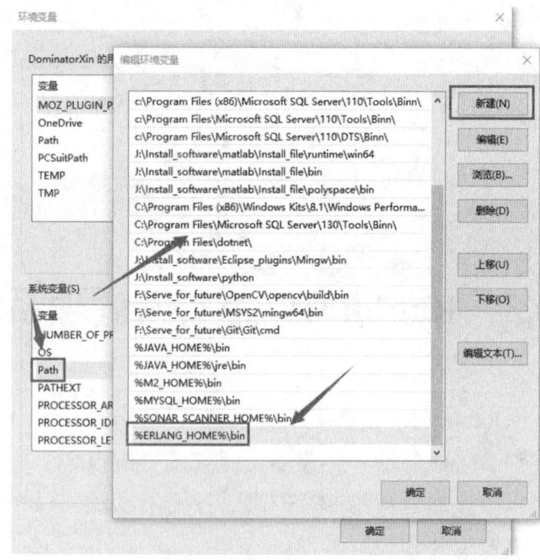

图 9.16　添加 Erlang 快捷方式

完成 Erlang 安装后，需要验证 Erlang 的安装情况，打开命令行窗口，输入 erl，如图 9.17 所示，如果出现 Eshell V 的版本信息，说明 Erlang 安装成功，可以接着进行 RabbitMQ 的安装。

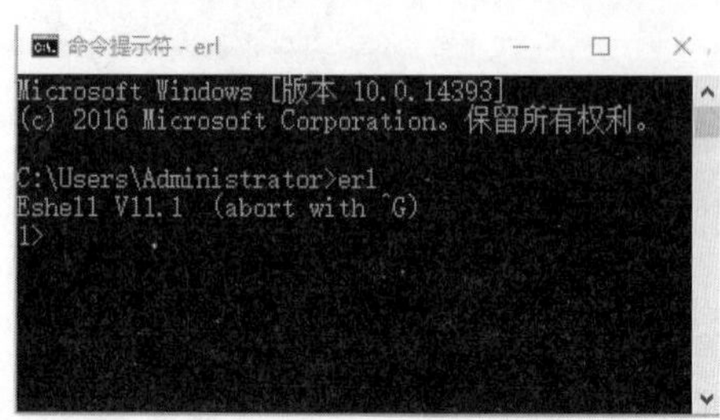

图 9.17　验证 Erlang 安装

2．部署 RabbitMQ

本书使用 Windows 10 操作系统作为开发平台，安装 Windows 版本的 RabbitMQ。RabbitMQ 的下载链接如下。

```
https://www.rabbitmq.com/download.html
```

下载界面如图 9.18 所示，选择 Binary build 进行下载。

完成 RabbitMQ 的安装之后，安装 rabbitmq-pluins 插件，该插件用于管理 RabbitMQ Broker 插件的命令行。进入 RabbitMQ 安装目录 F:\Serve_for_future\rabbitmq\rabbitmq_server-3.8.9\sbin，成功安装效果如图 9.19 所示。

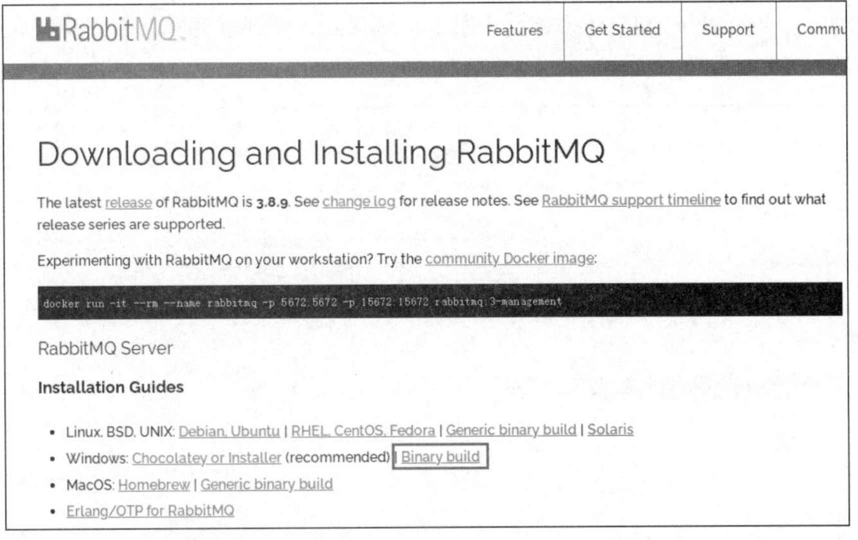

图 9.18　下载 Windows 10 对应的 RabbitMQ 软件

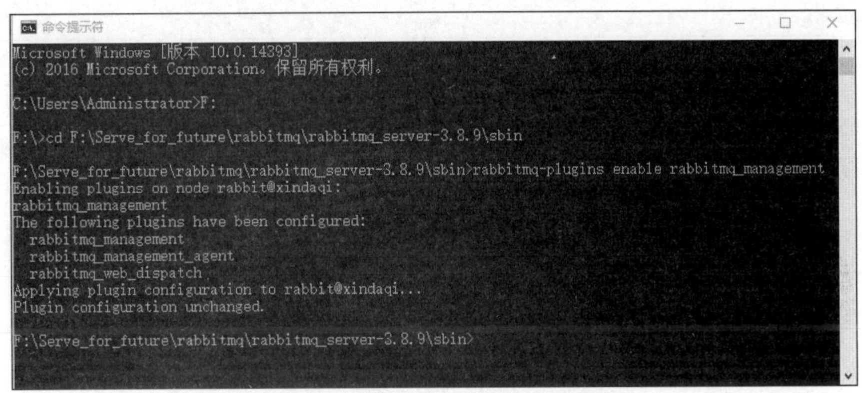

图 9.19　成功安装 rabbitmq-plugins

完成以上安装步骤之后，RabbitMQ 服务会自动启动，并且每次开机之后都会自动启动，登录 RabbitMQ 管理系统，系统地址如下。

```
http://localhost:15672
```

RabbitMQ 登录页面如图 9.20 所示，默认的初始用户名为 guest，密码为 guest。

RabbitMQ™
Username: *
Password: *
Login

图 9.20　RabbitMQ 登录页面

登录成功后，进入 RabbitMQ 管理首页，如图 9.21 所示，管理首页展示了 RabbitMQ 的配置及队列相关的信息，如 Connections、Channels、Exchanges 和 Queues 等，完全的 RabbitMQ 可视化管理。

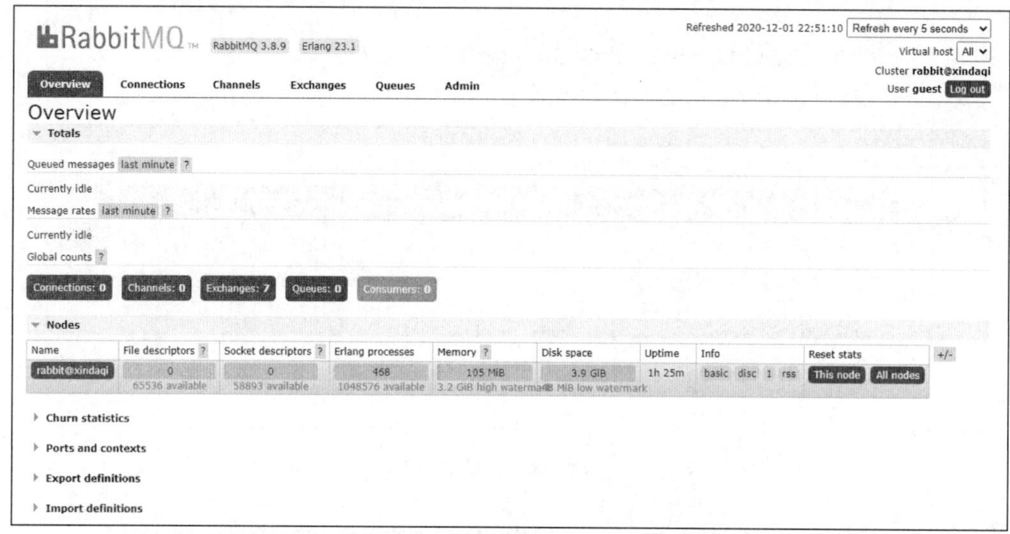

图 9.21 RabbitMQ 管理首页

通过 RabbitMQ 的管理系统，可以实现消息队列最基本的发送和接收，以及消息监控、用户管理、虚拟机配置等高级功能，下面详细介绍 RabbitMQ 管理系统的使用。

9.3.2 RabbitMQ 管理系统

上面简单介绍了 RabbitMQ 管理系统的作用，下面详细讲解各部分的功能。

1. Connections

查看连接到服务端的客户端信息，如图 9.22 所示。

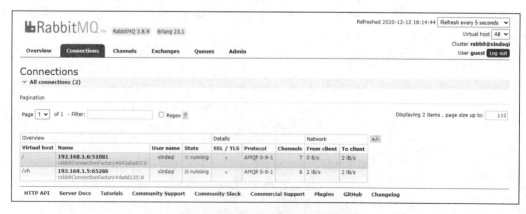

RabbitMQ RabbitMQ 3.8.9 Erlang 23.1

Refreshed 2020-12-12 18:14:44 Refresh every 5 seconds

Virtual host All

Cluster rabbit@xindaqi

User guest Log out

Overview Connections Channels Exchanges Queues Admin

Connections

All connections (2)

Pagination

Page 1 of 1 - Filter: Regex ?

Displaying 2 items , page size up to: 100

Overview				Details			Network	
Virtual host	Name	User name	State	SSL / TLS	Protocol	Channels	From client	To client
/	192.168.1.6:51081 rabbitConnectionFactory#643abe63:0	xindaqi	running	○	AMQP 0-9-1	7	0 B/s	2 iB/s
/vh	192.168.1.5:65286 rabbitConnectionFactory#dadd135:0	xindaqi	running	○	AMQP 0-9-1	8	2 iB/s	2 iB/s

HTTP API Server Docs Tutorials Community Support Community Slack Commercial Support Plugins GitHub Changelog

图 9.22 客户端 Connections 数量

由图 9.22 可知，两个客户端连接到 RabbitMQ 服务器，Connections 属性解析见表 9.4。

表 9.4　Connections 属性解析

属　性	描　　述
Virtual host	虚拟机名称，客户端连接的虚拟机，默认为/，可以自定义添加并连接使用，如本例使用的/vh
Name	客户端 IP 和启动的端口（port）
User name	登录 RabbitMQ 的用户名
State	客户端运行状态，running 表示正在运行
SSL/TLS	安全套接字协议/传输层安全
Protocol	RabbitMQ 协议版本，本例为 0-9-1 版本协议，RabbitMQ 版本信息如下。 0-8 版本：2006 年 6 月发布； 0-9 版本：2006 年 12 月发布； 0-9-1 版本：2008 年 11 月发布； 1.0 版本：2011 年 10 月发布，并于 2014 年 4 月成为 ISO/IEC 国际标准
Channels	通道数量，一般与队列数量一致
From client	服务端接收消息速度
To client	服务端发送消息速度

查看指定虚拟机的 Connections 配置信息，直接单击图 9.22 中的虚拟机名称即可，如/vh，配置信息如图 9.23 所示。

图 9.23　vh 虚拟机的 Connections 配置信息

由图 9.23 可知，vh 虚拟机的 Connections 属性有 Channels 和 Client properties（客户端属性）、Runtime Metrics（运行时指标）和 Close this connection（关闭此连接），通过 Overview 可以查看数据传输情况，即生产者发送消息到 RabbitMQ 服务端队列，以及消费者从 RabbitMQ 服务端队列消费数据，数据传输情况如图 9.24 所示。

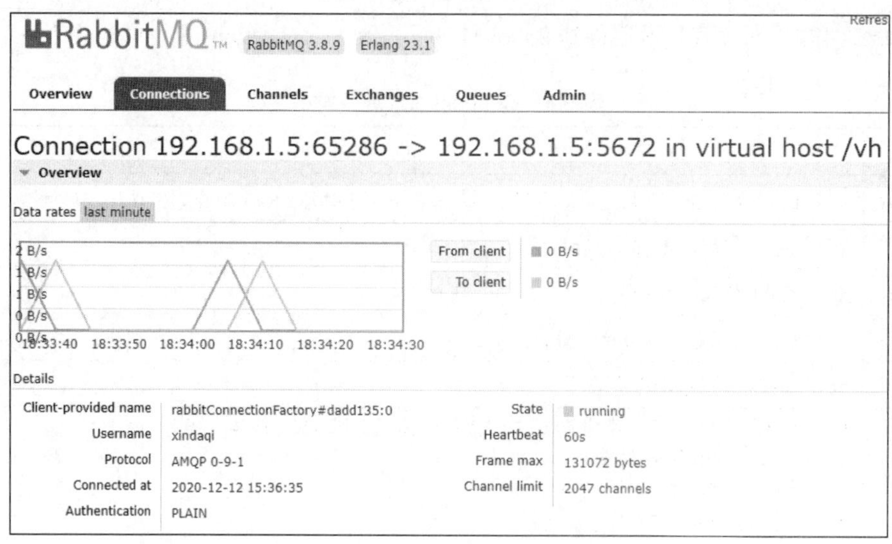

图 9.24 虚拟机 Connections 数据传输情况

由图 9.24 可知，在 18:34:00（时间 HH:mm:ss）生产者发送消息到 RabbitMQ 服务器消息队列，在 18:34:05（时间 HH:mm:ss）消费者从 RabbitMQ 服务器消息队列消费了信息，RabbitMQ 监控的心跳（Heartbeat）时间为 60s。

客户端详情可通过 Client properties 属性查看，如图 9.25 所示。

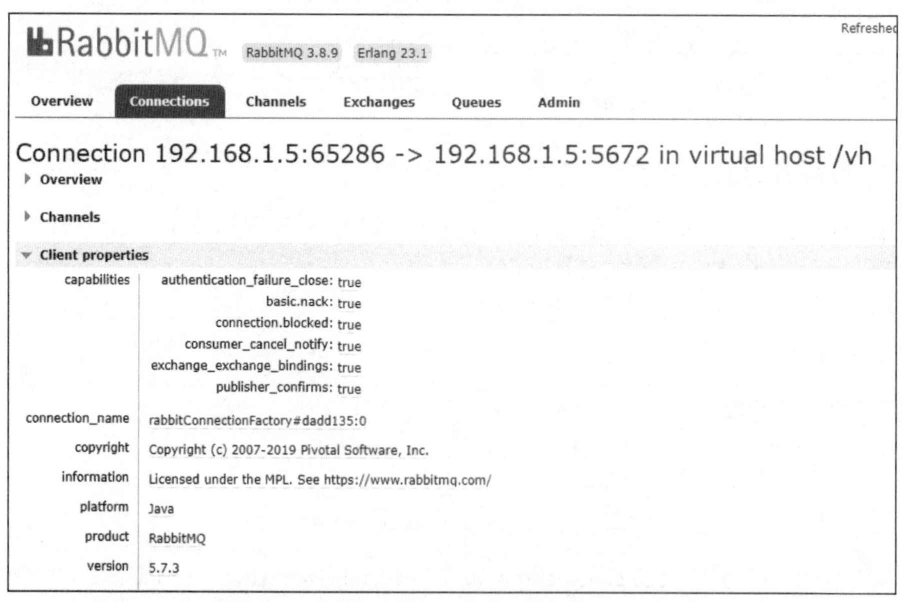

图 9.25 客户端详情

由图 9.25 可知，客户端平台为 Java 平台，使用的 RabbitMQ 版本为 5.7.3，开启发送消息确认（publisher_cofirm：true），开启消费者取消通知（consumer_cancel_notify: true）。

2. Channels

查看 vh 虚拟机的 Channels 信息，如图 9.26 所示。

RabbitMQ™ RabbitMQ 3.8.9 Erlang 23.1

Refreshed 2020-12-12 18:40:45 Refresh every 5 sec

Overview Connections Channels Exchanges Queues Admin

Channels

All channels (7)

Pagination

Page 1 of 1 - Filter: Regex ?

Displaying 7 items , page size up to:

Overview					Details			Message rates				
Channel	Virtual host	User name	Mode ?	State	Unconfirmed	Prefetch ?	Unacked	publish	confirm	unroutable (drop)	deliver / get	ack
192.168.1.5:58314 (1)	/vh	xindaqi	C	idle	0	250	0					
192.168.1.5:58314 (2)	/vh	xindaqi	C	idle	0	250	0					
192.168.1.5:58314 (3)	/vh	xindaqi	C	idle	0	250	0					
192.168.1.5:58314 (4)	/vh	xindaqi	C	idle	0	250	0					
192.168.1.5:58314 (5)	/vh	xindaqi	C	idle	0	250	0					
192.168.1.5:58314 (6)	/vh	xindaqi	C	idle	0	250	0					
192.168.1.5:58314 (7)	/vh	xindaqi	C	idle	0	250	0					

图 9.26 vh 虚拟机的 Channels 信息

由图 9.26 可知，共有 7 个 Channels，即共有 7 个 TCP 连接，Channels 个数与 Queues 个数相同，RabbitMQ 为每个 Queue 维护一个 Channel，而不是每次都新建 TCP 连接，因此 RabbitMQ 的消息传递既可靠（TCP 是可靠连接）性能又高（维持 TCP 连接，节省数据传输建立连接的时间）。

进入 Channels 选项卡即可看到某个 Channel 绑定的队列信息，以第 1 个 Channel 为例，进入第 1 个 Channel 即 192.168.1.5:58314 (1)，详情如图 9.27 所示。

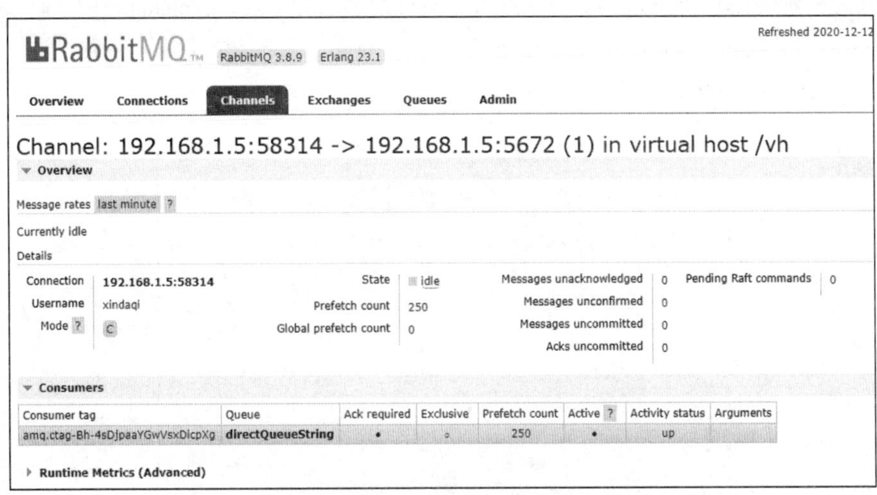

图 9.27 Channel 详情

由图 9.27 可知，连接第 1 个 Channel 的队列为 directQueueString（Consumer 标签），这个队列是接收 Direct 交换机传递字符串的队列，后面的代码会展示，这里仅作说明。消息确认的情况通过 Overview 中的 Message rates 标签可知，未确认的消息（Messages unacknowledges）为 0。

3. Exchanges

RabbitMQ 服务器交换机（Exchanges）信息及操作如图 9.28 所示。

RabbitMQ™ RabbitMQ 3.8.9 Erlang 23.1

Overview Connections Channels Exchanges Queues Admin

Exchanges

All exchanges (10)

Virtual host	Name	Type	Features	Message rate in	Message rate out	+/-
/vh	(AMQP default)	direct	D			
/vh	amq.direct	direct	D			
/vh	amq.fanout	fanout	D			
/vh	amq.headers	headers	D			
/vh	amq.match	headers	D			
/vh	amq.rabbitmq.trace	topic	D I			
/vh	amq.topic	topic	D			
/vh	directExchange	direct	D	0.00/s	0.00/s	
/vh	fanoutExchange	fanout	D			
/vh	topicExchange	topic	D			

Add a new exchange

HTTP API Server Docs Tutorials Community Support Community Slack Commercial Support

图 9.28 交换机（Exchanges）信息及操作

由图 9.28 可知，vh 虚拟机的交换机共有 10 个，其中，RabbitMQ 默认生成的交换机有 7 个，分别为 AMQP default、amq.direct、amq.fanout、amq.headers、amq.match、amq.rabbitmq.trace 和 amq.topic，开发过程中新建的交换机为 directExchange、fanoutExchange 和 topicExchange，每个交换机的类型均为 Type 的属性，上文已详细介绍了交换机的类型及特性，交换机属性均为可持久化（durable: true）。手动添加 RabbitMQ 服务器的交换机通过 Add a new exchange 属性即可完成。

交换机详情可通过图 9.28 中的 Exchanges 获得，以 directExchange 交换机为例，进入 Exchanges 选项卡，交换机详情如图 9.29 所示。

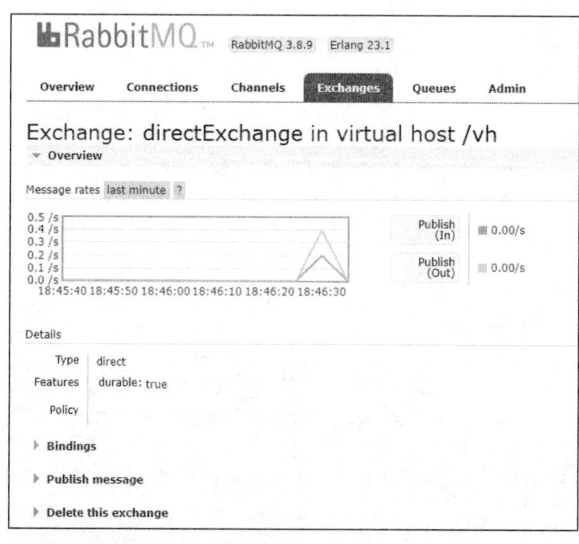

图 9.29 directExchange 交换机详情

由图 9.29 可知，交换机在 18:46:20（时间 HH:mm:ss）接收到生产者产生的消息，交换机类型为 Direct，并且是持久化的（durable: true）。交换机通过特定的路由规则绑定到消息队列，directExchange 交换机绑定的队列通过 Bindings 属性查看，如图 9.30 所示。

图 9.30　directExchange 绑定的队列信息

由图 9.30 可知，directExchange 通过两种路由规则（drk.queue.object、drk.queue.string）绑定到消息队列 directQueueObject，通过路由规则（drk.queue.string）绑定到 directQueueString 队列，将消息队列与交换机解绑通过 Unbind 实现。手动将交换机绑定到指定队列，通过在 Add binding from this exchange 标签中设置属性即可。

4. Queues

RabbitMQ 服务器队列信息通过 Queues 标签获得，消息队列 Queues 信息如图 9.31 所示。

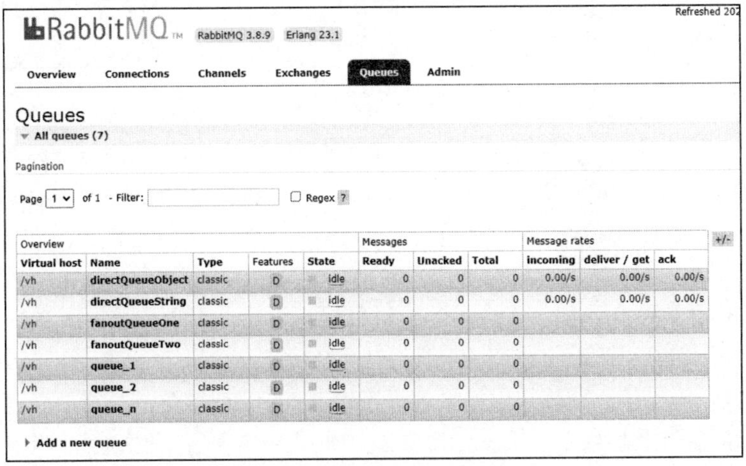

图 9.31　消息队列 Queues 信息

由图 9.31 可知，RabbitMQ 的消息队列共有 7 个，分别为 directQueueObject、directQueueString、fanoutQueueOne、fanoutQueueTwo、queue_1、queue_2 和 queue_n，均为 classic 类型，并且可持久化，消息状态见表 9.5。

表 9.5　消息状态

属　性	描　　述
Ready	准备就绪的消息数量，当有监听的消费者接入时，即可消费该队列中的准备就绪消息，消息消费后没有进行确认，就绪的消息会一直发送到监听该队列的消费者
Unacked	消息队列中未确认的消息数量，当消息队列中的消息未进行消费确认或发送确认时，即使消息被消费，也会一直存在于消息队列中
Total	消息总数，未确认的消息和准备就绪的消息总数

RabbitMQ 管理系统提供手动添加消息队列的功能，通过 Add a new queue 标签即可添加消息队列，需要添加的队列属性如图 9.32 所示。

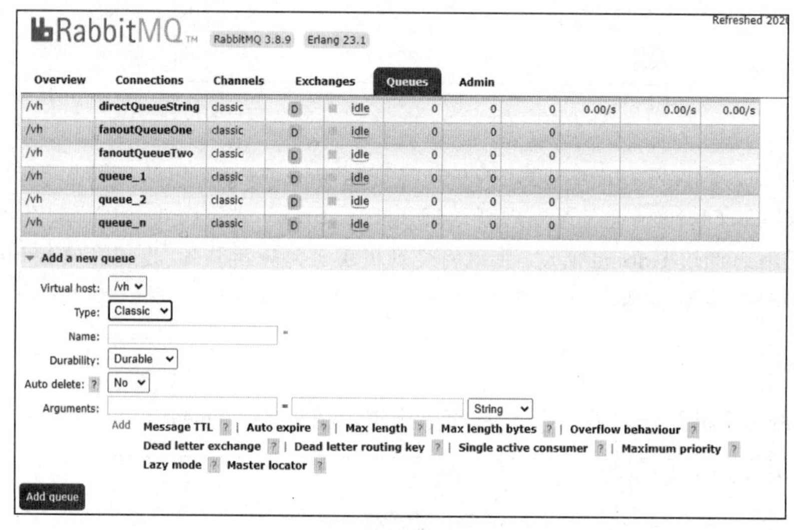

图 9.32　添加消息队列

由图 9.32 可知，新增的消息队列需要指定虚拟机（Virtual host）、队列类型（Type）、队列名称（Name）、持久化形式（Durability）、是否自动删除（Auto delete）和参数（Arguments）。

5．Admin

RabbitMQ 服务端支持多用户，通过 Admin 进行用户管理，用户信息如图 9.33 所示。

由图 9.33 可知，当前的 RabbitMQ 服务端共有两个用户，分别为 guest 和 xindaqi，由于默认的 guest 用户权限最高，不支持远程连接，如果远程连接 RabbitMQ 服务端，需要新建用户，新建的用户为 xindaqi，新建用户通过 Add a user 标签实现，如图 9.33 所示，添加用户名 Username 和密码 Password 即可。

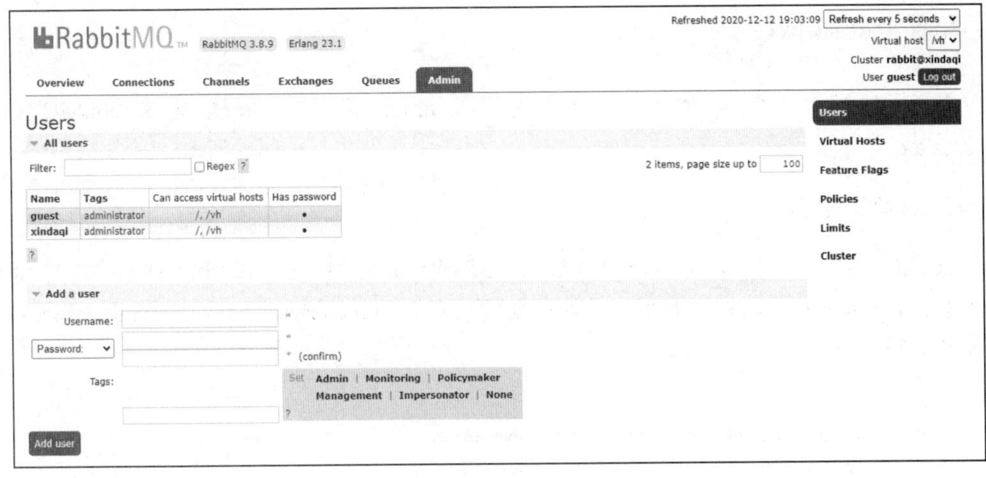

图 9.33　用户信息

RabbitMQ 中的 Broker 概念，为消息的收发提供了权限管理，通过虚拟机（Virtual Host）实现权限控制，每个虚拟机都拥有一套独立完整的消息收发系统，RabbitMQ 服务端在 Admin 的 Virtual Hosts 属性中管理虚拟机，当前 RabbitMQ 服务端的虚拟机信息如图 9.34 所示。

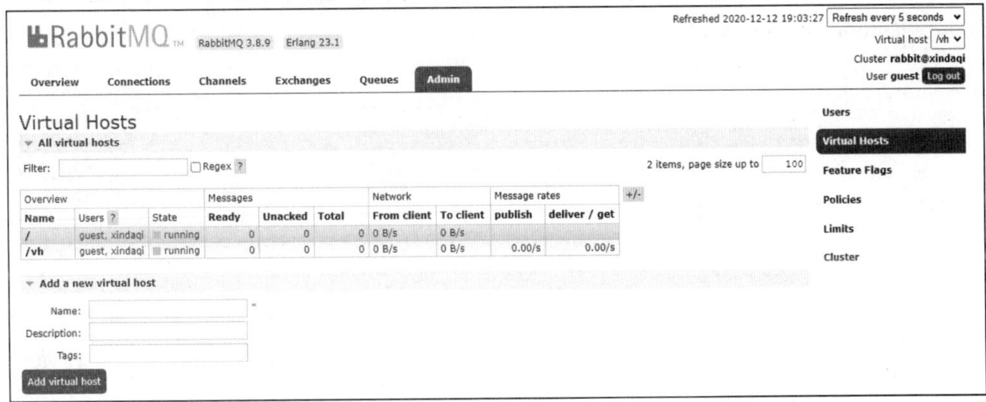

图 9.34　RabbitMQ 服务端的虚拟机信息

由图 9.34 可知，RabbitMQ 服务器共有两个虚拟机，默认虚拟机为/，新建的虚拟机为/vh，单击 Add virtual host 按钮即可新建虚拟机。

9.4　Spring Boot 集成 RabbitMQ

RabbitMQ 功能强大，对多应用服务解耦和提高系统性能均有重要作用，Spring Boot 作为 Java Web 后台的基石和中坚，自然提供了 RabbitMQ 的接口，通过引入 AMQP 的 jar 包即可引入 RabbitMQ 组件。

9.4.1 配置 RabbitMQ

RabbitMQ 的配置分为 3 个部分，分别为引入 amqp 启动文件、配置 RabbitMQ 连接和 RabbitTemplate。

1. RabbitMQ 类包

根据前面章节的介绍，已知 RabbitMQ 是 AMQP 的开源实现，引入 RabbitMQ 是通过 amqp 启动文件实现的，POM 文件的坐标如下，具体参见代码文件 microservice-boot 中 microservice-data 模块 pom.xml 代码。

```
<dependency>
    <groupId>org.springframework.boot</groupId>
    <artifactId>spring-boot-starter-amqp</artifactId>
</dependency>
```

2. RabbitMQ 连接配置

引入 RabbitMQ 之后，需要配置 RabbitMQ 连接，即 Spring Boot 作为客户端，连接到 RabbitMQ 服务端，RabbitMQ 的连接配置信息如下，具体参见代码文件 microservice-book 中 microservice-data 模块/resources/application-dev.yml。

```
rabbitmq:
    host: 192.168.1.5
    port: 5672
    username: xindaqi
    password: 123456
    publisher-confirm-type: correlated
    publisher-returns: true
    virtualHost: /
    listener:
      direct:
        acknowledge-mode: manual
      simple:
        acknowledge-mode: manual
```

RabbitMQ 连接配置参数解析见表 9.6。

表 9.6 RabbitMQ 连接配置参数解析

属　性	描　述
host	RabbitMQ 服务端所在服务器的 IP
port	RabbitMQ 服务端所在服务器的端口
username	RabbitMQ 服务端所在服务器的用户名
password	RabbitMQ 服务端所在服务器的密码

续表

属　　性	描　　述
publisher-confirm-type	生产者投递消息至交换机通知标识位，触发消息发送回调方法 none：不通知 correlated：通知 simple：通知
publisher-returns	消费者接收消息通知标识位 true：开启通知 false：关闭通知
virtualHost	虚拟机，指定客户端连接服务端的虚拟机
listener	消息监听类型，有两种监听类型，分别为 direct 和 simple，simple 为一对一模式，即一个生产者一个消费者，而 direct 为多个生产者和多个消费者
acknowledge-mode	消息确认模式 auto：自动确认 manual：手动确认

3．RabbitMQ 消息接收和发送通知配置

RabbitMQ 支持消息收发手动确认，即生产者发送消息至交换机，触发发送确认回调函数；生产者消息无法发送到指定队列时，触发消息发送队列回调函数。配置 RabbitMQ 的模板代码如下，具体参见代码文件 microservice-book 中 microservice-data 模块/config/RabbitTemplateConfig.java，设置回调函数。

```
package com.company.microservicedata.config;

import org.springframework.amqp.rabbit.connection.ConnectionFactory;
import org.springframework.amqp.rabbit.core.RabbitTemplate;
import org.springframework.context.annotation.Bean;
import org.springframework.context.annotation.Configuration;

/**
 * RabbitTemplate 配置
 * @author xindaqi
 * @since 2020-12-06
 */
@Configuration
public class RabbitTemplateConfig {

    @Bean
    RabbitTemplate rabbitTemplate(ConnectionFactory connectionFactory,
MessageQueueConfirmAndReturnConfig messageQueueConfirmAndReturnConfig) {
        RabbitTemplate rabbitTemplate = new RabbitTemplate();
        rabbitTemplate.setConnectionFactory(connectionFactory);
        rabbitTemplate.setConfirmCallback(messageQueueConfirmAndReturnConfig);
        rabbitTemplate.setReturnCallback(messageQueueConfirmAndReturnConfig);
```

```
        /**
         * Mandatory为true时，callback和return生效
         * 消息通过交换机无法匹配到队列会返回给生产者
         * 为false时，匹配不到队列，直接丢弃消息
         */
        rabbitTemplate.setMandatory(true);
        return rabbitTemplate;
    }
}
```

9.4.2 消息确认

RabbitMQ 服务器手动确认消息触发的回调函数，通过实现 ConfirmCallback 和 ReturnCallback 接口，重写消息确认方法 confirm()和消息返回方法 returnedMessage()。其中，回调方法 confirm()在生产者发送消息至交换机时触发，通过标识位 ack 判断是否成功发送。若发送成功，ack 为 true；若发送失败，ack 为 false，通过重写该方法逻辑，实现日志统计。回调方法 returnedMessage()在交换机将消息传送至消息队列失败时触发，代码如下，具体参见代码文件 microservice-book 中 microservice-data 模块/config/MessageQueueConfirmAndReturnConfig.java。

```
package com.company.microservicedata.config;

import org.slf4j.Logger;
import org.slf4j.LoggerFactory;
import org.springframework.amqp.core.Message;
import org.springframework.amqp.rabbit.connection.CorrelationData;
import org.springframework.amqp.rabbit.core.RabbitTemplate;
import org.springframework.amqp.rabbit.core.RabbitTemplate.ConfirmCallback;
import org.springframework.amqp.rabbit.core.RabbitTemplate.ReturnCallback;
import org.springframework.stereotype.Component;


/**
 * RabbitTemplate发送消息至exchange和queue消息回调
 * @author xindaqi
 * @since 2020-12-06
 */
@Component
public class MessageQueueConfirmAndReturnConfig implements ConfirmCallback, ReturnCallback {

    private static Logger logger = LoggerFactory.getLogger
(MessageQueueConfirmAndReturnConfig.class);

    /**
     * confirm机制触发条件：消息→exchange（而不是到queue触发）
     * @param correlationData
     * @param ack
```

```
     * @param cause
     */
    @Override
    public void confirm(CorrelationData correlationData, boolean ack, String cause) {
        if(!ack) {
            logger.error("MQ 消息送达 exchange 异常，原因：{}", cause);
            logger.error("MQ 消息唯一标识：{}", correlationData);
        }else {
            logger.info("MQ 消息送达 exchange");
            logger.info("MQ 消息唯一标识：{}", correlationData);
        }
    }

    /**
     * return 触发条件：消息无法发送到队列，exchange 不存在或指定 routingKey 不存在
     * @param message
     * @param replyCode
     * @param replyString
     * @param exchange
     * @param routingKey
     */
    @Override
    public void returnedMessage(Message message, int replyCode, String replyString,
String exchange, String routingKey) {
        logger.error("消息不可达：{}", message);
    }
}
```

9.4.3 消息传递方式

由前文可知，RabbitMQ 交换机共有 4 种：Direct、Topic、Fanout 和 Headers，即消息传递方式有 4 种，接下来通过 Java 代码实现其中最常用的 3 种交换机：Direct、Topic 和 Fanout。

1. Direct 交换机配置

Direct 交换机传递消息、配置消息队列的同时创建交换机 DirectExchange，通过路由键将消息队列绑定至指定的交换机上，实现生产者将消息通过交换机匹配路由规则发送到对应的消息队列中。实现代码如下，具体参见代码文件 microservice-book 中 microservice-data 模块/config/RabbitMessageQueueDirectConfig.java。

```
package com.company.microservicedata.config;

import org.springframework.amqp.core.Binding;
import org.springframework.amqp.core.BindingBuilder;
import org.springframework.amqp.core.DirectExchange;
import org.springframework.context.annotation.Configuration;
```

```
import org.springframework.amqp.core.Queue;
import org.springframework.amqp.rabbit.annotation.EnableRabbit;
import org.springframework.context.annotation.Bean;

/**
 * Direct 交换机
 * @author xindaqi
 * @since 2020-12-02
 */
@Configuration
public class RabbitMessageQueueDirectConfig {
    @Bean
    public Queue directQueueString(){
        return new Queue("directQueueString");
    }

    @Bean
    public Queue directQueueObject() {
        return new Queue("directQueueObject");
    }

    @Bean
    DirectExchange directExchange() {
        return new DirectExchange("directExchange");
    }

    @Bean
    Binding bindingDirectMessageString() {
        return BindingBuilder.bind(directQueueString()).to(directExchange()).with("drk.
queue.string");
    }

    @Bean
    Binding bindingDirectMessageObject() {
        return BindingBuilder.bind(directQueueObject()).to(directExchange()).with("drk.
queue.object");
    }
}
```

2. Topic 交换机配置

Topic 交换机传递消息、配置消息队列的同时创建交换机 TopicExchange，通过路由键将消息队列绑定至指定的交换机上，Topic 交换机支持模糊匹配，即交换机与消息队列之间的路由键匹配规则更加灵活，实现生产者将消息通过交换机匹配路由规则发送到对应的消息队列中。实现代码如下，具体参见代码文件 microservice-book 中 microservice-data 模块/config/RabbitMessageQueueTopicConfig.java。

```
package com.company.microservicedata.config;

import org.springframework.context.annotation.Configuration;

import org.springframework.amqp.core.Queue;
import org.springframework.amqp.core.Binding;
import org.springframework.amqp.core.BindingBuilder;
import org.springframework.amqp.core.TopicExchange;
import org.springframework.amqp.rabbit.annotation.EnableRabbit;
import org.springframework.context.annotation.Bean;

/**
 * Topic 交换机
 * @author xindaqi
 * @since 2020-12-02
 */
@Configuration
public class RabbitMessageQueueTopicConfig {
    @Bean
    public Queue topicQueueA(){
        return new Queue("queue_1");
    }

    @Bean
    public Queue topicQueueB(){
        return new Queue("queue_2");
    }

    @Bean
    public Queue topicQueueN(){
        return new Queue("queue_n");
    }

    @Bean
    TopicExchange topicExchange() {
        return new TopicExchange("topicExchange");
    }

    @Bean
    Binding bindingExchangeMessageOne(Queue topicQueueA, TopicExchange topicExchange) {
        return BindingBuilder.bind(topicQueueA).to(topicExchange).with("trk.queue_1");
    }

    @Bean
    Binding bindingExchangeMessageTwo(Queue topicQueueB, TopicExchange topicExchange) {
        return BindingBuilder.bind(topicQueueB).to(topicExchange).with("trk.queue_2");
```

```
    }

    @Bean
    Binding bindExchangeMessageMany(Queue topicQueueN, TopicExchange topicExchange) {
        return BindingBuilder.bind(topicQueueN).to(topicExchange).with("trk.#");
    }
}
```

3. Fanout 交换机配置

Fanout 交换机传递消息、配置消息队列的同时创建交换机 FanoutExchange，通过路由键将消息队列绑定至指定的交换机上，与 Topic 交换机和 Direct 交换机不同的是，Fanout 无须路由键匹配，而是将生产者产生的消息写入接入 Fanout 交换机的所有消息队列中，Fanout 模式中不存在路由键，即没有路由匹配规则。实现代码如下，具体参见代码文件 microservice-book 中 microservice-data 模块/config/RabbitMessageQueueFanoutConfig.java。

```
package com.company.microservicedata.config;

import org.springframework.amqp.core.Binding;
import org.springframework.amqp.core.BindingBuilder;
import org.springframework.amqp.core.FanoutExchange;
import org.springframework.amqp.core.Queue;
import org.springframework.context.annotation.Bean;
import org.springframework.context.annotation.Configuration;

/**
 * Fanout 交换机
 * @author xindaqi
 * @since 2020-12-06
 */
@Configuration
public class RabbitMessageQueueFanoutConfig {

    @Bean
    public Queue fanoutQueueOne() {
        return new Queue("fanoutQueueOne");
    }

    @Bean
    public Queue fanoutQueueTwo() {
        return new Queue("fanoutQueueTwo");
    }

    @Bean
    FanoutExchange fanoutExchange() {
        return new FanoutExchange("fanoutExchange");
```

```
    }

    @Bean
    Binding bindingFanoutMessageOne(Queue fanoutQueueOne, FanoutExchange fanoutExchange)
{
        return BindingBuilder.bind(fanoutQueueOne).to(fanoutExchange);
    }

    @Bean
    Binding bindingFanoutMessageTwo(Queue fanoutQueueTwo, FanoutExchange fanoutExchange)
{
        return BindingBuilder.bind(fanoutQueueTwo).to(fanoutExchange);
    }

}
```

9.4.4 消息发送

消息发送即生产者将消息发送至交换机，以 Direct、Topic 和 Fanout 3 种交换机为例实现消息发送，面向接口开发，交换机发送接口的实现代码如下，具体参见代码文件 microservice-book 中 microservice-data 模块/service/IMessageQueueSendService.java。

```
package com.company.microservicedata.service;

import com.company.microservicedata.dto.MessageQueueInputDTO;

/**
 * 发送消息
 * @author xindaqi
 * @since 2020-12-03
 */
public interface IMessageQueueSendService {

    /**
     * 发送消息:Direct 模式
     * @param params 字符串
     * @return
     * @author xindaqi
     * @since 2020-12-03
     */
    void directSendString(String params);

    /**
     * 发送消息:Direct 模式
     * @param params 对象
     * @return
```

```
     * @author xindaqi
     * @since 2020-12-03
     */
    void directSendObject(MessageQueueInputDTO params);

    /**
     * 发送消息:Topic 一对一模式
     * @param params 测试
     * @return
     * @author xindaqi
     * @since 2020-12-03
     */
    void topicOneSend(String params);

    /**
     * 发送消息:Topic 一对二模式
     * @param params 测试
     * @return
     * @author xindaqi
     * @since 2020-12-03
     */
    void topicTwoSend(String params);

    /**
     * 发送消息:Topic 一对多模式
     * @param params 测试
     * @return
     * @author xindaqi
     * @since 2020-12-03
     */
    void topicManySend(String params);

    /**
     * 发送消息: Fanout 模式
     * @param params 消息
     * @return
     * @author xindaqi
     * @since 2020-12-07
     */
    void fanoutSend(String params);

}
```

RabbitMQ 消息队列既可以接收字符串也可以接收对象，以 MessageQueueInputDTO 实体作为传输的对象，实现代码如下，具体参见代码文件 microservice-book 中 microservice-data 模块/dto/MessageQueueInputDTO.java。

```
package com.company.microservicedata.dto;

import lombok.Data;

import java.io.Serializable;

/**
 * 消息队列入参
 * @author xindaqi
 * @since 2020-12-06
 */
@Data
public class MessageQueueInputDTO implements Serializable {
    private static final long serialVersionUID = -2023880155966775781L;

    private String username;

    private String phoneNumber;

    private String orderId;
}
```

3 种交换机接口的实现代码如下，具体参见代码文件 microservice-book 中 microservice-data 模块/impl/MessageQueueSendServiceImpl.java。

```
package com.company.microservicedata.service.impl;

import com.company.microservicedata.dto.MessageQueueInputDTO;
import org.springframework.amqp.core.AmqpTemplate;
import org.springframework.amqp.core.Message;
import org.springframework.amqp.core.MessageDeliveryMode;
import org.springframework.amqp.rabbit.connection.CorrelationData;
import org.springframework.beans.factory.annotation.Autowired;
import org.springframework.stereotype.Component;
import org.springframework.amqp.rabbit.core.RabbitTemplate;
import org.springframework.amqp.rabbit.core.RabbitTemplate.ConfirmCallback;
import org.springframework.stereotype.Service;
import com.rabbitmq.client.Channel;
import java.util.Map;
import java.util.UUID;

import org.slf4j.Logger;
import org.slf4j.LoggerFactory;

import com.company.microservicedata.service.IMessageQueueSendService;

/**
```

```
 * 消息生产者
 * @author xindaqi
 * @since 2020-12-03
 */
@Component
public class MessageQueueSendServiceImpl implements IMessageQueueSendService {

    private static Logger logger =
LoggerFactory.getLogger(MessageQueueSendServiceImpl.class);

    @Autowired
    private AmqpTemplate template;
    @Autowired
    private RabbitTemplate rabbitTemplate;

    @Override
    public void directSendString(String params){
        logger.info("Direct 开始发送 String 消息");
        rabbitTemplate.convertAndSend("directExchange", "drk.queue.string", params,
message -> {

message.getMessageProperties().setDeliveryMode(MessageDeliveryMode.PERSISTENT);
            return message;
        }, new CorrelationData(UUID.randomUUID().toString()));
    }

    @Override
    public void directSendObject(MessageQueueInputDTO params){
        logger.info("Direct 开始发送 Object 消息");
        rabbitTemplate.convertAndSend("directExchange", "drk.queue.object", params, new
CorrelationData(UUID.randomUUID().toString()));
    }

    @Override
    public void topicOneSend(String params){
        logger.info("Topic 一对一并转发消息");
        rabbitTemplate.convertAndSend("topicExchange", "trk.queue_1", params, new
CorrelationData(UUID.randomUUID().toString()));
    }

    @Override
    public void topicTwoSend(String params){
        logger.info("Topic 一对二并转发消息");
        rabbitTemplate.convertAndSend("topicExchange", "trk.queue_2", params, new
CorrelationData(UUID.randomUUID().toString()));
    }
```

```
    @Override
    public void topicManySend(String params){
        logger.info("Topic 一对多汇集并消息");
        rabbitTemplate.convertAndSend("topicExchange", "trk.#", params, new
CorrelationData(UUID.randomUUID().toString()));
    }

    @Override
    public void fanoutSend(String params) {
        logger.info("Fanout 发送消息");
        rabbitTemplate.convertAndSend("fanoutExchange", "", params, new CorrelationData
(UUID.randomUUID().toString()));
    }


}
```

9.4.5 消息接收

消息接收即消费者从消息队列中消费消息，分别监听以 Direct、Topic 和 Fanout 3 种交换机绑定的消息队列。当有消息写入队列时，监听器会自动消费消息队列中的消息。交换机接收接口的实现代码如下，具体参见代码文件 microservice-book 中 microservice-data 模块/service/IMessageQueueReceiveService.java。

```
package com.company.microservicedata.service;

import org.springframework.amqp.core.Message;
import com.rabbitmq.client.Channel;
import java.io.IOException;

/**
 * 接收消息
 * @author xindaqi
 * @since 2020-12-03
 */
public interface IMessageQueueReceiveService {

    /**
     * 接收 String 消息
     * @param msg
     * @param channel
     * @throws IOException
     * @return
     * @author xindaqi
     * @since 2020-12-03
     */
```

```
void directReceiveString(Message msg, Channel channel) throws IOException;

/**
 * 接收 Object 消息
 * @param msg
 * @param channel
 * @throws IOException
 * @return
 * @author xindaqi
 * @since 2020-12-03
 */
void directReceiveObject(Message msg, Channel channel) throws IOException;


/**
 * 接收消息:Topic 一对一
 * @param msg
 * @param channel
 * @throws IOException
 * @return
 * @author xindaqi
 * @since 2020-12-03
 */
void topicOneReceive(Message msg, Channel channel) throws IOException;

/**
 * 接收消息:Topic 一对二
 * @param msg
 * @param channel
 * @throws IOException
 * @return
 * @author xindaqi
 * @since 2020-12-03
 */
String topicTwoReceive(Message msg, Channel channel) throws IOException;


/**
 * 接收消息:Topic 一对多
 * @param msg
 * @param channel
 * @throws IOException
 * @return
 * @author xindaqi
 * @since 2020-12-03
 */
```

```
    void topicManyReceive(Message msg, Channel channel) throws IOException;

    /**
     * 接收消息:Fanout queue one
     * @param msg
     * @param channel
     * @throws IOException
     * @return
     * @author xindaqi
     * @since 2020-12-07
     */
    void fanoutOneReceive(Message msg, Channel channel) throws IOException;

    /**
     * 接收消息:Fanout queue two
     * @param msg
     * @param channel
     * @throws IOException
     * @return
     * @author xindaqi
     * @since 2020-12-07
     */
    void fanoutTwoReceive(Message msg, Channel channel) throws IOException;
}
```

消息接收接口的实现代码如下，通过注解@RabbitListener实现对消息队列的监听，当消息队列中存在未确认的消息时，便会触发使用监听注解进行配置的方法。具体参见代码文件microservice-book中microservice-data模块/impl/MessageQueueReceiveServiceImpl.java。

```
package com.company.microservicedata.service.impl;

import org.springframework.amqp.core.AmqpTemplate;
import org.springframework.amqp.core.Message;
import org.springframework.amqp.rabbit.annotation.RabbitHandler;
import org.springframework.beans.factory.annotation.Autowired;
import com.rabbitmq.client.Channel;
import org.springframework.stereotype.Component;
import org.springframework.amqp.rabbit.core.RabbitTemplate;
import org.springframework.amqp.rabbit.core.RabbitTemplate.ReturnCallback;
import org.springframework.amqp.rabbit.annotation.RabbitListener;
import java.io.IOException;

import org.slf4j.Logger;
import org.slf4j.LoggerFactory;

import com.company.microservicedata.service.IMessageQueueReceiveService;
```

```
/**
 * 消息消费者
 * @author xindaqi
 * @since 2020-12-03
 */
@Component
public class MessageQueueReceiveServiceImpl implements IMessageQueueReceiveService {

    private static Logger logger =
LoggerFactory.getLogger(MessageQueueReceiveServiceImpl.class);

    @Autowired
    private AmqpTemplate template;
    @Autowired
    private RabbitTemplate rabbitTempalte;

    @Override
    @RabbitListener(queues="directQueueString")
    @RabbitHandler
    public void directReceiveString(Message msg, Channel channel) throws IOException {
        try {
            logger.info("接收成功--Direct String 交换机: {}", msg);
            //TODO 写入数据库等其他操作
            channel.basicAck(msg.getMessageProperties().getDeliveryTag(), false);
        } catch (Exception e) {
            channel.basicNack(msg.getMessageProperties().getDeliveryTag(), false, true);
            logger.info("接收失败--Direct String 交换机:{}", e);
        }
    }

    @Override
    @RabbitListener(queues="directQueueObject")
    public void directReceiveObject(Message msg, Channel channel) throws IOException {
        try {
            logger.info("接收成功--Direct Object 交换机: {}", msg);
            //TODO 写入数据库等其他操作
            channel.basicAck(msg.getMessageProperties().getDeliveryTag(), false);
        } catch (Exception e) {
            channel.basicNack(msg.getMessageProperties().getDeliveryTag(), false, true);
            logger.info("接收失败--Direct Object 交换机:{}", e);
        }
    }

    @Override
    @RabbitListener(queues="queue_1")
```

```
@RabbitHandler
public void topicOneReceive(Message msg, Channel channel) throws IOException {
    try {
        logger.info("接收成功--Topic 交换机 queue_1: {}", msg);
        channel.basicAck(msg.getMessageProperties().getDeliveryTag(), false);
    } catch (Exception e) {
        channel.basicNack(msg.getMessageProperties().getDeliveryTag(), false, true);
        logger.info("接收失败: {}", e);
    }
}

@Override
@RabbitListener(queues="queue_2")
public String topicTwoReceive(Message msg, Channel channel) throws IOException {
    try {
        logger.info("接收成功--Topic 交换机 queue_2: {}", msg);
        channel.basicAck(msg.getMessageProperties().getDeliveryTag(), false);
        return new String(msg.getBody(), "UTF-8");
    } catch (Exception e) {
        channel.basicNack(msg.getMessageProperties().getDeliveryTag(), false, true);
        logger.info("接收失败: {}", e);
    }
    return "ERROR";
}

@Override
@RabbitListener(queues="queue_n")
public void topicManyReceive(Message msg, Channel channel) throws IOException {
    try {
        logger.info("接收成功--Topic 交换机 queue_n: {}", msg);
        channel.basicAck(msg.getMessageProperties().getDeliveryTag(), false);
    } catch(Exception e) {
        channel.basicNack(msg.getMessageProperties().getDeliveryTag(), false, true);
        logger.info("接收失败: {}", e);
    }
}

@Override
@RabbitListener(queues="fanoutQueueOne")
public void fanoutOneReceive(Message msg, Channel channel) throws IOException {
    try {
        logger.info("接收成功--Fanout 交换机 fanoutQueueOne: {}", msg);
        channel.basicAck(msg.getMessageProperties().getDeliveryTag(), false);
    } catch(Exception e) {
        channel.basicNack(msg.getMessageProperties().getDeliveryTag(), false, true);
        logger.info("接收失败: {}", e);
```

```
        }
    }

    @Override
    @RabbitListener(queues="fanoutQueueTwo")
    public void fanoutTwoReceive(Message msg, Channel channel) throws IOException {
        try {
            logger.info("接收成功--Fanout 交换机 fanoutQueueTwo: {}", msg);
            channel.basicAck(msg.getMessageProperties().getDeliveryTag(), false);
        } catch(Exception e) {
            channel.basicNack(msg.getMessageProperties().getDeliveryTag(), false, true);
            logger.info("接收失败: {}", e);
        }
    }

}
```

9.4.6 API

RabbitMQ 消息发送与接收功能，以接口形式进行测试（代替测试用例），API 分别实现了 Direct、Fanout 和 Topic 3 种交换机的数据收发功能，并验证 Topic 交换机模糊匹配路由规则，以及 Fanout 交换机不匹配任何路由键，生产者消息发送至所有绑定到交换机的消息队列，Direct 交换机精确匹配路由规则。接口实现代码如下，具体参见代码文件 microservice-book 中 microservice-data 模块 /controller/RabbitMessageQueueController.java。

```
package com.company.microservicedata.controller;

import com.company.microservicedata.dto.MessageQueueInputDTO;
import org.springframework.web.bind.annotation.CrossOrigin;
import org.springframework.web.bind.annotation.RestController;
import org.springframework.web.bind.annotation.RequestMapping;
import org.springframework.web.bind.annotation.RequestMethod;
import org.springframework.web.bind.annotation.RequestBody;
import org.springframework.beans.factory.annotation.Autowired;

import io.swagger.annotations.Api;
import io.swagger.annotations.ApiImplicitParam;
import io.swagger.annotations.ApiOperation;

import com.company.microservicedata.service.*;

/**
 * RabbitMQ Test
 * @author xindaqi
 * @since 2020-12-02
```

```
 */
@CrossOrigin(origins="*", maxAge=3600)
@RestController
@RequestMapping("/v1/rabbitmq")
@Api(tags = "RabbitMQ")
public class RabbitMessageQueueController {

    @Autowired
    private IMessageQueueSendService messageQueueSendService;

    @RequestMapping(value="/test", method=RequestMethod.GET)
    @ApiOperation("添加 RabbitMAQ")
    public String test() {
        return "save";
    }

    @RequestMapping(value="/direct/string", method=RequestMethod.POST)
    @ApiOperation("Direct 发送 String")
    public String directSendString(@RequestBody String msg) {
        messageQueueSendService.directSendString(msg);
        return "save";
    }

    @RequestMapping(value="/direct/object", method=RequestMethod.POST)
    @ApiOperation("Direct 发送 Object")
    public String directSendObject(@RequestBody MessageQueueInputDTO msg) {
        messageQueueSendService.directSendObject(msg);
        return "save";
    }

    @RequestMapping(value="/topic/one", method=RequestMethod.POST)
    @ApiOperation("TopicExchange 发送消息")
    public String topicOneSend(@RequestBody String msg) {
        messageQueueSendService.topicOneSend(msg);
        return "save";
    }

    @RequestMapping(value="/topic/two", method=RequestMethod.POST)
    @ApiOperation("TopicExchange 发送消息")
    public String topicTwoSend(@RequestBody String msg) {
        messageQueueSendService.topicTwoSend(msg);
        return "save";
    }

    @RequestMapping(value="/topic/otm", method=RequestMethod.POST)
    @ApiOperation("TopicExchange 发送消息")
```

```
    public String topicManySend(@RequestBody String msg) {
        messageQueueSendService.topicManySend(msg);
        return "save";
    }

    @RequestMapping(value="/fanout/mtm", method=RequestMethod.POST)
    @ApiOperation("FanoutExchange 发送消息")
    public String fanoutSend(@RequestBody String msg) {
        messageQueueSendService.fanoutSend(msg);
        return "save";
    }

}
```

9.4.7 接口测试

接口测试采用 Swagger2 文档，如图 9.35 所示，图中展示了不同交换机收发消息的功能，由于接口成功返回结果均为 save，因此可以通过接口调用日志分析消息的收发状态以及消息内容。

图 9.35 RabbitMQ 测试接口

1. Direct 交换机收发消息

Direct 交换机收发消息是精确匹配，即一个路由规则完全匹配一个消息队列，以收发对象为例，测试结果如下。

```
 Direct 开始发送 Object 消息
 2020-12-13 02:55:08 [rabbitConnectionFactory1] [INFO] - MQ 消息送达 exchange
 2020-12-13 02:55:08 [rabbitConnectionFactory1] [INFO] - MQ 消息唯一标识：CorrelationData
[id=1eb02e4f-b056-46ec-8e7a-7a045ec872b9]
 2020-12-13 02:55:08
[org.springframework.amqp.rabbit.RabbitListenerEndpointContainer#5-1] [INFO] - 接收成
功--Direct Object 交换
 机：(Body:'[B@65f0d6c8(byte[166])' MessageProperties
[headers={spring_listener_return_correlation=81abdb4c-6030-4c61-a57e-22b01268bc1f,
```

```
spring_returned_message_correlation=1eb02e4f-b056-46ec-8e7a-7a045ec872b9},
contentType=application/x-java-serialized-object, contentLength=0,
receivedDeliveryMode=PERSISTENT, priority=0, redelivered=false,
receivedExchange=directExchange, receivedRoutingKey=drk.queue.object, deliveryTag=1,
consumerTag=amq.ctag-i8kfNhTsutbN8l7sUA7pAw, consumerQueue=directQueueObject])
```

由日志结果可知，生产者将消息成功发送至交换机，消息唯一标识为设定的 UUID，消费者成功从消息队列中获取消息，消息包括 Body 和 MessagePropeties，其中 Body 为实际传输的对象数据，MessageProperties 为消息属性，属性参数解析见表 9.7。

表 9.7　MessageProperties 属性参数解析

属性参数	描　述
spring_listener_return_correlation	Spring 监听器返回关联的 id
spring_returned_message_correlation	Spring 返回消息关联的 id
contentType	消息内容类型，为 Java 序列化的对象
contentLength	内容长度
receivedDeliveryMode	接收传递消息模式：持久化
priority	优先级
redelivered	消息重新传递标识
receivedExchange	接收消息的交换机
receivedRoutingKey	接收消息的路由键
deliveryTag	传送消息标记
consumerTag	消费者标记
consumerQueue	消费者消息队列

2. Fanout 交换机收发消息

Fanout 交换机将接收的消息传送到所有绑定到交换机的消息队列，以 FanoutExchange 发送消息接口测试结果为例进行分析，测试结果如下。

```
2020-12-13 03:26:39 [http-nio-8003-exec-9] [INFO] - Fanout 发送消息
2020-12-13 03:26:39
[org.springframework.amqp.rabbit.RabbitListenerEndpointContainer#3-1] [INFO] - 接收成
功--Fanout 交换机 fanoutQueueOne: (Body:'"fanout"' MessageProperties
[headers={spring_listener_return_correlation=81abdb4c-6030-4c61-a57e-22b01268bc1f,
spring_returned_message_correlation=59b0ea99-09af-44d9-bf61-0e29ea947ed5},
contentType=text/plain, contentEncoding=UTF-8, contentLength=0,
receivedDeliveryMode=PERSISTENT, priority=0, redelivered=false,
receivedExchange=fanoutExchange, receivedRoutingKey=, deliveryTag=2,
consumerTag=amq.ctag-qb84Ns2hsz4_plMv6NAXgg, consumerQueue=fanoutQueueOne])
2020-12-13 03:26:39
[org.springframework.amqp.rabbit.RabbitListenerEndpointContainer#4-1] [INFO] - 接收成
```

```
功--Fanout 交换机 fanoutQueueTwo: (Body:'"fanout"' MessageProperties
[headers={spring_listener_return_correlation=81abdb4c-6030-4c61-a57e-22b01268bc1f,
spring_returned_message_correlation=59b0ea99-09af-44d9-bf61-0e29ea947ed5},
contentType=text/plain, contentEncoding=UTF-8, contentLength=0,
receivedDeliveryMode=PERSISTENT, priority=0, redelivered=false,
receivedExchange=fanoutExchange, receivedRoutingKey=, deliveryTag=2,
consumerTag=amq.ctag-txrKh23GSrQ6hPL_tegBgQ, consumerQueue=fanoutQueueTwo])
 2020-12-13 03:26:39 [rabbitConnectionFactory2] [INFO] - MQ 消息送达 exchange
 2020-12-13 03:26:39 [rabbitConnectionFactory2] [INFO] - MQ 消息唯一标识: CorrelationData
[id=59b0ea99-09af-44d9-bf61-0e29ea947ed5]
```

由日志结果可知，Fanout 交换机接收到 Fanout 消息，并且将消息传送至与 fanoutExchange 交换机相连的所有消息队列 fanoutQueueOne 和 fanoutQueueTwo。

3. Topic 交换机收发消息

Topic 交换机将接收的消息传送到与路由键绑定的消息队列中，并且支持路由键模糊匹配，以 TopicExchange 发送消息接口/v1/rabbitmq/topic/one 测试结果为例进行分析，测试结果如下。

```
 2020-12-13 03:34:39 [http-nio-8003-exec-3] [INFO] - Topic 一对一并转发消息
 2020-12-13 03:34:39
[org.springframework.amqp.rabbit.RabbitListenerEndpointContainer#1-1] [INFO] - 接收成
功--Topic 交换机 queue_1: (Body:'"topic"' MessageProperties
[headers={spring_listener_return_correlation=81abdb4c-6030-4c61-a57e-22b01268bc1f,
spring_returned_message_correlation=66691320-7b76-4c08-b742-be528ecbc172},
contentType=text/plain, contentEncoding=UTF-8, contentLength=0,
receivedDeliveryMode=PERSISTENT, priority=0, redelivered=false,
receivedExchange=topicExchange, receivedRoutingKey=trk.queue_1, deliveryTag=1,
consumerTag=amq.ctag-I7NMlyHdxCugIW71y5sriQ, consumerQueue=queue_1])
 2020-12-13 03:34:39
[org.springframework.amqp.rabbit.RabbitListenerEndpointContainer#0-1] [INFO] - 接收成
功--Topic 交换机 queue_n: (Body:'"topic"' MessageProperties
[headers={spring_listener_return_correlation=81abdb4c-6030-4c61-a57e-22b01268bc1f,
spring_returned_message_correlation=66691320-7b76-4c08-b742-be528ecbc172},
contentType=text/plain, contentEncoding=UTF-8, contentLength=0,
receivedDeliveryMode=PERSISTENT, priority=0, redelivered=false,
receivedExchange=topicExchange, receivedRoutingKey=trk.queue_1, deliveryTag=1,
consumerTag=amq.ctag-zX3gPKObXqIelsjYUQxyOQ, consumerQueue=queue_n])
 2020-12-13 03:34:39 [rabbitConnectionFactory3] [INFO] - MQ 消息送达 exchange
 2020-12-13 03:34:39 [rabbitConnectionFactory3] [INFO] - MQ 消息唯一标识: CorrelationData
[id=66691320-7b76-4c08-b742-be528ecbc172]
```

由日志结果可知，传送到 TopicExchange 交换机的消息既发送到 queue_1 队列又发送到 queue_n 队列，由于 TopicExchange 交换机绑定了路由键 trk.queue_1 和 trk.#，Topic 支持模糊匹配，因此 queue_n 队列会匹配 trk.queue_1 路由键的消息。

9.5 小　　结

本章讲解了消息中间件，主要包括以下内容。

（1）消息中间件、消息队列。

（2）RabbitMQ 架构、交换机、部署、管理系统。

（3）Spring Boot 集成 RabbitMQ，RabbitMQ 连接配置、消息发送、消息监听和接口开发以及交换机工作模式的验证。

第 10 章

线程及线程池

本章讲解线程及线程池。线程是并发编程的基础，而并发编程是为提高软件性能而服务的，系统性能调优归根结底是与内存作“斗争”。因此，本章讲解如何利用内存资源——线程，提高软件的执行效率。多线程是开发中不可避免的话题，为了管理多线程，线程池技术应运而生，通过线程池对线程的生命周期进行管理，特别是在网络应用中，使用线程池技术可以大幅提高请求处理速度，减少创建线程和销毁线程的时间，提升服务响应速度，保证流畅的用户体验。

线程及线程池的创建和使用均是基于软件层面实现的，没有考虑到硬件层面，对于单核的中央处理器，每次只能执行一个任务，即一个线程。一般情况下，对于中央处理器，有几个核心，就有几个线程可以同时处理这些线程数的任务。因此，在使用多线程技术处理任务时，需要先考量硬件设备的支持。这里不深入探讨进程，只说明一点，线程是进程的组成部分，线程内存共享，而进程是内存独立的，因此在使用多线程时，需要考虑线程同步的问题，接下来进行详细讲解。

10.1 线　　程

线程是程序运行的基本单元，是中央处理单元（CPU）调度和分配的基本单位，按照计算机程序执行的角度分析，程序的执行是靠线程实现的，线程代表计算机的逻辑处理单元，CPU 执行程序的流程如图 10.1 所示。

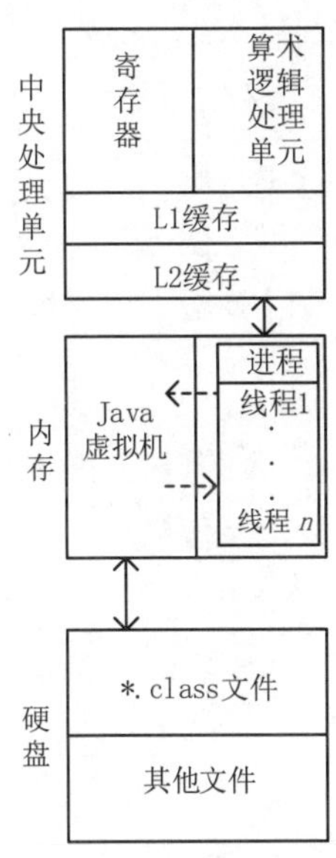

图 10.1　CPU 执行程序的流程

由图 10.1 可知，CPU 执行程序先从 L1 和 L2 级缓存中加载数据，若没有命中数据，则从内存中读取数据；若在内存中没有命中数据，则从外存（硬盘）中读取数据。这里以 Java 程序为例，说明程序执行的过程。当从硬盘中命中类文件（*.class）之后，将数据加载到 Java 虚拟机（JVM）中，JVM 通过本地方法创建和使用线程，因此线程独立于 JVM，向 CPU 申请计算资源，执行程序，完成逻辑处理。

线程是内存共享的，因此存在数据一致性的问题，即经典的线程同步问题。使用多线程要保证数据安全，线程同步是保证多线程操作数据安全的有效方案，线程同步方法见表 10.1。

表 10.1　线程同步方法

方　　法	描　　述
使用 synchronized 关键字	原子性操作，在变量处理时会对操作加锁，处理结束后，释放资源锁，进行其他处理时会等待锁释放才能执行操作，保证数据的一致
使用 volatile 关键字	保证变量操作后将数据直接刷新到主内存，虽然没有保证原子性，但使用 volatile 关键字修饰的变量从主存中读取数据，保证数据的一致

续表

方　法	描　述
使用 ReentrantLock	与 synchronized 功能类似，保证了原子性的同时引入了公平锁，即依据等待锁时间获取锁权限，等待时间越久，越先获取锁
使用 ThreadLocal	保证线程操作时，操作的变量从各自线程维护本地内存中读取，线程可以任意修改自己的变量副本，不会影响其他线程

线程的创建通过程序实现，在 Java 中使用线程有 4 种方式，分别为继承 Thread 类、实现 Runnable 接口、实现 Callable 接口和线程池创建线程。

10.1.1　继承 Thread 类

创建线程最基本的方法是继承 Thread 类，并重写 run()方法。通过源码可知，Thread 类实现了 Runnable 接口，实现代码如下，具体参见代码文件 java-basic-with-maven 中/thread/ ThreadTest.java。

```
package thread;

// 引入 Thread 类
import java.lang.Thread;

/**
 * 继承 Thread 类：新建线程
 * @author xindaqi
 * @since 2020-10-10
 */

public class ThreadTest extends Thread{
    // 构造方法
    public ThreadTest(){}

    // 重写 run()方法
    public void run(){
        for(int i = 0; i < 5; i++){
            try{
                /**
                 * 线程休眠：200ms
                 * 调用本地方法
                 */
                Thread.sleep(200);
            }catch(InterruptedException e){
                e.printStackTrace();
            }
            // 输出当前线程
            System.out.println("Thread:" + Thread.currentThread()+ ":" + i );
        }
```

```
    }

    // 主函数
    public static void main(String[] args){
        /**
         * 类实例化
         * 新建线程 thread1 和 thread2
         */
        ThreadTest thread1 = new ThreadTest();
        ThreadTest thread2 = new ThreadTest();
        /**
         * 线程执行
         * 调用同步方法（synchronized）start(),
         * 该同步方法调用本地方法 start()
         */
        thread1.start();
        thread2.start();

    }

}
```

运行结果如下。

```
Thread:Thread[Thread-0,5,main]:0
Thread:Thread[Thread-1,5,main]:0
Thread:Thread[Thread-0,5,main]:1
Thread:Thread[Thread-1,5,main]:1
Thread:Thread[Thread-0,5,main]:2
Thread:Thread[Thread-1,5,main]:2
Thread:Thread[Thread-0,5,main]:3
Thread:Thread[Thread-1,5,main]:3
Thread:Thread[Thread-0,5,main]:4
Thread:Thread[Thread-1,5,main]:4
```

由运行结果可知，通过继承 Thread 类，建立了两个线程 Thread-0 和 Thread-1，调用 start()方法开启线程执行任务。若直接调用 run()方法，则不会使用创建的线程，这是普通的方法调用。

10.1.2 实现 Runnable 接口

创建线程的第 2 种方式是实现 Runnable 接口，不直接继承 Thread 类，因为 Thread 类也是实现 Runnable 接口，这种方法是重新完成 Thread 实现 Runnable 接口，将实现 Runnable 接口的类实例化，作为 Thread 类的参数，实现代码如下，具体参见代码文件 java-basic-with-maven 中 /thread/RunnableTest.java。

```
package thread;
```

```
// 引入 Runnable 接口
import java.lang.Runnable;
// 引入 Thread 类
import java.lang.Thread;

/**
 * 实现 Runnable 接口：新建线程
 * @author xindaqi
 * @since 2020-10-10
 */

public class RunnableTest implements Runnable{

    // 重写 run()方法
    @Override
    public void run(){
        for(int i=0; i<5; i++){
            try{
                /**
                 * 线程休眠：200ms
                 * 调用本地方法
                 */
                Thread.sleep(200);
            }catch(InterruptedException e){
                e.printStackTrace();
            }
            // 输出当前线程
            System.out.println("Thread:" + Thread.currentThread() + ",i:" + i);
        }
    }

    // 主函数
    public static void main(String[] args){
        /**
         * 类实例化
         * 新建 Runnable 接口实例
         * 作为初始化 Thread 的参数
         */
        RunnableTest runnableTest1 = new RunnableTest();
        /**
         * 类实例化
         * 新建线程 thread1 和 thread2
         */
        Thread thread1 = new Thread(runnableTest1, "线程 1");
        Thread thread2 = new Thread(runnableTest1);
```

```
        /**
         * 线程执行
         * 调用同步方法（synchronized）start()，
         * 该同步方法调用本地方法 start()
         */
        thread1.start();
        thread2.start();
    }

}
```

运行结果如下。

```
Thread:Thread[线程 1,5,main],i:0
Thread:Thread[Thread-0,5,main],i:0
Thread:Thread[线程 1,5,main],i:1
Thread:Thread[Thread-0,5,main],i:1
Thread:Thread[线程 1,5,main],i:2
Thread:Thread[Thread-0,5,main],i:2
Thread:Thread[线程 1,5,main],i:3
Thread:Thread[Thread-0,5,main],i:3
Thread:Thread[线程 1,5,main],i:4
Thread:Thread[Thread-0,5,main],i:4
```

由运行结果可知，通过实现 Runnable 接口，创建了两个指定的线程：线程 1 和系统分配的线程 Thread-0，分别执行各自的任务。

10.1.3 实现 Callable 接口

第 3 种创建线程的方式是实现 Callable 接口，重写 call()方法，结合 FutureTask 类，将实现 Callable 接口的类实例作为 FutureTask 参数进行实例化，将该实例作为 Thread 类的参数，新建线程。实现代码如下，具体参见代码文件 java-basic-with-maven 中/thread/CallableTest.java。

```
package thread;

// 引入 Callable 接口
import java.util.concurrent.Callable;
// 引入 ExecutionException 类
import java.util.concurrent.ExecutionException;
// 引入 FutureTask 类
import java.util.concurrent.FutureTask;

/**
 * 实现 Runnable 接口：创建线程
 * @author xindaqi
 * @since 2020-10-10
```

```
 */

public class CallableTest implements Callable<String>{
    // 循环变量
    private int count = 10;

    // 重写 call()方法
    @Override
    public String call() throws Exception {
        for(int i = count; i > 0; i--) {
            System.out.println("Thread:" + Thread.currentThread() + ",count:" + i);
        }
        // 返回数据：字符串
        return "Empty";
    }

    // 主函数
    public static void main(String[] args) throws InterruptedException, ExecutionException{
        // 类实例化：返回字符串数据
        Callable<String> callable = new CallableTest();
        // 类实例化：以 Callable 接口实现类实例为参数
        FutureTask<String> futureTask = new FutureTask<>(callable);
        /**
         * 创建线程
         * 以 FutureTask 实例为 Thread 参数入参
         */
        Thread thread1 = new Thread(futureTask);
        Thread thread2 = new Thread(futureTask);
        /**
         * 线程执行
         * 调用同步方法（synchronized）start()
         * 该同步方法调用本地方法 start()
         */
        thread1.start();
        thread2.start();
        // 线程返回
        System.out.println("Future task:" + futureTask.get());
    }
}
```

运行结果如下。

```
Thread:Thread[Thread-0,5,main],count:10
Thread:Thread[Thread-0,5,main],count:9
Thread:Thread[Thread-0,5,main],count:8
Thread:Thread[Thread-0,5,main],count:7
Thread:Thread[Thread-0,5,main],count:6
```

```
Thread:Thread[Thread-0,5,main],count:5
Thread:Thread[Thread-0,5,main],count:4
Thread:Thread[Thread-0,5,main],count:3
Thread:Thread[Thread-0,5,main],count:2
Thread:Thread[Thread-0,5,main],count:1
Future task:Empty
```

由运行结果可知，创建了一个线程 Thread-0，完成任务之后，返回 Empty，此时任务执行结束，不会新建第 2 个线程。

线程池创建线程将作为一个单独的功能详细讲解。

10.2 线 程 池

线程是计算机执行任务的基础单元，无论开发者是否单独创建线程，计算机都会使用线程处理任务，为了与线程池形成对比，这里对线程执行任务的耗时做了抽象，线程处理任务耗时大致可分为 3 个时间段，即创建线程、线程执行任务和销毁线程，各个阶段耗时状况如图 10.2 所示，总时间为 $t=t_1+t_2+t_3$。每次使用线程时都需要创建和销毁线程，对于网络服务，如果 CPU 资源比较有限，线程的创建和销毁都要消耗 CPU 资源，对服务的响应造成一定影响，线程池就是为提高响应效率而产生的。

线程池，顾名思义，就是线程的池子，这个池子中存储已经创建并随时等待“召唤”的线程。线程池中的线程是活跃的线程，若使用线程池中的线程处理任务，各阶段耗时如图 10.3 所示，任务耗时总时间 $t=t_2$，省去了创建线程和销毁线程的时间，提高了任务处理的效率。

创建线程	线程执行任务	销毁线程
t_1	t_2	t_3

图 10.2　线程执行任务耗时

创建线程	线程执行任务	销毁线程
0	t_2	0

图 10.3　线程池执行任务耗时

Java 支持线程池全生命周期的使用，并提供了 4 种线程池，分别为固定线程数线程池、单线程线程池、缓存线程池和定时线程池，下面详细介绍。

10.2.1　固定线程数线程池

固定线程数线程池是在线程池中建立固定数量的线程，向该线程池提交任务时，只能使用这些固定数量的线程，当没有任务需要处理时，空闲的线程不会销毁，一直在线程池中。其实现代码如下，具体参见代码文件 java-basic-with-maven 中/thread/FixedPoolTest.java。

```
package thread;

// 引入 ExecutorService 类
import java.util.concurrent.ExecutorService;
```

```
// 引入 Executors 类
import java.util.concurrent.Executors;

/**
 * 线程池：新建固定数量的线程
 * @author xindaqi
 * @since 2020-10-10
 */
public class FixedPoolTest {

    // 主函数
    public static void main(String[] args) {
        // 新建线程池：指定线程数量为 3
        ExecutorService exs = Executors.newFixedThreadPool(3);

        for(int i = 0; i < 3; i++) {
            /**
             * 提交线程执行任务
             * 实现 Runnable 接口
             * 重写 run()方法
             * 在 run()方法中实现逻辑
             */
            exs.submit(
                new Runnable(){
                    @Override
                    public void run() {
                        for(int j = 0; j < 2; j++) {
                            System.out.println("Thread: " + Thread.currentThread() + ",j:" + j);
                        }
                    }
                }
            );
        }
        // 关闭线程池
        exs.shutdown();
    }

}
```

运行结果如下。

```
Thread: Thread[pool-1-thread-1,5,main],j:0
Thread: Thread[pool-1-thread-3,5,main],j:0
Thread: Thread[pool-1-thread-2,5,main],j:0
Thread: Thread[pool-1-thread-3,5,main],j:1
Thread: Thread[pool-1-thread-1,5,main],j:1
Thread: Thread[pool-1-thread-2,5,main],j:1
```

由运行结果可知，固定线程池建立了 3 个线程 pool-1-thread-1、pool-1-thread-2 和 pool-1-thread-3，提交的 3 个任务分别由这 3 个线程执行，测试样例在最后关闭了线程池，退出程序，正常后台服务无须关闭。

10.2.2 单线程线程池

单线程线程池是在线程池中只建立一个线程，当多个任务提交到线程池时，遵循先进先处理的原则，保证任务的顺序执行，任意时间不会有多个线程活动，但是执行效率较低。其实现代码如下，具体参见代码文件 java-basic-with-maven 中/thread/SinglePoolTest.java。

```
package thread;

// 引入 ExecutorService 类
import java.util.concurrent.ExecutorService;
// 引入 Executors 类
import java.util.concurrent.Executors;


/**
 * 线程池：新建单线程线程池
 * @author xindaqi
 * @since 2020-10-10
 */

public class SinglePoolTest {

    // 主函数
    public static void main(String[] args) {
        // 新建线程池：单线程线程池
        ExecutorService exs = Executors.newSingleThreadExecutor();

        for(int i = 0; i < 5; i++) {
            /**
             * 提交线程执行任务
             * 实现 Runnable 接口
             * 重写 run()方法
             * 在 run()方法中实现逻辑
             */
            exs.submit(
                new Runnable(){
                    @Override
                    public void run() {
                        for(int j = 0; j < 3; j++) {
                            System.out.println("Thread: " + Thread.currentThread() + ",j:" + j);
                        }
```

```
                }
            }
        );
    }
    // 关闭线程池
    exs.shutdown();

  }

}
```

运行结果如下。

```
Thread: Thread[pool-1-thread-1,5,main],j:0
Thread: Thread[pool-1-thread-1,5,main],j:1
Thread: Thread[pool-1-thread-1,5,main],j:2
Thread: Thread[pool-1-thread-1,5,main],j:0
Thread: Thread[pool-1-thread-1,5,main],j:1
Thread: Thread[pool-1-thread-1,5,main],j:2
```

由运行结果可知，线程池只建立了一个线程 pool-1-thread-1 处理任务，并且严格按照顺序执行任务，先后输出 0、1 和 2。

10.2.3 缓存线程池

缓存线程池建立的线程数量与任务成正比，若内存无限，最多可以建立 Integer.MAX_VALUE= $2^{31}-1$ 个线程，可最大限度地保证任务的执行，但是容易失控，导致内存溢出。缓存线程池有两种实现方式，即单线程缓存线程池和多线程缓存线程池，详细介绍如下。

1. 单线程缓存线程池

单线程缓存线程池是新建线程池后，直接使用 submit 方法提交任务，此时只有一个线程执行任务，单线程缓存线程池的基础使用的实现代码如下，具体参见代码文件 java-basic-with-maven 中 /thread/CachedPoolDirectTest.java。

```
package thread;

// 引入 ExecutorService 类
import java.util.concurrent.ExecutorService;
// 引入 Executors 类
import java.util.concurrent.Executors;

/**
 * 线程池：缓存线程池，实现单线程
 * @author xindaqi
 * @since 2020-10-10
```

```
 */

public class CachedPoolDirectTest {

    // 主函数
    public static void main(String[] args) throws Exception{
        // 新建线程池：缓存线程池，单线程形式
        ExecutorService cachedPool = Executors.newCachedThreadPool();

        for(int i = 0; i < 3; i++) {
            final int index = i;
            try{
                /**
                 * 线程休眠：200ms
                 * 调用本地方法
                 */
                Thread.sleep(index * 100);
            }catch(InterruptedException e) {
                e.printStackTrace();
            }

            /**
             * 提交线程执行任务
             * 实现 Runnable 接口
             * 重写 run()方法
             * 在 run()方法中实现逻辑
             */
            cachedPool.submit(new Runnable() {
                public void run() {
                    for(int j = 0; j < 2; j++){
                        System.out.println("Thread submit: " + Thread.currentThread() + ",j: " + j);
                    }
                }
            });
        }
        // 关闭线程池
        cachedPool.shutdown();

    }

}
```

运行结果如下。

```
Thread submit: Thread[pool-1-thread-1,5,main],j: 0
Thread submit: Thread[pool-1-thread-1,5,main],j: 1
```

```
Thread submit: Thread[pool-1-thread-1,5,main],j: 0
Thread submit: Thread[pool-1-thread-1,5,main],j: 1
Thread submit: Thread[pool-1-thread-1,5,main],j: 0
Thread submit: Thread[pool-1-thread-1,5,main],j: 1
```

由运行结果可知，缓存线程池单线程模式只创建了一个线程 pool-1-thread-1，因为线程创建后直接使用 submit 方法提交任务，所以线程池只有一个线程处理任务，这也为缓存线程池多线程创建提供了线索，使用多个 submit 方法即可创建多个任务所需的线程数量。

2. 多线程缓存线程池

多线程缓存线程池即调用多次 submit 方法，将建立的线程存储到 Future 类型的列表中，创建多线程缓存线程池的实现代码如下，具体参见代码文件 java-basic-with-maven 中/thread/CachedPoolCallableTest.java。

```
package thread;

// 引入 ExecutorService 类
import java.util.concurrent.ExecutorService;
// 引入 Executors 类
import java.util.concurrent.Executors;
// 引入 Callable 接口
import java.util.concurrent.Callable;
// 引入 Future 类
import java.util.concurrent.Future;
// 引入 List
import java.util.List;
// 引入 ArrayList
import java.util.ArrayList;

/**
 * 线程池：缓存线程池，实现多线程
 * @author xindaqi
 * @since 2020-10-10
 */

public class CachedPoolCallableTest {

    public static void main(String[] args) throws Exception{
        // 新建线程池：缓存线程池，实现多线程
        ExecutorService cachedPool = Executors.newCachedThreadPool();
        // 多线程：线程列表，存储线程
        List<Future<String>> futureLis = new ArrayList<Future<String>>();
        // 新建多线程：5 个线程
        for(int i = 0; i < 5; i++) {
            // 线程执行
            Future<String> futureTemp = cachedPool.submit(new taskExe(3));
```

```
            futureLis.add(futureTemp);
        }
        // 线程任务执行状态
        for(Future<String> futureLi : futureLis) {
            // 逻辑执行结束，获取线程执行返回结果
            while(!futureLi.isDone()) {
                System.out.println("Future: " + futureLi.get());
            }
        }
        // 关闭线程池
        cachedPool.shutdown();

    }

    /**
     * 实现 Callable 接口
     * 结合 FutureTask 新建线程
     * 重写 call()方法，执行逻辑
     */
    public static class taskExe implements Callable<String> {

        private int code;

        // 构造方法
        public taskExe(int code){
            this.code = code;
        }

        // 重写 call()方法
        @Override
        public String call() throws Exception {
            for(int i = code; i > 0; i--){
                System.out.println("Thread: " + Thread.currentThread() + "i: " + i);
            }
            // 返回：字符串
            return "finished";
        }
    }


}
```

运行结果如下。

```
Thread: Thread[pool-1-thread-1,5,main]i: 3
Thread: Thread[pool-1-thread-3,5,main]i: 3
Thread: Thread[pool-1-thread-2,5,main]i: 3
```

```
Thread: Thread[pool-1-thread-5,5,main]i: 3
Thread: Thread[pool-1-thread-4,5,main]i: 3
Thread: Thread[pool-1-thread-3,5,main]i: 2
Thread: Thread[pool-1-thread-1,5,main]i: 2
Thread: Thread[pool-1-thread-1,5,main]i: 1
Thread: Thread[pool-1-thread-3,5,main]i: 1
Thread: Thread[pool-1-thread-4,5,main]i: 2
Thread: Thread[pool-1-thread-4,5,main]i: 1
Thread: Thread[pool-1-thread-5,5,main]i: 2
Thread: Thread[pool-1-thread-2,5,main]i: 2
Thread: Thread[pool-1-thread-5,5,main]i: 1
Future: finished
Thread: Thread[pool-1-thread-2,5,main]i: 1
Future: finished
```

由运行结果可知，缓存线程池创建了 5 个线程 pool-1-thread-1~ pool-1-thread-5，执行不同的任务，多线程没有执行的先后顺序，各自取得资源后执行各自的任务。

10.2.4 定时线程池

定时线程池即线程池中的任务可以定时执行，并且 Java 提供了定时执行任务和定时定频执行任务，分别介绍如下。

1. 定时执行

定时执行即线程依据指定时间间隔执行任务，实现代码如下，具体参见代码文件 java-basic-with-maven 中/thread/ScheduledPoolFixedTest.java。

```
package thread;

// 引入 Executors 类
import java.util.concurrent.Executors;
// 引入 ScheduledExecutorService 接口
import java.util.concurrent.ScheduledExecutorService;
// 引入 TimeUnit 类
import java.util.concurrent.TimeUnit;
// 引入 LocalDateTime 类
import java.time.LocalDateTime;

/**
 * 线程池：定时线程池
 * @author xindaqi
 * @since 2020-10-10
 */
public class ScheduledPoolFixedTest {
```

```
    // 主函数
    public static void main(String[] args) {
        // 新建线程池：定时线程池
        ScheduledExecutorService ses = Executors.newScheduledThreadPool(3);
        // 当前时间
        System.out.println("Time start:" + LocalDateTime.now());
        /**
         * 定时任务：实现 Runnable 方接口
         * 重写 run()方法
         * 延迟 2s 执行
         * */
        ses.schedule(
            new Runnable() {
                @Override
                public void run() {
                    System.out.println("Delay 2 seconds");
                    System.out.println("Time end:" + LocalDateTime.now());
                }
            }, 2, TimeUnit.SECONDS);
        // 关闭线程
        ses.shutdown();
    }

}
```

运行结果如下。

```
Time start:2020-10-31T19:53:54.324
Delay 2 seconds
Time end:2020-10-31T19:53:56.328
```

由运行结果可知，定时线程在延迟 2s 后执行，任务开始时间为 19:53:54，任务结束时间为 19:53:56，间隔 2s 完成。

2. 定时定频执行

定时定频执行是在定时执行的基础上，添加指定频率，如每间隔 10s 执行一次任务，实现代码如下，具体参见代码文件 java-basic-with-maven 中/thread/ScheduledPoolCircleTest.java。

```
package thread;

// 引入 Executors 类
import java.util.concurrent.Executors;
// 引入 ScheduledExecutorService 接口
import java.util.concurrent.ScheduledExecutorService;
// 引入 TimeUnit 类
import java.util.concurrent.TimeUnit;
// 引入 LocalDateTime 类
```

```
import java.time.LocalDateTime;

/**
 * 线程池：定时线程池
 * @author xindaqi
 * @since 2020-10-10
 */
public class ScheduledPoolCircleTest {

    // 主函数
    public static void main(String[] args) {
        // 新建线程池：定时线程池
        ScheduledExecutorService ses = Executors.newScheduledThreadPool(3);
        // 当前时间
        System.out.println("Time start:" + LocalDateTime.now());

        /**
         * 定时任务：实现 Runnable 方接口
         * 重写 run()方法
         * 延迟 2s，并每隔 3s 执行
         * */
        ses.scheduleAtFixedRate(
            new Runnable() {
                @Override
                public void run() {
                    System.out.println("Delay 2 seconds and executive in every 3 seconds.");
                    System.out.println("Time end:" + LocalDateTime.now());
                }
            }, 2, 3, TimeUnit.SECONDS);
        // ses.shutdown();

    }

}
```

运行结果如下。

```
Time start:2020-10-31T20:01:17.166
Delay 2 seconds and executive in every 3 seconds.
Time end:2020-10-31T20:01:19.170
Delay 2 seconds and executive in every 3 seconds.
Time end:2020-10-31T20:01:22.170
Delay 2 seconds and executive in every 3 seconds.
Time end:2020-10-31T20:01:25.171
Delay 2 seconds and executive in every 3 seconds.
Time end:2020-10-31T20:01:28.171
…
```

由运行结果可知，任务延迟 2s 执行，并以 3s 的频率延迟 2s 执行下一次任务，可以实现定时任务的循环执行，解决了仅定时执行一次性的问题。

10.3 Spring Boot 集成线程池

上一节介绍了如何创建线程池并使用线程池中的线程，在后台开发中可以通过 Spring Boot 集成线程池，通过注解@EnableAsync 将线程池类交给 Spring 管理，并通过注解@Async 在指定方法上调用线程池中的线程，执行方法中的逻辑。

10.3.1 线程池参数及任务执行流程

Spring Boot 初始化线程池需要配置线程池参数，主要参数有核心线程数、最大线程数、活跃时间和队列容量等，详细解析见表 10.2。

表 10.2 线程池参数解析

参 数	描 述
核心线程数（corePoolSize）	默认的线程数量，即空闲线程数量，没有任务执行时内存中存活的线程数量。当设置 allowCoreThreadTimeout=true 时（默认为 false），核心线程超时会自动关闭
最大线程数（maxPoolSize）	线程池中最大的线程数，内存中： （1）当前线程数≥corePoolSize 且任务队列已满时，线程池会创建新线程处理任务； （2）当前线程数=maxPoolSize 且任务队列已满时，线程池会拒绝处理任务并抛出异常
活跃时间（keepAliveTime）	线程空闲时间，当线程空闲时间达到 keepAliveTime 时，多余的线程会退出，内存中存活的线程数为 corePoolSzie，若 allowCoreThreadTimeout=ture 时，会关闭所有超时线程
队列容量（queueCapacity）	处理任务的队列，线程执行的任务是从建立的任务队列中读取的，当任务队列达到队列容量最大值时，后面的任务会出现阻塞，先进入队列的任务先执行
线程超时标识位（allowCoreThreadTimeout）	false 为允许核心线程超时，true 为关闭所有超时线程
任务拒绝处理句柄（rejectedExecutionHandler）	线程数达到 maxPoolSize 且队列已满时，拒绝新任务，线程池关闭后，等待线程池中任务执行完毕再关闭，如果调用 shutdown 和线程池真正 shutdown 之间提交的任务，会拒绝新任务

任务是在内存中执行的，默认情况下，是内存中主线程执行任务，线程池中的多个线程在内存中调度任务执行流程如图 10.4 所示。

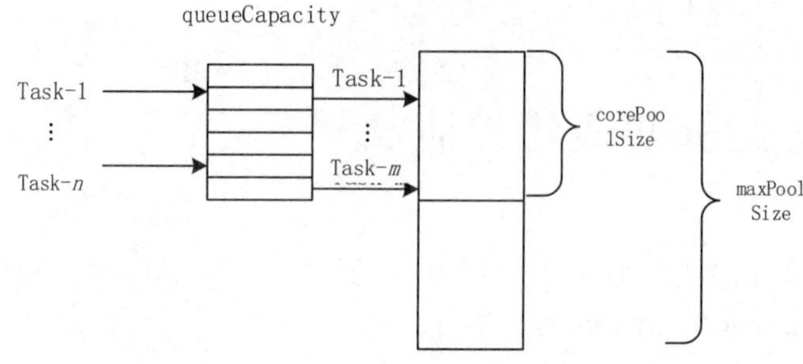

图 10.4 线程池多线程执行任务流程

由图 10.4 可知，线程池多线程执行任务时，所有的任务先通过队列，线程从队列中获取待执行的任务，若进入队列的任务数量超过队列最大值，任务进入排队状态，线程从任务队列中执行任务，当任务数量大于核心线程数时，会新建线程，直到达到最大线程数，当任务执行结束后，线程池中会保留核心线程数个线程，等待下次的任务执行。

10.3.2 参数配置及参数获取

Spring Boot 中通过配置文件 application.yml 设置线程池参数，代码如下，具体参见代码文件 microservice-book 中 microservice-user 模块/resources/application.yml。

```
task:
  pool:
    corePoolSize: 3 # 核心线程数
    maxPoolSize: 5 # 最大线程数
    keepAliveSeconds: 300 # 线程活跃时间
    queueCapacity: 30 # 队列容量
```

分别设置核心线程数、最大线程数、线程活跃时间和队列容量，通过属性注解@ConfigurationProperties 获取参数，代码如下，具体参见代码文件 microservice-book 中 microservice-user 模块/config/ThreadPoolConfig.java。

```
package com.company.microserviceuser.config;

import org.springframework.boot.context.properties.ConfigurationProperties;

/**
 * Thread pool configuration
 * 线程池参数获取
 * 通过注解@ConfigurationProperties 获取配置文件中的数据
 * 由于参数较多，因此代替@Value 注解获取配置参数
 * @author xindaqi
 * @since 2020-10-17
```

```
 */
@ConfigurationProperties(prefix = "task.pool")
public class ThreadPoolConfig {

    private Integer corePoolSize;

    private Integer maxPoolSize;

    private Integer keepAliveSeconds;

    private Integer queueCapacity;

    public void setCorePoolSize(Integer corePoolSize) {
        this.corePoolSize = corePoolSize;
    }
    public Integer getCorePoolSize() {
        return corePoolSize;
    }

    public void setMaxPoolSize(Integer maxPoolSize) {
        this.maxPoolSize = maxPoolSize;
    }
    public Integer getMaxPoolSize() {
        return maxPoolSize;
    }

    public void setKeepAliveSeconds(Integer keepAliveSeconds) {
        this.keepAliveSeconds = keepAliveSeconds;
    }
    public Integer getKeepAliveSeconds() {
        return keepAliveSeconds;
    }

    public void setQueueCapacity(Integer queueCapacity) {
        this.queueCapacity = queueCapacity;
    }
    public Integer getQueueCapacity() {
        return queueCapacity;
    }

}
```

10.3.3 配置线程池

Spring Boot 结合 Java 原生线程池，通过注解@EnableAsync 将线程池执行类交给 Spring 管理，读取配置参数初始化线程池。这里为辨识线程池，为线程池中的线程添加了线程前缀 MyThreadPool-，表示线程来自自定义线程池。若方法调用了线程池，可以在日志中看到该线程前缀，实现代码如下，具体参见代码文件 microservice-book 中 microservice-user 模块/utils/ThreadPoolExecutorUtil.java。

```
package com.company.microserviceuser.utils;

import com.company.microserviceuser.config.ThreadPoolConfig;

import org.springframework.beans.factory.annotation.Autowired;
import org.springframework.context.annotation.Bean;
import org.springframework.context.annotation.Configuration;
import org.springframework.scheduling.annotation.EnableAsync;
import org.springframework.scheduling.concurrent.ThreadPoolTaskExecutor;

import java.util.concurrent.Executor;
import java.util.concurrent.ThreadPoolExecutor;

/**
 * Thread pool execute
 * 线程池初始化
 * 创建 Bean 交给 Spring 管理
 * 方便调用
 * @author xindaqi
 * @since 2020-10-17
 */
@Configuration
@EnableAsync
public class ThreadPoolExecutorUtil {
    @Autowired
    private ThreadPoolConfig threadPoolConfig;

    @Bean
    public Executor threadPoolExecutorExe() {
        //创建线程池
        ThreadPoolTaskExecutor executor = new ThreadPoolTaskExecutor();
        // 设置核心线程数
        executor.setCorePoolSize(threadPoolConfig.getCorePoolSize());
        // 设置最大线程数
        executor.setMaxPoolSize(threadPoolConfig.getMaxPoolSize());
        // 设置线程活跃时间
        executor.setKeepAliveSeconds(threadPoolConfig.getKeepAliveSeconds());
        //设置任务队列尺寸
        executor.setQueueCapacity(threadPoolConfig.getQueueCapacity());
        // 设置线程前缀名称
        executor.setThreadNamePrefix("MyThreadPool-");
        // 设置任务拒绝句柄
        executor.setRejectedExecutionHandler(new ThreadPoolExecutor.CallerRunsPolicy());
```

```
        // 初始化
        executor.initialize();
        return executor;
    }
}
```

10.3.4 线程池实现

Spring Boot 初始化线程池之后，通过@Async 注解作用在方法上，即可利用多线程执行该方法中的逻辑，遵循开闭原则和面向接口编程，将接口和实现分开。

1. 接口

面向接口编程同时遵循开闭原则，将线程池服务编码为接口，通过接口达到高内聚、低耦合的目的，在接口中定义方法。以线程池批量数据处理方法为例，接口和方法定义的代码如下，具体参见代码文件 microservice-book 中 microservice-user 模块/service/IThreadPoolService.java。

```
package com.company.microserviceuser.service;

import java.util.List;

/**
 * Threadpool service
 * 线程池接口
 * @author xindaqi
 * @since 2020-10-16
 */

public interface IThreadPoolService {

    /**
     * 数据处理
     * @param params
     */
    public void dataProcessBatch(List<Integer> params);

}
```

2. 接口实现

线程池接口实现，为使用线程池处理方法中的逻辑，在实现类的上方加 @Async 注解，此方法在执行时会自动调用线程池处理逻辑，实现代码如下，具体参见代码文件 microservice-book 中 microservice-user 模块/impl/ThreadPoolServiceImpl.java。

```
package com.company.microserviceuser.service.impl;
```

```
import org.springframework.stereotype.Service;
import org.springframework.scheduling.annotation.Async;
import org.slf4j.Logger;
import org.slf4j.LoggerFactory;

import java.util.List;
import java.util.ArrayList;
import java.util.concurrent.TimeUnit;

import com.company.microserviceuser.service.IThreadPoolService;

/**
 * Threadpool service implements
 * 线程池实现
 * @author xindaqi
 * @since 2020-10-16
 */
@Service
public class ThreadPoolServiceImpl implements IThreadPoolService{

    static Logger logger = LoggerFactory.getLogger(ThreadPoolServiceImpl.class);

    /**
     * 批量数据处理
     * 通过@Async 注解，调用线程池
     * @param 参数列表
     */
    @Override
    @Async
    public void dataProcessBatch(List<Integer> params) {
        logger.info("Start asynchronized task");
        try {
            List<Integer> processData = new ArrayList<>();
            // 使用 Lambda 表达式遍历参数列表
            params.forEach(data -> {
                Integer process = data + 1;
                processData.add(process);
            });
            // 时间延迟：8s
            TimeUnit.SECONDS.sleep(8);
            // 控制台输出处理结果
            System.out.println("Data:" + processData);

        }catch(Exception e) {
            e.printStackTrace();
            System.out.println("Error: " + e.getMessage());
```

```
        }
        logger.info("End asynchronized task");
    }

}
```

10.3.5 API

由于线程池测试用例没有涉及数据库操作，完成服务层（Service Layer）的接口及接口实现开发，即可在控制层（Controller Layer）开发 RESTful API，对外提供接口功能，接口信息见表 10.3。

表 10.3 线程池批数据处理接口

属 性	描 述
资源定位符（URI）	/api/v1/threadpool/calculate
请求方法（Method）	POST
请求数据（Body）	{ "data":[1,2,3,4,5] }

接口实现代码如下，具体参见代码文件 microservice-book 中 microservice-user 模块/controller/ThreadPoolController.java。

```
package com.company.microserviceuser.controller;

import org.springframework.web.bind.annotation.CrossOrigin;
import org.springframework.web.bind.annotation.RequestMapping;
import org.springframework.web.bind.annotation.RequestBody;
import org.springframework.web.bind.annotation.RestController;
import org.springframework.web.bind.annotation.RequestMethod;
import org.springframework.beans.factory.annotation.Autowired;

import com.company.microserviceuser.service.IThreadPoolService;
import com.company.microserviceuser.vo.common.*;
import java.util.List;
import java.util.Map;

/**
 * Thread pool test
 * 线程池测试接口
 * @author xindaqi
 * @since 2020-10-26
 */
@CrossOrigin(origins = "*", maxAge = 3600)
```

```
@RestController
@RequestMapping("/api/v1/threadpool")
public class ThreadPoolController {

    // 线程池处理服务自动装配
    @Autowired
    private IThreadPoolService threadPoolService;

    /**
     * 利用线程池处理列表数据
     * @param params
     * @return
     */
    @RequestMapping(value = "/calculate", method = RequestMethod.POST)
    public String threadPoolTest(@RequestBody Map params) {

        List<Integer> data = (List)params.get("data");
        // 创建 3 个任务
        for(int i=0; i<3; i++) {
            // 调用线程池：数据批量处理
            threadPoolService.dataProcessBatch(data);
        }

        return "success";

    }

}
```

10.3.6 接口测试

接口测试使用了 Postman 测试工具，没有使用 Swagger2 这种在线接口文档，是因为后台服务会有多个环境，如开发环境、测试环境、预发布环境和正式（生产）环境，Swagger2 可以在开发环境、测试环境及预发布环境中使用，但是禁止在正式（生产）环境中使用。因此，建议开发者要首先学会使用 Postman 工具测试接口，本次测试线程池批量处理数据使用 Postman 测试。

1. Postman 测试接口

线程批处理数据接口由表 10.3 中的描述可在 Postman 中构造请求，构造结果如图 10.5 所示，启动 Spring Boot 微服务中的 User 单体服务，单击 Send 按钮发送请求，请求结果为字符串 success，表示接口正常返回，此接口没有使用统一数据返回。

图 10.5　线程池数据处理接口构造

2．输出结果

请求接口，接口返回 success，控制台输出的处理结果如下。

```
2020-10-31 20:42:29 [MyThreadPool-1] [INFO] - Start asynchronized task
2020-10-31 20:42:29 [MyThreadPool-2] [INFO] - Start asynchronized task
2020-10-31 20:42:29 [http-nio-8888-exec-1] [INFO] - ===Api call aspect do after.===
2020-10-31 20:42:29 [MyThreadPool-3] [INFO] - Start asynchronized task
data:[2, 3, 4, 5, 6]
data:[2, 3, 4, 5, 6]
data:[2, 3, 4, 5, 6]
2020-10-31 20:42:37 [MyThreadPool-3] [INFO] - End asynchronized task
2020-10-31 20:42:37 [MyThreadPool-1] [INFO] - End asynchronized task
2020-10-31 20:42:37 [MyThreadPool-2] [INFO] - End asynchronized task
```

由处理结果可知，线程池建立了 3 个线程，由 10.3.2 节参数配置中的线程前缀 MyThreadPool-可知，批量数据处理接口中的方法调用了线程池，处理结果 data 分别完成了加 1，完成线程池测试。

10.4　小　　结

本章讲解了线程、线程池技术原理和应用，主要包括以下内容。

（1）线程创建的 4 种方式（继承 Thread 类、实现 Runnable 接口、实现 Callable 和线程池）以及线程的使用。

（2）线程池创建的 4 种方式（固定线程数、单线程、缓存线程、定时线程）、线程池参数简介以及线程池的使用。

（3）Spring Boot 集成线程池（配置线程池参数、线程池初始化、线程任务调用和接口开发）。

第 11 章

统一数据处理

本章讲解统一数据处理的内容。在后台项目中，统一数据处理主要包括 3 个方面：统一数据校验、统一数据返回、统一异常处理。其中，统一数据校验是通过注解对方法的入参自动化校验，而不用手动逐一校验参数；统一数据返回即预先定义完整的返回数据结构，然后依据业务场景，将查询的数据填充到统一的数据结构中；统一异常处理是全局捕获异常，并对异常进行处理，保证接口返回的信息是友好且易于理解的，对接口的异常信息进行统一管控。

11.1 数据校验

数据校验是方法入参的校验，通常有两种校验方式：一种是对传入的数据逐一手动校验，判断是否为空对象、数据是否为空等，这种方式最容易使用，并且简单易理解，但当传入的参数较多时，会出现大量的判断逻辑，影响开发效率；另一种更简单的方法，即注解，在每个入参上添加数据判断注解，通过注解实现参数的自动化校验，当然，数据校验不能拘泥于某种形式，而应该根据实际情况选择。

11.1.1 单独校验

单独数据校验是在参数传入 Controller 层接口（API）时，手动逐一校验数据，如检验数据是否为空对象、是否为空数据、数据格式是否正确等。以登录接口入参为例，手动校验参数，入参实现代码如下，具体参见代码文件 microservice-book 中 microservie-user 模块/dto/LoginInputDTO.java。

```
package com.company.microserviceuser.dto;

import io.swagger.annotations.ApiModel;
import io.swagger.annotations.ApiModelProperty;

import javax.validation.constraints.NotBlank;
import javax.validation.constraints.NotNull;
import java.io.Serializable;

/**
 * 用户注册入参
 *
 * @author xindaqi
 * @since 2020-10-08
 */
@ApiModel(description = "用户注册")
public class LoginInputDTO implements Serializable {

    private static final long serialVersionUID = -1710037905741402306L;

    @ApiModelProperty(value = "用户名", position = 1)
    private String username;

    @ApiModelProperty(value = "密码", position = 2)
    private transient String password;

    public void setUsername(String username){
```

```
        this.username = username;
    }
    public String getUsername(){
        return username;
    }

    public void setPassword(String password){
        this.password = password;
    }
    public String getPassword(){
        return password;
    }

    @Override
    public String toString() {
        return "LoginInputDTO{" +
                "username='" + username + '\'' +
                ", password='" + password + '\'' +
                '}';
    }
}
```

入参校验在 Controller 层进行，以登录接口入参手动校验为例，校验代码如下，具体参见代码文件 microservice-book 中 microservice-user 模块/controller/UserController.java。

```
package com.company.microserviceuser.controller;

import com.company.microserviceuser.exception.MyException;
import org.springframework.web.bind.annotation.*;
import org.springframework.beans.BeanUtils;
import org.springframework.beans.factory.annotation.Autowired;
import org.slf4j.Logger;
import org.slf4j.LoggerFactory;
import org.springframework.security.crypto.bcrypt.BCryptPasswordEncoder;
import com.github.pagehelper.PageInfo;

import io.swagger.annotations.Api;
import io.swagger.annotations.ApiImplicitParam;
import io.swagger.annotations.ApiOperation;

import com.company.microserviceuser.dto.*;
import com.company.microserviceuser.enums.MyCodeEnums;
import com.company.microserviceuser.service.*;
import com.company.microserviceuser.vo.common.*;
import com.company.microserviceuser.vo.*;
import com.company.microserviceuser.dos.*;
import com.company.microserviceuser.utils.*;
```

```
import javax.validation.Valid;
import java.util.List;

import static com.company.microserviceuser.constant.StringConstant.DATE_Y_M_D_H_M_S;
import com.company.microserviceuser.constant.*;
/**
 * UserController API.
 * @author xindaqi
 * @since 2020-10-26
 */
@CrossOrigin(origins = "*", maxAge = 3600)
@RestController
@RequestMapping("/api/v1/user")
@Api(tags = "人员信息")
public class UserController {

    private static Logger logger = LoggerFactory.getLogger(UserController.class);

    @Autowired
    private TimeProcessUtil timeProcessUtil;

    @Autowired
    private IUserService userService;

    @Autowired
    private BCryptPasswordEncoder passwordEncoderCrypt;

    @PostMapping(value = "/login")
    @ApiOperation(value = "登录")
    @ApiImplicitParam(name = "params", value = "用户信息", dataType = "LoginInputDTO",
paramType = "body")
    public ResponseVO<String> login(@RequestBody @Valid LoginInputDTO params) throws
MyException {
        if( null == params.getUsername()) {
            throw new MyException(MyCodeEnums.USERNAME_INVALID.getCode(), MyCodeEnums.
USERNAME_INVALID.getMsg());
        }

        if( null == params.getPassword()) {
            throw new MyException(MyCodeEnums.PASSWORD_INVALID.getCode(), MyCodeEnums.
PASSWORD_INVALID.getMsg());
        }

        if( params.getUsername().isEmpty() ) {
            throw new MyException(MyCodeEnums.USERNAME_EMPTY.getCode(), MyCodeEnums.
USERNAME_EMPTY.getMsg());
```

```
        }

        if( params.getPassword().isEmpty()) {
            throw new MyException(MyCodeEnums.PASSWORD_EMPTY.getCode(), MyCodeEnums.
PASSWORD_EMPTY.getMsg());
        }

        LoginOutputDTO loginOutputDTO = userService.login(params);
        if(null == loginOutputDTO) {
            throw new MyException(MyCodeEnums.USERNAME_PASSWORD_ERROR.getCode(),
MyCodeEnums.USERNAME_PASSWORD_ERROR.getMsg());
        }
        String passwordInDatabase = loginOutputDTO.getPassword();
        String passwordFromUser = params.getPassword();
        Boolean passwordCmp = passwordEncoderCrypt.matches(passwordFromUser,
passwordInDatabase);
        if(Boolean.TRUE.equals(passwordCmp)) {
            return new ResponseVO<String>().ok(MyCodeEnums.LOGIN_SUCCESSFUL.getMsg());
        }
        return new ResponseVO<String>().invalid(MyCodeEnums.USERNAME_PASSWORD_ERROR.getMsg());

    }


}
```

接口中使用的自定义枚举数据如下，具体参见代码文件 microservice-book 中 microservie-user 模块/enums/MyCodeEnums.java。

```
package com.company.microserviceuser.enums;

/**
 * 自定义枚举
 *
 * @author xindaqi
 * @since 2020-01-01
 */

public enum MyCodeEnums {

    USERNAME_PASSWORD_ERROR(5000, "用户名或密码错误"),
    USERNAME_EMPTY(5001, "用户名不能为空"),
    USERNAME_INVALID(5002, "请输入用户名"),
    PASSWORD_EMPTY(5003, "密码不能为空"),
    PASSWORD_INVALID(5004, "请输入密码"),
    LOGIN_SUCCESSFUL(200, "登录成功"),
    ;
```

```
    /**
     * 编码
     */
    private Integer code;

    /**
     * 描述信息
     */
    private String msg;

    MyCodeEnums(Integer code, String msg) {
        this.code = code;
        this.msg = msg;
    }

    public Integer getCode() {
        return code;
    }

    public String getMsg() {
        return msg;
    }

}
```

11.1.2 统一校验

统一数据校验是在定义数据实体时添加校验注解，代码如下，具体参见代码文件 microservice-book 中 microservice-user 模块/dto/LoginInputDTO.java。

```
package com.company.microserviceuser.dto;

import io.swagger.annotations.ApiModel;
import io.swagger.annotations.ApiModelProperty;

import javax.validation.constraints.NotBlank;
import javax.validation.constraints.NotNull;
import java.io.Serializable;

/**
 * 用户注册入参
 *
 * @author xindaqi
 * @since 2020-10-08
 */
```

```
@ApiModel(description = "用户注册")
public class LoginInputDTO implements Serializable {

    private static final long serialVersionUID = -1710037905741402306L;

    @ApiModelProperty(value = "用户名", position = 1)
    @NotNull
    @NotBlank(message = "用户名不能为空")
    private String username;

    @ApiModelProperty(value = "密码", position = 2)
    @NotNull
    @NotBlank(message = "密码不能为空")
    private transient String password;

    public void setUsername(String username){
        this.username = username;
    }
    public String getUsername(){
        return username;
    }

    public void setPassword(String password){
        this.password = password;
    }
    public String getPassword(){
        return password;
    }

    @Override
    public String toString() {
        return "LoginInputDTO{" +
                "username='" + username + '\'' +
                ", password='" + password + '\'' +
                '}';
    }
}
```

仍以用户登录接口为例，使用统一校验后，登录 Controller 层接口的代码如下，具体参见代码文件 microservice-book 中 microservice-user 模块/controller/UserController.java。

```
package com.company.microserviceuser.controller;

import com.company.microserviceuser.exception.MyException;
import org.springframework.web.bind.annotation.*;
import org.springframework.beans.BeanUtils;
import org.springframework.beans.factory.annotation.Autowired;
```

```
import org.slf4j.Logger;
import org.slf4j.LoggerFactory;
import org.springframework.security.crypto.bcrypt.BCryptPasswordEncoder;
import com.github.pagehelper.PageInfo;

import io.swagger.annotations.Api;
import io.swagger.annotations.ApiImplicitParam;
import io.swagger.annotations.ApiOperation;

import com.company.microserviceuser.dto.*;
import com.company.microserviceuser.enums.MyCodeEnums;
import com.company.microserviceuser.service.*;
import com.company.microserviceuser.vo.common.*;
import com.company.microserviceuser.vo.*;
import com.company.microserviceuser.dos.*;
import com.company.microserviceuser.utils.*;

import javax.validation.Valid;
import java.util.List;

import static com.company.microserviceuser.constant.StringConstant.DATE_Y_M_D_H_M_S;
import com.company.microserviceuser.constant.*;
/**
 * UserController API
 * @author xindaqi
 * @since 2020-10-26
 */
@CrossOrigin(origins = "*", maxAge = 3600)
@RestController
@RequestMapping("/api/v1/user")
@Api(tags = "人员信息")
public class UserController {

    private static Logger logger = LoggerFactory.getLogger(UserController.class);

    @Autowired
    private TimeProcessUtil timeProcessUtil;

    @Autowired
    private IUserService userService;

    @Autowired
    private BCryptPasswordEncoder passwordEncoderCrypt;

    @PostMapping(value = "/login")
    @ApiOperation(value = "登录")
```

```
    @ApiImplicitParam(name = "params", value = "用户信息", dataType = "LoginInputDTO",
paramType = "body")
    public ResponseVO<String> login(@RequestBody @Valid LoginInputDTO params) throws
MyException {

        LoginOutputDTO loginOutputDTO = userService.login(params);
        if(null == loginOutputDTO) {
            throw new MyException(MyCodeEnums.USERNAME_PASSWORD_ERROR.getCode(),
MyCodeEnums.USERNAME_PASSWORD_ERROR.getMsg());
        }
        String passwordInDatabase = loginOutputDTO.getPassword();
        String passwordFromUser = params.getPassword();
        Boolean passwordCmp = passwordEncoderCrypt.matches(passwordFromUser,
passwordInDatabase);
        if(Boolean.TRUE.equals(passwordCmp)) {
            return new ResponseVO<String>().ok(MyCodeEnums.LOGIN_SUCCESSFUL.getMsg());
        }
        return new ResponseVO<String>().invalid(MyCodeEnums.USERNAME_PASSWORD_ERROR.
getMsg());

    }


}
```

对比手动校验参数和统一校验参数的 Controller 层接口可知，手动校验参数需要每次在使用参数时增加数据校验逻辑，增加了代码量，特别是入参实体的属性较多的情况，会出现大量的校验代码；而使用统一校验方式，只需要在定义实体属性时在需要校验的属性上添加@NotNull 注解和@NotBlank 注解，其中，@NotNull 是判断空对象，@NotBlank 是判断空数据，使用注解解放了生产力，提高了开发效率。对于数据校验，需要依据实际的业务场景，确定使用哪种实现方式。

11.2 统一数据返回

统一数据返回是指接口返回的数据结构（实体）进行统一配置，返回时，在返回的数据结构中填充需要返回的数据即可，无须重新构造数据结构，提高了开发效率。使用统一返回的数据结构，需要两部分数据：一部分是枚举数据，另一部分是实体数据结构。其中，枚举数据中定义返回和对应的描述信息；实体数据结构中定义返回的具体数据以及数据数量等信息。

11.2.1 枚举类型

枚举数据的作用是定义统一返回的表示编码以及当前返回结果的描述，一般统一的编码和描述信息依据各个业务板块或公司标准编写，开发中常用的统一返回编码和描述见表 11.1。

表 11.1　统一返回编码和描述

编码（code）	描述（msg）
200	成功
4000	失败
4001	空数据
4002	数据无效
4003	未授权
4004	计算异常
4005	空指针异常

由表 11.1 可知，统一返回的枚举包含两个属性，即 code 和 msg，实现代码如下，具体参见代码文件 microservice-book 中 microservie-user 模块/enums/ResponseCodeEnums.java。

```
package com.company.microserviceuser.enums;

/**
 * Uniform code response
 * @author xindaqi
 * @since 2020-10-26
 */

public enum ResponseCodeEnums {

    SUCCESS(200, "成功"),
    FAIL(4000, "失败"),
    EMPTY(4001, "空数据"),
    INVALID(4002, "数据无效"),
    UNAUTHENTATION(4003, "未授权"),
    ARITHMETICEXCEPTION(4004, "计算异常"),
    NULLPOINTEREXCEPTION(4005, "空指针异常"),
    ;

    /**
     * 编码
     */
    private Integer code;

    /**
```

```
     * 描述信息
     */
    private String msg;

    ResponseCodeEnums(Integer code, String msg) {
        this.code = code;
        this.msg = msg;
    }

    public Integer getCode() {
        return code;
    }

    public String getMsg() {
        return msg;
    }

}
```

上述定义的枚举可以在具有相似属性的返回中使用，如果不满足当前业务需求，同样可以在代码中添加，也可以在自定义的枚举中重新定义枚举，如 11.1.1 小节中自定义的枚举。

11.2.2 统一返回实体

统一返回实体是接口最终返回的数据，通常包括 4 个部分，分别为编码（code）、状态描述（msg）、数据（data）和数据数量（total）。不同的业务功能，返回的数据接口会有所不同，但都是以统一数据实体返回，通过配置文件过滤空对象（null），这样返回到前端的数据只会接收到含有数据的数据结构。统一返回实体的实现代码如下，具体参见代码文件 microservice-book 中 microservice-user 模块/vo/common/ ResponseVO.java。

```
package com.company.microserviceuser.vo.common;

import com.company.microserviceuser.enums.*;

import java.io.Serializable;

/**
 * Uniform response
 * @author xindaqi
 * @since 2020-10-26
 */

public class ResponseVO<T> implements Serializable {

    private static final long serialVersionUID = -9015277347354843481L;
```

```
/**
 * 编码
 */
private Integer code;

/**
 * 描述信息
 */
private String msg;

/**
 * 数据总数量
 */
private Long total;

/**
 * 数据实体
 */
private T data;

public ResponseVO() {}

public ResponseVO(Integer code, String msg) {
    this.code = code;
    this.msg = msg;
}

public ResponseVO(Integer code, String msg, T data) {
    this.code = code;
    this.msg = msg;
    this.data = data;
}

public ResponseVO(Integer code, String msg, T data, Long total) {
    this.code = code;
    this.msg = msg;
    this.data = data;
    this.total = total;
}

/**
 * 成功返回：code 和 msg
 *
 * @return
 */
```

```
    public ResponseVO<T> ok() {
        return new ResponseVO<>(ResponseCodeEnums.SUCCESS.getCode(), ResponseCodeEnums.
SUCCESS.getMsg());
    }

    /**
     * 成功返回：code，msg 和 data
     *
     * @param data
     * @return
     */
    public ResponseVO<T> ok(T data) {
        return new ResponseVO<>(ResponseCodeEnums.SUCCESS.getCode(), ResponseCodeEnums.
SUCCESS.getMsg(), data);
    }

    /**
     * 成功返回：code，msg，data 和 total
     * @param data 数据实体
     * @param total 数据量
     * @return
     */
    public ResponseVO<T> ok(T data, Long total) {
        return new ResponseVO<>(ResponseCodeEnums.SUCCESS.getCode(), ResponseCodeEnums.
SUCCESS.getMsg(), data, total);
    }

    /**
     * 失败返回：code 和 msg
     * @return
     */
    public ResponseVO<T> fail() {
        return new ResponseVO<>(ResponseCodeEnums.FAIL.getCode(), ResponseCodeEnums.
FAIL.getMsg());
    }

    /**
     * 失败返回：code 和 msg
     * @param code 编码
     * @param msg 描述信息
     * @return
     */
    public ResponseVO<T> fail(Integer code, String msg) {
        return new ResponseVO<>(code, msg);

    }
```

```
    /**
     * 数据无效返回：code 和 msg
     * @return
     */
    public ResponseVO<T> invalid() {
        return new ResponseVO<>(ResponseCodeEnums.INVALID.getCode(), ResponseCodeEnums.
FAIL.getMsg());
    }

    /**
     * 数据无效返回：code 和 msg
     * @param msg
     * @return
     */
    public ResponseVO<T> invalid(String msg) {
        return new ResponseVO<>(ResponseCodeEnums.INVALID.getCode(), msg);
    }

    /**
     * 数据空返回：code 和 msg
     * @return
     */
    public ResponseVO<T> empty() {
        return new ResponseVO<>(ResponseCodeEnums.EMPTY.getCode(), ResponseCodeEnums.
EMPTY.getMsg());
    }

    /**
     * 数据空返回：code 和 msg
     * @param msg 描述信息
     * @return
     */
    public ResponseVO<T> empty(String msg) {
        return new ResponseVO<>(ResponseCodeEnums.EMPTY.getCode(), msg);
    }

    /**
     * 异常返回：code 和 msg
     * @param code 编码
     * @return
     */
    public ResponseVO<T> exception(Integer code) {
        switch (code) {
            case 4003:
                return new ResponseVO<>(ResponseCodeEnums.ARITHMETICEXCEPTION.getCode(),
ResponseCodeEnums.ARITHMETICEXCEPTION.getMsg());
```

```
            case 4004:
                return new ResponseVO<>(ResponseCodeEnums.NULLPOINTEREXCEPTION.getCode(),
ResponseCodeEnums.NULLPOINTEREXCEPTION.getMsg());
            default:
                return new ResponseVO<>(ResponseCodeEnums.INVALID.getCode(),
ResponseCodeEnums.INVALID.getMsg());
        }
    }

    public void setCode(Integer code) {
        this.code = code;
    }
    public Integer getCode() {
        return code;
    }

    public void setMsg(String msg) {
        this.msg = msg;
    }
    public String getMsg() {
        return msg;
    }

    public void setData(T data) {
        this.data = data;
    }
    public T getData() {
        return data;
    }

    public void setTotal(Long total) {
        this.total = total;
    }
    public Long getTotal() {
        return total;
    }


    @Override
    public String toString() {
        return "ResponseVO{" +
                "code=" + code +
                ", msg='" + msg + '\'' +
                ", total=" + total +
                ", data=" + data +
                '}';
```

```
    }
}
```

由上述代码可知，统一返回实体通过重载构造函数，实现不同条件的返回实体初始化，并且在统一返回的实体中实现不同情况的返回方法，在接口层调用统一返回实体中的方法，统一返回给前端。

11.3 统一异常处理

统一异常处理是进行全局的异常捕获，保证程序在抛出异常时，一定会被全局的异常配置捕获，并将处理后的结果返回。使用全局异常捕获有两方面的作用，一方面保证接口返回的数据是友好的描述，而不是程序直接抛出的一串堆栈异常信息；另一方面，保证了所有异常都会被正确处理，即使在编写业务逻辑时没有主动捕获异常，此时的异常仍会被全局异常配置捕获，保证程序的安全，并记录异常到日志文件中。

11.3.1 全局异常

Spring Boot 为全局异常捕获提供良好的支持，通过@ExceptionHandler 注解添加指定异常类，接口捕获对应的异常类抛出的异常。全局捕获异常代码如下，具体参见代码文件 microservice-book 中 microservice-user 模块/exception/GlobalExceptionHandler.java。

```
package com.company.microserviceuser.exception;

import com.company.microserviceuser.enums.ResponseCodeEnums;
import org.slf4j.Logger;
import org.slf4j.LoggerFactory;
import org.springframework.web.bind.annotation.RestControllerAdvice;
import org.springframework.web.bind.annotation.ExceptionHandler;
import org.springframework.validation.BindException;
import org.springframework.validation.BindingResult;
import org.springframework.validation.FieldError;
import org.springframework.web.bind.MethodArgumentNotValidException;

import com.company.microserviceuser.vo.common.*;

import java.util.List;
import java.util.stream.Collectors;

import static com.company.microserviceuser.constant.CodeConstant.*;

/**
 * Uniform exception handle
```

```
 * @author xindaqi
 * @since 2020-10-21
 */
@RestControllerAdvice
public class GlobalExceptionHandler {

    static Logger logger = LoggerFactory.getLogger(GlobalExceptionHandler.class);

    /**
     * 参数绑定异常
     *
     * @param e
     * @return
     */
    @ExceptionHandler(BindException.class)
    public ResponseVO<String> validationExceptionHandler(BindException e) {
        BindingResult bindingResult = e.getBindingResult();
        List<FieldError> fieldErrors = bindingResult.getFieldErrors();
        String errorMsg = "bindException";
        logger.info("Bind Validataion: {}", errorMsg);

        return new ResponseVO<String>().invalid(fieldErrors.get(0).getDefaultMessage());

    }

    /**
     * 方法参数校验异常,即@NotNull，@NotBlank
     *
     * @param e
     * @return
     */
    @ExceptionHandler(MethodArgumentNotValidException.class)
    public ResponseVO<String>
methodValidationExceptionHandler(MethodArgumentNotValidException e) {
        BindingResult bindingResult = e.getBindingResult();
        List<FieldError> fieldErrors = bindingResult.getFieldErrors();
        fieldErrors.stream().map(FieldError::getDefaultMessage).
collect(Collectors.toList());
        logger.info("field error: {}", fieldErrors);
        String errorMsg = fieldErrors.toString();
        logger.info("Method Validataion: {}", errorMsg);
        return new ResponseVO<String>().empty(fieldErrors.get(0).getDefaultMessage());
    }

    /**
     * 空指针异常
```

```
 *
 * @param e
 * @return
 */
@ExceptionHandler(NullPointerException.class)
public ResponseVO<Integer> exceptionHandler(NullPointerException e) {
       String errorMsg = e.getMessage();
       logger.info("Null pointer Exception Validataion: {}", errorMsg);
       return new ResponseVO<Integer>().exception(NULL_POINTER_EXCEPTION_CODE);
}

/**
 * 数据计算异常
 *
 * @param e
 * @return
 */
@ExceptionHandler(ArithmeticException.class)
public ResponseVO<Integer> exceptionHandler(ArithmeticException e) {
       String errorMsg = e.getMessage();
       logger.info("Arithmetic Exception Validataion: {}", errorMsg);
       return new ResponseVO<Integer>().exception(ARITHMETIC_EXCEPTION_CODE);

}

/**
 * 未知异常
 *
 * @param e
 * @return
 */
@ExceptionHandler(Exception.class)
public ResponseVO<String> exceptionHandler(Exception e) {
       String errorMsg = e.getMessage();
       logger.info("Exception Validataion: {}", errorMsg);
       return new ResponseVO<String>().invalid (ResponseCodeEnums.INVALID.getMsg());
}

/**
 * 自定义异常
 *
 * @param myException
 * @return
 */
@ExceptionHandler(value = MyException.class)
public ResponseVO<String> exceptionHandler(MyException myException) {
```

```
        logger.info("自定义异常：{}", myException.getMessage());
        return new ResponseVO<String>().fail(ERROR_CODE, myException.getMessage());
    }

}
```

由上述代码可知，全局异常捕获既包括异常捕捉，也包括数据处理与返回。其中，异常捕捉堆栈信息，将堆栈信息记录到日志中；而数据处理与返回是在发生异常时将友好的提示返回给接口，前端调用接口时，获取的提示信息是经过处理的，而不是晦涩难懂的堆栈信息。

11.3.2 自定义异常

自定义异常是开发者依据业务场景自定义的异常类，通过继承 Exception 类实现异常信息记录，代码如下，具体参见代码文件 microservice-book 中 microservice-user 模块/exception/MyException.java。

```
package com.company.microserviceuser.exception;

import static com.company.microserviceuser.constant.CodeConstant.ERROR_CODE;

/**
 * 自定义异常
 * @author xindaqi
 * @since 2020-12-25
 */

public class MyException extends Exception {

    /**
     * 编码
     */
    private Integer code;

    /**
     * 描述信息
     */
    private String message;

    public MyException() {}

    public MyException(String message) {
        super(message);
        this.message = message;
    }

    public MyException(Integer code, String message) {
        super(message);
```

```
        this.code = code;
        this.message = message;
    }

    public MyException(String message, Throwable cause) {
        super(message, cause);
        this.message = message;
    }

    public MyException(Integer code, String message, Throwable cause) {
        super(message, cause);
        this.code = code;
        this.message = message;
    }

    public static MyException paramException(String message) {
        return new MyException(ERROR_CODE, message);
    }

    public Integer getCode() {
        return code;
    }

    public void setCode(int code) {
        this.code = code;
    }

    @Override
    public String getMessage() {
        return message;
    }

    public void setMessage(String message) {
        this.message = message;
    }
}
```

由上述代码可知，自定义异常继承 Exception 类，通过 super 方法将异常信息传递给 Exception，在自定义的异常类中，既可以仅通过构造函数传递异常信息，也可以通过方法统一返回异常信息。

11.3.3 异常

异常是程序设计中不可或缺的一个部分，一方面，提高代码的可读性、降低代码的复杂度（弱化每次调用方法时都彻底进行错误检查）；另一方面，异常为开发者记录了异常位置和异常描述，开发者可以根据这些信息处理异常。Java 中的异常根类为 Throwable，即所有异常均继承 Throwable

类，已知的继承 Throwable 类有 Error 和 Exception。Java8 API 官网地址如下。

```
https://docs.oracle.com/javase/8/docs/api/
```

Oracle 官网的 Throwable 介绍如图 11.1 所示。

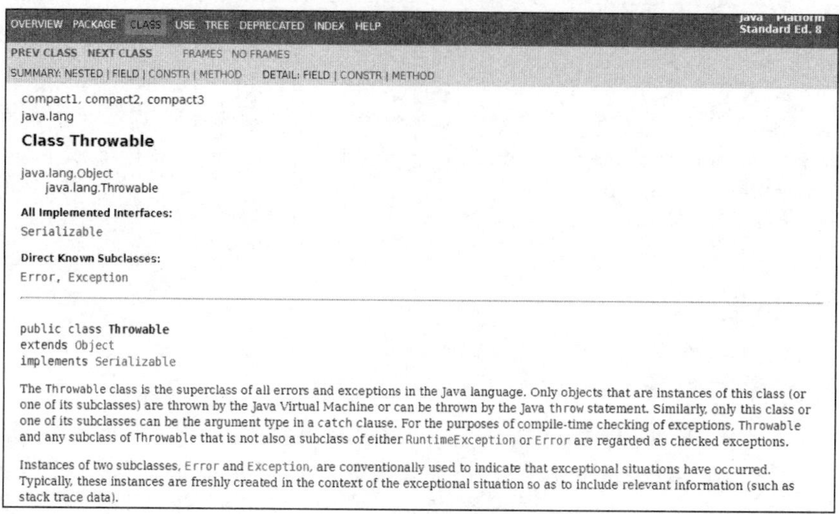

OVERVIEW PACKAGE CLASS USE TREE DEPRECATED INDEX HELP   Java Platform Standard Ed. 8

PREV CLASS NEXT CLASS   FRAMES NO FRAMES

SUMMARY: NESTED | FIELD | CONSTR | METHOD   DETAIL: FIELD | CONSTR | METHOD

compact1, compact2, compact3
java.lang

Class Throwable

java.lang.Object
    java.lang.Throwable

All Implemented Interfaces:
Serializable

Direct Known Subclasses:
Error, Exception

public class **Throwable**
extends Object
implements Serializable

The Throwable class is the superclass of all errors and exceptions in the Java language. Only objects that are instances of this class (or one of its subclasses) are thrown by the Java Virtual Machine or can be thrown by the Java throw statement. Similarly, only this class or one of its subclasses can be the argument type in a catch clause. For the purposes of compile-time checking of exceptions, Throwable and any subclass of Throwable that is not also a subclass of either RuntimeException or Error are regarded as checked exceptions.

Instances of two subclasses, Error and Exception, are conventionally used to indicate that exceptional situations have occurred. Typically, these instances are freshly created in the context of the exceptional situation so as to include relevant information (such as stack trace data).

图 11.1 Throwable 类介绍

根据官网描述，Throwable 是所有错误（Error）和异常（Exception）的超类，即所有错误和异常均继承 Throwable，所有 Throwable 类型的对象均可由 Java 虚拟机（JVM）抛出。Error 类描述如图 11.2 所示。

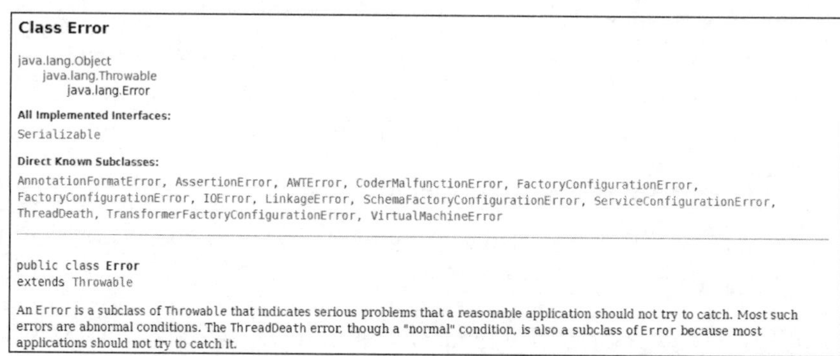

Class Error

java.lang.Object
    java.lang.Throwable
        java.lang.Error

All Implemented Interfaces:
Serializable

Direct Known Subclasses:
AnnotationFormatError, AssertionError, AWTError, CoderMalfunctionError, FactoryConfigurationError, FactoryConfigurationError, IOError, LinkageError, SchemaFactoryConfigurationError, ServiceConfigurationError, ThreadDeath, TransformerFactoryConfigurationError, VirtualMachineError

public class **Error**
extends Throwable

An Error is a subclass of Throwable that indicates serious problems that a reasonable application should not try to catch. Most such errors are abnormal conditions. The ThreadDeath error, though a "normal" condition, is also a subclass of Error because most applications should not try to catch it.

图 11.2 Error 类描述

由官网描述可知，Error 类是 Throwable 的子类，表示一个合理的应用不应试图捕捉这个严重的问题，大部分这样的错误都是不正常的，因为这些不正常的情况是不应该发生的，这些错误已经是系统（JVM）级别的错误，需要重新校验程序的整体设计。

Throwable 类的另一个常用的子类为 Exception，该类的信息是正常的程序需要捕捉的，并将异常信息的位置和描述都进行捕获。Exception 类描述如图 11.3 所示。

Class Exception

java.lang.Object
    java.lang.Throwable
        java.lang.Exception

All Implemented Interfaces:

Serializable

Direct Known Subclasses:

AclNotFoundException, ActivationException, AlreadyBoundException, ApplicationException, AWTException, BackingStoreException, BadAttributeValueExpException, BadBinaryOpValueExpException, BadLocationException, BadStringOperationException, BrokenBarrierException, CertificateException, CloneNotSupportedException, DataFormatException, DatatypeConfigurationException, DestroyFailedException, ExecutionException, ExpandVetoException, FontFormatException, GeneralSecurityException, GSSException, IllegalClassFormatException, InterruptedException, IntrospectionException, InvalidApplicationException, InvalidMidiDataException, InvalidPreferencesFormatException, InvalidTargetObjectTypeException, IOException, JAXBException, JMException, KeySelectorException, LambdaConversionException, LastOwnerException, LineUnavailableException, MarshalException, MidiUnavailableException, MimeTypeParseException, MimeTypeParseException, NamingException, NoninvertibleTransformException, NotBoundException, NotOwnerException, ParseException, ParserConfigurationException PrinterException, PrintException, PrivilegedActionException, PropertyVetoException, ReflectiveOperationException, RefreshFailedException, RemarshalException, RuntimeException, SAXException, ScriptException, ServerNotActiveException, SOAPException, SQLException, TimeoutException, TooManyListenersException, TransformerException, TransformException, UnmodifiableClassException, UnsupportedAudioFileException, UnsupportedCallbackException, UnsupportedFlavorException, UnsupportedLookAndFeelException, URIReferenceException, URISyntaxException, UserException, XAException, XMLParseException, XMLSignatureException, XMLStreamException, XPathException

---

```
public class Exception
extends Throwable
```

The class Exception and its subclasses are a form of Throwable that indicates conditions that a reasonable application might want to catch.

图 11.3　Exception 类描述

Throwable 与 Error 和 Exception 以及常见的 Error 子类和 Exception 子类的关系如图 11.4 所示。

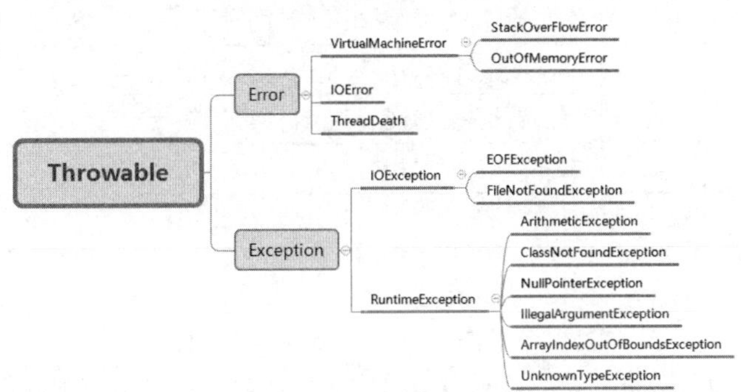

图 11.4　常见的子类关系

Error 子类对应的异常解析见表 11.2。

表 11.2　Error 子类对应的异常解析

异　常	描　述
VirtualMachineError	虚拟机错误，包括栈溢出错误（StackOverFlowError）和内存溢出错误（OutOfMemoryError）
IOError	输入/输出错误
ThreadDeath	强制停止线程或“解锁”锁定的对象，造成数据不一致，抛出该错误

Exception 常见子类有 IOException 类和 RuntimeException 类，其中 IOException 异常为输入/输出异常，主要用于记录文件流的异常，IOException 子类对应的异常解析见表 11.3。

表 11.3　IOException 子类对应的异常解析

异　　常	描　　述
EOFException	End of File 达到文件尾部的异常，文件流读取时，通过返回的标识位判断文件流是否完成读取，不应直接抛出异常。如读取文件流，文件流末尾返回的为空对象，即 null，则通过 null 作为文件流读取结束的标识位，若为 null，则读取结束，否则继续读取
FileNotFoundException	字面意思是找不到文件，细分为两种情况，一种为没有操作当前文件的权限；另一种是文件不存在，确实找不到文件

IOException 类的另一个子类 RuntimeException 主要用于记录运行时的异常，常见的 RuntimeException 子类对应的异常解析见表 11.4。

表 11.4　RuntimeException 子类对应的异常解析

异　　常	描　　述
ArithmeticException	数据计算异常，如分母为零，空对象计算等
ClassNotFoundException	找不到指定类异常，有如下 3 种情况： （1）Class.forName()找不到类； （2）ClassLoader.findSystemClass()找不到类； （3）ClassLoader.loadClass()找不到类
NullPointerException	空指针异常，如被调用方法的对象为 null，访问或修改一个为 null 的属性
IllegalArgumentException	非法参数异常，如入参类型或参数数量不符合设计时，应及时抛出异常
ArrayIndexOutOfBoundsException	遍历数组超过数据尺寸时异常
UnkownTypeException	未知参数类型异常

11.3.4　异常执行顺序

上面讲解了常用的异常类，当程序发生异常时，异常类会记录异常信息，包括异常位置和异常描述，这一切要归功于 Throwable 类，该类具有异常定位和异常信息输出的功能。Throwable 类方法见表 11.5。

表 11.5　Throwable 类方法

方　　法	描　　述
printStackTrace()	可视化输出异常信息
printStackTrace(PrintWriter s)	printStaceTrace()调用的可视化异常信息方法
fillInStackTrace(int dummy)	本地方法
fillInStackTrace()	记录当前线程栈帧状态的对象信息

下面分析一下 Throwable 源码，printStackTrace()方法及调用的方法如下。其中，printStackTrace()方法常用于顶层调用，抛出异常信息，采用 PrintWriter 和 PrintStream 方式输出数据，具体代码参见 Throwable.class 文件。

```
public void printStackTrace() {
   printStackTrace(System.err);
}

public void printStackTrace(PrintWriter s) {
   printStackTrace(new WrappedPrintWriter(s));
}

private void printStackTrace(PrintStreamOrWriter s) {
   // Guard against malicious overrides of Throwable.equals by
   // using a Set with identity equality semantics
   Set<Throwable> dejaVu =
      Collections.newSetFromMap(new IdentityHashMap<Throwable, Boolean>());
   dejaVu.add(this);

   synchronized (s.lock()) {
      // Print our stack trace
      s.println(this);
      StackTraceElement[] trace = getOurStackTrace();
      for (StackTraceElement traceElement : trace)
         s.println("\tat " + traceElement);

      // Print suppressed exceptions, if any
      for (Throwable se : getSuppressed())
         se.printEnclosedStackTrace(s, trace, SUPPRESSED_CAPTION, "\t", dejaVu);

      // Print cause, if any
      Throwable ourCause = getCause();
      if (ourCause != null)
         ourCause.printEnclosedStackTrace(s, trace, CAUSE_CAPTION, "", dejaVu);
   }
}

/**
 * 打印异常栈轨迹附带的栈轨迹描述
 */
private void printEnclosedStackTrace(PrintStreamOrWriter s,
                                     StackTraceElement[] enclosingTrace,
                                     String caption,
                                     String prefix,
                                     Set<Throwable> dejaVu) {
   assert Thread.holdsLock(s.lock());
   if (dejaVu.contains(this)) {
      s.println("\t[CIRCULAR REFERENCE:" + this + "]");
   } else {
      dejaVu.add(this);
```

```
        // Compute number of frames in common between this and enclosing trace
        StackTraceElement[] trace = getOurStackTrace();
        int m = trace.length - 1;
        int n = enclosingTrace.length - 1;
        while (m >= 0 && n >=0 && trace[m].equals(enclosingTrace[n])) {
            m--; n--;
        }
        int framesInCommon = trace.length - 1 - m;

        // Print our stack trace
        s.println(prefix + caption + this);
        for (int i = 0; i <= m; i++)
            s.println(prefix + "\tat " + trace[i]);
        if (framesInCommon != 0)
            s.println(prefix + "\t... " + framesInCommon + " more");

        // Print suppressed exceptions, if any
        for (Throwable se : getSuppressed())
            se.printEnclosedStackTrace(s, trace, SUPPRESSED_CAPTION,
                                       prefix +"\t", dejaVu);

        // Print cause, if any
        Throwable ourCause = getCause();
        if (ourCause != null)
            ourCause.printEnclosedStackTrace(s, trace, CAUSE_CAPTION, prefix, dejaVu);
    }
}
```

Throwable 类构造器都会调用 fillInStackTrace()方法，以记录当前线程栈帧的状态信息，而 fillInStackTrace(int dummy)方法是本地方法，直接操作内存，将异常信息写入内存中，源码如下，具体代码参见 Throwable.class 文件。

```
public Throwable() {
        fillInStackTrace();
}

public Throwable(String message) {
        fillInStackTrace();
        detailMessage = message;
}

private native Throwable fillInStackTrace(int dummy);

public synchronized Throwable fillInStackTrace() {
    if (stackTrace != null ||
        backtrace != null /* Out of protocol state */ ) {
```

```
        fillInStackTrace(0);
        stackTrace = UNASSIGNED_STACK;
    }
    return this;
}
```

异常产生之后，最重要的步骤就是捕获并处理异常，最常用的异常调试与捕获的程序结构为 try…catch…finally。异常信息在 catch 代码块中进行捕获，并进行异常处理，既可以使用 throw 语句直接抛出异常，也可以将异常信息存储到日志中，代码格式如下。

```
try {
    // 正常程序处理逻辑
} catch (Exception e) {
    // 捕获异常后的处理逻辑
} finally {
    // 资源释放逻辑
}
```

三段式程序执行逻辑如上。第 1 段，try 执行正常的逻辑；第 2 段，catch 捕获异常后的处理逻辑；第 3 段，finally 资源释放逻辑。其中，第 3 段 finally 是永远都会执行的逻辑，不论是否有异常。下面详细讲解 try…catch…finally 的执行顺序。

1. 常量类

异常捕获测试程序中使用的常量类如下，具体参见代码文件 java-basic-with-maven 中 /common/StringConstant.java。

```
package common;

/**
 * 字符串常量
 * @author xindaqi
 * @since 2020-12-30
 */

public class StringConstant {
    /**Try.**/
    public static final String TRY = "try->";

    /**Catch.**/
    public static final String CATCH = "catch->";

    /**Finally.**/
    public static final String FINALLY = "finally!";

    /**From.**/
    public static final String FROM = "from:";
```

```
    /**Result.**/
    public static final String RESULT = "result:";

    /**End.**/
    public static final String END = "end!";

    private StringConstant() {}

}
```

2. 只在 try 中返回

在 try 代码块中使用返回（return），即程序正常运行时，返回信息是在 try 代码块中产生，而产生异常时，返回信息是在 try…catch…finally 之外的程序中产生的。示例代码如下，具体参见代码文件 java-basic-with-maven 中/exception/ThrowsTest.java。

```
package exception;

import static common.StringConstant.*;

/**
 * 异常抛出及捕获测试
 * @author xindaqi
 * @since 2020-12-30
 */

public class ThrowsTest {

    /**
     * return 在 try 中
     *
     * @param a 入参
     * @return 处理结果
     */
    private static StringBuilder returnInTry(int a) {
        StringBuilder str = new StringBuilder(10);
        try{
            int b = 1/a;
            str.append(TRY);
            System.out.println(FROM + str);
            return str.append(TRY);
        } catch(Exception e) {
            str.append(CATCH);
            System.out.println(FROM + str);
        } finally{
            str.append(FINALLY);
            System.out.println(FROM + str);
```

```
        }
        return str.append(END);
    }

    private static void printLine() {
        System.out.println("============");
    }

    public static void main(String[] args) {
        StringBuilder str = returnInTry(1);
        System.out.println(RESULT + str);
        printLine();
    }
}
```

运行结果如下。

```
from:try->
from:try->try->finally!
result:try->try->finally!
============
from:catch->
from:catch->finally!
result:catch->finally!end!
============
```

由运行结果可知，程序正常执行，未抛出异常时，先执行 try 代码块表达式，然后执行 finally 代码块表达式，最后从 try 代码块中返回结果，正常程序执行顺序如图 11.5 所示。

程序异常时，先执行 catch 代码块中的所有表达式，再执行 finally 代码块中的所有表达式，最后从 try…catch…finally 代码块之外的返回语句进行返回，异常程序执行顺序如图 11.6 所示。

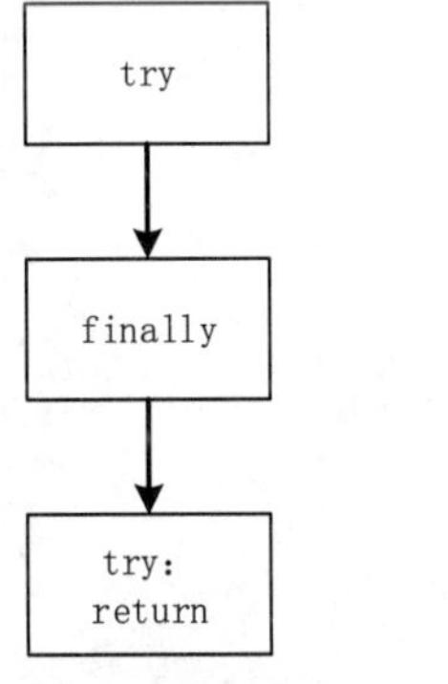

图 11.5　正常程序执行顺序（1）

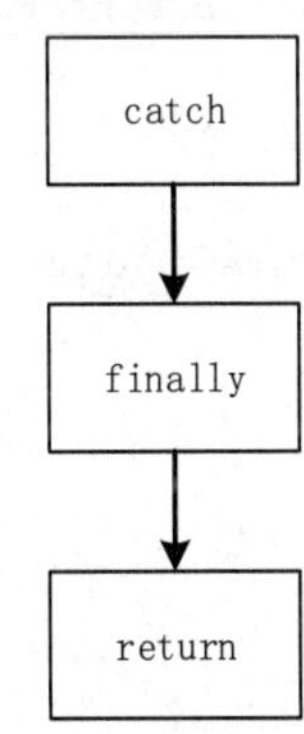

图 11.6　异常程序执行顺序（1）

3．在 try 和 catch 中返回

当 try 和 catch 中均有返回（return）时，无须在 try…catch…finally 代码块之外设置返回语句。

示例代码如下，具体参见代码文件 java-basic-with-maven 中/exception/ThrowsTest.java。

```
package exception;

import static common.StringConstant.*;

/**
 * 异常抛出及捕获测试
 * @author xindaqi
 * @since 2020-12-30
 */

public class ThrowsTest {

    /**
     * return 在 try 和 catch 中
     *
     * @param a 入参
     * @return 处理结果
     */
    private static StringBuilder returnInTryAndCatch(int a) {
        StringBuilder str = new StringBuilder(10);
        try{
            int b = 1/a;
            str.append(TRY);
            System.out.println(FROM + str);
            return str.append(TRY);
        } catch(Exception e) {
            str.append(CATCH);
            System.out.println(FROM + str);
            return str.append(CATCH);
        } finally{
            str.append(FINALLY);
            System.out.println(FROM + str);
        }
    }

    private static void printLine() {
        System.out.println("============");
    }

    public static void main(String[] args) {

        StringBuilder str2 = returnInTryAndCatch(1);
        System.out.println(RESULT + str2);
        printLine();
        StringBuilder str3 = returnInTryAndCatch(0);
```

```
        System.out.println(RESULT + str3);
        printLine();
    }
}
```

运行结果如下。

```
from:try->
from:try->try->finally!
result:try->try->finally!
============
from:catch->
from:catch->catch->finally!
result:catch->catch->finally!
============
```

由运行结果可知，程序正常执行时，先执行 try 代码块中的表达式，然后执行 finally 代码块中的表达式，从 try 代码块中返回，正常执行的顺序如图 11.5 所示。

当程序异常时，先执行 catch 代码块中的所有表达式，然后执行 finally 代码块中的所有表达式，最后直接从 catch 代码块中返回，程序异常时的执行顺序如图 11.7 所示。

图 11.7　异常程序执行顺序（2）

4．try/catch/finally 中均有返回

当 try、catch 和 finally 中均有返回时，程序的返回发生了改变，由于无论程序怎样执行都会执行 finally 代码块中的表达式，因此返回数据时，会直接从 finally 代码块中提前返回。示例代码如下，具体参见代码文件 java-basic-with-maven 中/exception/ThrowsTest.java。

```
package exception;

import static common.StringConstant.*;

/**
 * 异常抛出及捕获测试
```

```
 * @author xindaqi
 * @since 2020-12-30
 */

public class ThrowsTest {

    /**
     * return在try、catch和finally中
     *
     * @param a 入参
     * @return 处理结果
     */
    private static StringBuilder returnInTryAndCatchAndFinally(int a) {
        StringBuilder str = new StringBuilder(10);
        try{
            int b = 1/a;
            str.append(TRY);
            System.out.println(FROM + str);
            return str.append(TRY);
        } catch(Exception e) {
            str.append(CATCH);
            System.out.println(FROM + str);
            return str;
        } finally{
            str.append(FINALLY);
            System.out.println(FROM + str);
            return str.append(FINALLY);
        }
    }

    private static void printLine() {
        System.out.println("============");
    }

    public static void main(String[] args) {

        StringBuilder str4 = returnInTryAndCatchAndFinally(1);
        System.out.println(RESULT + str4);
        printLine();
        StringBuilder str5 = returnInTryAndCatchAndFinally(0);
        System.out.println(RESULT + str5);
        printLine();
    }
}
```

运行结果如下。

```
from:try->
from:try->try->finally!
result:try->try->finally!finally!
============
from:catch->
from:catch->finally!
result:catch->finally!finally!
============
```

由运行结果可知，当程序正常运行时，先执行 try 代码块中的所有表达式，然后执行 finally 中的所有表达式，由于 finally 中含有返回（return），当执行到 finally 代码块时，会直接返回，而不从 try 代码块中返回，程序执行顺序如图 11.8 所示。

当程序异常时，执行 catch 代码块中的所有表达式，然后执行 finally 代码块中的所有表达式。同样，finally 代码块中含有返回（return），因此直接从 finally 返回，而不是从 catch 代码块返回，程序执行顺序如图 11.9 所示。

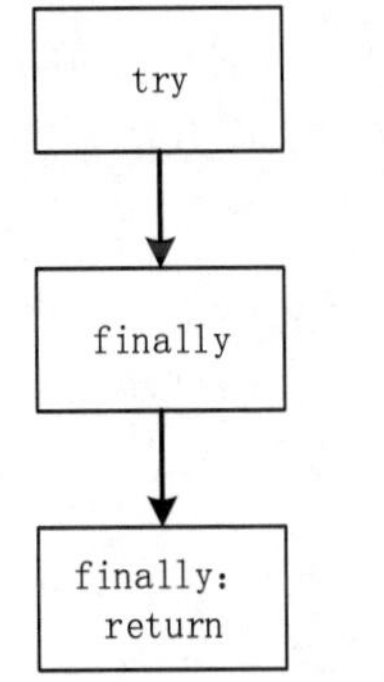

图 11.8　正常程序执行顺序（2）

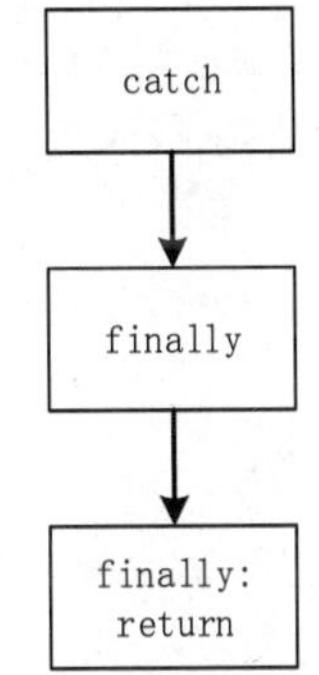

图 11.9　异常程序执行顺序（3）

11.4　小　　结

本章讲解了数据统一处理相关的知识，主要包括以下内容。

（1）统一数据校验，使用注解方式，对入参进行自动校验。

（2）统一数据返回，定义统一的数据返回结构，将需要返回的数据填充到统一的数据结构中。

（3）统一异常处理，构建全局异常处理，保证接口返回数据更加友好、简洁、易懂。

（4）try…catch…finally 执行顺序，分别在对应模块中添加返回（return），验证执行顺序。

第12章

微服务应用

本章讲解微服务的结构、微服务中各个组件的工作过程以及功能。微服务最基本的单元有两个，即注册中心和单体服务（业务功能服务）。本章使用 Spring Cloud 原生项目 Eureka 作为注册中心，单体服务使用 Spring Boot 2.x 构建。在基础的微服务体系中，引入服务监控 Admin 模块，监控各服务的运行状态以及服务的内存使用情况、性能等，并且通过 Spring Cloud 原生网关 Gateway 聚合服务接口，代理微服务中各个服务的接口，服务请求统一向网关发起，并引入链路追踪组件 Sleuth，作为服务间的调用链串联各个服务。

12.1 微服务结构

由第 1 章可知，微服务最小单元由若干个单体服务、注册中心以及网关组成，若干个单体服务统一向注册中心注册，这样，单体服务可以通过@Feign 注解相互调用（基于 HTTP），而无须重新构建原生 HTTP 请求，如 POST、GET 请求。微服务同时引入网关，将网关注册到注册中心，此时若干个单体服务均由网关进行代理。本章构建的微服务结构如图 12.1 所示。

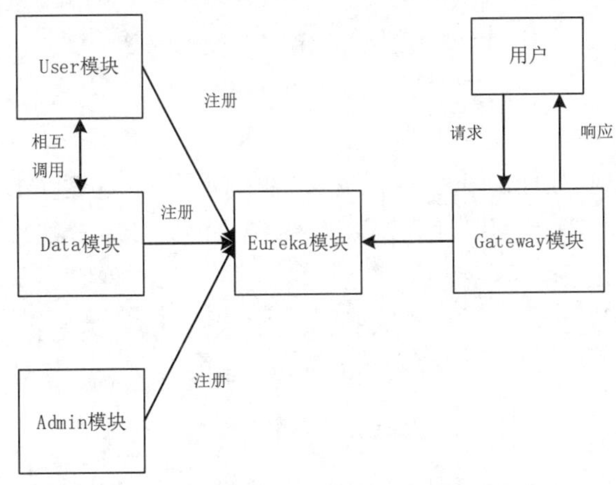

图 12.1　微服务结构

由图 12.1 可知，微服务有两个业务单体服务，即 User 模块（用户服务）和 Data 模块（数据处理服务）。微服务监控模块（Admin 模块）用于单体服务运行状态监控；Eureka 模块为注册中心，微服务中所有的单体服务以 Eureka 为中心，均注册到 Eureka，通过 Eureka 完成服务间的通信；网关 Gateway 模块，作为微服务的统一入口和出口管理业务单体服务，即微服务中的所有单体服务接口统一由网关代理，所有的请求向网关发起，获取响应数据。

12.1.1 User 模块

User 模块主要实现用户注册、查询、修改、删除功能，完成数据库用户的增删改查。作为微服务中的一个单体服务注册到注册中心 Eureka，该模块的用户增删改查接口如图 12.2 所示。

本章以 User 模块的分页查询接口作为微服务间调用的示例接口，Data 模块经过注册中心调用 User 模块的接口。

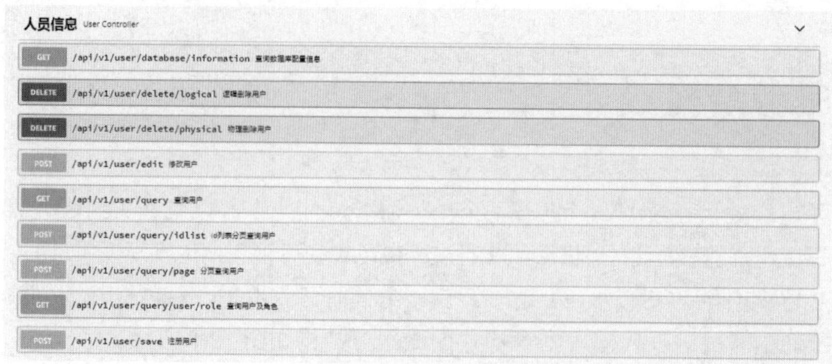

图 12.2 User 模块的用户增删改查接口

12.1.2 Data 模块

Data 模块主要进行数据处理，而微服务中存在服务间调用，这里以 Data 模块作为服务调用的发起方，以@Feign 注解向 User 模块发起请求，Data 模块调用 User 模块接口如图 12.3 所示。

图 12.3 Data 模块调用 User 模块接口

Data 模块调用 User 模块的分页查询接口，通过@Feign 注解构建请求，实现服务间接口的调用，下面详细讲解微服务应用中的各模块的使用方法。

12.2 Eureka 注册中心

注册中心是微服务的核心，实现服务的管理及监控，向注册中心发起注册的服务，可以实现远程相互调用，无须重新构建 HTTP 请求，直接使用 Feign 组件即可完成服务间的调用。注册中心有多种，如 Eureka、Nacos、Consul、CoreDNS 和 Zookeeper，这里选择 Eureka 作为注册中心。Eureka 作为 Spring Cloud 的原生项目，可以直接集成到 Spring Boot 单体项目，并且构建 Eureka 单体服务作为注册中心，无须重新搭建环境，使用方便。

12.2.1 注册中心依赖

由于 Eureka 是 Spring Cloud 的原生项目，可以通过 Spring Boot 构建 Eureka 单体服务作为注册中心，在单体服务中引入 Eureka 服务端的 Maven 依赖即可在 Spring Boot 中集成注册中心服务端，对外提供注册服务。依赖配置如下，具体参见代码文件 microservice-book 中 microservice-eureka 模块 pom.xml。

```
<!-- 服务注册和发现、客户端负载均衡、熔断 -->
<dependency>
    <groupId>org.springframework.cloud</groupId>
    <artifactId>spring-cloud-starter-netflix-eureka-server</artifactId>
<version>2.2.3.RELEASE</version>
</dependency>
<!-- SpringCloud -->
<dependencyManagement>
    <dependencies>
        <dependency>
            <groupId>org.springframework.cloud</groupId>
            <artifactId>spring-cloud-dependencies</artifactId>
            <version>Hoxton.SR5</version>
            <type>pom</type>
            <scope>import</scope>
        </dependency>
    </dependencies>
</dependencyManagement>
```

由引入的 Eureka 依赖可知，Eureka 服务端的单体服务与普通的单体服务不同，引入 Eureka 服务端，并且引入了 Spring Cloud 依赖，这里使用 Hoxton.SR5 版本的 Spring Cloud 依赖。

12.2.2 注册中心配置

Eureka 服务端作为注册中心，启动 Eureka 服务端之前要进行服务端的配置，包括 URI 路由配置、Eureka 注册配置，配置代码如下，具体参见代码文件 microservice-book 中 microservice-eureka 模块/resources/application.yml。

```
server:
  port: 8001
  servlet:
    context-path: /eureka # 请求一级路径,端口后第 1 个路径
spring:
  application:
    name: microservice-eureka # 服务名称:注册中心服务端

eureka:
  client:
    fetch-registry: false # 从注册中心获取服务(注册中心服务端为自身,不需要开启)
    register-with-eureka: false # 注册到注册中心(注册中心服务端自身,无须注册到注册中心)
    service-url:
      defaultZone: http://localhost:8001/eureka/eureka # 与 Eureka 服务端(注册中心)交互地址,
查询 Eureka 服务端的地址
   instance:
    hostname: localhost # 指定主机地址
   server:
```

```
    enable-self-preservation: false # 保护模式:关闭(false)
    enviction-interval-timer-in-ms: 10000
```

由配置文件可知，Eureka 服务端的运行端口为 8001，无须向自身注册，因为 Eureka 自身就是服务端，在配置文件中只需指定注册中心的 URL 地址即可，同时关闭保护模式，即将 enable-self-preservation 置为 false，保证注册中心稳定、健壮，此时注册中心的实例（单体服务）会在不可用时及时删除，开发环境推荐关闭保护模式。

开启保护模式，在注册中心运行期间会统计注册到注册中心服务的心跳比例，若 15min 内，实例心跳比例低于 85%，注册中心会将这些实例保护起来，注册中心不会移除长时间没有向注册中心发送心跳的实例（单体服务），注册中心仍可接收新服务的注册和查询，但是不会同步到其他节点上，保证当前节点仍然可用。

安全模式下，注册中心不会及时删除不可用的节点，当发生请求时，会出现 Connection Refuse 的情况，此时，由服务订阅者（单体服务）添加重连或断路器，保证请求时得到友好的信息提示。引入 Ribbon 组件是一个必备方案，引入 Ribbon 组件后，默认开启重试机制，当 Ribbon 的超时时间小于熔断（Hystrix）超时的熔断时间时，才会进行重试，生产环境推荐开启保护模式。

12.2.3 注册中心启动

Eureka 注册中心与普通的 Spring Boot 单体服务一样，均通过主函数启动。与普通的 Spring Boot 单体服务不同的是，注册中心使用了@EnableEurekaServer 注解，表明该单体服务是注册中心服务端，在启动主类中添加了启动日志，开发过程判断注册中心是否正常启动。启动类代码如下，具体参见代码文件 microservice-book 中 microservice-eureka 模块 MicroserviceEurekaApplication.java。

```
package com.company.microserviceeureka;

import org.springframework.boot.SpringApplication;
import org.springframework.boot.autoconfigure.SpringBootApplication;
import org.springframework.cloud.netflix.eureka.server.EnableEurekaServer;
import org.slf4j.Logger;
import org.slf4j.LoggerFactory;

/**
 * 注册中心 Eureka
 * @author xindaqi
 * @since 2020-10-06
 */
@SpringBootApplication
@EnableEurekaServer
public class MicroserviceEurekaApplication {

    private static Logger logger = LoggerFactory.getLogger(MicroserviceEurekaApplication.class);
```

```
    public static void main(String[] args) {
        SpringApplication.run(MicroserviceEurekaApplication.class, args);
        logger.info("注册中心启动");
    }

}
```

启动注册中心后，通过注册中心服务地址（http://localhost:8001/eureka）查看注册到注册中心的服务。正常启动微服务中的所有服务后，登录注册中心，查看到注册中心监控的实例（单体服务），如图 12.4 所示。

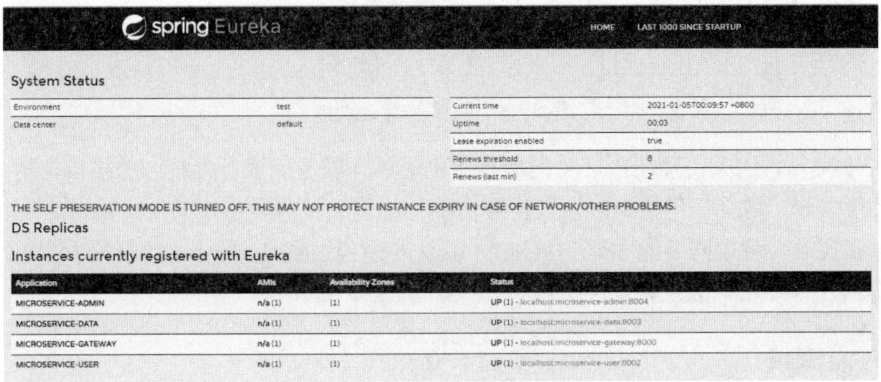

图 12.4　注册中心监控的实例

由图 12.4 可知，注册中心共注册了 4 项服务，分别为 MICROSERVICE-ADMIN 监控服务、MICROSERVICE-DATA 数据处理服务、MICROSERVICE-GATEWAY 网关服务和 MICROSERVICE-USER 用户服务。图 12.4 中的提示信息 THE SELF PRESERVATION MODE IS TRUNED OFF 表明注册中心保护机制关闭，会将过期的实例（单体服务）从注册中心中删除。

注册中心的网页端可以方便查看正常运行的实例（单体服务），但是不能查看详细的单体服务信息，如日志信息、运行内存等。因此，微服务中引入 Admin 监控服务，监控微服务体系中各个单体服务运行的详细信息。

12.3　网 关 服 务

网关服务是微服务接口的聚合服务。微服务体系中，每个实例（单体服务）都是独立的个体，而注册中心只是将单体服务统一管理起来，可以通过@Feign 注解进行相互调用。但是，对外提供的接口服务是独立的，不同的需求请求不同实例（单体服务）暴露的接口，管理起来比较烦琐，前端需要维护不同的服务接口，而网关服务的出现把微服务中各自独立的接口统一起来，对外暴露统一的接口，网关的聚合功能如图 12.5 所示。

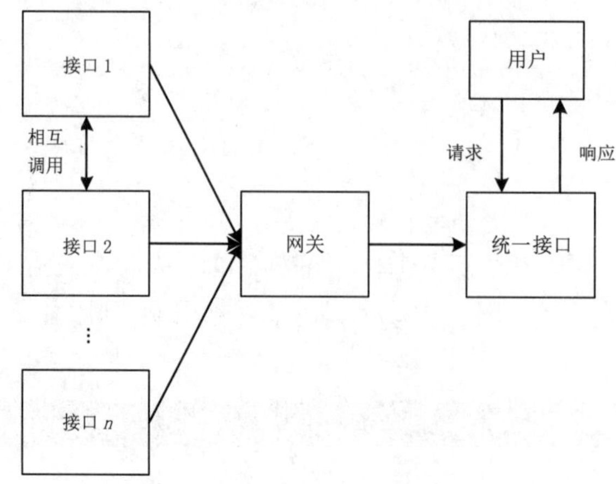

图 12.5　网关的聚合功能

由图 12.5 可知，网关将注册中心中的所有实例（单体服务）聚合为统一的接口，用户的所有请求将向网关层发起，前端调用接口时，只需维护统一的网关接口。这里的接口是指 IP 和 PORT，网关代理单体服务时，使用网关的 IP 和 PORT。具体实现需要在 Gateway 的服务中配置，将注册到 Eureka 的实例（单体服务）配置到网关中。

12.3.1　网关依赖

网关在微服务架构中有两种角色：一种是普通的实例（单体服务）向注册中心注册；另一种是聚合注册中心中的实例（单体服务），统一各服务的出口。网关单体服务中需要引入两种重要依赖：Eureka 客户端和网关组件。网关服务的依赖如下，具体参见代码文件 microservice-boot 中 microservice-gateway 模块 pom.xml。

```
<!-- 服务注册和发现、客户端负载均衡、熔断 -->
<dependency>
    <groupId>org.springframework.cloud</groupId>
    <artifactId>spring-cloud-starter-netflix-eureka-client</artifactId>
    <version>2.2.3.RELEASE</version>
</dependency>
<dependency>
    <groupId>org.springframework.cloud</groupId>
    <artifactId>spring-cloud-starter-gateway</artifactId>
    <version>2.2.3.RELEASE</version>
</dependency>
```

12.3.2　网关配置

网关服务一方面需要注册到 Eureka 注册中心，另一方面需要统一管理注册中心的实例（单体服务）。网关服务注册到注册中心的配置代码如下，具体参见代码文件 microservice-book 中

microservice-gateway 模块/resources/application-dev.yml。

```
spring:
  profiles: dev
eureka:
  client:
    service-url:
      defaultZone: http://localhost:8001/eureka/eureka # 与 Eureka 服务端(注册中心)交互地址,
查询 Eureka 服务端的地址
```

在配置文件中添加 Eureka 注册中心的地址，使网关服务向注册中心注册。同时，为了将注册中心的实例（单体服务）纳入网关管理，在配置文件中添加需要进行管理的单体服务，配置文件如下，具体参见代码文件 microservice-book 中 microservice-gateway 模块/resources/application.yml。

```
server:
  port: 8000

spring:
  profiles:
    active: dev
  application:
    name: microservice-gateway #服务名称:注册中心服务端
  cloud:
    gateway:
      discovery:
        locator:
          enabled: true
          lowerCaseServiceId: true
      routes:
      - id: microservice-user
        uri: lb://microservice-user
        predicates:
          - Path=/microservice-user/**

      - id: microservice-data
        uri: lb://microservice-data
        predicates:
          - Path=/microservice-data/**
```

在网关服务配置的单体服务中，添加需要使用网关进行管理的服务，网关配置参数解析见表 12.1。

表 12.1　网关配置参数解析

参　　数	描　　述
discovery	网关发现，发现注册中心的服务
enabled	网关发现标识位，true 为开启网关发现，false 为关闭网关发现

续表

参　　数	描　　述
lowerCaseServiceId	网关拼接实例（单体服务）名称使用大写或小写标识位，true 为使用小写服务名拼接网关 URI，false 为使用大写服务名拼接网关 URI
routes	配置实例（单体）路由
- id	实例唯一标识 id
uri	服务转发 URI
predicates	代理服务
- Path	单体服务的路由 URI，将 Path 的路由请求转发到网关路由上

本书构建的单体服务各服务的地址见表 12.2。

表 12.2　单体服务各服务地址

服　　务	地　　址	服务名称
网关服务	http://localhost:8000	microservice-gateway
用户服务	http://localhost:8002	microservice-user
数据处理服务	http://localhost:8003	microservice-data

网关代理注册中心的实例（单体服务）后，统一的请求入口如下。

```
http://localhost:8000
```

请求各自单体服务只需在统一的入口添加对应服务名称，拼接各自服务的 URI 即可，请求用户服务地址前缀如下。

```
http://localhost:8000/microservice-data/
```

请求数据处理服务地址前缀如下。

```
http://locahost:8000/microservice-user/
```

这里配置了 lowerCaseServiceId 为 true，因此使用小写的服务名作为调用各个实例（单体服务）的前缀，以调用用户分页查询为例，调用的接口如下。

```
http://locahost:8000/microservice-user /api/v1/user/query/page
```

12.3.3 网关启动

网关服务的启动与普通的单体服务异常通过主函数启动，实现代码如下，具体参见代码文件 microservice-book 中 microservice-gateway 模块 MicroserviceGatewayApplication.java。

```
package com.company.microservicegateway;

import org.springframework.boot.SpringApplication;
```

```
import org.springframework.boot.autoconfigure.SpringBootApplication;
import org.slf4j.Logger;
import org.slf4j.LoggerFactory;

/**
 * 网关服务
 * @author xindaqi
 * @since 2020-12-14
 */

@SpringBootApplication
public class MicroserviceGatewayApplication {

private static Logger logger = LoggerFactory.getLogger (MicroserviceGatewayApplication.class);

    public static void main(String[] args) {
        SpringApplication.run(MicroserviceGatewayApplication.class, args);
        logger.info("启动网关服务");
    }

}
```

12.4 监控服务

微服务架构中实例（单体服务）众多，原生的注册中心 Eureka 仅提供最基本的监控服务，通过 Eureka 查看各服务状态，初步判断注册中心的服务是否在运行，而无法获取每个服务的详细运行信息，因此引入 Admin 组件作为微服务架构的监控服务，监控微服务中所有服务的运行状态，下面详细介绍 Admin。

12.4.1 监控依赖

Admin 服务是微服务中的一个实例（单体服务），与其他实例（单体服务）不同的是引入的依赖。Admin 需要使用 Admin 服务端，对外提供服务，同时，为保护 Admin 的安全性，使用 Security 作为登录权限管理组件。同样地，Admin 需要注册到 Eureka 注册中心，因此使用 Eureka 客户端向注册中心注册。引入的依赖配置如下，具体参见代码文件 microservice-boot 中 microservice-admin 模块 pom.xml。

```
<!-- Admin 监控依赖 -->
<dependency>
    <groupId>de.codecentric</groupId>
    <artifactId>spring-boot-admin-starter-server</artifactId>
    <version>2.2.3</version>
```

```
</dependency>
<!-- Security 鉴权依赖 -->
<dependency>
    <groupId>org.springframework.boot</groupId>
    <artifactId>spring-boot-starter-security</artifactId>
</dependency>
<!-- 服务注册和发现、客户端负载均衡、熔断 -->
<dependency>
    <groupId>org.springframework.cloud</groupId>
    <artifactId>spring-cloud-starter-netflix-eureka-server</artifactId>
<version>2.2.3.RELEASE</version>
</dependency>
```

12.4.2 监控配置

默认的 Admin 服务端登录无须用户名和密码，任何人均可通过 Admin 服务的 IP 和 Port 登录到 Admin 系统中。为保证系统信息安全和权限控制，对 Admin 系统配置权限控制，使用的安全组件为 Security，将 Admin 系统的所有请求均经过 Security 权限过滤。配置代码如下，具体参见代码文件 microservice-book 中 microservice-admin 模块/config/ SecurityConfig.java。

```
package com.company.microserviceadmin.config;

import de.codecentric.boot.admin.server.config.AdminServerProperties;
import org.springframework.security.config.annotation.web.builders.HttpSecurity;
import org.springframework.security.config.annotation.web.configuration.EnableWebSecurity;
import org.springframework.security.config.annotation.web.configuration.
WebSecurityConfigurerAdapter;
import org.springframework.security.web.authentication.
SavedRequestAwareAuthenticationSuccessHandler;
import org.springframework.security.web.csrf.CookieCsrfTokenRepository;

/**
 * Security 配置
 * @author xindaqi
 * @since 2021-01-04
 */

@EnableWebSecurity
public class SecurityConfig extends WebSecurityConfigurerAdapter {
    private final String adminContextPath;

    public SecurityConfig(AdminServerProperties adminServerProperties) {
        this.adminContextPath = adminServerProperties.getContextPath();
    }

    @Override
```

```
    protected void configure(HttpSecurity http) throws Exception {
        SavedRequestAwareAuthenticationSuccessHandler successHandler = new
SavedRequestAwareAuthenticationSuccessHandler();
        successHandler.setTargetUrlParameter("redirectTo");
        successHandler.setDefaultTargetUrl(adminContextPath + "/");

        http.authorizeRequests()
                .antMatchers(
                        adminContextPath + "/assets/**",
                        adminContextPath + "/login"
                ).permitAll()
                .anyRequest().authenticated()
                .and()
                .formLogin().loginPage(adminContextPath + "/login").successHandler
(successHandler).and()
                .logout().logoutUrl(adminContextPath + "/logout").and()
                .httpBasic().and()
                .csrf()
                .csrfTokenRepository(CookieCsrfTokenRepository.withHttpOnlyFalse())
                .ignoringAntMatchers(
                        "/instances",
                        "/actuator/**",
                        adminContextPath + "/logout"
                );
    }
}
```

由 Admin 的权限配置可知，通过 antMatchers(adminContextPath + "/login")添加登录路径 login 到权限系统，开启权限 anyRequest().authenticated()，即 login 路径需要通过 Security 授权才能访问，此时仅配置了 login 路径的登录权限。同时，需要为 Admin 中登录之后的路径添加权限，引入配置 formLogin().loginPage(adminContextPath + "/login")实现只有经过登录才能访问 Admin 其他路径的资源，登录 Admin 的入口如下。

```
http://localhost:8004/login
```

Admin 登录页面如图 12.6 所示。

默认情况下，Security 随系统启动会生成随机的登录密码，并打印到控制台，使用不方便，Security 组件提供了登录名和密码的配置方法，通过配置文件即可进行配置。Security 登录用户名和密码配置如下，具体参见代码文件 microservice-book 中 microservice-admin 模块/resources/application-dev.yml。

图 12.6　Admin 登录页面

```
spring:
  profiles: dev
  security:
    user:
      name: admin
      password: admin
eureka:
  client:
    service-url:
      defaultZone: http://localhost:8001/eureka/eureka
  instance:
    metadata-map:
      user.name: ${spring.security.user.name}
      user.password: ${spring.security.user.password}

management:
  endpoints:
    web:
      exposure:
        include: "*"
  endpoint:
    health:
      show-details: ALWAYS
```

由配置文件可知，Security 配置登录名和密码分别为 admin 和 admin。登录 Admin 监控系统时，使用此用户名和密码登录即可。Admin 监控服务在微服务的体系中作为一个实例，需要向注册中心注册，因此在 Admin 文件中添加了 Eureka 注册中心的地址，将 Admin 注册到 Eureka 注册中心，与注册中心的其他服务进行通信，完成服务的监控。

12.4.3 监控启动

Admin 服务仍是普通的 Spring Boot 单体服务项目，启动方式与其他普通的 Spring Boot 服务相同，不同的是 Admin 的服务端使用@EnableAdminServer 注解完成启动，代码如下，具体参见代码文件 microservice-book 中 microservice-admin 模块 MicroserviceAdminApplication.java。

```
package com.company.microserviceadmin;

import org.springframework.boot.SpringApplication;
import org.springframework.boot.autoconfigure.SpringBootApplication;
import de.codecentric.boot.admin.server.config.EnableAdminServer;
import org.slf4j.Logger;
import org.slf4j.LoggerFactory;

/**
 * Admin 模块启动
 * @author xindaqi
 * @since 2021-01-04
 */

@SpringBootApplication
@EnableAdminServer
public class MicroserviceAdminApplication {

    private static Logger logger = LoggerFactory.getLogger (MicroserviceAdminApplication.class);

    public static void main(String[] args) {
        SpringApplication.run(MicroserviceAdminApplication.class, args);
        logger.info("启动--微服务 Admin 模块");
    }

}
```

启动服务后，登录 Admin 系统，通过 12.4.2 小节中的地址登录。进入 Amdin 系统之后，通过应用墙预览 Admin 监控的服务，Admin 应用墙如图 12.7 所示。

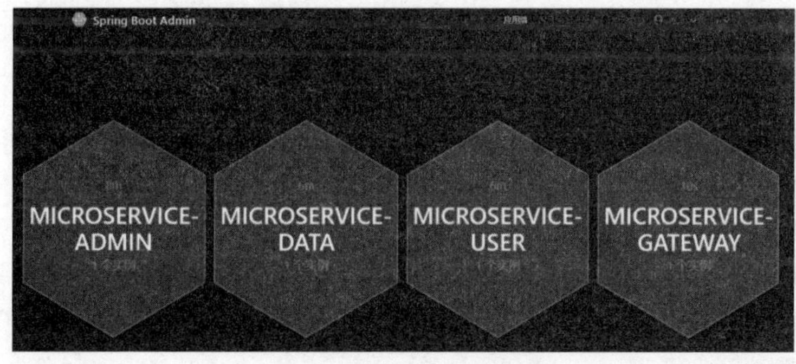

图 12.7　Admin 应用墙

通过 Admin 应用墙可以看到注册中心的所有服务均在 Admin 监控系统中，包括 Admin 服务自身也会被监控，其余的单体服务有网关服务（GATEWAY）、用户服务（USER）和数据处理服务（DATA），应用墙展示了微服务中的所有服务，包括在线的服务和离线的服务。

微服务系统中的服务在线和离线情况可以在应用中查看，如图 12.8 所示。

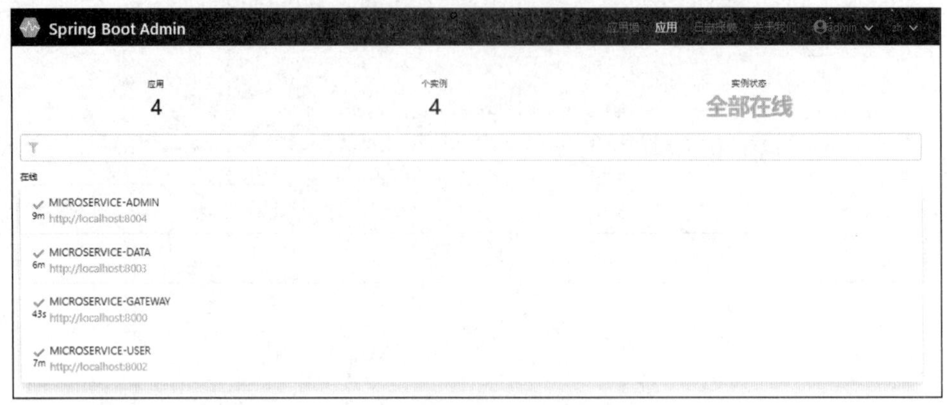

图 12.8　查看服务在线情况

由图 12.8 可知，微服务中的 4 个服务全部在线，服务列表显示在下方。当然，Admin 的功能不止于此，从应用墙进入相应的服务，即可查看对应服务的详情。以 Data 模块为例，通过应用墙进入 Data 模块，首页为服务细节，展示了模块的进程、线程、垃圾回收、内存等细节，如图 12.9 所示。

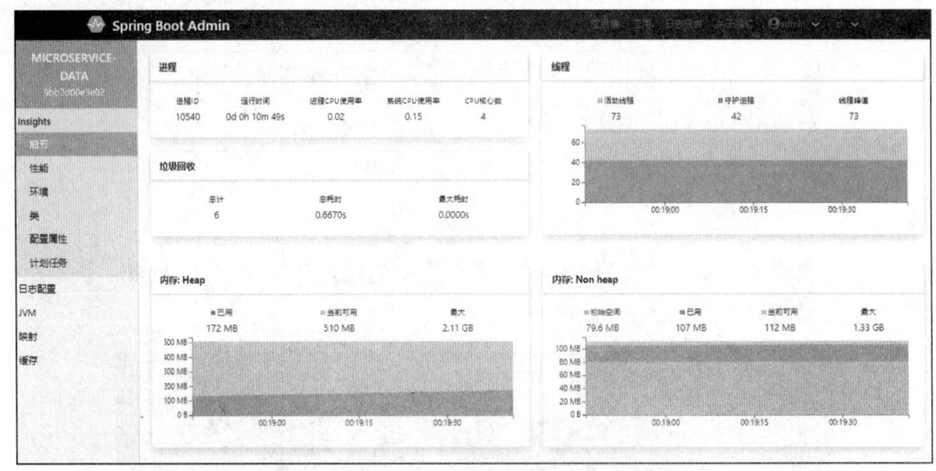

图 12.9　Data 模块细节

由图 12.9 可知 Data 模块的进程信息、线程信息、垃圾回收、堆内存和非堆内存信息，通过这些展示的参数详细了解当前服务的运行情况，这里以分析 Data 模块的内存使用情况为例进行讲解，Data 模块堆内存信息见表 12.3。

表 12.3 Data 模块堆内存信息

属　　性	描　　述
已用内存	172MB，初始化系统时已用的堆内存，JVM 内存
当前可用内存	510MB，当前可用的 JVM 堆内存
最大内存	2.11GB，当前 JVM 分配的最大堆内存

Data 模块非堆内存信息见表 12.4。

表 12.4 Data 模块非堆内存信息

属　　性	描　　述
初始内存空间	79.6MB，初始分配的非堆空间
已用内存	107MB，初始化系统时已用的非堆内存
当前可用内存	112MB，当前可用的 JVM 非堆内存
最大非堆内存	1.33GB，当前 JVM 分配的最大非堆内存

这里不展开讲解 Java8 的内存模型，仅作简单说明。Java8 中的堆内存分为 3 块，分别为老年代（Old Gen）、伊甸园（Eden Space）和存活区（Survivor Space）；非堆内存分为 3 个部分，分别为元空间（Meta Space）、代码缓存（Code Cache）和类压缩（Compressed Class Space），本书将在其他章节详细讲解 Java8 的内存模型。

Admin 监控系统中的日志系统存储了各服务的运行状态日志，包括服务注册、上线和下线等信息，Admin 监控事件日志如图 12.10 所示。

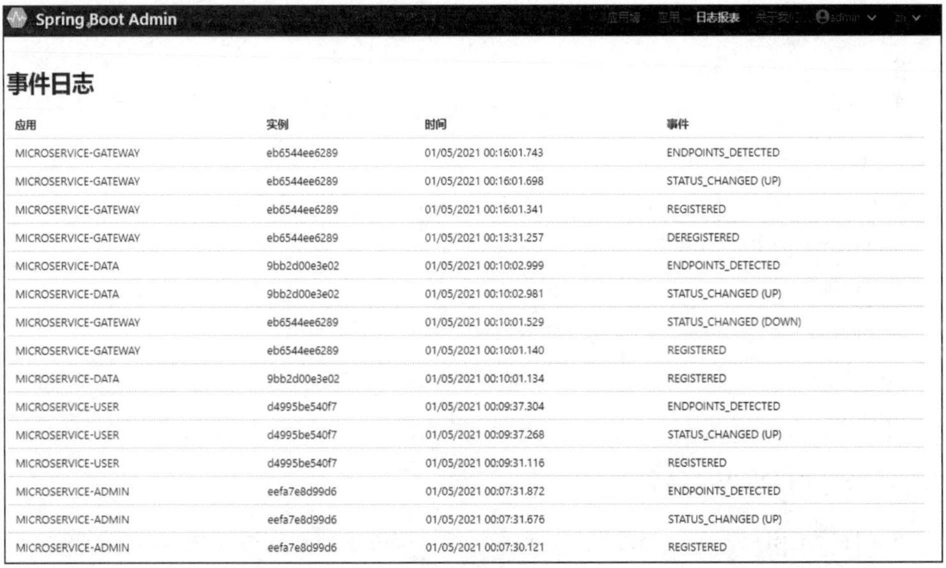

事件日志

应用	实例	时间	事件
MICROSERVICE-GATEWAY	eb6544ee6289	01/05/2021 00:16:01.743	ENDPOINTS_DETECTED
MICROSERVICE-GATEWAY	eb6544ee6289	01/05/2021 00:16:01.698	STATUS_CHANGED (UP)
MICROSERVICE-GATEWAY	eb6544ee6289	01/05/2021 00:16:01.341	REGISTERED
MICROSERVICE-GATEWAY	eb6544ee6289	01/05/2021 00:13:31.257	DEREGISTERED
MICROSERVICE-DATA	9bb2d00e3e02	01/05/2021 00:10:02.999	ENDPOINTS_DETECTED
MICROSERVICE-DATA	9bb2d00e3e02	01/05/2021 00:10:02.981	STATUS_CHANGED (UP)
MICROSERVICE-GATEWAY	eb6544ee6289	01/05/2021 00:10:01.529	STATUS_CHANGED (DOWN)
MICROSERVICE-GATEWAY	eb6544ee6289	01/05/2021 00:10:01.140	REGISTERED
MICROSERVICE-DATA	9bb2d00e3e02	01/05/2021 00:10:01.134	REGISTERED
MICROSERVICE-USER	d4995be540f7	01/05/2021 00:09:37.304	ENDPOINTS_DETECTED
MICROSERVICE-USER	d4995be540f7	01/05/2021 00:09:37.268	STATUS_CHANGED (UP)
MICROSERVICE-USER	d4995be540f7	01/05/2021 00:09:31.116	REGISTERED
MICROSERVICE-ADMIN	eefa7e8d99d6	01/05/2021 00:07:31.872	ENDPOINTS_DETECTED
MICROSERVICE-ADMIN	eefa7e8d99d6	01/05/2021 00:07:31.676	STATUS_CHANGED (UP)
MICROSERVICE-ADMIN	eefa7e8d99d6	01/05/2021 00:07:30.121	REGISTERED

图 12.10 Admin 监控事件日志

Admin 监控事件日志中记录了 Admin 所监控服务的日志，其中，记录的日志状态见表 12.5。

表 12.5　Admin 监控事件日志记录的日志状态

属　　性	描　　述
REGISTERED	服务注册到 Admin
STATUS_CHANGED	服务状态改变，分为两种情况。 （1）UP：服务上线 （2）DOWN：服务下线
ENDPOINTS_DETEDTED	Admin 检测到服务

3 种不同日志状态的内容分别如下所示。

1．REGISTERED 日志

REGISTERED（注册）日志中记录了服务向 Admin 的注册情况，记录了服务名称、服务管理地址和服务健康状态地址等，日志信息如下，参数解析见表 12.6。

```
{
    "registration": {
        "name": "MICROSERVICE-DATA",
        "managementUrl": "http://localhost:8003/actuator",
        "healthUrl": "http://localhost:8003/actuator/health",
        "serviceUrl": "http://localhost:8003",
        "source": "discovery",
        "metadata": {
            "management.port": "8003"
        }
    }
}
```

表 12.6　REGISTERED 日志参数解析

参　　数	描　　述
name	服务名称，Data 模块服务名称为 MICROSERVICE-DATA
managementUrl	管理地址
healthUrl	服务监控地址
serviceUrl	服务地址
source	服务来源 discovery，通过注册中心发现
metadata	元数据，服务端口

2．STATUS_CHANGED 日志

STATUS_CHANGED（服务状态改变）日志中记录了服务中组件的运行状态，如数据库（MySQL）、缓存（Redis）、队列（RabbitMQ）的上线（UP）和下线（DOWN），日志信息如下，参数解析见表 12.7。

```
{
    "statusInfo": {
        "status": "UP",
        "details": {
            "hystrix": {
                "status": "UP"
            },
            "diskSpace": {
                "status": "UP",
                "details": {
                    "total": 125392908288,
                    "free": 17247870976,
                    "threshold": 10485760
                }
            },
            "ping": {
                "status": "UP"
            },
            "discoveryComposite": {
                "status": "UP",
                "details": {
                    "discoveryClient": {
                        "status": "UP",
                        "details": {
                            "services": [
                                "microservice-admin",
                                "microservice-data"
                            ]
                        }
                    },
                    "eureka": {
                        "description": "Remote status from Eureka server",
                        "status": "UP",
                        "details": {
                            "applications": {
                                "MICROSERVICE-DATA": 1,
                                "MICROSERVICE-ADMIN": 1
                            }
                        }
                    }
                }
            },
            "rabbit": {
                "status": "UP",
                "details": {
                    "version": "3.8.9"
```

```
            }
        },
        "refreshScope": {
            "status": "UP"
        },
        "db": {
            "status": "UP",
            "details": {
                "database": "MySQL",
                "result": 1,
                "validationQuery": "/* ping */ SELECT 1"
            }
        },
        "redis": {
            "status": "UP",
            "details": {
                "version": "5.0.10"
            }
        }
    }
  }
}
```


表 12.7　STATUS_CHANGED 日志参数解析

属　　性	描　　述
statusInfo	当前服务的状态。 （1）UP：上线 （2）DOWN：下线
discoveryComposite	服务中发现的组件
discoveryClient	Admin 监控的客户端，如 microservice-admin 和 microservice-data
eureka	当前服务中 Eureka 注册中心的运行状态。 （1）UP：上线 （2）DOWN：下线
rabbit	当前服务中组件 rabbit 的运行状态。 （1）UP：上线 （2）DOWN：下线
redis	当前服务中组件 redis 的运行状态。 （1）UP：上线 （2）DOWN：下线
db	当前服务中组件数据库的运行状态（如 MySQL 数据库）。 （1）UP：上线 （2）DOWN：下线

3. ENDPOINTS_DETEDTED 日志

ENDPOINTS_DETEDTED（终端检测）日志中记录了当前服务所有的执行器地址，通过这些地址即可获取当前服务的运行状态信息，日志内容如下。

```
{
    "endpoints": [
        {
            "id": "caches",
            "url": "http://localhost:8003/actuator/caches"
        },
        {
            "id": "loggers",
            "url": "http://localhost:8003/actuator/loggers"
        },
        {
            "id": "refresh",
            "url": "http://localhost:8003/actuator/refresh"
        },
        {
            "id": "health",
            "url": "http://localhost:8003/actuator/health"
        },
        {
            "id": "env",
            "url": "http://localhost:8003/actuator/env"
        },
        {
            "id": "heapdump",
            "url": "http://localhost:8003/actuator/heapdump"
        },
        {
            "id": "features",
            "url": "http://localhost:8003/actuator/features"
        },
        {
            "id": "mappings",
            "url": "http://localhost:8003/actuator/mappings"
        },
        {
            "id": "scheduledtasks",
            "url": "http://localhost:8003/actuator/scheduledtasks"
        },
        {
            "id": "archaius",
            "url": "http://localhost:8003/actuator/archaius"
        },
```

```
        {
            "id": "configprops",
            "url": "http://localhost:8003/actuator/configprops"
        },
        {
            "id": "beans",
            "url": "http://localhost:8003/actuator/beans"
        },
        {
            "id": "threaddump",
            "url": "http://localhost:8003/actuator/threaddump"
        },
        {
            "id": "metrics",
            "url": "http://localhost:8003/actuator/metrics"
        },
        {
            "id": "conditions",
            "url": "http://localhost:8003/actuator/conditions"
        },
        {
            "id": "service-registry",
            "url": "http://localhost:8003/actuator/service-registry"
        },
        {
            "id": "info",
            "url": "http://localhost:8003/actuator/info"
        }
    ]
}
```


12.5 服 务 调 用

微服务体系中的服务调用是最常用的功能，也是服务间解耦的核心。微服务体系中实例（单体服务）众多，所有服务均向注册中心注册，注册到 Eureka 注册中心的服务被注册中心管理，并可以通过原生的 Feign 实现服务间的通信，开发者无须重新构造 HTTP 请求。

12.5.1 用户服务

用户服务模块依赖信息如下，具体参见代码文件 microservice-book 中 microservice-user 模块 pom.xml。

```
<!-- 服务注册和发现、客户端负载均衡、熔断 -->
```

```
<dependency>
    <groupId>org.springframework.cloud</groupId>
    <artifactId>spring-cloud-starter-netflix-eureka-server</artifactId>
    <version>2.2.3.RELEASE</version>
</dependency>
<!-- 调用链，生成调用轨迹 id -->
<dependency>
    <groupId>org.springframework.cloud</groupId>
    <artifactId>spring-cloud-starter-sleuth</artifactId>
    <version>2.2.6.RELEASE</version>
</dependency>
<!-- Admin 客户端，使用 Admin 监控该服务 -->
<dependency>
    <groupId>de.codecentric</groupId>
    <artifactId>spring-boot-admin-starter-client</artifactId>
    <version>2.2.3</version>
</dependency>
```

依赖文件中引入了 Eureka 服务端，用于向注册中心注册；Sleuth 调用链用于服务间调用轨迹追踪；Admin 客户端将服务注册到 Admin 服务端，实现 Admin 监控用户服务。用户服务配置文件如下，具体参见代码文件 microservice-book 中 microservice-user 模块/resources/application-dev.yml。

```
eureka:
  client:
    fetch-registry: true
    register-with-eureka: true
    service-url:
      defaultZone: http://localhost:8001/eureka/eureka # 与 Eureka 服务端(注册中心)交互地址，
查询 Eureka 服务的地址
management: #开启 SpringBoot Admin 的监控
  endpoints:
    web:
      exposure:
        include: "*"
  endpoint:
    health:
      show-details: ALWAYS
```

用户配置文件添加了 Eureka 注册中心地址，将用户服务注册到 Eureka，同时开启 Admin 监控管理，management 即管理 Admin 配置状态，暴露所有监控地址，使用“include: "*"”。启动用户服务的代码如下，具体参见代码文件 microservice-book 中 microservice-user 模块 MicroserviceUserApplication.java。

```
package com.company.microserviceuser;

import org.springframework.boot.SpringApplication;
import org.springframework.boot.autoconfigure.SpringBootApplication;
import org.mybatis.spring.annotation.MapperScan;
```

```
import springfox.documentation.swagger2.annotations.EnableSwagger2;
import org.springframework.cache.annotation.EnableCaching;
import org.slf4j.Logger;
import org.slf4j.LoggerFactory;
import org.springframework.boot.web.servlet.support.SpringBootServletInitializer;
import org.springframework.boot.builder.SpringApplicationBuilder;
import org.springframework.boot.context.properties.EnableConfigurationProperties;

import com.company.microserviceuser.config.ThreadPoolConfig;

/**
 * 用户服务启动
 *
 * @author xindaqi
 * @since 2020-10-26
 */

@SpringBootApplication
@EnableConfigurationProperties(ThreadPoolConfig.class)
public class MicroserviceUserApplication {
    private static Logger logger = LoggerFactory.getLogger (MicroserviceUserApplication.class);

    public static void main(String[] args) {
        SpringApplication.run(MicroserviceUserApplication.class, args);
        logger.info("启动--微服务用户模块");
    }

}
```

12.5.2 数据处理服务

数据处理服务模块依赖信息如下，具体参见代码文件 microservice-book 中 microservice-data 模块 pom.xml。

```
<!-- 服务注册和发现、客户端负载均衡、熔断 -->
<dependency>
    <groupId>org.springframework.cloud</groupId>
    <artifactId>spring-cloud-starter-netflix-eureka-server</artifactId>
    <version>2.2.3.RELEASE</version>
</dependency>
<!-- 服务间调用依赖 Feign -->
<dependency>
    <groupId>org.springframework.cloud</groupId>
    <artifactId>spring-cloud-starter-openfeign</artifactId>
    <version>2.2.6.RELEASE</version>
</dependency>
```

```
<!-- 调用链，生成调用轨迹 id -->
<dependency>
    <groupId>org.springframework.cloud</groupId>
    <artifactId>spring-cloud-starter-sleuth</artifactId>
    <version>2.2.6.RELEASE</version>
</dependency>

<!-- Admin 客户端，使用 Admin 监控该服务 -->
<dependency>
    <groupId>de.codecentric</groupId>
    <artifactId>spring-boot-admin-starter-client</artifactId>
    <version>2.2.3</version>
</dependency>
```

依赖文件中引入了 Eureka 服务端，用于向注册中心注册；Sleuth 调用链用于服务间调用轨迹追踪；Admin 客户端将服务注册到 Admin 服务端，实现 Admin 监控数据处理服务。数据处理服务配置文件如下，具体参见代码文件 microservice-book 中 microservice-data 模块/resources/application-dev.yml。

```
eureka:
  client:
    fetch-registry: true
    register-with-eureka: true
    service-url:
      defaultZone: http://localhost:8001/eureka/eureka # 与 Eureka 服务端(注册中心)交互地址，
查询 Eureka 服务端的地址
management:
  endpoints:
    web:
      exposure:
        include: "*"
  endpoint:
    health:
      show-details: ALWAYS
```

用户配置文件添加了 Eureka 注册中心地址，将用户服务注册到 Eureka，同时开启 Admin 监控管理，management 即管理 Admin 配置状态，暴露所有监控地址，使用 include: "*"。启动数据处理服务的代码如下，具体参见代码文件 microservice-book 中 microservice-data 模块 MicroserviceDataApplication.java。

```
package com.company.microservicedata;

import org.springframework.boot.SpringApplication;
import org.springframework.boot.autoconfigure.SpringBootApplication;
import org.springframework.cloud.openfeign.EnableFeignClients;

import org.slf4j.Logger;
import org.slf4j.LoggerFactory;
```

```
/**
 * 数据模块启动
 * @author xindaqi
 * @since 2020-12-13
 */

@SpringBootApplication
@EnableFeignClients
public class MicroserviceDataApplication {

    private static Logger logger = LoggerFactory.getLogger
(MicroserviceDataApplication.class);

    public static void main(String[] args) {
        SpringApplication.run(MicroserviceDataApplication.class, args);
        logger.info("启动--微服务数据模块");
    }

}
```

12.5.3 数据处理服务调用用户服务配置

本小节以数据处理服务调用用户服务为例实现服务调用，将用户服务的用户信息分页查询接口作为被调用的测试接口。用户分页查询接口的入参实现如下，具体参见代码文件 microservice-book 中 microservice-user 模块/dto/QueryUserByPageInputDTO.java，以及数据处理服务 microservice-data 模块/dto/ QueryUserByPageInputDTO.java。

```
package com.company.microserviceuser.dto;

import java.io.Serializable;
import lombok.Data;
import io.swagger.annotations.ApiModel;
import io.swagger.annotations.ApiModelProperty;

/**
 * 用户信息分页查询
 * @author xindaqi
 * @since 2020-11-29
 */

@Data
@ApiModel(description = "分页查询用户信息入参")
public class QueryUserByPageInputDTO implements Serializable {
    private static final long serialVersionUID = 4683113122303496296L;
```

```
@ApiModelProperty(value = "用户 ID", position = 1)
private Long id;

@ApiModelProperty(value = "用户姓名", position = 2)
private String username;

@ApiModelProperty(value = "用户性别", position = 3)
private String sex;

@ApiModelProperty(value = "用户住址", position = 4)
private String address;

@ApiModelProperty(value = "用户手机号", position = 5)
private String phoneNumber;

@ApiModelProperty(value = "当前页码", position = 6)
private Integer pageNum;

@ApiModelProperty(value = "当前页数据行数", position = 7)
private Integer pageSize;

public void setId(long id) {
    this.id = id;
}
public long getId() {
    return id;
}

public void setUsername(String username) {
    this.username = username;
}
public String getUsername() {
    return username;
}

public void setSex(String sex) {
    this.sex = sex;
}
public String getSex() {
    return sex;
}

public void setAddress(String address) {
    this.address = address;
}
public String getAddress() {
```

```
        return address;
    }

    public void setPhoneNumber(String phoneNumber) {
        this.phoneNumber = phoneNumber;
    }
    public String getPhoneNumber() {
        return phoneNumber;
    }

    public void setPageNum(Integer pageNum) {
        this.pageNum = pageNum;
    }
    public Integer getPageNum() {
        return pageNum;
    }

    public void setPageSize(Integer pageSize) {
        this.pageSize = pageSize;
    }
    public Integer getPageSize() {
        return pageSize;
    }

}
```

用户详情统一返回实体代码如下，具体参见代码文件 microservice-book 中 microservice-user 模块/vo/UserDetailsVO.java 以及数据处理服务 microservice-data 模块/vo/ UserDetailsVO.java。

```
package com.company.microserviceuser.vo;

import io.swagger.annotations.ApiModel;
import io.swagger.annotations.ApiModelProperty;

/**
 * 用户详情
 * @author xindaqi
 * @since 2020-10-07
 */
@ApiModel(description = "用户分页信息")
public class UserDetailsVO {

    @ApiModelProperty(value = "用户 ID", position = 1)
    private Integer id;

    @ApiModelProperty(value = "用户姓名", position = 2)
    private String username;
```

```
    @ApiModelProperty(value = "用户性别", position = 3)
    private String sex;

    @ApiModelProperty(value = "用户住址", position = 4)
    private String address;

    public void setId(Integer id){
        this.id = id;
    }
    public Integer getId(){
        return id;
    }

    public void setUserame(String username){
        this.username = username;
    }
    public String getUsername(){
        return username;
    }

    public void setSex(String sex){
        this.sex = sex;
    }
    public String getSex(){
        return sex;
    }

    public void setAddress(String address){
        this.address = address;
    }
    public String getAddress(){
        return address;
    }

    @Override
    public String toString() {
        return "UserDetailsVO{" +
                "id=" + id +
                ", username='" + username + '\" +
                ", sex='" + sex + '\'' +
                ", address='" + address + '\" +
                '}';
    }
}
```

用户模块的用户信息分页查询接口代码如下，具体参见代码文件 microservice-book 中 microserviceuser 模块/controller/UserController.java。

```
package com.company.microserviceuser.controller;

import com.company.microserviceuser.exception.MyException;
import org.springframework.web.bind.annotation.*;
import org.springframework.beans.BeanUtils;
import org.springframework.beans.factory.annotation.Autowired;
import org.slf4j.Logger;
import org.slf4j.LoggerFactory;
import org.springframework.security.crypto.bcrypt.BCryptPasswordEncoder;
import com.github.pagehelper.PageInfo;

import io.swagger.annotations.Api;
import io.swagger.annotations.ApiImplicitParam;
import io.swagger.annotations.ApiOperation;

import com.company.microserviceuser.dto.*;
import com.company.microserviceuser.enums.MyCodeEnums;
import com.company.microserviceuser.service.*;
import com.company.microserviceuser.vo.common.*;
import com.company.microserviceuser.vo.*;
import com.company.microserviceuser.dos.*;
import com.company.microserviceuser.utils.*;

import javax.validation.Valid;
import java.util.List;

import static com.company.microserviceuser.constant.StringConstant.DATE_Y_M_D_H_M_S;
import com.company.microserviceuser.constant.*;
/**
 * UserController API
 * @author xindaqi
 * @since 2020-10-26
 */
@CrossOrigin(origins = "*", maxAge = 3600)
@RestController
@RequestMapping("/api/v1/user")
@Api(tags = "人员信息")
public class UserController {

    private static Logger logger = LoggerFactory.getLogger(UserController.class);

    @Autowired
    private TimeProcessUtil timeProcessUtil;

    @Autowired
    private IUserService userService;
```

```
    @Autowired
    private BCryptPasswordEncoder passwordEncoderCrypt;

    @PostMapping(value = "/query/page")
    @ApiOperation(value = "分页查询用户", notes = "分页查询用户 v0.0", httpMethod = "POST")
    @ApiImplicitParam(name = "params", value = "分页查询用户注册信息", dataType = 
"QueryUserByPageInputDTO", paramType = "body")
    public ResponseVO<List<UserDetailsVO>> queryUserByPage(@RequestBody 
QueryUserByPageInputDTO params) {
        try{
            UserDO userDo = new UserDO();
            Integer pageNum = params.getPageNum();
            Integer pageSize = params.getPageSize();
            BeanUtils.copyProperties(params, userDo);
            PageInfo<UserDetailsVO> userInformation = userService.queryUserByPage(userDo, 
pageNum, pageSize);
            List<UserDetailsVO> userList = userInformation.getList();
            Long total = userInformation.getTotal();
            logger.info("成功--分页查询用户");
            return new ResponseVO<List<UserDetailsVO>>().ok(userList, total);

        }catch (Exception e) {
            logger.error("失败--列表分页查询用户:", e);
            return new ResponseVO<List<UserDetailsVO>>().fail();
        }

    }

}
```

数据处理服务中调用用户服务的用户信息分页查询接口代码如下，具体参见代码文件 microservice-book 中 microservice-data 模块/feign/ IUserModuleFeign.java。服务间使用 Feign 模式实现接口调用，需要注意的是，@Feign 注解的 value 应为被调用服务的名称，这里使用数据处理模块调用用户处理模块，因此@Feign 注解的 value 应为用户服务的名称，同时在接口中构建与用户服务接口相同的方法，包括入参和返回数据类型。

```
package com.company.microservicedata.feign;

import org.springframework.cloud.openfeign.FeignClient;
import org.springframework.web.bind.annotation.RequestMapping;
import org.springframework.web.bind.annotation.RequestBody;

import java.util.List;

import com.company.microservicedata.dto.*;
import com.company.microservicedata.vo.*;
import com.company.microservicedata.vo.common.*;
import com.company.microservicedata.enums.*;
```

```
/**
 * 调用 User 模块
 * @author xindaqi
 * @since 2020-12-13
 */
@FeignClient(value="microservice-user")
public interface IUserModuleFeign {

    /**
     * 调用 User 模块的测试接口，验证 Feign
     * @param params 用户分页查询参数
     * @return 用户详情-分页展示
     */
    @RequestMapping("/api/v1/user/query/page")
    ResponseVO<List<UserDetailsVO>> queryUserByPage(@RequestBody QueryUserByPageInputDTO
params);

}
```

12.5.4 数据处理服务调用测试

微服务架构中的服务众多，正常的微服务启动顺序如图 12.11 所示。

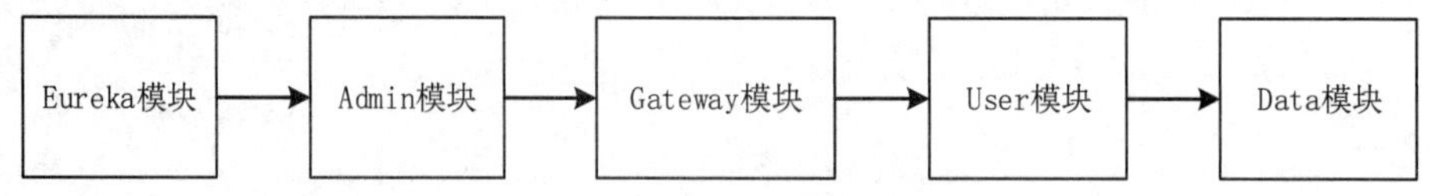

图 12.11 微服务启动顺序

微服务启动顺序并无严格的对错之分，遵循原则为：服务间使用 Feign 调用，Eureka 注册中心必须启动；使用网关统一管理服务接口，必须启动 Eureka 注册中心和网关；使用 Admin 监控所有服务，必须启动 Eureka 注册中心和 Admin 监控服务，而微服务体系中的满足业务需求的按需启动即可。本小节介绍的服务的监控与调用，必须将五大模块全部启动，按照个人习惯从功能性服务开始启动，分别启动 Eureka 注册中心、Admin 监控服务和网关服务，最后启动业务服务。

在数据处理服务中构建用户分页查询的请求，使用构建的 Feign 调用接口，在数据处理服务中调用用户服务的分页查询接口，并通过 Sleuth 实现调用追踪。数据处理服务的接口代码如下，具体参见代码文件 microservice-book 中 microservice-data 模块/controller/ UserInformationController.java。

```
package com.company.microservicedata.controller;

import com.company.microservicedata.dto.MessageQueueInputDTO;
import org.slf4j.Logger;
import org.slf4j.LoggerFactory;
import org.springframework.web.bind.annotation.CrossOrigin;
import org.springframework.web.bind.annotation.RestController;
import org.springframework.web.bind.annotation.RequestMapping;
```

```
import org.springframework.web.bind.annotation.RequestMethod;
import org.springframework.web.bind.annotation.RequestBody;
import org.springframework.beans.factory.annotation.Autowired;

import io.swagger.annotations.Api;
import io.swagger.annotations.ApiImplicitParam;
import io.swagger.annotations.ApiOperation;
import com.alibaba.fastjson.JSON;

import java.util.HashMap;
import java.util.List;
import java.util.Map;

import com.company.microservicedata.service.*;
import com.company.microservicedata.feign.*;
import com.company.microservicedata.dto.*;
import com.company.microservicedata.vo.*;
import com.company.microservicedata.vo.common.*;
import com.company.microservicedata.enums.*;
import com.company.microservicedata.util.ExcelProcessUtil;

import javax.servlet.http.HttpServletRequest;
import javax.servlet.http.HttpServletResponse;

/**
 * Feign call test.
 * @author xindaqi
 * @since 2020-12-02
 */
@CrossOrigin(origins="*", maxAge=3600)
@RestController
@RequestMapping("/v1/data")
@Api(tags = "User Feign")
public class UserInformationController {

    private static Logger logger = LoggerFactory.getLogger (UserInformationController.class);

    @Autowired
    private IUserModuleFeign userModuleFeign;

    @RequestMapping(value="/user/page", method=RequestMethod.POST)
    @ApiOperation("分页查询用户信息")
    public ResponseVO<List<UserDetailsVO>> queryUserByPage(@RequestBody
QueryUserByPageInputDTO params) {
        return userModuleFeign.queryUserByPage(params);
    }

}
```

正常启动微服务中的服务后，各服务间地址的关系如图 12.12 所示。

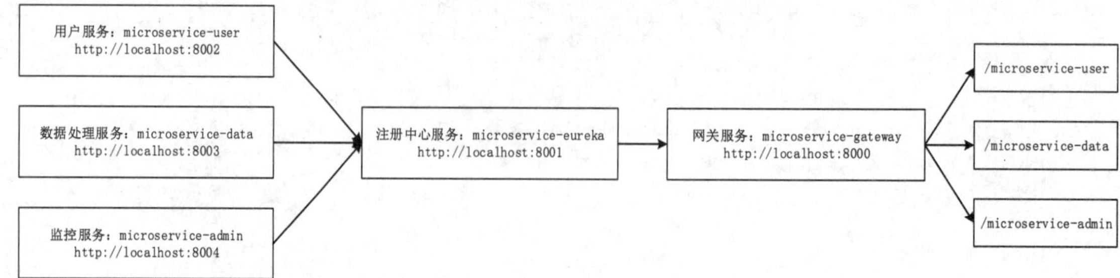

图 12.12　各服务间地址的关系

调用数据处理服务中的用户信息分页查询接口如下。

```
http://localhost:8000/microservice-data/v1/data/user/page
```

接口 URL 组成：网关（IP:Port）+服务名+URI，通过 Swagger 文档进行接口测试，Swagger 地址如下。

```
http://localhost:8000/swagger-ui.html
```

在 Swagger 接口文档右上方下拉菜单选择 MICROSERVICE-DATA 模块，切换到数据处理模块的 Swagger 文档，分页查询接口如图 12.13 所示。

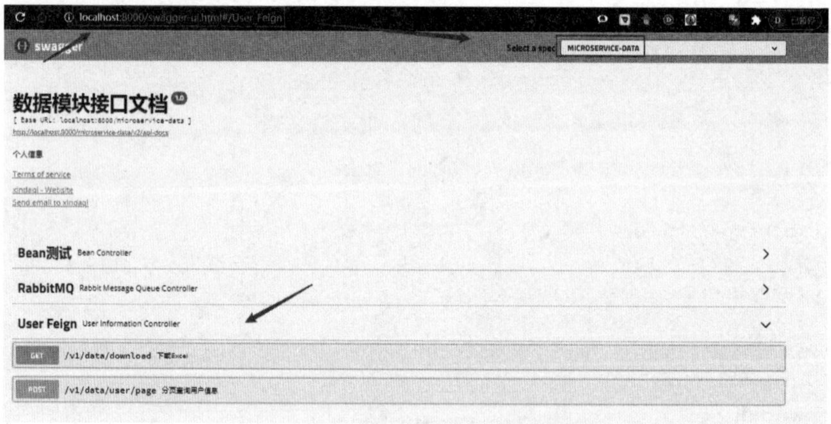

图 12.13　数据处理模块 Swagger 文档

在 Swagger 文档中选择分页查询用户信息接口，构建请求，请求入参如下，用户分页查询参数见表 12.8。

```
{
  "address": "",
  "id": "",
  "pageNum": 1,
  "pageSize": 2,
```

```
  "phoneNumber": "",
  "sex": "",
  "username": ""
}
```

表 12.8 用户分页查询参数

参 数	类 型	描 述
address	string	用户地址
id	int	用户 id
pageNum	int	当前页页码
pageSize	int	当前页数据量
phoneNumber	string	手机号码
sex	string	性别：男或女
username	string	用户姓名

通过 Swagger 构建的查询请求如图 12.14 所示。

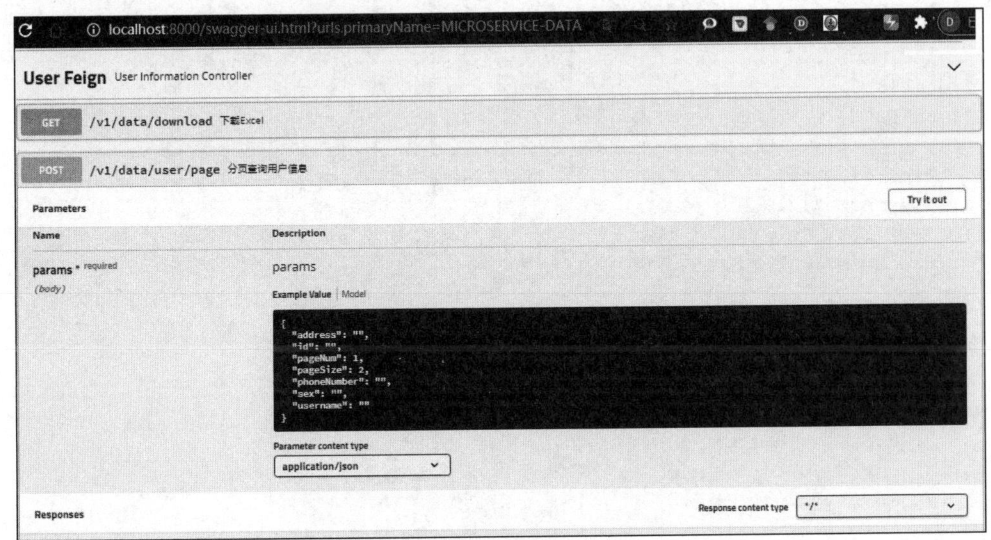

图 12.14 数据处理服务用户分页查询请求

发送请求后，结果如图 12.15 所示。

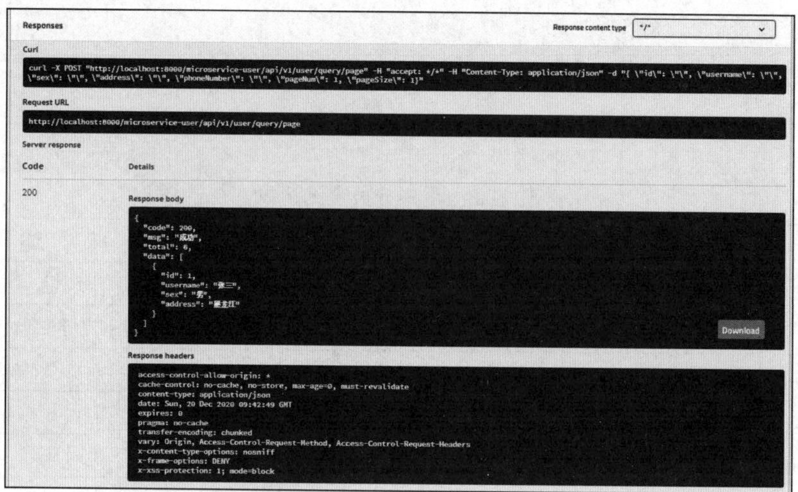

图 12.15　用户信息返回值

请求返回的实体如下所示。


```
{
  "code": 200,
  "msg": "成功",
  "total": 6,
  "data": [
    {
      "id": 1,
      "username": "张三",
      "sex": "男",
      "address": "黑龙江"
    },
    {
      "id": 3,
      "username": "小花",
      "sex": "女",
      "address": "黑龙江"
    }
  ]
}
```


返回结果参数解析见表 12.9。

表 12.9　返回结果参数解析

参　数	描　述
code	返回编码。 200：成功； 4000：失败； 4001：空数据； 4002：数据无效

续表

参　数	描　述
msg	返回状态描述：成功、失败、空数据、数据无效
total	数据总条数
data	数据列表
address	用户地址
id	用户 id
sex	性别：男或女
username	用户姓名

微服务体系中服务众多，当多个服务之间进行调用时，为了追踪服务的调用过程，使用服务调用链组件 Sleuth，在每笔请求中会生成唯一的 traceId，用于追踪服务请求传递情况，这个 traceId 会在服务间串联传递。数据处理模块分页查询用户信息的日志如下。

```
2021-01-05 00:21:48,119 INFO [traceId=a36cd9de7a4eb741, spanId=a3aa9631ac44f170]
2021-01-05 00:21:48 [http-nio-8002-exec-10] [INFO] - ===Api call aspect do before.===
2021-01-05 00:21:49,091 INFO [traceId=a36cd9de7a4eb741, spanId=7432e66126880674]
2021-01-05 00:21:49 [http-nio-8002-exec-1] [INFO] - HTTP METHOD: POST
2021-01-05 00:21:49,091 INFO [traceId=a36cd9de7a4eb741, spanId=7432e66126880674]
2021-01-05 00:21:49 [http-nio-8002-exec-1] [INFO] - IP: 127.0.0.1
2021-01-05 00:21:49,091 INFO [traceId=a36cd9de7a4eb741, spanId=7432e66126880674]
2021-01-05 00:21:49 [http-nio-8002-exec-1] [INFO] - Class METHOD:
com.company.microserviceuser.controller.UserController.queryUserByPage
2021-01-05 00:21:49,092 INFO [traceId=a36cd9de7a4eb741, spanId=7432e66126880674]
2021-01-05 00:21:49 [http-nio-8002-exec-1] [INFO] - Class
name:com.company.microserviceuser.controller.UserController
2021-01-05 00:21:49,176 INFO [traceId=a36cd9de7a4eb741, spanId=7432e66126880674]
2021-01-05 00:21:49 [http-nio-8002-exec-1] [INFO] - 成功--分页查询用户
2021-01-05 00:21:49,191 INFO [traceId=a36cd9de7a4eb741, spanId=7432e66126880674]
2021-01-05 00:21:49 [http-nio-8002-exec-1] [INFO] - ARGS: QueryUserByPageInputDTO(id=0,
username=, sex=, address=, phoneNumber=, pageNum=1, pageSize=2)
2021-01-05 00:21:49,192 INFO [traceId=a36cd9de7a4eb741, spanId=7432e66126880674]
2021-01-05 00:21:49 [http-nio-8002-exec-1] [INFO] - 返回值: ResponseVO{code=200, msg=
'成功', total=6, data=Page{count=true, pageNum=1, pageSize=2, startRow=0, endRow=2,
total=6, pages=3, reasonable=false, pageSizeZero=false}}
2021-01-05 00:21:49,192 INFO [traceId=a36cd9de7a4eb741, spanId=7432e66126880674]
2021-01-05 00:21:49 [http-nio-8002-exec-1] [INFO] - Time spending: 103ms
2021-01-05 00:21:49,192 INFO [traceId=a36cd9de7a4eb741, spanId=a3aa9631ac44f170]
2021-01-05 00:21:49 [http-nio-8002-exec-10] [INFO] - Time spending: 1072ms
2021-01-05 00:21:49,192 INFO [traceId=a36cd9de7a4eb741, spanId=a3aa9631ac44f170]
2021-01-05 00:21:49 [http-nio-8002-exec-10] [INFO] - ===Api call aspect do
afterReturing.===
2021-01-05 00:21:49,193 INFO [traceId=a36cd9de7a4eb741, spanId=a3aa9631ac44f170]
2021-01-05 00:21:49 [http-nio-8002-exec-10] [INFO] - ===Api call aspect do after.===
```

由日志信息可知，请求生成的 traceId 为 a36cd9de7a4eb741，并且请求日志中打印了入参和出参（返回信息），由于使用了分页插件，返回信息为分页实体，如果需要在日志中打印返回的数据详情，可以在 Servcie 层返回实际的参数列表。

数据处理模块调用用户服务模块，用户模块在接收请求时会有日志输出，日志信息如下。

```
 2021-01-05 00:21:47,744 INFO  [traceId=a36cd9de7a4eb741, spanId=a36cd9de7a4eb741]
2021-01-05 00:21:47 [http-nio-8003-exec-8] [INFO] - Flipping property:
microservice-user.ribbon.ActiveConnectionsLimit to use NEXT property:
niws.loadbalancer.availabilityFilteringRule.activeConnectionsLimit = 2147483647
 2021-01-05  00:21:47,768  INFO   [traceId=a36cd9de7a4eb741,  spanId=a36cd9de7a4eb741]
2021-01-05  00:21:47  [http-nio-8003-exec-8]  [INFO]  -  Shutdown  hook  installed  for:
NFLoadBalancer-PingTimer-microservice-user
 2021-01-05  00:21:47,770  INFO   [traceId=a36cd9de7a4eb741,  spanId=a36cd9de7a4eb741]
2021-01-05   00:21:47   [http-nio-8003-exec-8]   [INFO]   -   Client:   microservice-user
instantiated   a   LoadBalancer:   DynamicServerListLoadBalancer:{NFLoadBalancer:name=
microservice-user,current list of Servers=[],Load balancer stats=Zone stats: {},Server
stats: []}ServerList:null
 2021-01-05  00:21:47,783  INFO   [traceId=a36cd9de7a4eb741,  spanId=a36cd9de7a4eb741]
2021-01-05   00:21:47   [http-nio-8003-exec-8]   [INFO]   -   Using   serverListUpdater
PollingServerListUpdater
 2021-01-05 00:21:47,809 INFO  [traceId=a36cd9de7a4eb741, spanId=a36cd9de7a4eb741]
2021-01-05 00:21:47 [http-nio-8003-exec-8] [INFO] - Flipping property:
microservice-user.ribbon.ActiveConnectionsLimit to use NEXT property:
niws.loadbalancer.availabilityFilteringRule.activeConnectionsLimit = 2147483647
 2021-01-05 00:21:47,813 INFO  [traceId=a36cd9de7a4eb741, spanId=a36cd9de7a4eb741]
2021-01-05 00:21:47 [http-nio-8003-exec-8] [INFO] - DynamicServerListLoadBalancer for
client microservice-user initialized:
DynamicServerListLoadBalancer:{NFLoadBalancer:name=microservice-user,current list of
Servers=[localhost:8002],Load balancer stats=Zone stats:
{defaultzone=[Zone:defaultzone;
 Instance count:1;      Active connections count: 0;    Circuit breaker tripped count: 0;
Active connections per server: 0.0;]
 },Server stats: [[Server:localhost:8002;       Zone:defaultZone;       Total Requests:0;
Successive connection failure:0;Total blackout seconds:0;       Last connection made:Thu
Jan 01 08:00:00 CST 1970;      First connection made: Thu Jan 01 08:00:00 CST 1970;    Active
Connections:0;   total failure count in last (1000) msecs:0;    average resp time:0.0;
90 percentile resp time:0.0;    95 percentile resp time:0.0;    min resp time:0.0;      max
resp time:0.0;     stddev resp time:0.0]
 ]}ServerList:org.springframework.cloud.netflix.ribbon.eureka.
 DomainExtractingServerList@15a89380
```

由用户模块日志信息可知，请求过程中生成的 traceId 为 a36cd9de7a4eb741，与数据处理模块的 traceId 相同，在多个服务间共用唯一的 traceId，通过这个唯一的 traceId 可以定位该请求经过的服务，有利于定位并分析问题。

12.6 小　　结

本章讲解微服务组件的实际应用，主要包括以下内容。

（1）微服务结构，微服务基本单元有 Eureka 注册中心、网关、Admin 监控以及各个应用服务。

（2）注册中心 Eureka 管理微服务实例，实现微服务间通过@Feign 注解相互调用。

（3）网关统一管理微服务的业务服务，所有被网关纳管的服务，接口请求均向网关发起。

（4）监控 Admin，监控微服务中所有服务的运行情况，包括 Admin 自身的运行情况，同时记录各服务的在/离线情况、内存使用情况等。

第 13 章

微服务部署

本章讲解微服务中模块的部署。微服务中的所有模块都是独立的单体服务，即每个服务均可独立运行，因此，每个服务都可以单独部署。而服务部署有两种方式：一种是手动部署，另一种是自动部署，借助自动化部署工具。本章以手动部署服务切入点，帮助读者掌握 Spring Boot 项目的手动打包及运行；然后通过 Jenkins 构建任务，自动化部署项目，使读者掌握微服务项目的自动化部署的方式。

13.1　手动部署服务

手动部署即项目运行的每一步均是开发人员通过命令操作，不借助第三方部署工具，如 Docker、Jenkins 等。手动部署服务包括手动打包和手动运行程序，项目使用 Maven 进行管理。使用 Maven 进行打包的服务运行分为两种模式：前台运行和守护进程运行。其中，前台运行，即退出程序执行窗口后，运行的程序即停止；守护进程运行程序，计算机会为程序分配一个进程执行程序，即使退出当前命令执行窗口，程序仍继续执行。

1．项目打包

以微服务中的数据处理模块为例进行打包和部署。项目使用 VSCode 开发，打包和运行均使用命令行进行，打包命令如下。

```
mvn clean package -D maven.test.skip=true
```

Maven 命令解析见表 13.1。

表 13.1　Maven 命令解析

参　数	描　述
clean	清除，将 target 中的历史 jar 包删除
install	打包，将 jar 包或 war 包存储到本地仓库，同时供其他项目调用，并自动建立关联
package	打包，将 jar 包或 war 包存储到当前项目下
-D	Properties 属性，如 pom 中的属性： <properties> <theme>myTheme</theme> </properties> -Dtheme=myTheme
maven.test.skip	跳过测试用例
-P	Profiles 属性，如 pom 中的属性： <profiles> <profile> <id>dev</id> <activation> <name>env</name> <value>dev</value> </activation> </profile> </profiles> -Penv=dev

打包之后，会在 target 路径下生成 jar 包，包名为 microservice-data.jar，包名及打包类型在 pom.xml

中进行配置。相关的配置信息如下，具体代码参见 microservice-data 模块 pom.xml 文件，项目打包配置参数解析见表 13.2。

```
 <?xml version="1.0" encoding="UTF-8"?>
 <project xmlns="http://maven.apache.org/POM/4.0.0"
xmlns:xsi="http://www.w3.org/2001/XMLSchema-instance"
    xsi:schemaLocation="http://maven.apache.org/POM/4.0.0
https://maven.apache.org/xsd/maven-4.0.0.xsd">
    <modelVersion>4.0.0</modelVersion>
    <parent>
        <groupId>org.springframework.boot</groupId>
        <artifactId>spring-boot-starter-parent</artifactId>
        <version>2.2.8.RELEASE</version>
        <relativePath/> <!-- lookup parent from repository -->
    </parent>
    <groupId>com.company</groupId>
    <artifactId>microservice-data</artifactId>
    <version>0.0.1-SNAPSHOT</version>
    <name>microservice-data</name>
    <description>Data service.</description>
    <packaging>jar</packaging>

    <properties>
        <project.build.sourceEncoding>UTF-8</project.build.sourceEncoding>
    <project.reporting.outputEncoding>UTF-8</project.reporting.outputEncoding>
        <java.version>1.8</java.version>
    </properties>

    <build>
        <finalName>microservice-data</finalName>
        <defaultGoal>compile</defaultGoal>
    </build>

 </project>
```

表 13.2 项目打包配置参数解析

参　　数	描　　述
groupId	项目组 id
artifactId	项目唯一标识 id
version	项目版本
name	项目名称
packaging	打包类型，如 jar 包或 war 包
finalName	打包时生成的包名

2. 部署服务

项目手动部署有两种方式：一种是前台启动，另一种是以守护进程的方式启动。前台启动服务有两种方式：一种是直接运行服务，另一种是通过 jar 包启动，直接运行 Spring Boot 的启动命令无须打包，进入项目所在的路径，如数据处理服务，进入 microservice-data 路径，执行命令如下。

```
mvn spring-boot:run -D maven.test.skip=ture
```

数据处理模块启动服务产生的部分日志如下。

```
[INFO] Scanning for projects...
[INFO]
[INFO] -------------------< com.company:microservice-data >--------------------
[INFO] Building microservice-data 0.0.1-SNAPSHOT
[INFO] --------------------------------[ jar ]---------------------------------
[INFO]
[INFO] >>> spring-boot-maven-plugin:2.2.8.RELEASE:run (default-cli) > test-compile @
microservice-data >>>
[INFO]
[INFO]    ---    maven-resources-plugin:3.1.0:resources    (default-resources)    @
microservice-data ---
[INFO] Using 'UTF-8' encoding to copy filtered resources
[INFO] Copying 0 resource
[INFO] Copying 8 resources
[INFO]
[INFO] --- maven-compiler-plugin:3.8.1:compile (default-compile) @ microservice-data ---
[INFO] Changes detected - recompiling the module!
[INFO] Compiling 33 source files to G:\JavaMicroService\microservice-book\microservice
-data\target\classes
[INFO]
[INFO]   ---   maven-resources-plugin:3.1.0:testResources   (default-testResources)   @
microservice-data ---
[INFO] Not copying test resources
[INFO]
[INFO] --- maven-compiler-plugin:3.8.1:testCompile (default-testCompile) @ microservice
-data ---
[INFO] Not compiling test sources
[INFO]
[INFO] <<< spring-boot-maven-plugin:2.2.8.RELEASE:run (default-cli) < test-compile @
microservice-data <<<
[INFO]
[INFO]
[INFO] --- spring-boot-maven-plugin:2.2.8.RELEASE:run (default-cli) @ microservice-data ---
[INFO] Attaching agents: []
2021-01-24 18:23:07.915 INFO [,,,] 5104 --- [ restartedMain] .e.
DevToolsPropertyDefaultsPostProcessor : Devtools property defaults active! Set
'spring.devtools.add-properties' to 'false' to disable
```

```
  .   ____          _            __ _ _
 /\\ / ___'_ __ _ _(_)_ __  __ _ \ \ \ \
( ( )\___ | '_ | '_| | '_ \/ _` | \ \ \ \
 \\/  ___)| |_)| | | | | || (_| |  ) ) ) )
  '  |____| .__|_| |_|_| |_\__, | / / / /
 =========|_|==============|___/=/_/_/_/
 :: Spring Boot ::        (v2.2.8.RELEASE)

2021-01-24 18:23:10,654 INFO  [traceId=, spanId=] 2021-01-24 18:23:10 [restartedMain]
[INFO] - The following profiles are active: test
…
2021-01-24 18:23:39,735 INFO  [traceId=, spanId=] 2021-01-24 18:23:39 [restartedMain]
[INFO] - Starting ProtocolHandler ["http-nio-8003"]
2021-01-24 18:23:39,807 INFO  [traceId=, spanId=] 2021-01-24 18:23:39 [restartedMain]
[INFO] - Tomcat started on port(s): 8003 (http) with context path ''
2021-01-24 18:23:39,822 INFO  [traceId=, spanId=] 2021-01-24 18:23:39 [restartedMain]
[INFO] - Updating port to 8003
…
2021-01-24 18:23:42,023 INFO  [traceId=, spanId=] 2021-01-24 18:23:42 [restartedMain]
[INFO] - Started MicroserviceDataApplication in 37.522 seconds (JVM running for 39.029)
2021-01-24 18:23:42,040 INFO  [traceId=, spanId=] 2021-01-24 18:23:42 [restartedMain]
[INFO] - 启动--微服务数据模块
```

由日志信息可知，首先扫描项目文件，跳过测试用例，直接启动 Spring Boot 服务，服务环境为 test 环境，端口为 8003，同时启动服务时，添加了启动描述：启动--微服务数据模块，由此可知，服务正常启动。

另一种前台启动方式为运行 jar 包，项目的开发环境为 Windows 环境，进入 target 文件夹，启动命令如下。

```
java -jar microservice-data.jar
```

启动日志同上面的启动日志。守护进程启动适用于 Linux 系统，如常用的发行版 CentOS7 和 Ubuntu，在 Linux 中既可以前台启动项目，又可以守护进程启动项目。前台启动和 Windows 的前台启动相同，守护进程启动项目的命令如下。

```
nohup java -jar microservice-data.jar &
```

守护进程添加了两个参数 nohup 和&，保证当前的任务以守护进程的方式运行。

3. 查看服务

运行 Java 程序后，通过命令查看服务的运行状态，有两种查看方式：一种是 jps，另一种是 ps。其中，Windows 操作系统通过 jps 查看服务运行状态；Linux 操作系统既可以通过 jps 查看，也可以通过 ps 查看。项目在 Windows 的开发环境下查看服务运行状态的命令如下。

```
jps -l
```

运行结果如下。

```
C:\Users\Administrator>jps -l
16176 com.company.microservicedata.MicroserviceDataApplication
15476 org.codehaus.plexus.classworlds.launcher.Launcher
15780 sun.tools.jps.Jps
8628 c:\Users\Administrator\.vscode\extensions\redhat.java-0.64.0\server\plugins\
org.eclipse.equinox.launcher_1.5.700.v20200207-2156.jar
9780 org.eclipse.lemminx.XMLServerLauncher
```

由运行结果可知微服务数据处理模块正常运行，服务运行的 PID 为 16176，服务名称为 com.company.microservicedata.MicroserviceDataApplication。

Linux 查看服务进程的命令如下。

```
ps aux | grep java
```

Linux 关闭服务进程的命令如下。

```
kill -9 16176
```

上面的操作完成手动运行、打包和部署项目，开发人员在开发阶段可以通过手动的方式进行调试程序，如果条件允许，也可以在开发服务器中手动部署项目并进行调试。

13.2 Jenkins 部署服务

Jenkins 是独立、开源的自动化服务器，使用 Java 开发，提供了数百个插件支持任何项目的自动化构建、测试、交付或部署，使用 Jenkin 不仅可以提高工作效率，还可以快速迭代（灰度发布），使持续集成成为可能。Jenkins 的特点如下。

（1）易于安装且方式多样，通过本地 war 包安装、Docker 安装。

（2）可视化配置，Jenkins 是 B/S 架构的软件，通过网页即可完成配置。

（3）支持分布式部署，Jenkins 支持多台计算机一起构建和测试。

（4）插件多样且扩展，Jenkins 支持自定义插件安装。

（5）集成 RSS/E-mail，通过 RSS 发布构建结果或构建完成时通过 E-mail 发布通知。

13.2.1 部署 Jenkins 环境

Jenkins 的安装方式有多种，如通过本地系统包安装、Docker 安装或 JRE 安装。在 Windows 环境中部署 Jenkins 的步骤如下。

1．进入 Jenkins 官网

从官网中下载 Jenkins 安装包，进入 Jenkins 官网首页，Jenkins 的下载界面如图 13.1 所示，官网地址如下。

```
https://www.jenkins.io/zh/
```

图 13.1　Jenkins 官网下载界面

2．下载 Jenkins 安装包

本书采用的操作系统是 Windows 10，因此选择 Windows 环境下的 MSI 版本的 Jenkins，如图 13.2 所示。

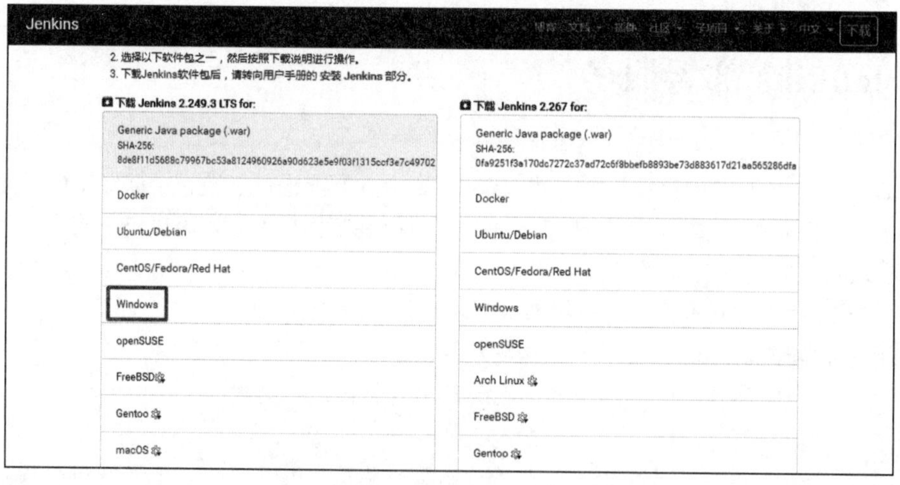

图 13.2　下载 Jenkins 安装包

3．运行 Jenkins 安装包

下载 Jenkins 安装包后，双击运行 Jenkins.msi 文件，安装 Jenkins 的提示信息如图 13.3 所示。单击“运行”按钮，继续安装 Jenkins，提示信息如图 13.4 所示。单击 Next 按钮，继续安装 Jenkins。

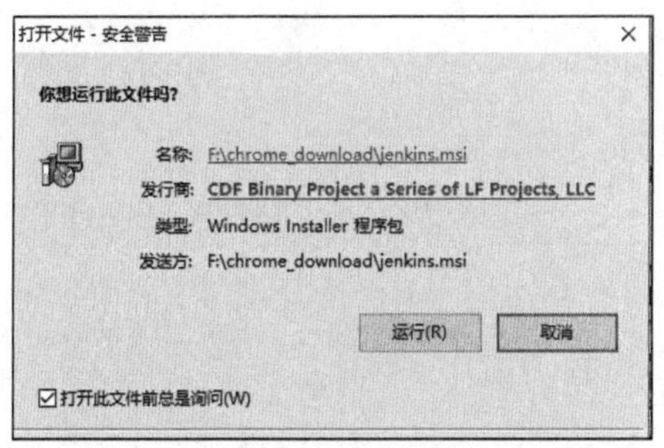

图 13.3　安装 Jenkins 提示信息

图 13.4　安装 Jenkins 提示信息

4. 选择 Jenkins 的安装目录

进入下一步，提示信息如图 13.5 所示，选择 Jenkins 的具体安装目录，或自定义可用的目录，本次安装选择的目录为 F:\Serve_for_future\jenkins\，确认安装目录后单击 OK 按钮，提示信息如图 13.6 所示，单击 Next 按钮。

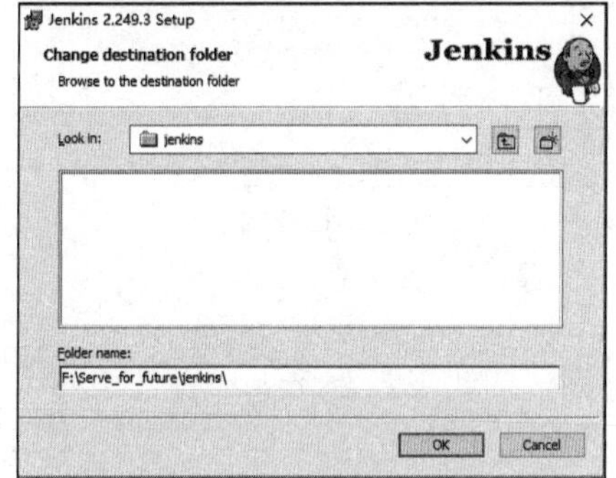

图 13.5　选择 Jenkins 安装目录

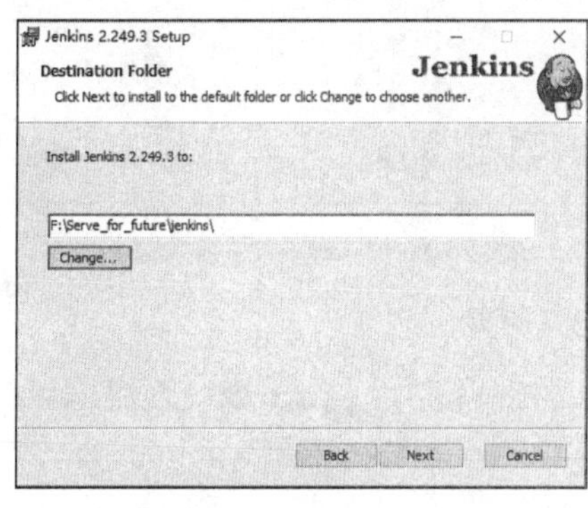

图 13.6　确认 Jenkins 安装目录

5. 选择进入 Jenkins 的方式

确定 Jenkins 安装目录后，下面进行登录 Jenkins 的配置，默认的提示信息如图 13.7 所示。

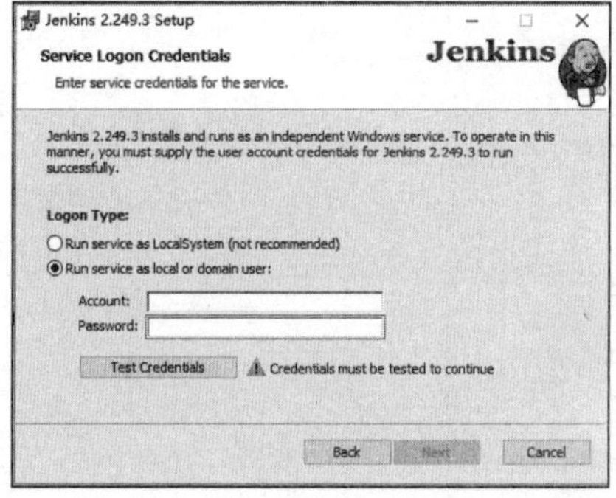

图 13.7　配置登录方式

由图 13.7 可知，进入 Jenkins 有两种方式：一种是通过本地系统（LocalSystem）进入，另一种是使用账号和密码进入（Account 和 Password）。

6. 本地系统进入 Jenkins

本次安装 Jenkins 通过本地系统进入 Jenkins，选中 Run service as LocalSystem（not recommended）单选按钮，供本地测试使用，如图 13.8 所示。

7. 配置 Jenkins 运行端口

下一步配置 Jenkins 的运行端口，Jenkins 是 B/S 架构的软件，因此需要配置端口。如图 13.9 所示，Jenkins 的默认端口为 8080，运维人员可以自定义空闲的端口，本次安装使用默认的 8080 端口。

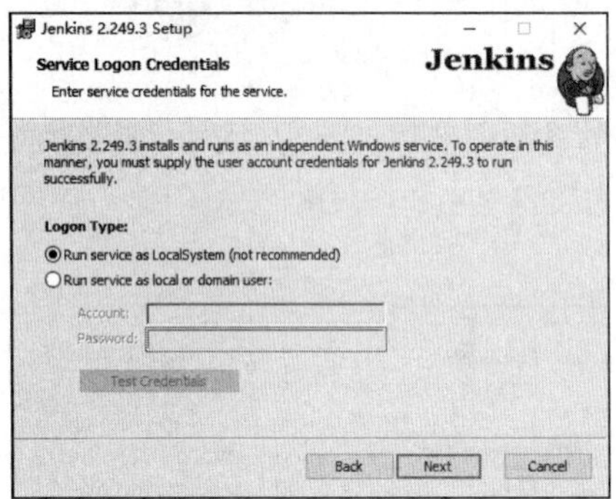

图 13.8　本地系统登录 Jenkins

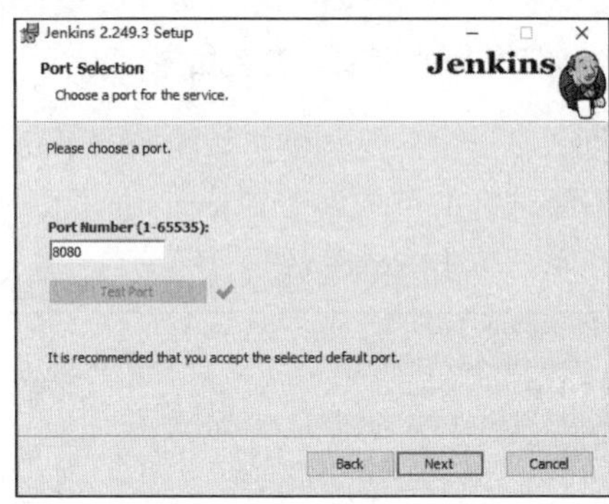

图 13.9　配置 Jenkins 端口

8. 配置 JDK 环境

Jenkins 是使用 Java 开发的软件，运行的软件包为 war 包，因此需要为 Jenkins 配置 Java 环境。开发环境的 Windows 系统安装的 JDK 路径为 F:\Serve_for_future\MyEclipse\Java\JDK1.8\，如图 13.10 所示。

9. 自定义配置

配置 Jenkins 的 JDK 环境之后，进入 Jenkins 的自定义配置，默认不启用防火墙隔离 8080 端口，如图 13.11 所示。

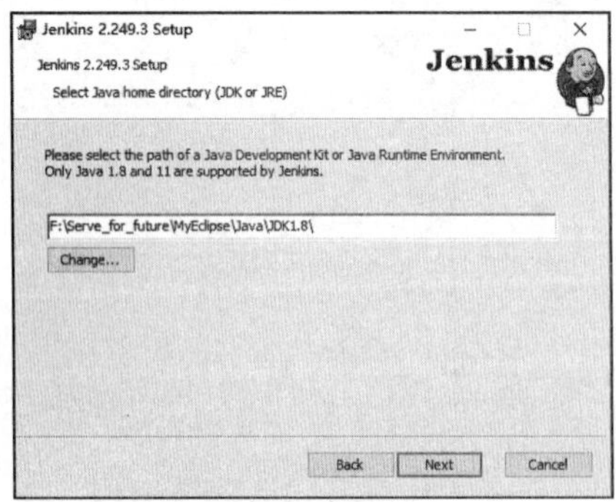

图 13.10　配置 JDK 环境

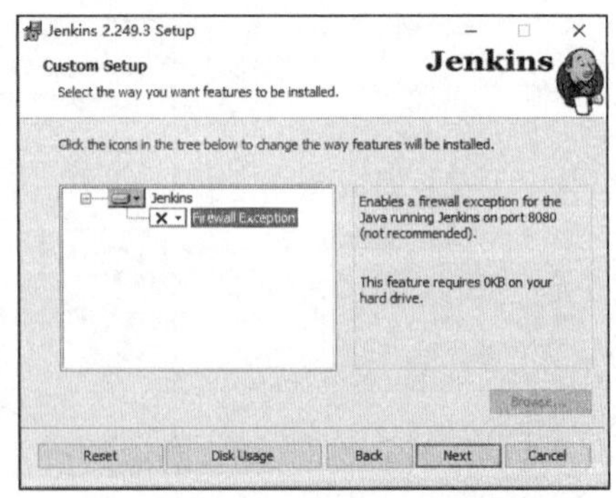

图 13.11　Jenkins 自定义配置

10. 执行 Jenkins 安装

当所有配置完成后，正式执行 Jenkins 安装任务，单击 Install 按钮，如图 13.12 所示。

执行 Jenkins 安装，安装进度如图 13.13 所示。

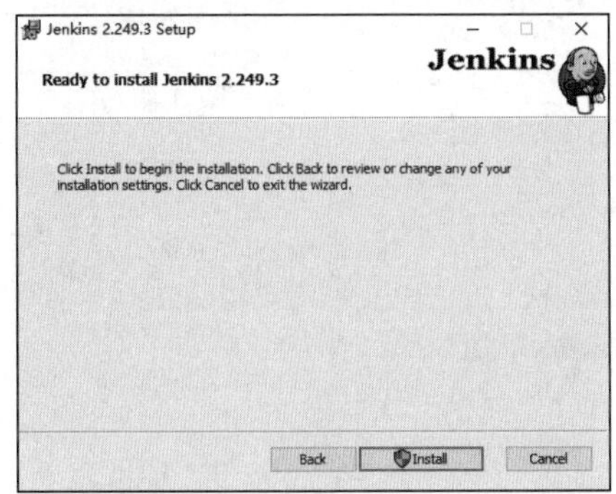

图 13.12　安装 Jenkins 任务

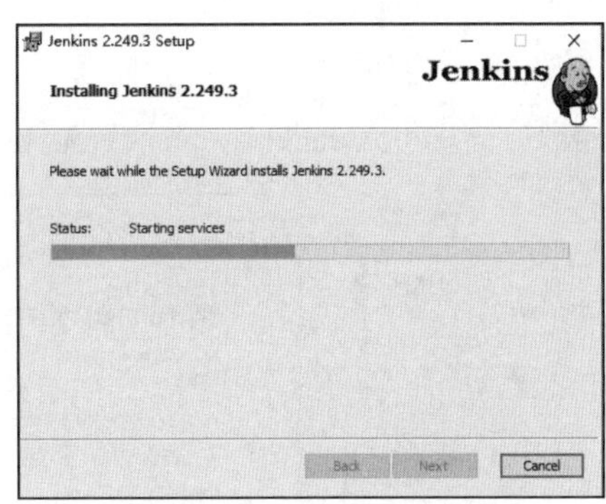

图 13.13　Jenkins 安装进度

11. 完成安装

成功安装 Jenkins 后，提示信息如图 13.14 所示，最后单击 Finish 按钮完成 Jenkins 的安装。

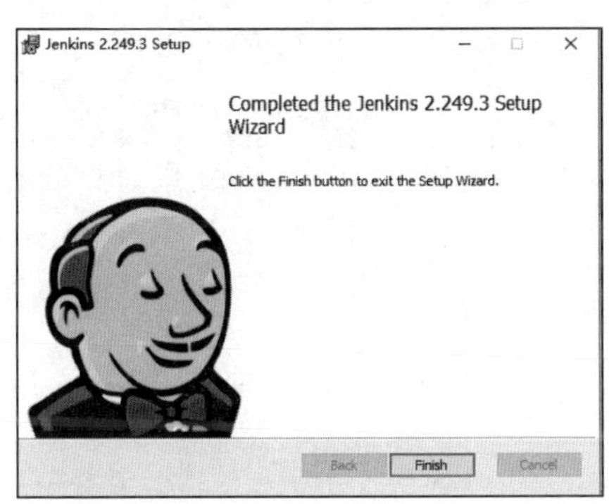

图 13.14　完成 Jenkins 的安装

12. 配置 Jenkins 存储路径

Jenkins 安装结束后，为 Jenkins 配置存储路径，用于存储 Jenkins 运行 Maven 项目时打包的文件，如 jar 包。进入 Jenkins 安装目录 F:\Serve_for_future\jenkins，修改配置文件 jenkins.xml，修改内容如下。

```
<env name="JENKINS_HOME" value="F:\Serve_for_future\jenkins\home"/>
<arguments>-Xrs -Xmx256m -Dhudson.lifecycle=hudson.lifecycle.WindowsServiceLifecycle
-jar "F:\Serve_for_future\jenkins\jenkins.war" --httpPort=8080
--webroot="F:\Serve_for_future\jenkins\home\war"</arguments>
```

由配置文件可知，JENKINS_HOME 为存储 jar 包的路径，arguments 为启动 war 时的 JVM 参数、运行端口和 war 包路径。配置结束后，重启计算机。

13. 创建 Jenkins 用户

完成 Jenkins 的安装和存储路径的配置后，Jenkins 已经正常启动，此时通过 URL 访问 Jenkins，登录地址如下。

```
http://localhost:8080
```

通过该链接进入 Jenkins，首次登录 Jenkins 的界面如图 13.15 所示。

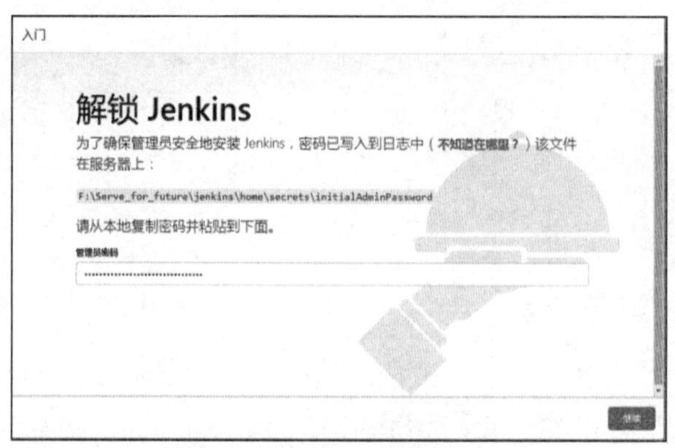

图 13.15　首次登录 Jenkins 的界面

由图 13.15 可知，首次登录 Jenkins 需要进行初始化认证，认证密码的存储位置为安装 Jenkins 的位置，打开图 13.15 中提示的文件 initialAdminPassword 找到初始化管理员密码，本次安装 Jenkins 生成的密码如下。

```
d9f224e8a61d4e70ac73f41ee8276c6e
```

首次登录后，需要创建用户，创建管理员用户信息如图 13.16 所示。创建用户的用户名和密码分别如下。

```
xindaqi
123456
```

图 13.16　创建管理员用户

14．登录 Jenkins 系统

创建 Jenkins 用户后，登录 Jenkins 系统，如图 13.17 所示。

登录成功后，进入 Jenkins 首页，如图 13.18 所示。

图 13.17　登录 Jenkins 系统

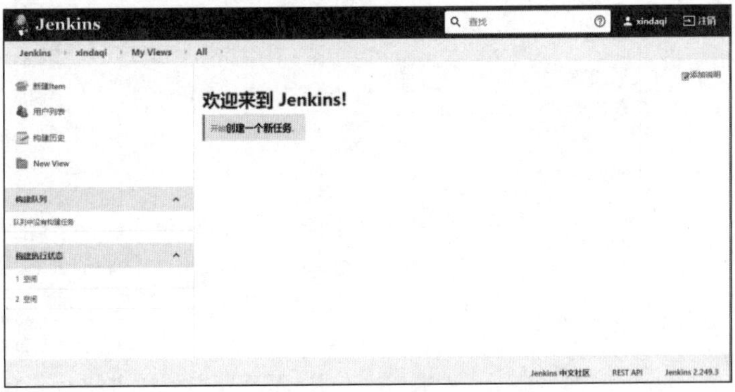

图 13.18　Jenkins 首页

13.2.2　部署 Jenkins 服务

完成 Jenkins 的环境部署和用户的创建后，进入服务部署配置阶段，服务部署的配置步骤如下。

1．管理 Jenkins

在配置 Maven 任务前，首先进入管理 Jenkins 配置界面，如图 13.19 所示，为 Jenkins 配置需要的插件。

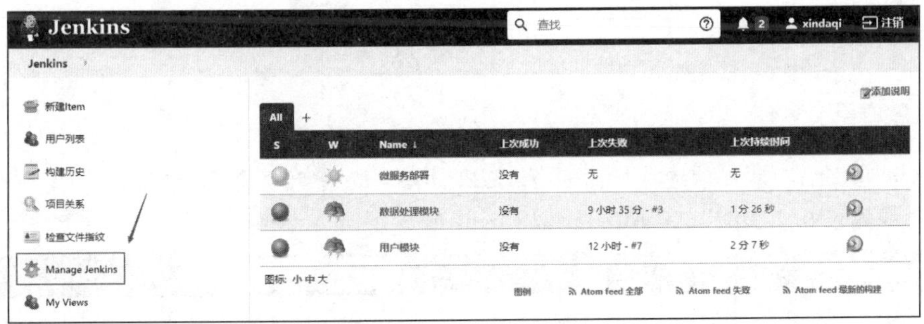

图 13.19　管理 Jenkins 配置

2．插件配置

Jenkins 专门的插件管理模块如图 13.20 所示，Jenkins 插件管理模块用于管理需要的 Jenkins 插件。插件有两种安装方式：一种是通过 Jenkins 自动下载安装；另一种是离线安装，手动下载 Jenkins 插件，添加到 Jenkins 的插件目录，如 F:\Serve_for_future\jenkins\home\plugins。

图 13.20　Jenkins 专门的插件管理模块

3. 安装插件

Jenkins 部署服务需要配置 Git 仓库，获取代码并进行打包部署，这里为 Jenkins 配置码云仓库和码云插件（Gitee），在插件搜索框中输入 Gitee 搜索并安装，如图 13.21 所示。

图 13.21　安装插件

4. 新建项目

配置 Git 仓库后，即可新建项目，如图 13.22 所示。选择“新建 Item”选项，右侧的微服务部署和用户模块为已经添加的 Maven 项目。

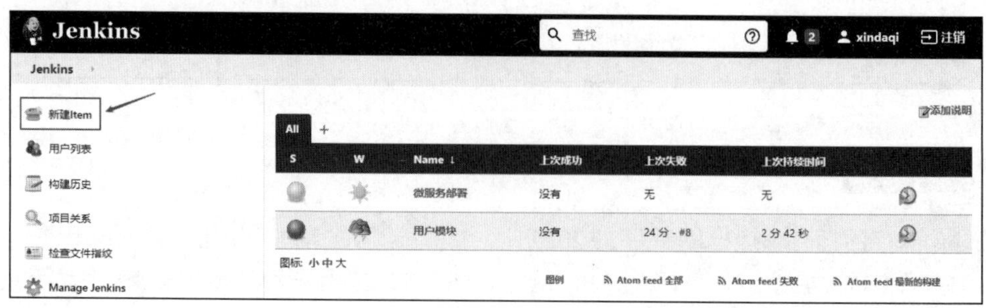

图 13.22　新建项目

为项目添加任务，即服务部署任务，如微服务中的数据处理模块（microservice-data），构建 Maven 项目。本书的 Spring Boot 项目使用 Maven 管理，因此使用 Jenkins 新建 Maven 项目，如图 13.23 所示，新建 Maven 项目后进行保存。

图 13.23　新建 Maven 项目

5. 通用配置

保存 Maven 项目后，进入通用配置，描述当前任务，如添加描述信息为数据处理模块；配置代码仓库，选择 Gitee 链接：码云-代码。通用配置如图 13.24 所示。

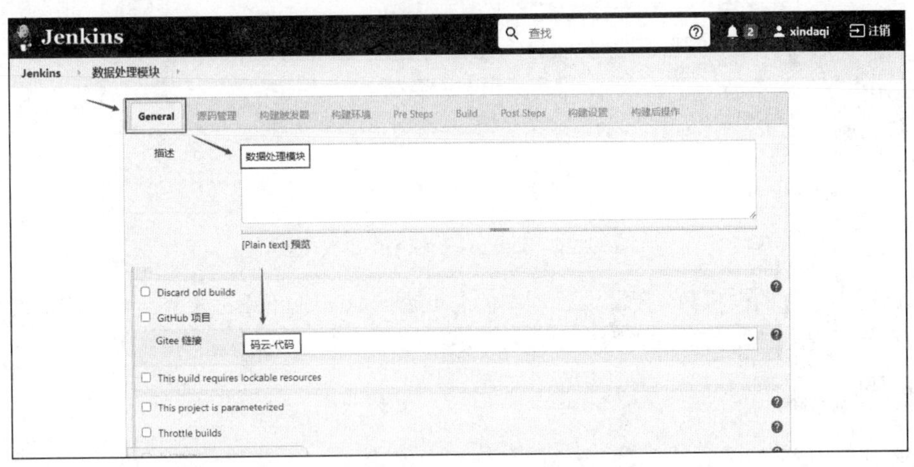

图 13.24　通用配置

6. 源码管理

为 Jenkins 配置 Git 仓库地址和 Gitee 凭据，源码管理配置如图 13.25 所示。代码仓库地址即项目的地址，初始化时 Jenkins 没有 Gitee 凭据，需要为 Jenkins 添加 Gitee 凭据。

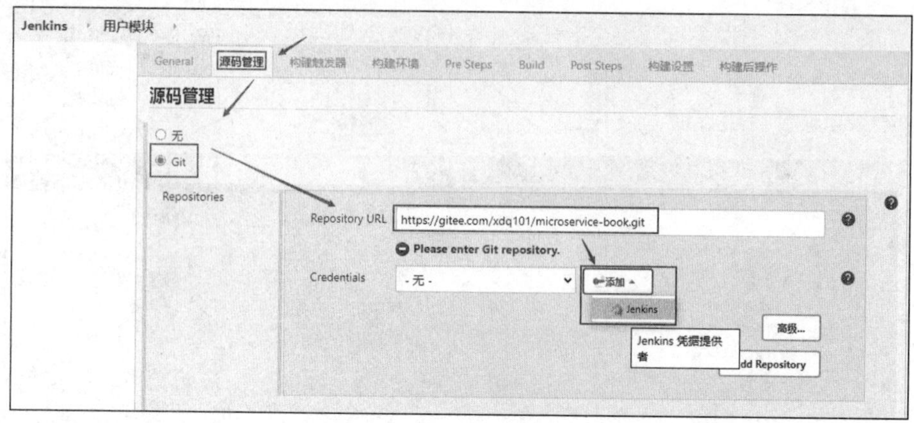

图 13.25 源码管理配置

7. 添加 Gitee 凭据

为 Jenkis 添加 Gitee 凭据，保证 Jenkins 可以连接到指定的 Git 仓库，并从仓库中获取代码，配置操作如图 13.26 所示，选择添加凭据的类型为 Username with password，即使用 Git 的用户名和密码进行授权，在用户名和密码处填写登录 Git 的用户名和密码，然后单击“添加”按钮即可。

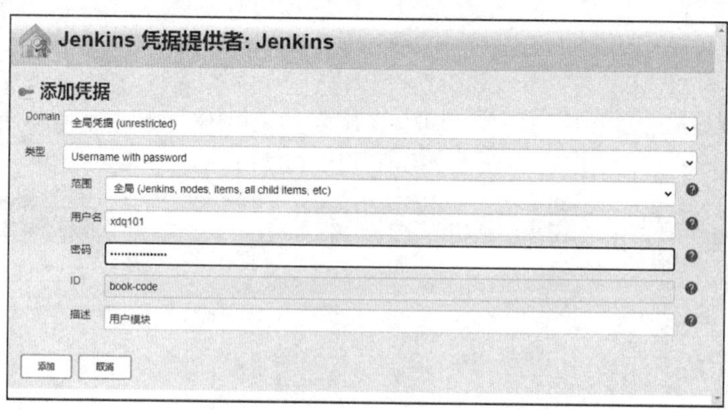

图 13.26 Jenkins 获取 Git 授权配置

Jenkins 添加 Git 的授权后，在源码管理中的 Git 授权（Credentials）选择上一步添加的 Git 授权，并选择代码分支 master，书写格式为*/master，操作如图 13.27 所示。

8. 构建触发器

触发器即触发任务构建，可以配置定时任务用户构建 Maven 项目，这里选择的触发器为 Build whenever a SNAPSHOT dependency is built（任意依赖构建时触发任务），每次构建 Maven 项目时，主动触发 Jenkins 构建项目，配置操作如图 13.28 所示。

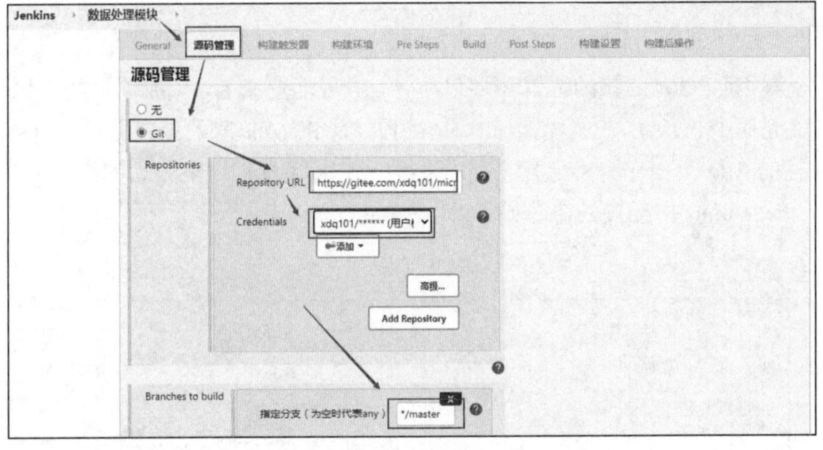

图 13.27　源码管理 Git 凭据配置

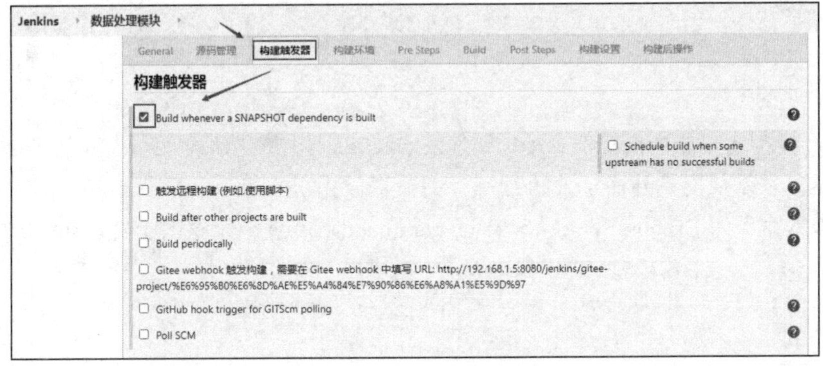

图 13.28　构建触发器配置

9. 构建环境

构建环境即 Jenkins 构建 Maven 项目时执行的操作，这里选择 Add timestamps to the Console Output，即构建任务时将构建任务的时间戳输出到控制台，在控制台中可以监控构建任务的进度，构建环境配置如图 13.29 所示。

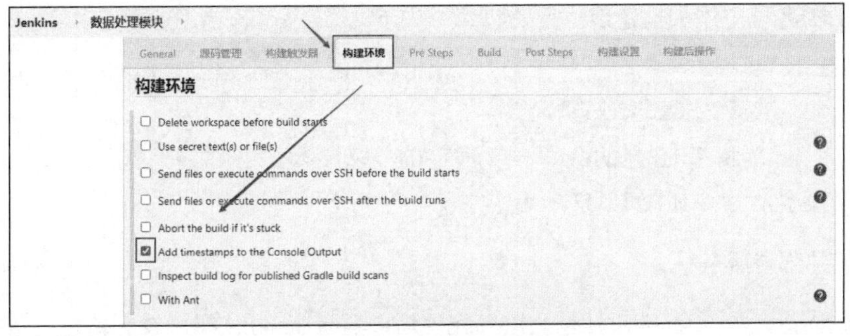

图 13.29　构建环境配置

10．Build

Build 即配置项目 POM 依赖的位置和打包命令，执行配置命名，完成项目的打包与存储。其中，POM 依赖是 Git 仓库中 POM 所在的位置，如数据处理模块 POM 依赖的位置为 microser-data/pom.xml，打包命令即执行的 Maven 打包命令。配置操作如图 13.30 所示，这里使用的打包命令为 install，而不是 package，在 Jenkins 中配置的命令如下。

```
clean install -Dmaven.test.skip=true
```

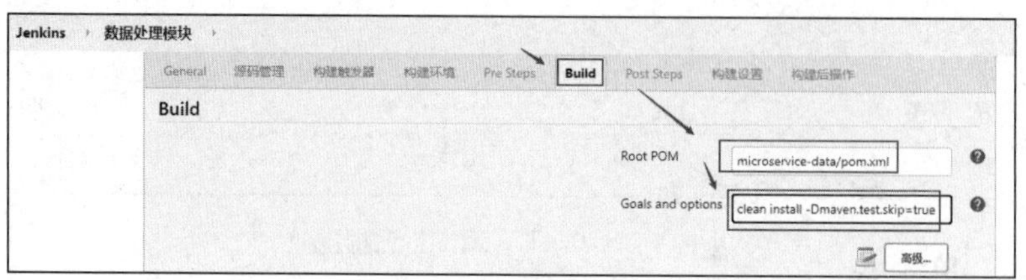

图 13.30　构建配置

11．Post Steps

Post Steps 即构建完成后执行的命令，如使用 Jenkins 打包成功后，运行包，这里选择 Run only if build succeeds，表示只有构建成功才执行运行的命令。由于 Jenkins 部署在 Windows 环境中，因此选择执行的脚本命令为 Execute Windows batch command，配置操作如图 13.31 所示。

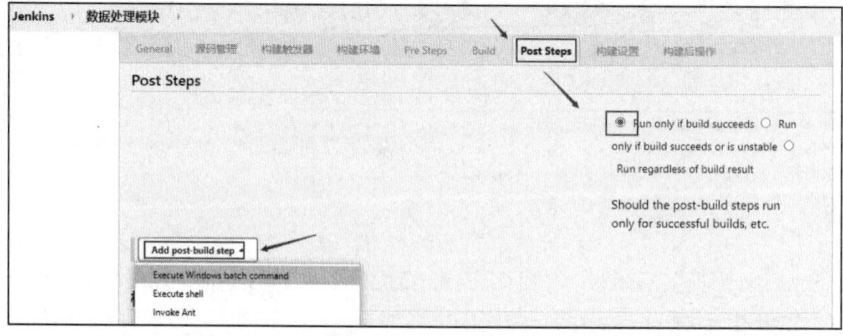

图 13.31　Post Steps 配置

在 Windows 环境中添加构建后执行的包命令如下。

```
java -jar F:\Serve_for_future\jenkins\home\workspace\数据处理模块\microservice-
data\target\microservice-data.jar
```

其中，java -jar 为执行 jar 包的命令，后面为 jar 包的路径，该路径为配置 Jenkins 的存储目录，Post Steps 配置包执行命令如图 13.32 所示。

12．打包并部署服务

为数据处理模块添加 Jenkins 打包及运行配置后，登录 Jenkins 即可看到新建的数据处理模块任务，如图 13.33 所示。

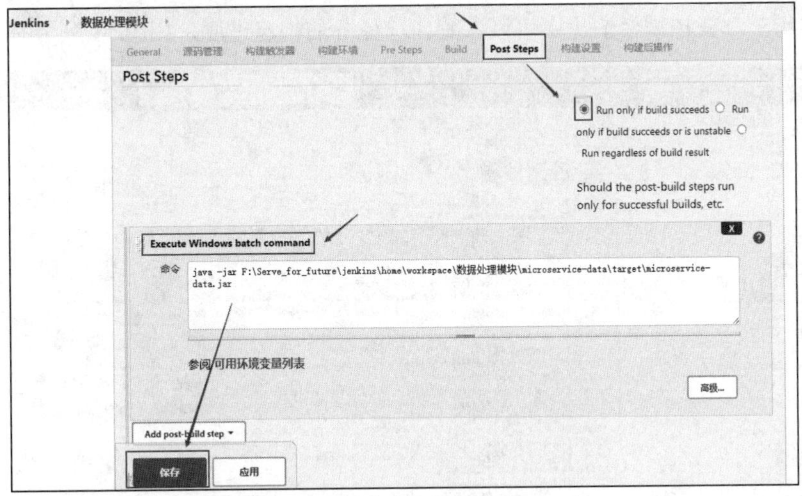

图 13.32　Post Steps 配置包执行命令

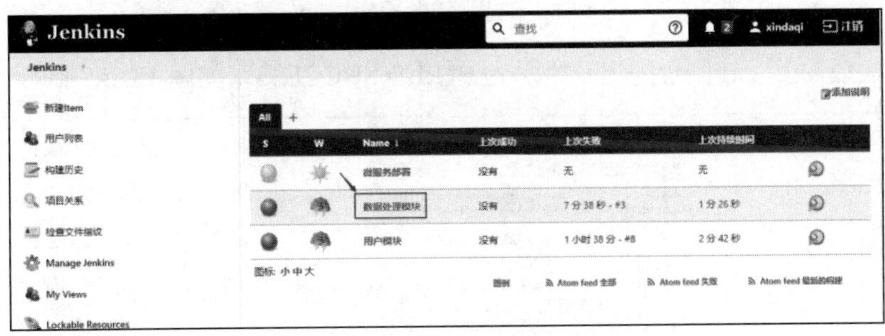

图 13.33　新建的数据处理模块任务

进入数据处理模块任务中，如图 13.34 所示，选择 Build Now 选项构建当前任务，通过构建历史查看任务构建进度。

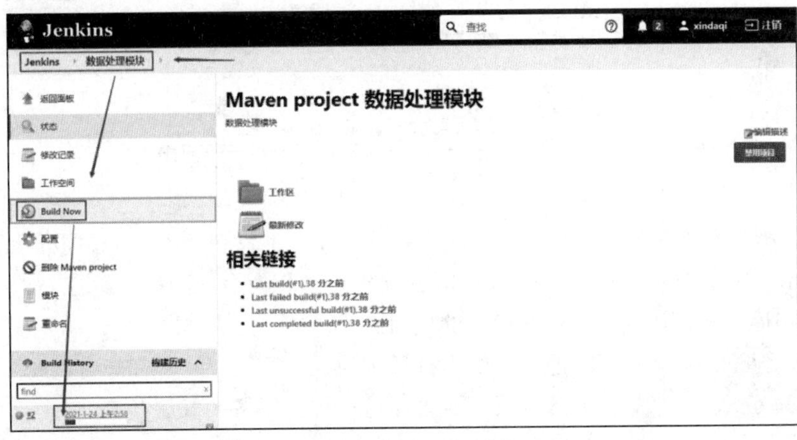

图 13.34　构建任务并执行

进入构建历史，在控制台输出中可以看到当前任务的构建进度，如图 13.35 所示。

图 13.35　当前任务构建进度记录

当任务构建成功时，控制台的记录显示为 BUILD SUCCESS，如图 13.36 所示。

```
Jenkins › 数据处理模块 › #2
data\target\classes
02:59:04 [INFO]
02:59:04 [INFO] --- maven-resources-plugin:3.1.0:testResources (default-testResources) @ microservice-data ---
02:59:04 [INFO] Not copying test resources
02:59:04 [INFO]
02:59:04 [INFO] --- maven-compiler-plugin:3.8.1:testCompile (default-testCompile) @ microservice-data ---
02:59:04 [INFO] Not compiling test sources
02:59:04 [INFO]
02:59:04 [INFO] --- maven-surefire-plugin:2.22.2:test (default-test) @ microservice-data ---
02:59:04 [INFO] Tests are skipped.
02:59:04 [INFO]
02:59:04 [INFO] --- maven-jar-plugin:3.1.2:jar (default-jar) @ microservice-data ---
02:59:05 [INFO] Building jar: F:\Serve_for_future\jenkins\home\workspace\数据处理模块\microservice-data\target\microservice-
data.jar
02:59:05 [INFO]
02:59:05 [INFO] --- spring-boot-maven-plugin:2.2.8.RELEASE:repackage (repackage) @ microservice-data ---
02:59:07 [INFO] Replacing main artifact with repackaged archive
02:59:07 [INFO]
02:59:07 [INFO] --- spring-boot-maven-plugin:2.2.8.RELEASE:repackage (default) @ microservice-data ---
02:59:07 [INFO] Replacing main artifact with repackaged archive
02:59:07 [INFO]
02:59:07 [INFO] --- maven-install-plugin:2.5.2:install (default-install) @ microservice-data ---
02:59:07 [INFO] Installing F:\Serve_for_future\jenkins\home\workspace\数据处理模块\microservice-data\target\microservice-data.jar
to F:\Serve_for_future\MyEclipse\apache-maven-3.6.1\localreopsitory\com\company\microservice-data\0.0.1-SNAPSHOT\microservice-data-
0.0.1-SNAPSHOT.jar
02:59:08 [INFO] Installing F:\Serve_for_future\jenkins\home\workspace\数据处理模块\microservice-data\pom.xml to
F:\Serve_for_future\MyEclipse\apache-maven-3.6.1\localreopsitory\com\company\microservice-data\0.0.1-SNAPSHOT\microservice-data-
0.0.1-SNAPSHOT.pom
02:59:12 [INFO] ------------------------------------------------------------------------
02:59:12 [INFO] BUILD SUCCESS
02:59:12 [INFO] ------------------------------------------------------------------------
02:59:12 [INFO] Total time:  24.765 s
02:59:12 [INFO] Finished at: 2021-01-24T02:59:12+08:00
02:59:12 [INFO] ------------------------------------------------------------------------
```

图 13.36　任务构建成功

任务构建成功后，会继续执行 Post Steps 中的运行 jar 包的命令，运行日志同样会在控制台显示，如图 13.37 所示。由于 Windows 中环境没有 nohup 守护进程命令，因此，运行 jar 包的方式是前台启动，运行成功后，即可访问数据处理模块的接口。

至此，通过 Jenkins 完成了微服务中数据处理模块服务配置、打包和运行。与手动部署微服务项目对比，通过 Jenkins 部署微服务项目，一方面可以提高服务的部署效率；另一方面可以集中管理服务，并在完成构建任务时发送邮件告知相关人员。通过 Jenkins 同时可以实现服务的持续集成。

```
Jenkins › 数据处理模块 › #2
data.jar to com.company/microservice-data/0.0.1-SNAPSHOT/microservice-data-0.0.1-SNAPSHOT.jar
02:59:46 channel stopped
02:59:46 [数据处理模块] $ cmd /c call C:\windows\TEMP\jenkins7627745259780843371.bat
02:59:46
02:59:46 F:\Serve_for_future\jenkins\home\workspace\数据处理模块>java -jar F:\Serve_for_future\jenkins\home\workspace\数据处理模块\microservice-data\target\microservice-data.jar
02:59:56
02:59:56   .   ____          _            __ _ _
02:59:56  /\\ / ___'_ __ _ _(_)_ __  __ _ \ \ \ \
02:59:56 ( ( )\___ | '_ | '_| | '_ \/ _` | \ \ \ \
02:59:56  \\/  ___)| |_)| | | | | || (_| |  ) ) ) )
02:59:56   '  |____| .__|_| |_|_| |_\__, | / / / /
02:59:56  =========|_|==============|___/=/_/_/_/
02:59:56  :: Spring Boot ::        (v2.2.8.RELEASE)
02:59:56
02:59:56 2021-01-24 02:59:56,821 INFO  [traceId=, spanId=] 2021-01-24 02:59:56 [main] [INFO] - The following profiles are active: test
03:00:09 2021-01-24 03:00:09,435 INFO  [traceId=, spanId=] 2021-01-24 03:00:09 [main] [INFO] - Multiple Spring Data modules found, entering strict repository configuration mode!
03:00:09 2021-01-24 03:00:09,444 INFO  [traceId=, spanId=] 2021-01-24 03:00:09 [main] [INFO] - Bootstrapping Spring Data Redis repositories in DEFAULT mode.
03:00:09 2021-01-24 03:00:09,537 INFO  [traceId=, spanId=] 2021-01-24 03:00:09 [main] [INFO] - Finished Spring Data repository scanning in 26ms. Found 0 Redis repository interfaces.
03:00:10 2021-01-24 03:00:10,525 WARN  [traceId=, spanId=] 2021-01-24 03:00:10 [main] [WARN] - Endpoint ID 'service-registry' contains invalid characters, please migrate to a valid format.
03:00:11 2021-01-24 03:00:11,824 WARN  [traceId=, spanId=] 2021-01-24 03:00:11 [main] [WARN] - No MyBatis mapper was found in '[com.company.microservicedata]' package. Please check your configuration.
03:00:12 2021-01-24 03:00:12,099 INFO  [traceId=, spanId=] 2021-01-24 03:00:12 [main] [INFO] - BeanFactory id=dc234655-18ab-31c4-aa45-c9d74d96efdb
03:00:16 2021-01-24 03:00:16,088 INFO  [traceId=, spanId=] 2021-01-24 03:00:16 [main] [INFO] - Bean 'spring.sleuth.redis-org.springframework.cloud.sleuth.instrument.redis.TraceRedisProperties' of type [org.springframework.cloud.sleuth.instrument.redis.TraceRedisProperties] is not eligible for getting processed by all BeanPostProcessors (for example: not eligible for auto-proxying)
03:00:18 2021-01-24 03:00:18,063 INFO  [traceId=, spanId=] 2021-01-24 03:00:18 [main] [INFO] - Tomcat initialized with port(s):
```

图 13.37　Post Steps 运行 jar 包启动服务

13.3　小　　结

本章讲解了服务部署的几种方式和具体实现步骤，主要包括以下内容。

（1）手动部署服务，通过 Maven 打包服务和运行服务，包括前台运行服务和守护进程运行服务。

（2）Jenkins 的环境搭建，部署 Jenkin 服务、Jenkins 集成码云代码仓库。

（3）Jenkins 自动化部署服务，新建 Maven 任务、构建 Maven 服务及部署服务。

第 14 章 微服务架构及设计模式

本章讲解微服务架构及设计模式。微服务已经是互联应用的解决方案了，但是，微服务是由具体落地架构实现的，如面向数据库架构和面向领域架构，以不同的架构方式开发微服务应用。在微服务应用框架中，通过多种设计模式帮助构建基础应用，本章将详细讲解微服务框架中常用的设计模式。

14.1 微服务架构

微服务架构的设计有两种方式：一种是面向数据库开发；另一种是面向领域设计。其中，面向数据库开发的微服务架构是面向数据库的开发模式；面向领域设计则是面向业务开发，这里的面向某对象开发，是在开发时围绕的中心。面向数据库的开发是被动的开发模式，即数据库有什么才能开发什么，而面向业务的开发是主动的开发模式，即根据业务需求进行开发。本书使用的开发模式为传统的面向数据库开发，下面简要介绍两种架构方式。

14.1.1 面向数据库开发

面向数据库开发是传统的网络应用开发模式，通用 3 层结构：路由层（接口）、业务逻辑层和持久层（数据库层），如图 14.1 所示。

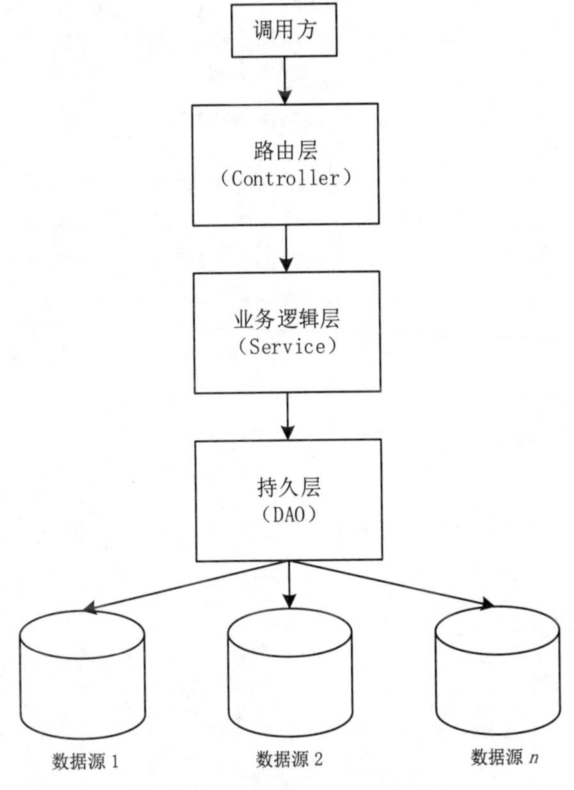

图 14.1 面向数据库开发逻辑

由图 14.1 可知，面向数据库开发的网络应用通过路由层（Controller）接入，路由层调用业务逻辑层（Service），业务逻辑层调用持久层（DAO），持久层操作数据库。面向数据库开发的“洋葱圈”

分层结构如图 14.2 所示。

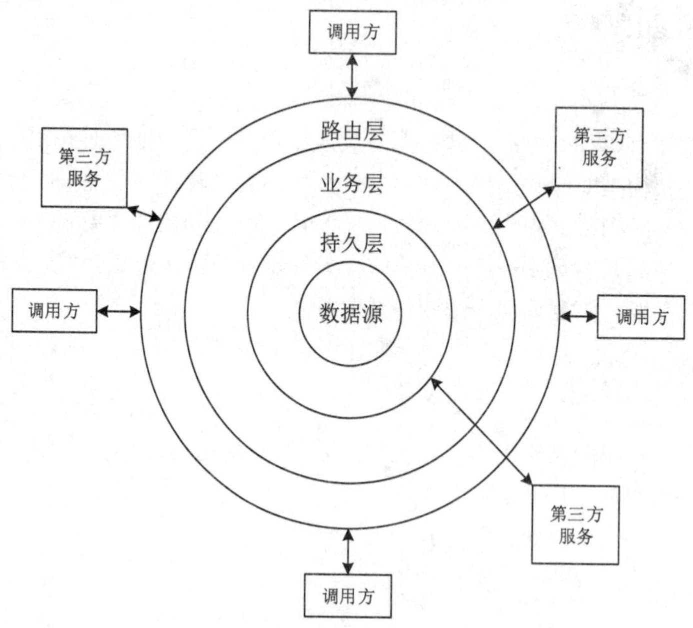

图 14.2　面向数据库分层结构

由图 14.2 可知，面向数据库开发的服务以数据源（数据库）为核心，层层依赖，持久层依赖数据源，业务层依赖持久层，路由层依赖业务层，这里的依赖是指需要从数据库中获取数据的业务的强依赖。当然，也包括无须从数据库获取数据的业务，如从第三方获取实时数据。第三方服务可以接入路由层、业务逻辑层和持久层，其中，接入路由层的第三方服务作为接口转接，统一管理服务接口；接入业务逻辑层的第三方服务参与业务逻辑处理，获取实时数据；接入持久层的第三方服务提供历史数据库，供业务使用。

14.1.2　面向领域设计

面向领域设计以领域为核心，这里以经典的 4 层结构为例讲解面向领域设计。面向领域设计架构如图 14.3 所示。

由图 14.3 可知，面向领域设计的 4 层架构分别为用户接口层（User Interface）、应用层（Application）、领域层（Domain）和基建层（Infrastructure），各层结构解析见表 14.1。

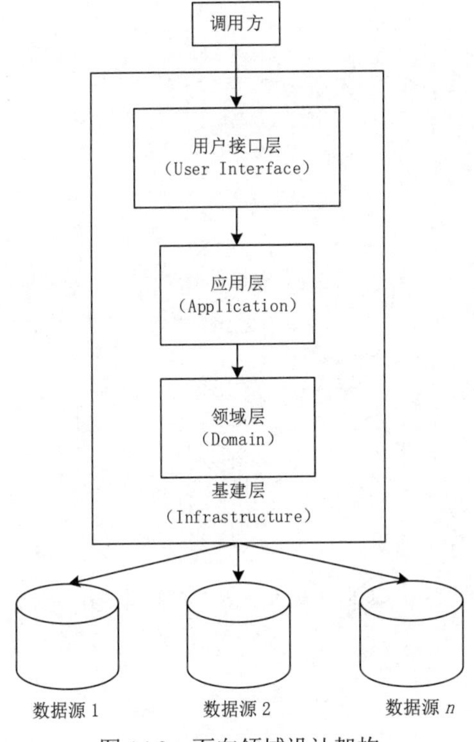

图 14.3　面向领域设计架构

表 14.1　面向领域设计各层结构解析

层结构	描述
用户接口层	接口层即路由层，对外提供基于 HTTP 或 HTTPS 的接口（API）
应用层	业务调用或组合层，即直接调用业务逻辑或组合领域层的多个业务逻辑完成某功能，也称为业务逻辑封装层
领域层	业务逻辑层，所有的业务逻辑都在该层实现，也称为代码逻辑层
基建层	基建层即数据层，为用户接口层、应用层和领域层提供支持，如数据源支持、调度支持等

面向领域设计的“洋葱圈”分层结构如图 14.4 所示。

由图 14.4 可知，面向领域设计的服务，领域层是整个服务的核心，即面向领域设计是业务驱动的产品，虽然面向数据库开发和面向领域设计均有业务驱动，但是，面向领域设计以业务驱动业务建模，更加精准，服务更易扩展和维护。在面向领域设计的服务中，基建层为其他 3 层提供服务，基建层是通用层，可以接入第三方服务、数据源、任务调度等，满足整体服务的需求。

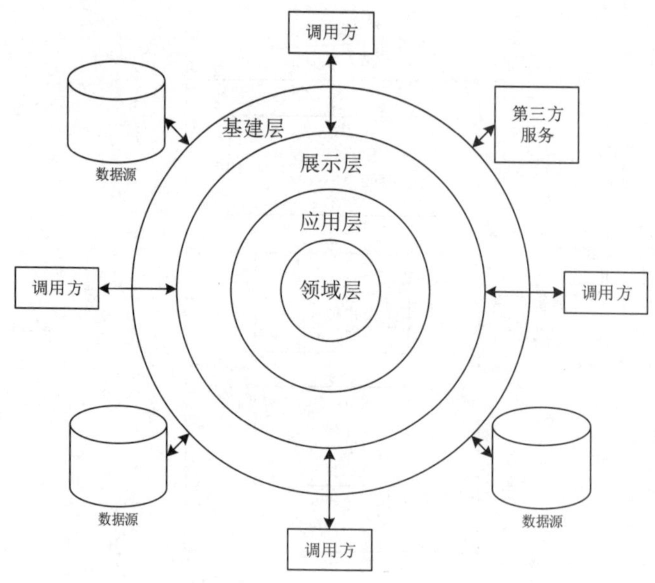

图 14.4　面向领域设计的“洋葱圈”分层结构

14.2　设 计 模 式

Java 的三大特性是封装、多态和继承，面向对象程序设计逃不过这 3 个特性，即使开发者可能会无感，但是的确会在实际开发过程中用到这 3 个特性。而设计模式则是更加高级的面向对象程序设计。讲到设计模式，Spring 的框架是集多种设计模式之大成的程序，Spring 中用的设计模式有单例模式、代理模式、模板模式等，下面对 Spring 中常用的设计模式一一讲解。

14.2.1　单例模式

单例模式即在 JVM 中只有一个该类的实例，并且该实例由类自身创建，提供唯一的全局访问点，使用该对象时直接访问，无须使用者手动实例化，调用过程如图 14.5 所示。单例模式有 5 种实现方式，分别为懒加载、预加载、双检锁、内部静态类和枚举。

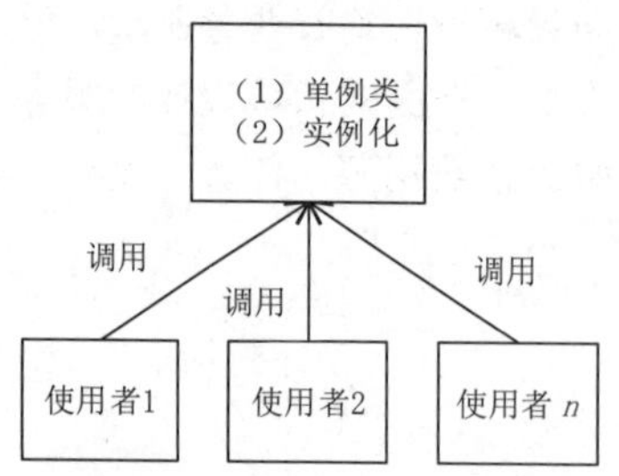

图 14.5　单例模式调用过程

1. 懒加载实现单例

懒加载即使用时加载，这里的加载是使用单例对象时由单例类创建对象，创建对象时首先检查JVM中是否有该对象，若没有，则实例化单例对象。这种懒加载方式有两种实现方案，即线程安全和线程不安全。线程不安全实现单例的代码如下，具体参见代码文件 java-basic-with-maven 中/designpattern/singleton/ LazyLoading.java。

```
package designpattern.singleton;

/**
* @description 单例模式：懒加载，线程不安全
* @author xindaqi
* @since 2021-02-10 15:24:43
*/
public class LazyLoading {

    private static LazyLoading instance;

    private LazyLoading() {}

    private static LazyLoading getInstance() {
        if(instance == null) {
            instance = new LazyLoading();
        }
        return instance;
    }

}
```

线程安全实现单例的代码如下，具体参见代码文件java-basic-with-maven中/designpattern/singleton/LazyLoadingThreadSafe.java。

```
package designpattern.singleton;

/**
* @description 单例模式：懒加载，线程安全
* @author xindaqi
* @since 2021-02-10 20:40:43
*/
public class LazyLoadingThreadSafe {

    private static LazyLoadingThreadSafe instance;

    private LazyLoadingThreadSafe() {}

    public static synchronized LazyLoadingThreadSafe getInstance() {
```

```
        if(null == instance) {
            instance = new LazyLoadingThreadSafe();
        }
        return instance;
    }

}
```

2. 预加载实现单例

预加载即在类加载时实例化单例类，生成单例对象，这种方法基于 classloader 机制避免了多线程的同步问题。预加载单例模式的实现代码如下，具体参见代码文件 java-basic-with-maven 中/designpattern/singleton/ Preloading.java。

```
package designpattern.singleton;

/**
* @description 单例模式：预加载
* @author xindaqi
* @since 2021-02-10 17:04:04
*/
public class Preloading {

    private static Preloading instance = new Preloading();

    private Preloading() {}

    private Preloading getInstance() {
        return instance;
    }

}
```

3. 双检锁实现单例

双检锁实现单例即通过 volatile 和 synchronized 双重校验对象，保证多线程同步安全的同时又保持高性能，实现代码如下，具体参见代码文件 java-basic-with-maven 中/designpattern/singleton/DoubleCheckLocking.java。

```
package designpattern.singleton;

/**
* @description 单例模式：双检锁
* @author xindaqi
* @since 2021-02-10 17:54:03
*/
```

```
public class DoubleCheckLocking {

   private volatile static DoubleCheckLocking instance;

   private DoubleCheckLocking() {}

   public static DoubleCheckLocking getInstance() {
      if(null == instance) {
         synchronized(DoubleCheckLocking.class) {
            if(null == instance) {
               instance = new DoubleCheckLocking();
            }
         }
      }
      return instance;
   }
}
```

4. 内部静态类实现单例

内部静态类实现单例即单例类内部的静态类对单例类进行实例化，这种方法同样使用了classloader 机制，保证初始化类时只有一个线程。与预加载不同的是，单例类加载时不一定会初始化类，因为静态类 StaticInsideHandler 并没有被主动调用，只是在 getInstance()方法中进行显式调用，这时才会显式实例化静态类 StaticInsideHandler，实现代码如下，具体参见代码文件 java-basic-with-maven 中/designpattern/singleton/ StaticInside.java。

```
package designpattern.singleton;

/**
* @description 单例模式：内部静态类
* @author xindaqi
* @since 2021-02-10 20:02:51
*/
public class StaticInside {

   private static class StaticInsideHandler {
      private static final StaticInside INSTANCE = new StaticInside();
   }

   private StaticInside() {}

   public static final StaticInside getInstance() {
      return StaticInsideHandler.INSTANCE;
   }

}
```

5. 枚举实现单例

通过枚举的方式实现单例比较简洁，同时支持序列化机制，有效防止多次实例化，不仅避免多线程同步问题，还能防止反序列化重新创建新的对象，绝对防止多次实例化，实现代码如下，具体参见代码文件 java-basic-with-maven 中/designpattern/singleton/ EnumSingleton.java。

```
package designpattern.singleton;

/**
* @description 单例模式：枚举
* @author xindaqi
* @since 2021-02-10 20:09:34
*/
public enum EnumSingleton {

    INSTANCE;

    public void singletonEnumMethod() {}

}
```

14.2.2 适配器模式

适配器模式即兼容模式，一个接口具有多种功能，多种功能通过兼容模式获得，以“万能充”电源适配器为例，“万能充”输出的电压有多种，如 5V、12V、220V，此时“万能充”电源适配器满足多种充电功能。“万能充”的接口与适配接口配合（工厂模式），实现适配。适配器模式实现如图 14.6 所示。

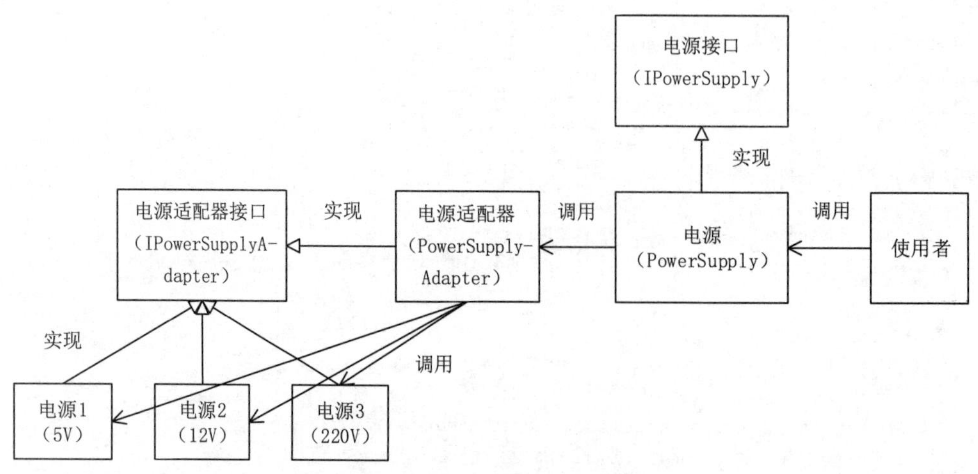

图 14.6　适配器模式实现

由图 14.6 可知，电源适配器通过实现适配器接口，并调用相应的电源，实现对外提供相应的电压。

1. 电源接口

电源接口供其他实现类进行重写，实现不同的输出电压，代码如下，具体参见代码文件 java-basic-with-maven 中/designpattern/adapter/ IPowerSupply.java。

```
package designpattern.adapter;

/**
* @description 适配器模式：电源
* @author xindaqi
* @since 2021-02-11 06:59:16
*/
public interface IPowerSupply {

    /**
    * description: 电压
    * @since 2021-02-11 07:01:03
    * @param deviceType 设备类型
    * @return 电压
    */
    int voltage(String deviceType);

}
```

2. 电源适配器接口

电源适配器接口为电源适配器对外提供不同的电压，所有的扩展在该适配器接口中进行，代码如下，具体参见代码文件 java-basic-with-maven 中/designpattern/adapter/ IPowerSupplyAdapter.java。

```
package designpattern.adapter;

/**
* @description 适配器模式：电源适配器
* @author xindaqi
* @since 2021-02-11 07:02:17
*/
public interface IPowerSupplyAdapter {

    /**
    * description: 5V 电源
    * @since 2021-02-11 07:35:33
    * @param
    * @return 5V 电压
    */
    default int fiveVoltage() {
        return 0;
    }
```

```
    /**
    * description: 12V 电源
    * @since 2021-02-11 07:35:33
    * @param
    * @return 12V 电压
    */
    default int tweleveVoltage() {
        return 0;
    }

    /**
    * description: 220V 电源
    * @since 2021-02-11 07:35:33
    * @param
    * @return 220V 电压
    */
    default int twoHundredTwentyVoltage() {
        return 0;
    }

}
```

3. 电源接口实现

电源接口实现即通过电压参数输出电压，这里借助工厂模式的方法，使用参数选择适配器，对外提供功能，代码如下，具体参见代码文件 java-basic-with-maven 中/designpattern/adapter/ PowerSupply.java。

```
package designpattern.adapter;

import common.StringConstant;
import java.util.logging.Logger;

/**
* @description 适配器模式：电源适配器
* @author xindaqi
* @since 2021-02-11 08:38:26
*/
public class PowerSupply implements IPowerSupply {

    private static final Logger logger = Logger.getLogger("PowerSupply");

    PowerSupplyAdapter powerSupplyAdapter;

    @Override
    public int voltage(String deviceType) {
```

```
        if(deviceType.equalsIgnoreCase(StringConstant.FIVE_VOLTAGE_DEVICE) ||
deviceType.equalsIgnoreCase(StringConstant.TWELEVE_VOLTAGE_DEVICE) ||
deviceType.equalsIgnoreCase(StringConstant.TWOHUNDREDTWENTY_VOLTAGE_DEVICE)) {
            logger.info("电源适配器：" + deviceType);
            powerSupplyAdapter = new PowerSupplyAdapter(deviceType);
            return powerSupplyAdapter.voltage(deviceType);
        } else {
            logger.info("电源适配器不支持该设备：" + deviceType);
            return 0;
        }
    }

}
```

4. 5V 电源适配器接口实现

5V 电源实现代码如下，具体参见代码文件 java-basic-with-maven 中/designpattern/adapter/FiveVoltageDevice.java。

```
package designpattern.adapter;

import common.IntConstant;

/**
* @description 适配器模式：5V 设备
* @author xindaqi
* @since 2021-02-11 07:44:23
*/
public class FiveVoltageDevice implements IPowerSupplyAdapter {

    @Override
    public int fiveVoltage() {
        return IntConstant.FIVE;
    }

}
```

5. 12V 电源适配器接口实现

12V 电源实现代码如下，具体参见代码文件 java-basic-with-maven 中/designpattern/adapter/TweleveVoltageDevice.java。

```
package designpattern.adapter;

import common.IntConstant;

/**
```

```
 * @description 适配器模式：12V 设备
 * @author xindaqi
 * @since 2021-02-11 07:56:16
 */
public class TweleveVoltageDevice implements IPowerSupplyAdapter {

    @Override
    public int tweleveVoltage() {
        return IntConstant.TWELEVE;
    }

}
```

6. 220V 电源适配器接口实现

220V 电源实现代码如下，具体参见代码文件 java-basic-with-maven 中/designpattern/adapter/TwoHundredTwentyVoltageDevice.java。

```
package designpattern.adapter;

import common.IntConstant;

/**
 * @description 适配器模式：220V 设备
 * @author xindaqi
 * @since 2021-02-11 07:58:51
 */
public class TwoHundredTwentyVoltageDevice implements IPowerSupplyAdapter {

    @Override
    public int twoHundredTwentyVoltage() {
        return IntConstant.TWOHUNDREDTWENTY;
    }

}
```

7. 电源适配器接口实现

电源适配器接口实现代码如下，具体参见代码文件 java-basic-with-maven 中/designpattern/adapter/PowerSupplyAdapter.java。

```
package designpattern.adapter;

import common.StringConstant;

/**
 * @description 适配器模式：电源适配器
```

```
 * @author xindaqi
 * @since 2021-02-11 08:20:14
 */
public class PowerSupplyAdapter implements IPowerSupply {

    IPowerSupplyAdapter ipowerSupplyAdapter;

    public PowerSupplyAdapter(String deviceType) {
        if(deviceType.equalsIgnoreCase(StringConstant.FIVE_VOLTAGE_DEVICE)) {
            ipowerSupplyAdapter = new FiveVoltageDevice();
        } else if(deviceType.equalsIgnoreCase(StringConstant.TWELEVE_VOLTAGE_DEVICE)) {
            ipowerSupplyAdapter = new TweleveVoltageDevice();
        } else if(deviceType.equalsIgnoreCase(StringConstant.TWOHUNDREDTWENTY_
VOLTAGE_DEVICE)) {
            ipowerSupplyAdapter = new TwoHundredTwentyVoltageDevice();
        }

    }

    @Override
    public int voltage(String deviceType) {
        if(deviceType.equalsIgnoreCase(StringConstant.FIVE_VOLTAGE_DEVICE)) {
            return ipowerSupplyAdapter.fiveVoltage();
        } else if(deviceType.equalsIgnoreCase(StringConstant.TWELEVE_VOLTAGE_DEVICE)) {
            return ipowerSupplyAdapter.tweleveVoltage();
        } else if(deviceType.equalsIgnoreCase(StringConstant.TWOHUNDREDTWENTY_VOLTAGE_
DEVICE)) {
            return ipowerSupplyAdapter.twoHundredTwentyVoltage();
        }
        return 0;
    }
}
```

8. 测试用例

测试用例的实现代码如下，具体参见代码文件java-basic-with-maven中/designpattern/adapter/AdapterTest.java。

```
package designpattern.adapter;

import java.util.logging.Logger;

/**
 * @description 适配器模式：测试用例
 * @author xindaqi
 * @since 2021-02-11 09:08:09
 */
```

```
public class AdapterTest {

    private static final Logger logger = Logger.getLogger("AdapterTest");

    public static void main(String[] args) {
        PowerSupply powerSupply = new PowerSupply();
        String fiveDevice = "5v-device";

        String tweleveDevice = "12v-device";

        String tenDevice = "10v-device";

        int five = powerSupply.voltage(fiveDevice);
        logger.info("电源适配器输出电压：" + five + "V");
        int tweleve = powerSupply.voltage(tweleveDevice);
        logger.info("电源适配器输出电压：" + tweleve + "V");
        int zero = powerSupply.voltage(tenDevice);
        logger.info("电源适配器输出电压：" + zero + "V");
    }

}
```

运行结果如下。由运行结果可知，适配器模式通过不同的电源需求获取电压，当电源不能提供相应的电压时，输出 0V 电压，并提示电源适配器不支持该设备。

```
二月 11, 2021 2:07:42 下午 designpattern.adapter.PowerSupply voltage
信息：电源适配器：5v-device
二月 11, 2021 2:07:42 下午 designpattern.adapter.AdapterTest main
信息：电源适配器输出电压：5V
二月 11, 2021 2:07:42 下午 designpattern.adapter.PowerSupply voltage
信息：电源适配器：12v-device
二月 11, 2021 2:07:42 下午 designpattern.adapter.AdapterTest main
信息：电源适配器输出电压：12V
二月 11, 2021 2:07:42 下午 designpattern.adapter.PowerSupply voltage
信息：电源适配器不支持该设备：10v-device
二月 11, 2021 2:07:42 下午 designpattern.adapter.AdapterTest main
信息：电源适配器输出电压：0V
```

14.2.3 装饰器模式

装饰器模式即构建装饰器扩展接口功能，同时保持接口功能。通过实现接口构造装饰器，在构造的装饰器中通过向上转型初始化装饰器，扩展功能则继承装饰器实现扩展，对外提供功能，装饰器是对原始接口的一个包装，所有的扩展在装饰器层进行，装饰器模式的实现过程如图 14.7 所示。

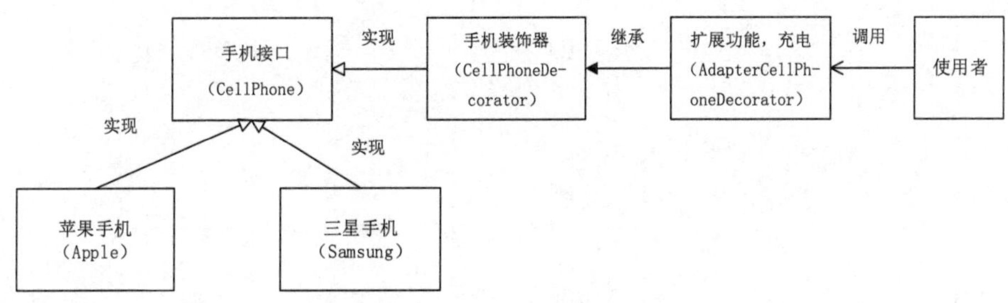

图 14.7　装饰器模式实现过程

由图 14.7 可知，装饰器模式以手机（CellPhone）为接口，手机具有不同的品牌，如苹果、三星等，通过装饰器为手机添加功能，如充电功能。

1. 手机接口

手机接口中的方法为生产手机，通过不同品牌的手机实现该接口即可，实现代码如下，具体参见代码文件 java-basic-with-maven 中/designpattern/decorator/ ICellPhone.java。

```
package designpattern.decorator;

/**
* @description 装饰器模式：CellPhone 接口
* @author xindaqi
* @since 2021-02-10 22:03:14
*/
public interface ICellPhone {
    /**
    * description: 生产手机
    * @since 2021-02-10 22:05:34
    * @return 手机品牌
    */
    String makePhone();
}
```

2. 苹果手机接口实现

苹果手机接口实现如下，具体参见代码文件 java-basic-with-maven 中/designpattern/decorator/Apple.java。

```
package designpattern.decorator;

import common.StringConstant;

/**
* @description Apple 手机
* @author xindaqi
* @since 2021-02-10 22:08:28
*/
```

```
public class Apple implements ICellPhone {

    @Override
    public String makePhone() {
        return StringConstant.APPLE;
    }

}
```

3. 三星手机接口实现

三星手机接口实现如下，具体参见代码文件 java-basic-with-maven 中/designpattern/decorator/Samsung.java。

```
package designpattern.decorator;

import common.StringConstant;

/**
* @description SAMSUNG手机
* @author xindaqi
* @since 2021-02-10 22:20:24
*/
public class Samsung implements ICellPhone {

    @Override
    public String makePhone() {
        return StringConstant.SAMSUNG;
    }

}
```

4. 手机装饰器

手机装饰器即“包装”手机接口，这里的“包装”是通过实现接口的形式重写接口，不同的是，在实现中初始化手机装饰器类，初始化参数为手机接口，通过实现向上转型进行初始化。手机装饰器实现代码如下，具体参见代码文件 java-basic-with-maven 中/designpattern/decorator/CellPhoneDecorator.java。

```
package designpattern.decorator;

/**
* @description 装饰器模式：手机装饰器
* @author xindaqi
* @since 2021-02-11 15:11:58
*/
public abstract class CellPhoneDecorator implements ICellPhone {
```

```
    ICellPhone cellPhone;

    public CellPhoneDecorator(ICellPhone cellPhone) {
        this.cellPhone = cellPhone;
    }

    @Override
    public String makePhone() {
        return cellPhone.makePhone();
    }

}
```

5. 扩展手机接口功能

装饰器构建完成之后，通过继承该装饰器扩展手机接口的功能，而不是直接实现手机接口。通过一层装饰器扩展功能，因为在装饰器中通过初始化即可获得手机接口的功能。扩展功能实现如下，具体参见代码文件 java-basic-with-maven 中/designpattern/decorator/AdapterCellPhoneDecorator.java。

```
package designpattern.decorator;

import common.StringConstant;

/**
* @description 装饰器模式：扩展手机装饰器功能,为手机充电
* @author xindaqi
* @since 2021-02-11 19:17:42
*/
public class AdapterCellPhoneDecorator extends CellPhoneDecorator {

    public AdapterCellPhoneDecorator(ICellPhone cellPhone) {
        super(cellPhone);
    }

    @Override
    public String makePhone() {
        StringBuilder result = new StringBuilder();
        result.append(cellPhone.makePhone());
        result.append(" and ");
        result.append(chargingForPhone());
        return  result.toString();

    }

    public String chargingForPhone() {
        return StringConstant.CHARGING;
```

```
    }

}
```

6. 测试用例

装饰器测试用例的实现代码如下，具体参见代码文件 java-basic-with-maven 中/designpattern/decorator/DecoratorTest.java。

```
package designpattern.decorator;

import common.StringConstant;
import java.util.logging.Logger;

/**
* @description 装饰器模式：测试用例
* @author xindaqi
* @since 2021-02-11 19:42:18
*/

public class DecoratorTest {

    private static final Logger logger = Logger.getLogger("DecoratorTest");

    public static void main(String[] args) {
        ICellPhone apple = new Apple();
        logger.info("手机：" + apple.makePhone());
        ICellPhone samsung = new Samsung();
        logger.info("手机：" + samsung.makePhone());
        CellPhoneDecorator cellPhoneDecorator = new AdapterCellPhoneDecorator(new Apple());
        logger.info("手机：" + cellPhoneDecorator.makePhone());
    }

}
```

运行结果如下。由运行结果可知，通过具体的手机品牌向上转型作为装饰器参数，为该品牌的手机添加功能。

```
二月 11, 2021 7:47:10 下午 designpattern.decorator.DecoratorTest main
信息：手机：apple
二月 11, 2021 7:47:10 下午 designpattern.decorator.DecoratorTest main
信息：手机：samsung
二月 11, 2021 7:47:10 下午 designpattern.decorator.DecoratorTest main
信息：手机：apple and charging
```

14.2.4 策略模式

策略模式即构建新的策略类，在策略类中通过不同的条件执行对应的方法，策略模式中的条件为接口类（在面向接口的编程模式中，由于接口有不同的实现方式，因此选择接口作为条件，其他的实现向上转型作为条件）。策略模式实现过程如图 14.8 所示。

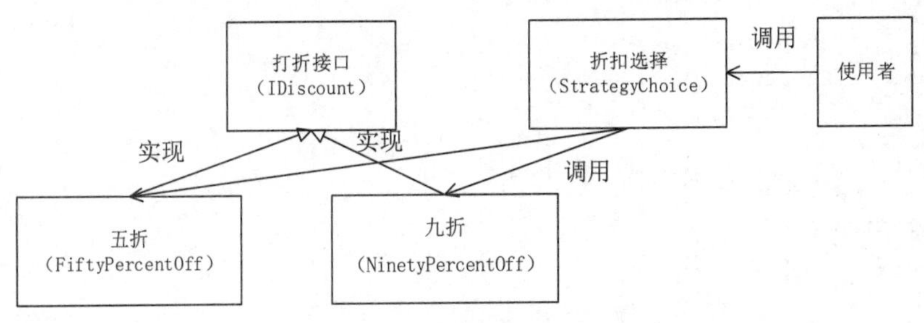

图 14.8 策略模式实现过程

由图 14.8 可知，以打折作为实现策略模式的案例，策略模式中有两个核心类：一个是打折接口类；另一个是折扣选择类。通过折扣选择实施不同的策略。

1. 打折接口

策略模式的主接口提供公共的方法，以打折接口为例，打折依据不同的场景选择折扣率，折扣接口提供打折功能，实现代码如下，具体参见代码文件 java-basic-with-maven 中/designpattern/strategy/IDiscount.java。

```
package designpattern.strategy;

import java.math.BigDecimal;

/**
* @description 策略模式：打折
* @author xindaqi
* @since 2021-02-11 22:17:35
*/
public interface IDiscount {

    /**
    * description: 打折
    * @since 2021-02-11 23:29:10
    * @param originalPrice 原价
    * @return 折后价
    */
    float discount(float originalPrice);

}
```

2. 打九折实现

打九折类通过实现打折接口完成具体的折扣计算，实现代码如下，具体参见代码文件 java-basic-with-maven 中/designpattern/strategy/ NinetyPercentOff.java。

```
package designpattern.strategy;

import java.math.BigDecimal;
import common.FloatConstant;

/**
* @description 策略模式：90%折扣
* @author xindaqi
* @since 2021-02-11 23:40:58
*/
public class NinetyPercentOff implements IDiscount {

    @Override
    public float discount(float originalPrice) {
        BigDecimal price = BigDecimal.valueOf(originalPrice);
        BigDecimal off = BigDecimal.valueOf(FloatConstant.NINETY_PERCENT_OFF);
        return price.multiply(off).floatValue();
    }

}
```

3. 打五折实现

打五折类通过实现打折接口完成具体的折扣计算，实现代码如下，具体参见代码文件 java-basic-with-maven 中/designpattern/strategy/ FiftyPercentOff.java。

```
package designpattern.strategy;

import java.math.BigDecimal;

import common.FloatConstant;

/**
* @description 策略模式：50%折扣
* @author xindaqi
* @since 2021-02-12 00:56:43
*/
public class FiftyPercentOff implements IDiscount {

    @Override
    public float discount(float originalPrice) {
        BigDecimal price = BigDecimal.valueOf(originalPrice);
```

```
        BigDecimal off = BigDecimal.valueOf(FloatConstant.FIFTY_PERCENT_OFF);
        return price.multiply(off).floatValue();
    }

}
```

4. 策略选择

通过实现打折接口完成具体的折扣计算，但是不同的折扣场景该如何选择呢？通过策略选择类实现，而不是在代码中直接通过 if…else 语句实现，在策略选择类中以初始化的形式选择不同的打折实现，实现代码如下，具体参见代码文件 java-basic-with-maven 中/designpattern/strategy/ StrategyChoice.java。

```
package designpattern.strategy;

/**
* @description 策略模式：策略选择器
* @author xindaqi
* @since 2021-02-12 01:00:56
*/
public class StrategyChoice {

    IDiscount iDiscount;

    public StrategyChoice(IDiscount iDiscount) {
        this.iDiscount = iDiscount;
    }

    public float doStrategy(float originalPrice) {
        return iDiscount.discount(originalPrice);
    }

}
```

5. 测试用例

策略模式测试用例的实现代码如下，具体参见代码文件 java-basic-with-maven 中/designpattern/strategy/StrategyTest.java。

```
package designpattern.strategy;

import java.util.logging.Logger;

/**
* @description 策略模式：测试用例
* @author xindaqi
* @since 2021-02-12 01:06:41
*/
```

```
public class StrategyTest {

    private static final Logger logger = Logger.getLogger("StrategyTest");

    public static void main(String[] args) {
        IDiscount fiftyDiscount = new FiftyPercentOff();
        StrategyChoice strategyChoiceFifty = new StrategyChoice(fiftyDiscount);
        float originalPrice = 100f;
        logger.info("原始价格：" + originalPrice + "，折后价：" + strategyChoiceFifty.
doStrategy(originalPrice));

        IDiscount ninetyDiscount = new NinetyPercentOff();
        StrategyChoice strategyChoiceNinety = new StrategyChoice(ninetyDiscount);
        logger.info("原始价格：" + originalPrice + "，折后价：" + strategyChoiceNinety.
doStrategy(originalPrice));

    }

}
```

运行结果如下。由运行结果可知，通过不同的折扣类作为策略选择类的参数，进行具体的折扣计算，完成打折。

```
二月 12, 2021 1:32:21 上午 designpattern.strategy.StrategyTest main
信息：原始价格：100.0，折后价：50.0
二月 12, 2021 1:32:21 上午 designpattern.strategy.StrategyTest main
信息：原始价格：100.0，折后价：90.0
```

14.2.5 观察者模式

观察者模式即通过观察者类监控主类的变化，这里的监控实际是被通知，即主类发生变化后，主动告知观察者，因此观察者是被动获取消息，而不是主动拉取消息，发布-订阅/事件驱动模型即是观察者的最佳实现，观察者模式实现过程如图 14.9 所示。

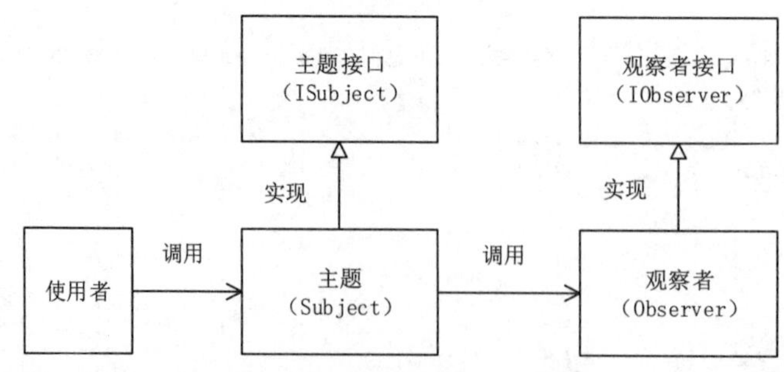

图 14.9 观察者模式实现过程

由图 14.9 可知，观察者模式有两个接口，即主题接口（主题接口类）和观察者接口。

1. 主题接口

观察者模式主题即功能实现类，即订阅、取消订阅和通知变更，通过主题通知（调用）观察者，观察者依据通知做具体的功能实现。实现代码如下，具体参见代码文件 java-basic-with-maven 中 /designpattern/observer/ ISubject.java。

```
package designpattern.observer;

/**
* @description 观察者模式：主题
* @author xindaqi
* @since 2021-02-12 12:31:52
*/
public interface ISubject {

    /**
    * description: 订阅
    * @since 2021-02-12 12:32:37
    * @param observer 观察者
    * @return
    */
    void subscribe(IObserver observer);

    /**
    * description: 取消订阅
    * @since 2021-02-12 12:33:20
    * @param observer 观察者
    * @return
    */
    void unsubscribe(IObserver observer);

    /**
    * description: 通知变更
    * @since 2021-02-12 12:35:02
    * @param
    * @return
    */
    void notifyChanged();

}
```

2. 观察者接口

观察者即接收主题发送的通知，实现代码如下，具体参见代码文件 java-basic-with-maven 中 /designpattern/observer/ IObserver.java。

```
package designpattern.observer;
```

```
/**
* @description 观察者模式：观察者
* @author xindaqi
* @since 2021-02-12 12:29:47
*/
public interface IObserver {
    /**
    * description: 更新
    * @since 2021-02-12 12:36:05
    * @param
    * @return
    */
    void update();
}
```

3. 主题接口实现

主题的订阅和取消订阅通过列表存储的增删实现，列表中存储观察者，用于接收通知。实现代码如下，具体参见代码文件 java-basic-with-maven 中/designpattern/observer/ Subject.java。

```
package designpattern.observer;

import java.util.List;
import java.util.ArrayList;
import java.util.Iterator;

/**
* @description 观察者模式：主题接口实现
* @author xindaqi
* @since 2021-02-12 12:39:09
*/
public class Subject implements ISubject {

    private List<IObserver>  iObserverList = new ArrayList<>();

    @Override
    public void subscribe(IObserver observer) {
        iObserverList.add(observer);
    }

    @Override
    public void unsubscribe(IObserver observer) {
        iObserverList.remove(observer);
    }

    @Override
    public void notifyChanged() {
        iObserverList.stream().forEach(s -> s.update());
```

```
    }
}
```

4. 观察者接口实现

观察者接收通知后具体操作的实现代码如下，具体参见代码文件 java-basic-with-maven 中/designpattern/observer/ Observer.java。

```
package designpattern.observer;

import java.util.logging.Logger;

/**
* @description 观察者模式：观察者接口实现
* @author xindaqi
* @since 2021-02-12 12:59:49
*/
public class Observer implements IObserver {

    private static final Logger logger = Logger.getLogger("Observer");

    @Override
    public void update() {
        logger.info("消息：新增/取消订阅");
    }

}
```

5. 测试用例

观察者测试用例的实现代码如下，具体参见代码文件 java-basic-with-maven 中/designpattern/observer/ObserverTest.java。

```
package designpattern.observer;

import java.util.logging.Logger;

/**
* @description 观察者模式：测试用例
* @author xindaqi
* @since 2021-02-12 13:20:20
*/
public class ObserverTest {

    private static final Logger logger = Logger.getLogger("ObserverTest");

    public static void main(String[] args) {
        ISubject subject = new Subject();
        IObserver observer = new Observer();
```

```
        IObserver observerAnother = new Observer();
        subject.subscribe(observer);
        subject.subscribe(observerAnother);
        subject.notifyChanged();
        logger.info("==============");
        subject.unsubscribe(observerAnother);
        subject.notifyChanged();
    }

}
```

运行结果如下。由运行结果可知，当主题被订阅或取消订阅时，发送消息至观察者，观察者依据收到的消息进行逻辑处理。

```
二月 12, 2021 3:39:10 下午 designpattern.observer.Observer update
信息：消息：新增/取消订阅
二月 12, 2021 3:39:10 下午 designpattern.observer.Observer update
信息：消息：新增/取消订阅
二月 12, 2021 3:39:10 下午 designpattern.observer.ObserverTest main
信息：==============
二月 12, 2021 3:39:10 下午 designpattern.observer.Observer update
信息：消息：新增/取消订阅
```

14.2.6 模板模式

模板模式即构建通用过程（面向过程编程），根据不同的应用场景实现不同的功能。例如，洗衣机的工作过程即可抽象为一个工作过程模板，工作过程为开机、执行、关机，根据不同的洗涤要求，如标准洗、脱水、烘干等功能，满足用户需求，模板模式实现过程如图 14.10 所示。

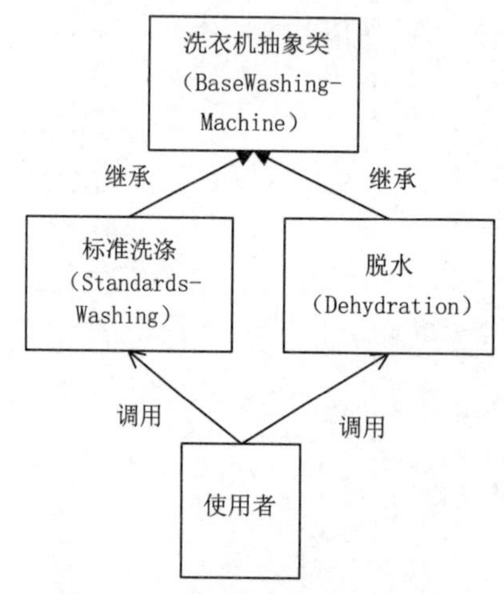

图 14.10　模板模式实现过程

由图 14.10 可知，洗衣机模板为抽象类，通过继承洗衣机抽象类实现不同的功能。

1. 洗衣机抽象类

模板模式首先构建模板，以洗衣机工作过程为例，构建洗衣机工作过程模板，如开机、运行、关机，实现代码如下，具体参见代码文件 java-basic-with-maven 中 /designpattern/template/BaseWashingMachine.java。

```
package designpattern.template;

/**
* @description 模板模式：洗衣机
* @author xindaqi
* @since 2021-02-12 14:54:45
*/
public abstract class BaseWashingMachine {

    /**
    * description: 开机
    * @since 2021-02-12 15:06:26
    * @param
    * @return
    */
    abstract void powerOn();

    /**
    * description: 运行
    * @since 2021-02-12 15:06:42
    * @param
    * @return
    */
    abstract void work();

    /**
    * description: 关机
    * @since 2021-02-12 15:06:57
    * @param
    * @return
    */
    abstract void powerOff();

    /**
    * description: 模板
    * @since 2021-02-12 15:07:16
    * @param
    * @return
    */
    public void operation() {
```

```
        powerOn();
        work();
        powerOff();
    }

}
```

2. 标准洗涤（继承洗衣机类）

洗衣机的工作模式有多种，如标准洗涤、脱水、浸泡、烘干等，通过继承的方式实现具体功能。以标准洗涤为例，实现代码如下，具体参见代码文件 java-basic-with-maven 中/designpattern/template/StandardsWashing.java。

```
package designpattern.template;

import java.util.logging.Logger;
/**
* @description 模板模式：标准洗涤
* @author xindaqi
* @since 2021-02-12 15:09:42
*/
public class StandardsWashing extends BaseWashingMachine {

    private static final Logger logger = Logger.getLogger("StandardsWashing");

    @Override
    void powerOn() {
        logger.info("洗衣机：开机");
    }

    @Override
    void work() {
        logger.info("洗衣机：标准洗涤");
    }

    @Override
    void powerOff() {
        logger.info("洗衣机：关机");
    }

}
```

3. 脱水（继承洗衣机类）

洗衣机脱水的实现代码如下，具体参见代码文件 java-basic-with-maven 中/designpattern/template/Dehydration.java。

```
package designpattern.template;
```

```
import java.util.logging.Logger;
/**
* @description 模板模式：脱水
* @author xindaqi
* @since 2021-02-12 15:14:29
*/
public class Dehydration extends BaseWashingMachine {

    private static final Logger logger = Logger.getLogger("Dehydration");

    @Override
    void powerOn() {
        logger.info("洗衣机：开机");
    }

    @Override
    void work() {
        logger.info("洗衣机：脱水");
    }

    @Override
    void powerOff() {
        logger.info("洗衣机：关机");
    }

}
```

4. 测试用例

模板模式测试用例的实现代码如下，具体参见代码文件 java-basic-with-maven 中/designpattern/template/TemplateTest.java。

```
package designpattern.template;

import java.util.logging.Logger;

/**
* @description 模板模式：测试用例
* @author xindaqi
* @since 2021-02-12 15:17:59
*/
public class TemplateTest {

    private static final Logger logger = Logger.getLogger("TemplateTest");

    public static void main(String[] args) {
```

```
        BaseWashingMachine washingMachine = new StandardsWashing();
        washingMachine.operation();
        logger.info("==============");
        washingMachine = new Dehydration();
        washingMachine.operation();
    }

}
```

运行结果如下。由运行结果可知，不同的洗涤要求通过继承模板类实现具体的功能，以完成模板提供的功能。

```
二月 12, 2021 3:24:22 下午 designpattern.template.StandardsWashing powerOn
信息：洗衣机：开机
二月 12, 2021 3:24:22 下午 designpattern.template.StandardsWashing work
信息：洗衣机：标准洗涤
二月 12, 2021 3:24:22 下午 designpattern.template.StandardsWashing powerOff
信息：洗衣机：关机
二月 12, 2021 3:24:22 下午 designpattern.template.TemplateTest main
信息：==============
二月 12, 2021 3:24:22 下午 designpattern.template.Dehydration powerOn
信息：洗衣机：开机
二月 12, 2021 3:24:22 下午 designpattern.template.Dehydration work
信息：洗衣机：脱水
二月 12, 2021 3:24:22 下午 designpattern.template.Dehydration powerOff
信息：洗衣机：关机
```

14.3 小　结

本章讲解了微服务架构和设计模式，主要包括以下内容。

（1）两种微服务架构，面向数据库架构和面向领域架构。

（2）面向数据库架构，以数据库为核心，有 3 层结构，即路由层、业务逻辑层和持久层。

（3）面向领域架构，以业务为核心，有 4 层结构，即用户接口层、应用层、领域层和基建层。

（4）设计模式，包括单例模式、适配器模式、装饰器模式、策略模式、观察者模式和模板模式。